今すぐ使える かんたんEx

Wi-Fi &自宅LAN

[Windows 10/8.1/8/7/Vista対応版]

芹澤正芳/オンサイト/山本倫弘 著

技術評論社

本書の使い方

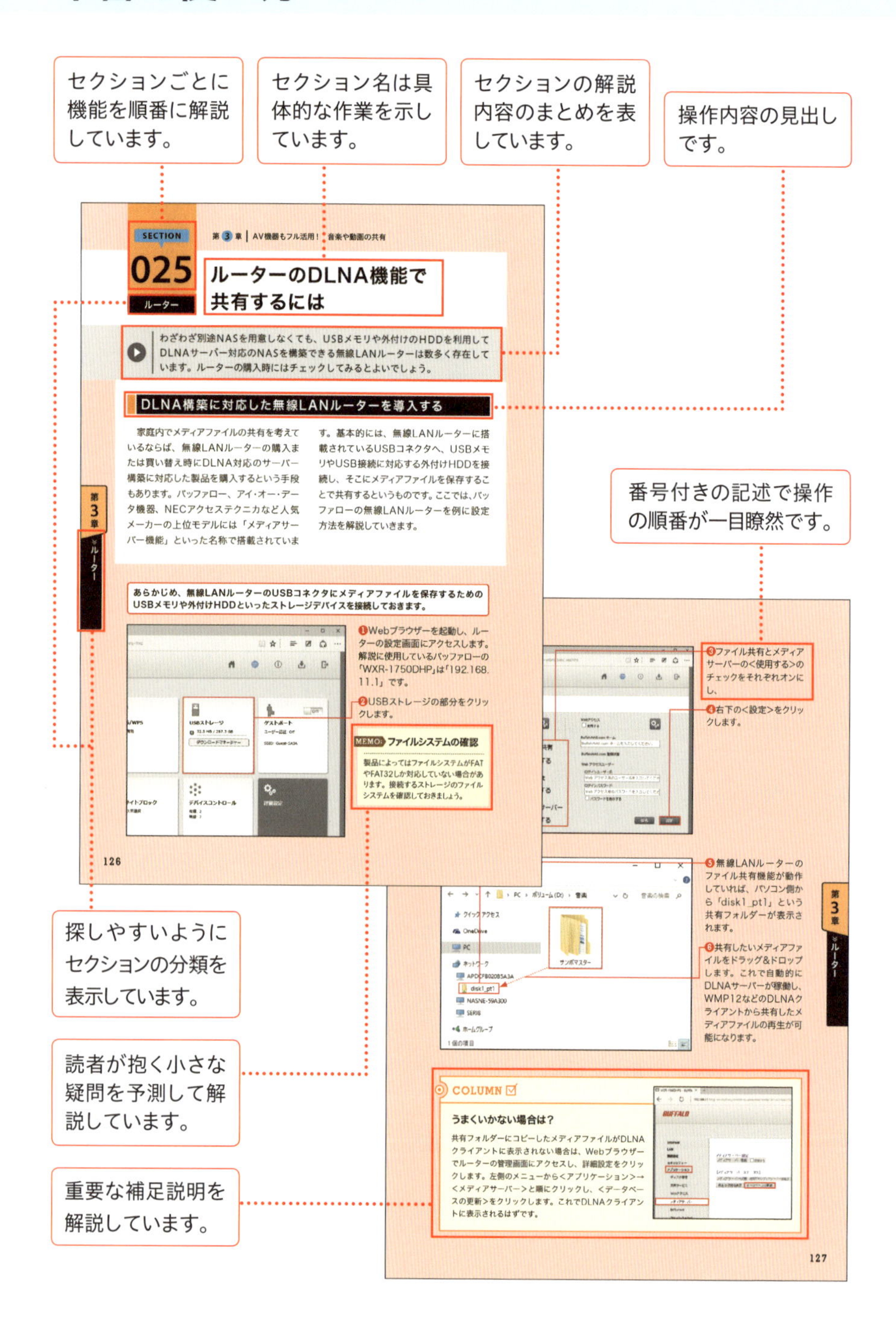
セクションごとに機能を順番に解説しています。
セクション名は具体的な作業を示しています。
セクションの解説内容のまとめを表しています。
操作内容の見出しです。
番号付きの記述で操作の順番が一目瞭然です。
探しやすいようにセクションの分類を表示しています。
読者が抱く小さな疑問を予測して解説しています。
重要な補足説明を解説しています。
SECTION
025
ルーター
第3章 | AV機器もフル活用！ 音楽や動画の共有
ルーターのDLNA機能で共有するには
わざわざ別途NASを用意しなくても、USBメモリや外付けのHDDを利用してDLNAサーバー対応のNASを構築できる無線LANルーターは数多く存在しています。ルーターの購入時にはチェックしてみるとよいでしょう。
DLNA構築に対応した無線LANルーターを導入する
家庭内でメディアファイルの共有を考えているならば、無線LANルーターの購入または買い替え時にDLNA対応のサーバー構築に対応した製品を購入するという手段もあります。バッファロー、アイ・オー・データ機器、NECアクセステクニカなど人気メーカーの上位モデルには「メディアサーバー機能」といった名称で搭載されています。基本的には、無線LANルーターに搭載されているUSBコネクタへ、USBメモリやUSB接続に対応する外付けHDDを接続し、そこにメディアファイルを保存することで共有するというものです。ここでは、バッファローの無線LANルーターを例に設定方法を解説していきます。
あらかじめ、無線LANルーターのUSBコネクタにメディアファイルを保存するためのUSBメモリや外付けHDDといったストレージデバイスを接続しておきます。
❶Webブラウザーを起動し、ルーターの設定画面にアクセスします。解説に使用しているバッファローの「WXR-1750DHP」は「192.168.11.1」です。
❷USBストレージの部分をクリックします。
MEMO ファイルシステムの確認
製品によってはファイルシステムがFATやFAT32しか対応していない場合があります。接続するストレージのファイルシステムを確認しておきましょう。
126
❸ファイル共有とメディアサーバーの<使用する>のチェックをそれぞれオンにし、
❹右下の<設定>をクリックします。
❺無線LANルーターのファイル共有機能が動作していれば、パソコン側から「disk1_pt1」という共有フォルダーが表示されます。
❻共有したいメディアファイルをドラッグ&ドロップします。これで自動的にDLNAサーバーが稼働し、WMP12などのDLNAクライアントから共有したメディアファイルの再生が可能になります。
COLUMN
うまくいかない場合は？
共有フォルダーにコピーしたメディアファイルがDLNAクライアントに表示されない場合は、Webブラウザーでルーターの管理画面にアクセスし、詳細設定をクリックします。左側のメニューから<アプリケーション>→<メディアサーバー>と順にクリックし、<データベースの更新>をクリックします。これでDLNAクライアントに表示されるはずです。
127
第3章 ルーター

はじめに

パソコンやスマートフォン、TVやレコーダー、ゲーム機など、インターネットや家庭内LANなどのネットワークにつながる機器は、年々増加の一途をたどっています。しかし、パソコンやスマートフォンであればWebページの閲覧やメールを利用するのがせいぜいで、TVやレコーダーにいたっては、インターネット接続さえ行っていないというユーザーも多いのではないでしょうか。これは非常にもったいないことです。本書は、そういったネットワークをあまり活用していないユーザーが、パソコンやスマートフォン、TV、ゲーム機などいろいろな機器をさまざまな用途で便利に使うための基礎知識や実際の利用方法を解説しています。

たとえば、家庭内LANを構築すると、複数のパソコンどうしでデータの共有を行えることはもちろん、レコーダーで録画したテレビ番組をパソコンで鑑賞したり、音楽ファイルを再生したりできます。また、インターネットを利用すると、外出先のパソコンから自宅のパソコンにリモートでアクセスできます。このリモートアクセスでは、自宅のパソコンから必要なデータを入手したり、自宅のパソコンのリモート操作したりできます。ほかにもレコーダーで録画したテレビ番組を外出先からスマートフォンで鑑賞するといったことも可能です。

ネットワークの利用には、専用の機器が必須で、しかもその利用には設定が欠かせません。初心者の方には、聞き慣れない用語や設定が多く、これがネットワークの活用が難しいものというイメージを植え付ける原因となっています。しかし、ネットワークの活用は、「ツボ」さえ押さえてしまえば、それほど難しいものではありません。本書では、家庭内LANやインターネットなどのネットワークの知識が少ない初級ユーザーの方にも理解できるように丁寧な解説をこころがけました。本書がみなさまの役に立てば幸いです。

2016年
オンサイト

目次

第1章 これだけは知っておきたい！ 家庭内LANの基本

第3章 AV機器もフル活用！ 音楽や動画の共有

第4章 VPNを徹底攻略！ リモートアクセス

第5章 楽しく遠隔操作！ リモートデスクトップ

第7章 ツールで便利に！ネットワーク管理

ご注意：ご購入・ご利用の前に必ずお読みください

- 本書に記載された内容は、情報の提供のみを目的としています。したがって、本書を用いた運用は、必ずお客様自身の責任と判断によって行ってください。これらの情報の運用の結果について、技術評論社および著者はいかなる責任も負いません。
- OSおよびソフトウェアに関する記述は、特に断りのない限り、2016年3月現在での最新バージョンをもとにしています。OSおよびソフトウェアはバージョンアップされる場合があり、本書での説明とは機能内容や画面図などが異なってしまうこともあり得ます。あらかじめご了承ください。
- インターネットの情報については、URLや画面などが変更されている可能性があります。ご注意ください。

以上の注意事項をご承諾いただいた上で、本書をご利用願います。これらの注意事項をお読みいただかずに、お問い合わせいただいても、技術評論社は対応しかねます。あらかじめご承知おきください。

第1章

これだけは知っておきたい！

家庭内LANの基本

SECTION 001 基本

LANとは

家庭内などにある機器どうしが、互いに情報のやり取りを行うための環境やしくみを構築することを「LANを構築する」といいます。ここでは、LANとはどのようなものなのかについて解説します。

LANとは何か

LANとは、「Local Area Network」の略称が示すように、「家庭内」や「会社内」など、限定された範囲内（ローカルエリア）で使用されるネットワークの呼称です。ネットワークは、「節点（ノード）」と「経路（リンク）」の2つの要素から成り立つグループの形です。たとえば、友だちどうしで糸電話で話をしている場合もネットワークの形の1つです。このケースでは、友だちそれぞれが「節点」、友だちどうしを結んでいる糸電話が「経路」となり、ネットワークを構成しています。

パソコンやスマートフォン、ゲーム機などで家庭内にネットワークを構築する場合は、パソコンやスマートフォン、ゲーム機などのネットワークに参加している機器が節点（ノード）になります。これらの機器が、情報のやり取りを行うために用いている通信技術が経路（リンク）です。LANでは、物理的なケーブルで機器間を接続する「有線LAN」と無線によって機器間を接続する「無線LAN」の2つの方式が一般的です。

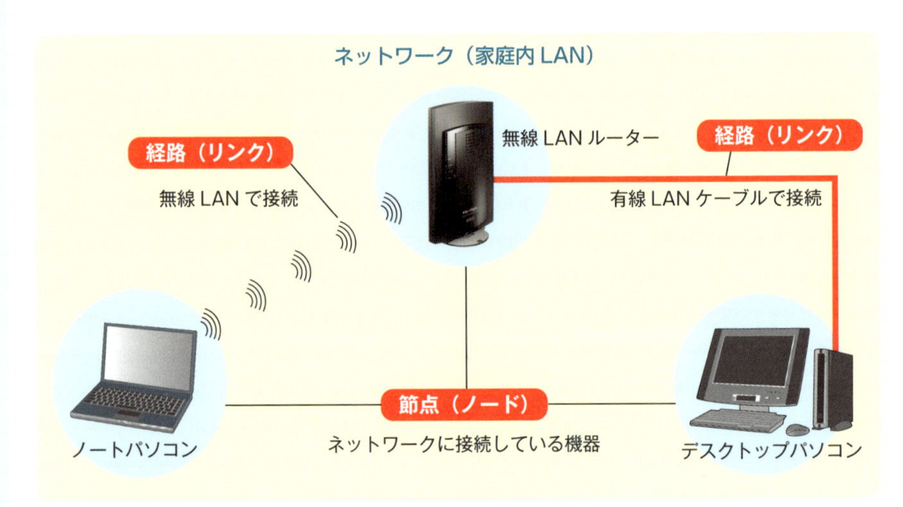

LANは限定的な範囲で使用されるネットワークというグループの呼称。ネットワークに接続している機器などを「節点（ノード）」、接続に使用している通信技術などを「経路（リンク）」と呼びます

インターネットとWAN

パソコンやスマートフォン、ゲーム機などで構築するコンピューターネットワークは、規模や範囲などの違いによってLANやWANなどいくつかの呼称があります。LANは、家庭内や会社内などの限定された比較的狭い範囲内で使われるネットワークです。

WANは、「Wide Area Network」の略称で、より広いエリアで使用されるネットワークです。たとえば、私たちの生活に欠かせなくなったインターネットは、WANの定義に含まれます。インターネットには、Webや電子メールなどのサービスを提供するために、大小さまざまなネットワークが接続され、1つの巨大なネットワークが形成されています。このため、インターネットは、ネットワークとネットワークをつないだ巨大なネットワークと説明されることがあります。

ネットワークを節点と経路に分解して考えると、インターネットは、接続している機器（各種サーバー）または家庭内LANなどの個々のネットワークが節点、インターネット接続を実現する通信環境が経路と考えることができます。経路に相当するインターネットへの接続方法には、光ファイバーを利用した固定接続、携帯電話網や公衆無線LANなどを利用した無線接続などがあります。インターネットは、これらの接続方法によって相互に接続されることで世界中から利用することができます。

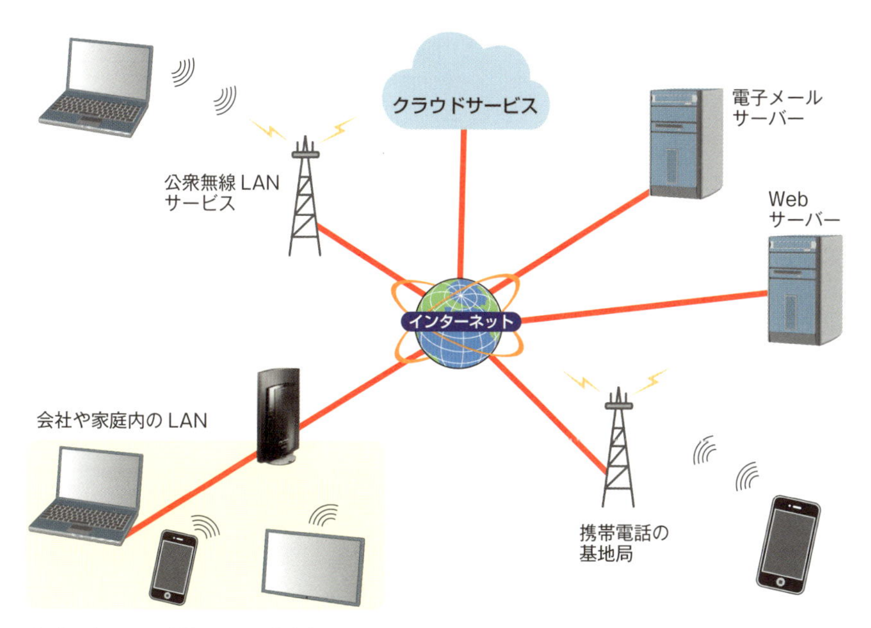

インターネットは、会社のLANや家庭内LANなどのネットワークや機器が接続されることによって形成されている巨大なネットワーク。このような広いエリアで使われるネットワークをWANと呼びます

ネットワークのしくみ

手紙や小包を誰かに送る場合、送り先の「住所」を記載し、それを郵便局や宅急便業者に渡して配送してもらいます。コンピューターどうしのネットワークでも目的の機器に正確にデータを送るには、住所に相当する情報を機器それぞれに割り当て、きちんとデータが届けられたかを確認するためのしくみが必要です。コンピューターどうしのネットワークでは、このようなしくみを「通信プロトコル」と呼び、コンピューター間でデータの送受信を行うためのさまざまな決まりごとを定めています。通信プロトコルには、多くの種類がありますが、現在では、インターネットの利用に欠かせない「TCP/IP」を利用するのが一般的です。TCP/IPは、TCP（Transmission Control Protocol）とIP（Internet Protocol）の2つのしくみを組み合わせたものです。

TCPは、送受信したデータが壊れていないか、正しく送れたかなどを保証するためのプロトコルです。コンピューターどうしでネットワークを使ってデータのやり取りを行う場合、データは、送信元でパケットと呼ばれる小包に小分けにして送信され、受信側は、受け取ったパケット（小包）を再構築してデータを復元します。TCPは、パケットがきちんと送られてきたか、送られてきたパケットが壊れていないかを確認し、問題がなければ送信元にデータが問題なく届いたことを通知するなどの機能を提供しています。

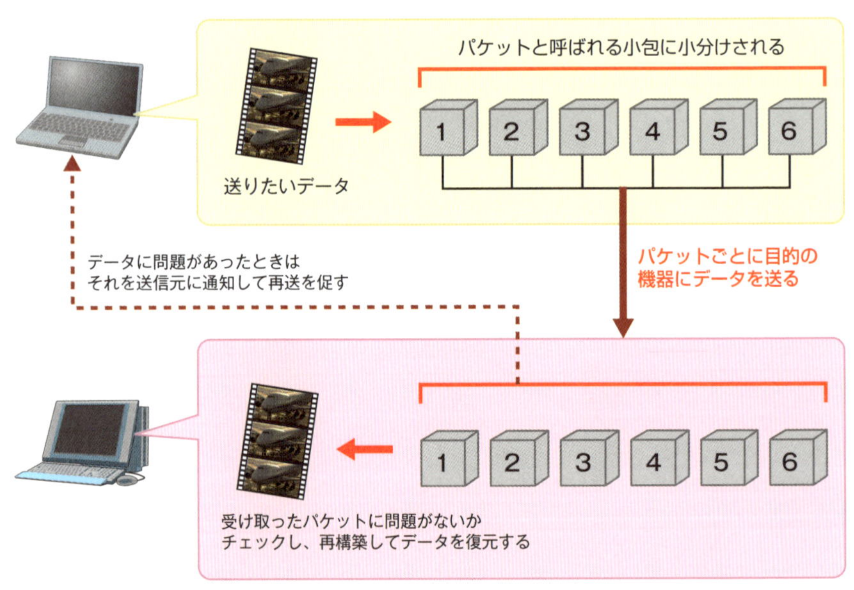

TCPは、ネットワークを介して送受信したデータの正確性を保証するためのプロトコル。送受信されるデータは、パケットと呼ばれる小包に分解されて、目的の相手に送られます。データを受信した側は、パケット単位でデータが壊れていないか、また受信漏れがないかをチェックして、目的のデータを復元します

IPは、ネットワーク上にあるコンピューターそれぞれに固有の「住所」を割り当て、それを探しだすためのプロトコルです。IPでは、住所に相当する情報を「IPアドレス」と呼ばれる番号で表現します。IPアドレスが、ほかのコンピューターと重なってしまうと、データを送る相手を特定することができません。このため、IPアドレスは「重複することがない番号」と決められ、コンピューターに割り当てられます。

また、IPには、IPアドレスの総数が異なるIPv4とIPv6があります。現在の主流は、IPアドレスを32ビットで表現する「IPv4」です。IPv4では、IPアドレスを0～255までの任意の数字ごとに4つに区切って表記しています。数字が0～255までとなっているのは、8ビットごとに数字を区切って表記しているからです。というのは、1ビットは、2進数と呼ばれる0と1の2種類のデータで成り立っています。8ビットは、これが8個集まったものです。つまり、2の8乗個の「256通り」の数字の組み合わせを表現できます。これを10進数で表記すると、0～255までの数字になるというわけです。

なお、TCP/IPでは、物理的にどのような方法を用いて機器をネットワークに接続するかは定めていません。たとえば、手紙や小包を配達する場合、自動車や自転車、オートバイ、徒歩などの配達方法が考えられます。遠くの場合、近くまで飛行機や鉄道で運んでもかまいません。最終的に目的の人に荷物が届けばよいのです。コンピューターの世界もこれと同じです。コンピューターの場合、自動車や自転車などの配達方法に相当するのが、物理的にデータの送受信を行う接続口となる有線LANや無線LANです。コンピューターでは、有線LANや無線LANによって接続された機器どうしが共通の通信プロトコル「TCP/IP」を利用することでデータの送受信を行っています。

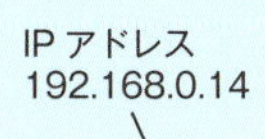

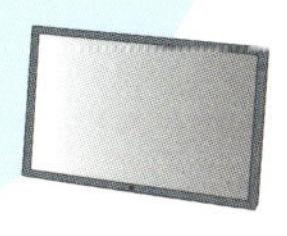

IPv4 では、3 桁（8 ビット）ずつ数字
を区切って 10 進数で IP アドレスを表示
する。使用できる数字は、0~255 まで

ネットワーク内の機器には、IPアドレスという固有の数字が割り当てられます。IPアドレスは、住所に相当する情報で、この情報をもとにデータを送りたい機器を特定します

SECTION 002 基本

LANを構築するための機器とは

LANを構築するには、なんらかの方法で機器どうしがデータのやり取りを行える状態にする必要があります。ここでは、LANの構築に必要な機材の種類や配置方法などについて解説します。

データのやり取りに必要な有線LANと無線LAN

LANを構築するには、「NIC（Network Interface Card」と呼ばれる専用の機器が必要です。NICは、有線LAN用の機器と無線LAN用の機器に大別されます。有線LANは、「LANケーブル」を用いてデータの送受信を行う機器です。一方、無線LANでは、「電波」を利用してデータの送受信を行うためケーブルレスで利用できる機器です。現在のパソコンには、どちらか一方または両方が搭載されていることが一般的です。また、スマートフォンや携帯用ゲーム機などでは、無線LANを標準搭載しています。テレビやレコーダーなどでは、有線LANを標準搭載していることが一般的です。

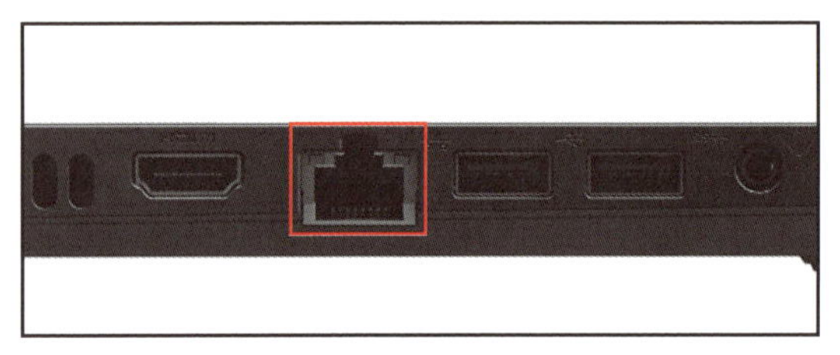

ノートパソコンのLANポート

インターネット接続に必要なルーター

家庭内などでインターネットを利用する場合に欠かせない機器が、「ルーター」と呼ばれる機器です。インターネットや家庭内LANで使用されているTCP/IPという通信プロトコルは、1つのネットワークを「セグメント」と呼ばれるグループに分けて管理できます。たとえば、同じケーブルでつながっていてもAさんのネットワーク、Bさんのネットワークという形でグループ分けができるのです。インターネットは、TCP/IPによってグループ分けされたたくさんのネットワークの集まりによって構成されています。ルーターの役割は、グループ分けされた別のネットワークにデータを転送することです。

たとえば、郵便局の配達範囲を1つのネットワークとして考えると、ルーターの役割をイメージしやすくなります。郵便局Aから手紙を送ると、最初に送り先（住所）の確認が行われます。住所が郵便局Aの配達範囲内の場合は、そのまま手紙が配達されます。しかし、配達範囲内でないときは、住所をもとに別の管轄である郵便局Bに手紙が転送され、そこから配達が行われます。

コンピューターの世界でもこれと同じような、バケツリレーによるデータ中継のしくみが採用されています。家庭内LANを構築すると、そこに接続中の機器どうしは自由にデータのやり取りを行えます。しかし、インターネットにデータを送りたいときは、インターネットと家庭内LANとの間に入って、データの中継を行う機器が必要になります。このために利用される機器が、ルーターです。ルーターは、家庭内LANに接続中の機器以外に向けて送られたデータをインターネットなどの別のネットワークに中継し、また別のネットワークから受け取ったデータを自宅内LANの機器に送る機能を提供します。

複数の機器が接続された家庭内LANでインターネットを利用する場合、データの中継を行うルーターを準備しなければなりません。家庭内で利用されるルーターには、インターネット接続を複数の機器で共有する機能や、LANに接続中の機器に対してIPアドレスを自動的に割り当てる機能など

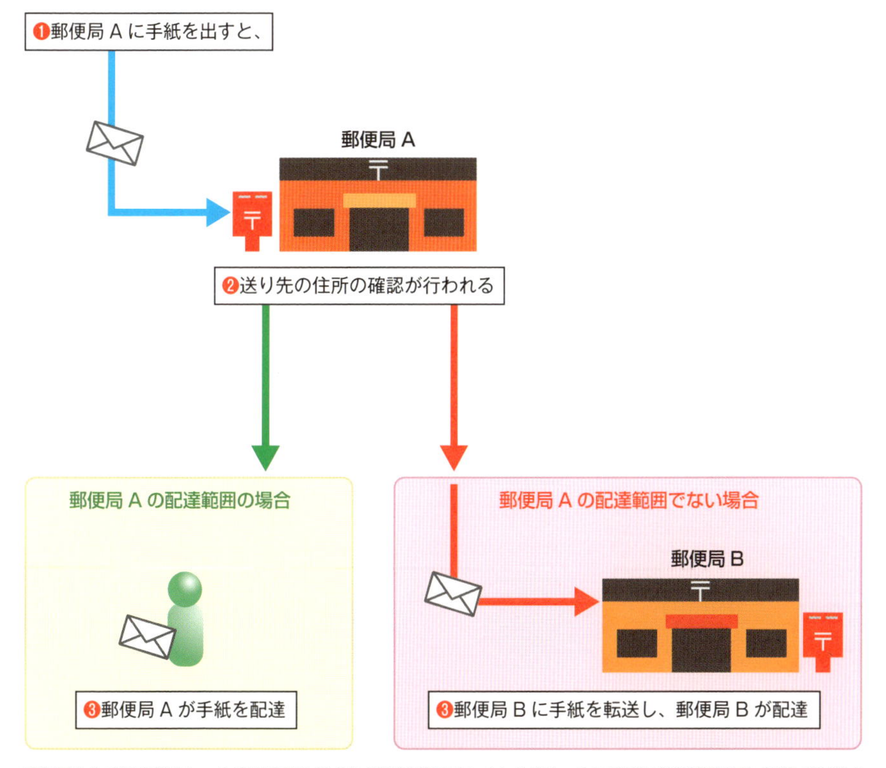

郵便局から手紙を送ると、住所を確認し送り先が配達範囲内にないときは、その住所の管轄郵便局に手紙が転送されます。ルーターはこれと同じで、グループ分けされた別のネットワークにデータを転送する機能を搭載しています

が搭載されています。

　また、ルーターは、「ハブ」と呼ばれる機器を内蔵していることが一般的です。ハブは、有線LAN機器を接続する場合に利用されますが、無線LAN機能を搭載した製品もあります。ルーターは、インターネットの回線提供業者からレンタルするか、自分で購入して設置します。

　なお、インターネットを利用する機器が1台のみの場合は、ルーターを準備しなくてもインターネットは利用できます。インターネットも1つのネットワークです。そのため、インターネット接続回線にパソコンを直接接続することでインターネットを利用することもできます。ただし、この方法でインターネットを利用すると、パソコンが世界中からアクセス可能な状態となり、ウイルス感染などの危険度が増します。家庭内LANでインターネットを利用する場合は、機器が1台しかなくてもルーターを設置することをおすすめします。

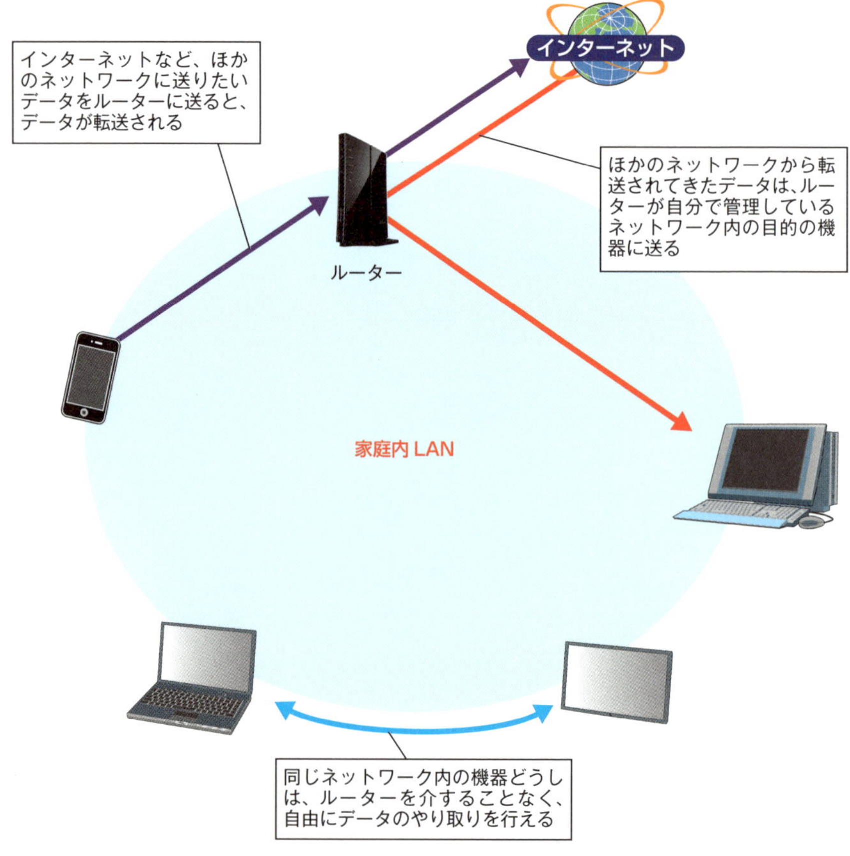

インターネットの利用には、インターネットへのデータを中継してくれるルーターが必要となります。ルーターは、インターネット側にデータを転送したり、インターネット側から受け取ったデータを自ネットワーク内の目的の機器に送ります

家庭内LANを構築するための機器

家庭内LANの構築に最低限必要な機器は、データ通信を行うためのNICです。現在のパソコンやスマートフォンには、有線LANまたは無線LANのNICが標準搭載されています。このため、家庭内LANを構築するための準備はほぼ整っていると考えることができます。

また、インターネットを利用する場合は、インターネット接続回線とルーターも必要です。加えて、有線LANと無線LANが混在した家庭内LANを構築したい場合は、無線LANのアクセスポイントも必要になります。無線LANのアクセスポイントは、無線LANのデータを有線LANに中継するための機器で、有線LANと無線LANの間でデータをシームレスにやり取りできます。

現在のルーターは、無線LANのアクセスポイント機能を搭載した製品が主流ですが、中には無線LANのアクセスポイント機能を搭載してないルーターもあります。とくにルーターをレンタルで利用する場合は、無線LANのアクセスポイントの機能がオプションになっている場合があるので注意してください。

なお、インターネットを利用しない場合は、ルーターを設置する必要はありません。インターネットなどほかのネットワークに接続する必要がない閉じたネットワークでは、有線LANや無線LANなどで機器どうしを接続するだけでデータのやり取りを行えます。

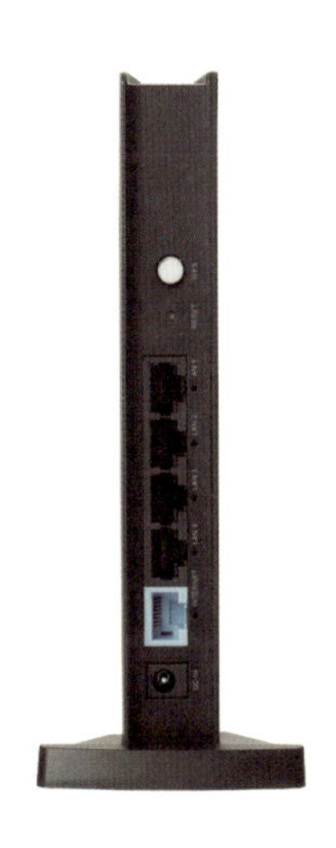

無線LANアクセスポイント搭載のルーター。現在のルーターは、無線LANアクセスポイントも搭載している製品が主流です。このタイプのルーターを利用すると、有線LANだけでなく無線LAN機器を利用して家庭内LANを構築できます。ルーターは、背面に有線LAN機器を接続するためのハブを搭載しています。写真は、エレコムの「WRC-1900GHBK-A」

LANの基本構成とは

ここでは、LANの基本的な構成例を解説します。有線LANのみ、無線LANのみ、有線LANと無線LANの混在環境など、何台の機器を接続して、どのような構成でLANを構築するのかを考えてみましょう。

有線LANや無線LANの基本構成

家庭内LANの構築方法は、有線LANのみ、無線LANのみ、有線LANと無線LANの混在環境の3つのパターンがあります。

有線LANのみの環境でLANを構築したいときは、有線LANケーブルで機器どうしを接続するだけでLANの構築は完了します。ただし、3台以上の機器でLANを構築する場合は、「ハブ」と呼ばれる機器を利用して、機器どうしの接続を行います（P.26参照）。

無線LANのみでLANを構築する場合は、2つの方法があります。1つは、無線LANのアクセスポイント（親機）を利用する方法です。この方法では、アクセスポイントを介して、パソコンなどの機器どうしで通信を

有線LANで3台以上の機器を接続する場合

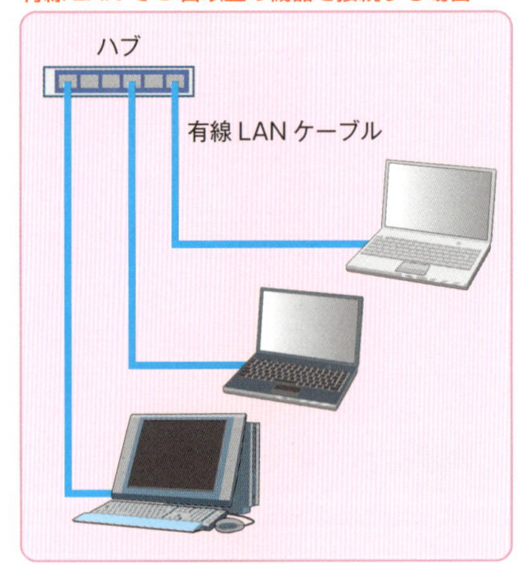

有線LANの構築例。機器が2台の場合は、機器どうしを有線LANケーブルで直接接続することでも利用できます。3台以上の機器で利用する場合は、「ハブ」と呼ばれる機器を準備して、パソコンとハブの間を有線LANケーブルで接続します

無線LANでアクセスポイントを利用した接続

無線LANのみでLANを構築する場合は、アドホックモードを使うと、機器どうしでデータのやり取りを行えます。ただし、インターネットは利用できません。アクセスポイントを用意すると、アクセスポイントを介して通信を行えます。この方法は、インターネット接続が必要な場合に利用します

行います。もう1つが、無線LAN機器をアドホックモードと呼ばれる通信モードで利用する方法です。この方法は、無線LAN機器どうしで直接データのやり取りを行います。インターネット接続を行う必要がない場合は、アドホックモードでもLANを構築できます。

有線LANと無線LANが混在した環境の構成

有線LANと無線LANを混在させた環境を構築する場合は、有線LANの環境に無線LANのアクセスポイント（親機）を追加します。無線LANのアクセスポイントは、無線LAN機器どうしでデータのやり取りを行う機能を提供するだけでなく、無線LAN環境と有線LAN環境との間でデータのやり取りを行うための機能も提供します。

また、インターネットを利用する場合は、「ルーター」も必要になります。現在発売中のルーターは、無線LANのアクセスポイントの機能を搭載した製品と非搭載の製品に大別されます。前者の無線LAN機能搭載ルーターは、有線LAN機器を接続するための「ハブ」機能も搭載しています。無線LAN機能搭載ルーターを準備すれば、有線LAN環境と無線LAN環境の混在環境を構築できるだけでなく、インターネット接続も行えるようになります。無線LANのアクセスポイントを購入するときは、便利な無線LAN機能搭載ルーターを購入することをおすすめします。

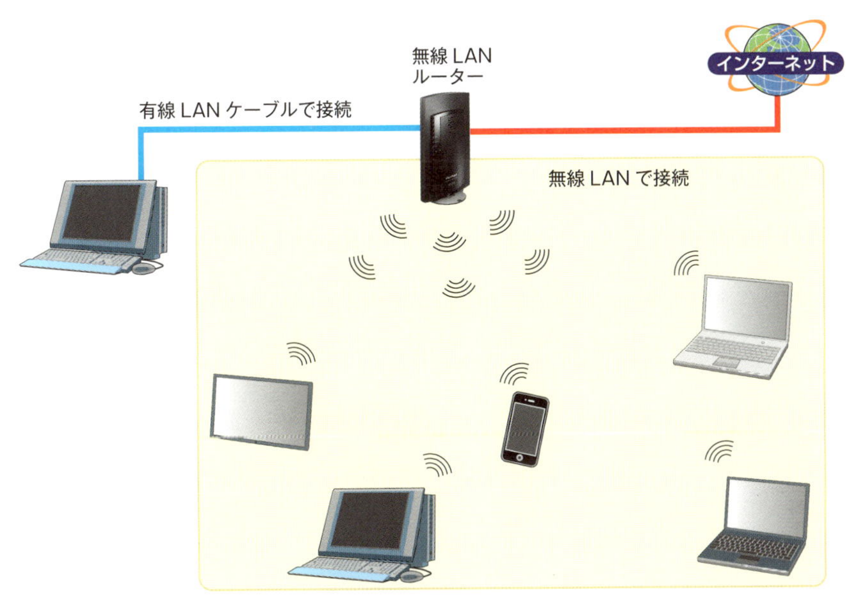

有線LANと無線LANが混在した環境を構築する場合は、無線LANのアクセスポイントを設置します。さらにインターネットを利用する場合は、ルーターを設置する必要があります。無線LAN機能搭載ルーターを利用すると、有線LANと無線LANの両方を利用でき、インターネットも利用できます

SECTION 004 基本

有線LANに接続できる機器を増やすには

ルーターを含め3台以上の有線LAN機器を利用するには、「Hub（ハブ）」と呼ばれる集線装置が必要です。ハブは、送られてきたデータを目的の機器に届けます。4～8個の機器接続用のポートを備えているのが一般的です。

有線LANに必須の機器「ハブ」

有線LANでは、機器どうしをイーサネットケーブルと呼ばれる専用ケーブルで接続して利用します。パソコンに搭載されている有線LANポート（端子）は、通常1個しかありません。言いかえると、この1つのポートで複数の機器を接続する必要があるわけです。そこで用意されているのが、複数の機器を接続するときに利用する「ハブ」と呼ばれる集線装置です。

ハブは、接続されている機器から送られてきたデータを分配し、目的の機器に送る機能を搭載した機器です。通常、一般家庭用の製品では、機器接続用のポートを4～8個搭載したものが主流で、業務用の製品などでは、16個～32個搭載した製品なども販売されています。4個のポートを備えたハブは、最大4台の機器を接続でき、8個のポートを備えたハブは、8台の機器を接続できます。

ハブのポートが足りなくなった場合は、ハブを増設することで機器接続用のポートを増やすことができます。ハブの増設は、ハブとハブの間を有線LANケーブルで接続するだけです。その際、ハブどうしの接続に利用するポートは、一部のケースを除き、通常、どのポートを利用しても問題はありません。問題が発生する場合があるのは、カスケードポートと呼ばれるハブ増設

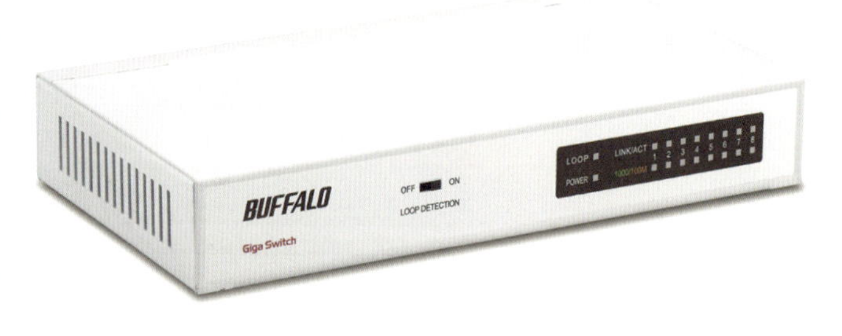

バッファローが販売しているGigabit対応の8ポートハブ「LSW5-GT-8NS/WH」。機器接続のポートを8個搭載しているので8台の機器を接続できます

用の専用ポートを備えたハブどうしを接続する場合のみです。その場合は、一方のハブのカスケードポートに有線LANケーブルを接続し、もう一方のハブは、カスケードポート以外のポートに有線LANケーブルを接続します。現在のハブは、こうした接続はほぼ皆無ですが、古いハブを利用する場合は、このような接続が必要になる場合があります。カタログなどを参考に、確認してから接続を行ってください。

ハブは単体で購入できるほか、4ポートのハブを搭載したルーター（無線LAN搭載ルーターを含む）が数多く販売されています。有線LANを利用するときは、余分な機器の設置スペースが必要ない、こうしたハブ搭載のルーターがおすすめです。

ただし、現在発売中のハブ（搭載も含む）には、100Mbit対応製品とGigabit対応の2種類があります。現在の主流は、高速なGigabit対応製品ですが、安価な製品の場合、低速な100Mbitのハブを搭載している場合があるので注意してください。100MbitのハブにGigabit対応の機器を接続しても動作しますが、最大速度が10分の1に制限されてしまいます。Gigabit対応製品は、100Mbitの機器も接続できるように設計されています。単体のハブを購入する場合やハブ搭載のルーターを購入する場合は、ハブの速度に注意して製品の選択を行ってください。

第1章 基本

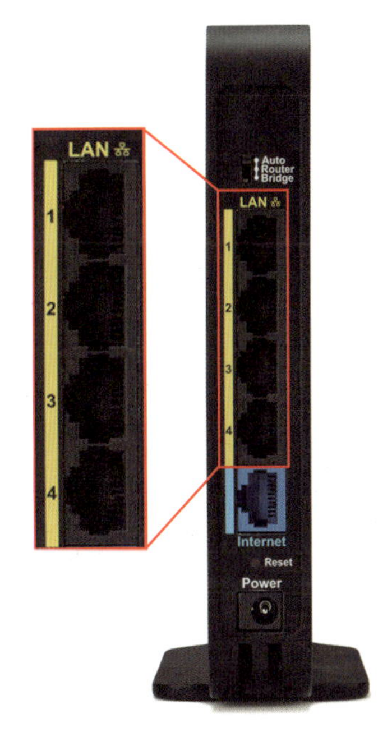

ハブを搭載したルーターは、数多く販売されています。写真は、バッファローの発売する無線LAN搭載ルーター「WHR-1166DHP2」。4ポートのGigabit対応のハブを搭載しています

無線LAN非搭載の機器を無線LANで使うには

ノートパソコンやスマートフォンでは一般的な無線LANですが、テレビ、レコーダーなど一部の機器は、現在でも無線LANを標準搭載していません。ここでは、そのような無線LAN非搭載の機器で無線LANを利用する方法を解説します。

有線LANを無線LANに変換するコンバーター

無線LAN非対応の機器で無線LANを利用するには、「無線LAN–イーサネットコンバーター」と呼ばれる機器を利用する方法と、「無線LAN拡張カード」を利用する方法があります。

前者の無線LAN–イーサネットコンバーターは、「LAN端子用アダプター」とも呼ばれ、有線LANの信号を無線LANの信号に変換する機器です。この機器を利用すると、有線LANしか搭載していない機器を、離れた場所にある無線LANのアクセスポイントに接続でき、無駄なケーブル配線を減らすことができます。

このタイプの製品は、テレビやレコーダー、パソコンなど有線LANポートを備えた機器すべてを、無線LAN接続の環境で利用することができます。たとえば、テレビやレコーダーなど、特定の場所に設置され、移動させることが難しい有線LAN機器を、無線LANで利用したい場合に便利な機器です。

有線LANの信号を無線LANの信号に変換してくれる無線LAN–イーサネットコンバーター。写真左は、アイ・オー・データ機器の「WN-AG300EAシリーズ」。写真右は、有線LANポートに接続して利用するタイプの製品で、バッファローの「WLI-UTX-AG300」

なお、無線LAN–イーサネットコンバーターと有線LAN機器の間は、通常、有線LANケーブルで接続しますが、有線LANポートに直接接続するタイプの製品も発売されています。また、無線LAN–イーサネットコンバーターと有線LAN機器間をLANケーブルで接続するタイプの機器は、1台で複数の有線LAN機器の接続をサポートした製品も販売されています。このタイプの製品は、ハブを利用することで接続可能な機器の台数を増やすことができる場合もあります。近くにある有線LAN機器を1台の機器でまとめて無線LAN化することができるので便利です。

一方、後者の無線LANカードを利用する方法は、USB接続やPCI ExpressまたはPCI接続などの無線LANカードを機器に増設する方法です。この方法は、通常、パソコンでのみ利用されます。USB接続の無線LANカードの場合に限って、テレビやレコーダーなどでも利用できる場合があります。

無線LAN–イーサネットコンバーターの利用イメージ。無線LAN–イーサネットコンバーターを利用すると、有線LAN機器を無線LAN環境で利用できます

第1章 » 基本

機器選択のポイント

無線LAN–イーサネットコンバーターや無線LANカードは、どのような機器を無線LAN化したいか、また、その台数は何台あるかを考慮して選択しましょう。

たとえば、テレビとレコーダーなど、設置場所から移動させる可能性が低い機器で、近くに無線LAN化したい有線LAN機器が「複数台」あるときは、無線LAN–イーサネットコンバーターの導入がおすすめです。無線LAN–イーサネットコンバーターは、2台以上の機器を接続できる製品もあります。また、ハブを利用することで接続できる機器の台数を増やすことができる製品もあります。周辺にある複数の有線LAN機器をまとめて無線LAN化したいときは、購入を検討してみるとよいでしょう。

無線LAN–イーサネットコンバーターは、この機能専用の機器が販売されているほか、無線LANルーターや無線LANのアクセスポイント（親機）にこの機能が搭載されている場合があります。無線LANルーターや無線LANのアクセスポイントにこの機能が搭載されているときは、動作モードを変更することで無線LAN–イーサネットコンバーターとして利用できます。

通常、無線LANルーターや無線LANのアクセスポイントを無線LAN–イーサネットコンバーターとして利用する場合は、機器の接続台数に制限はありません。機器接続用のポートが足りなくなった場合は、ハブを増設することで接続機器を増やすことができます。ただし、無線LAN–イーサネットコンバーター専用の機器は、接続台数に制限がある場合があるので注意してください。その場合は、ハブなどを利用しても決められた台数を超えた機器を接続することはできません。無線LAN–イーサネットコンバーター専用の機器を購入するときは、接続可能な台数をメーカーのホームページなどで事前に確認しておくことをおすすめします。

無線LAN–イーサネットコンバーターとして利用できる無線LANルーター。写真は、バッファローの「WXR-1750DHP」

一方、無線LANカードは、持ち運んで利用するパソコンに無線LAN機能を追加したい場合や、離れた場所にある無線LAN非搭載のデスクトップパソコンを無線LAN化したいときにおすすめの機器です。主流は、USB接続の製品で、USBメモリのようなスティック形状の製品と、親指ほどのサイズしかない小型の製品があります。

PCI Express接続の製品は、デスクトップのPCI Expressスロットに接続して利用するパソコン内蔵用の製品です。価格は高めですが、最新の無線LAN規格をサポートするなど高性能な製品が多くみられます。

USB接続の無線LANカード。パソコンのUSBポートに接続して利用します。写真はバッファローの「WI-U2-433DM」。親指よりも少し大きい程度のサイズで設計されています

対応無線LAN規格に着目

無線LAN–イーサネットコンバーターや無線LANカードを購入するときは、対応する無線LANの規格にも着目してください。現在の無線LANには、2.4GHz帯で利用できるIEEE802.11n、g、bの3種類と、5GHz帯で利用できるIEEE802.11ac、n、aの3種類の合計6種類の規格があります。この中で速度がもっとも速いのは、5GHz帯の「IEEE802.11ac」です。ただし、IEEE802.11acを利用するには、接続先となる無線LANルーターや無線LANの親機もIEEE802.11acに対応している必要があります。

次に高速なのはIEEE802.11nですが、IEEE802.11nには、2.4GHz帯と5GHz帯の2種類があります。この中で実測で速いのは、5GHz帯のほうです。2.4GHz帯は電波の干渉が多いため5GHzと比較して速度が出ないのが現状です。できるだけ高速な環境で利用したいときは、必ず5GHz帯に対応した機器を購入することをおすすめします。

製品パッケージには必ず無線LAN規格が記載されているので、こうした規格の表示を目安に製品を購入します

無線LAN–イーサネットコンバーターの設定を行う

無線LAN–イーサネットコンバーターは、パソコンやスマートフォン同様に無線LANルーターや無線LANの親機への接続設定を行う必要があります。接続設定は、パソコンを利用して行う方法と、無線LAN–イーサネットコンバーター本体のみで行う方法があります。前者は、パソコンと無線LAN–イーサネットコンバーターを有線LANケーブルで接続し、専用ソフトを利用して設定を行います。

後者は、無線LAN–イーサネットコンバーター本体に搭載されている「WPS」ボタンや「AOSS」ボタンなどの接続設定用のボタンを利用することで設定を行います。この方法は、設定が非常にかんたんです。最初に無線LANルーターまたは無線LANの親機に搭載されている接続設定用ボタンを長押しし、設定状態にします。次に無線LAN–イーサネットコンバーターの接続設定用ボタンを長押しし、設定状態にしてしばらく待つと接続が自動的に行われます。

かんたんなのは後者の方法ですが、詳細な設定が行えるのは、前者のパソコンを利用した設定です。ここでは、バッファローの無線LAN–イーサネットコンバーター「WLAE-AG300N」を例に、パソコンを利用した設定方法を説明します。解説はWindows 8.1で行っていますが、とくにOSによる違いはありません。

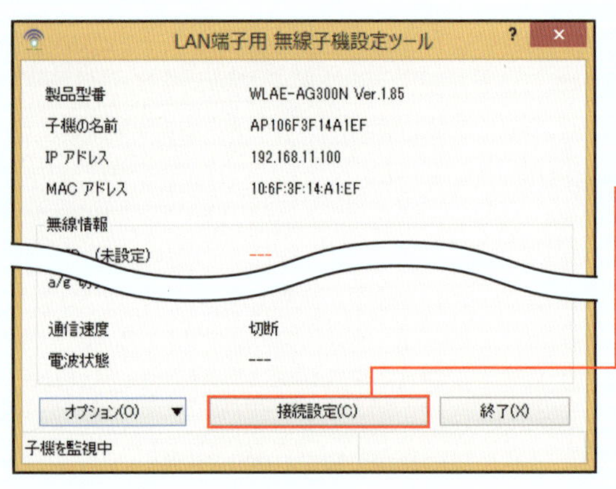

❶付属のCD-ROMからパソコンに「LAN端子用 無線子機設定ツール」をインストールしておき、このツールを起動します。

❷<接続設定>をクリックします。

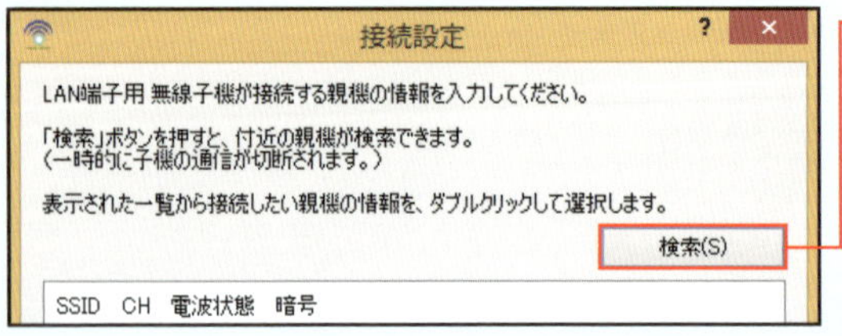

❸<検索>をクリックします。

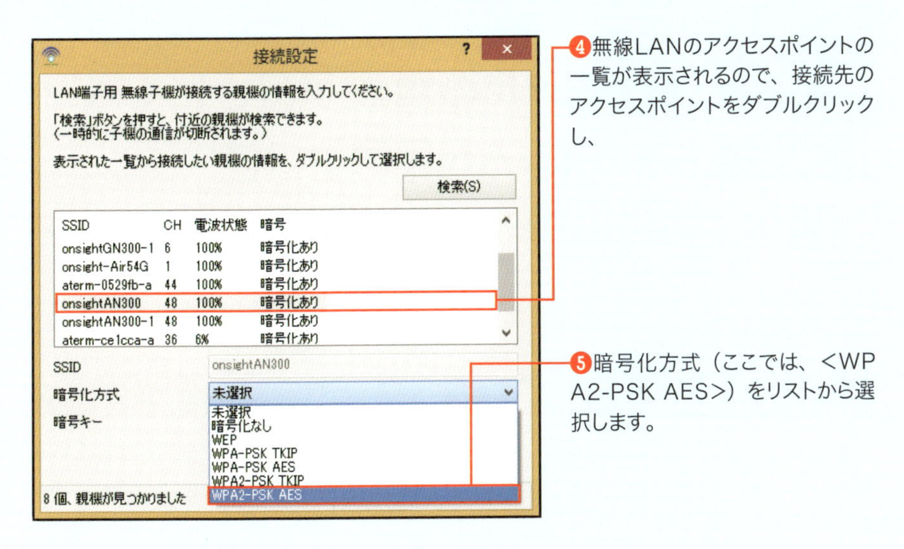

❹無線LANのアクセスポイントの一覧が表示されるので、接続先のアクセスポイントをダブルクリックし、

❺暗号化方式（ここでは、<WPA2-PSK AES>）をリストから選択します。

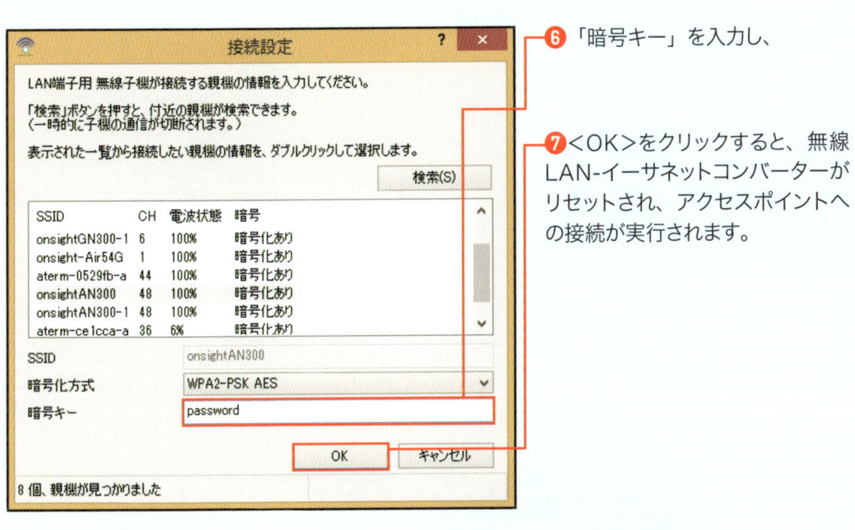

❻「暗号キー」を入力し、

❼<OK>をクリックすると、無線LAN-イーサネットコンバーターがリセットされ、アクセスポイントへの接続が実行されます。

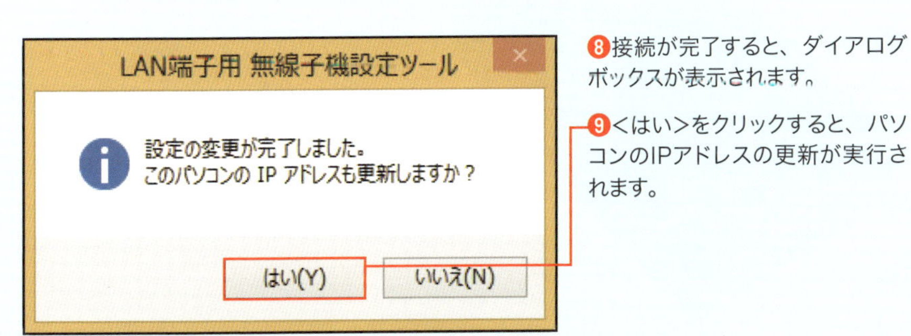

❽接続が完了すると、ダイアログボックスが表示されます。

❾<はい>をクリックすると、パソコンのIPアドレスの更新が実行されます。

無線LANの電波が届きにくい場所でLANを使うには

無線LANの電波が届きにくい場所でLANを構築するには、有線LANを利用するのが確実な方法ですが、ケーブルを施設したくないという方は多いはずです。ここでは、有線LANを利用することなく、LANを構築する方法を解説します。

コンセントを利用する「PLCアダプター」

ケーブルレスで利用できる無線LANは、有線LANよりも設置が手軽で使い勝手がよいというメリットがある反面、障害物などに弱く、利用場所によっては電波が届きにくい場合があります。

たとえば、自宅の1階と3階で無線LANを利用したいといった場合がそうです。この場合、無線LANの電波の到達範囲を広げる中継機を階段などに設置することで解決できる場合があります。しかし、中継機にも電源が必要になることから、配線がスッキリしないというデメリットや、電源確保のために設置場所が制限され、思ったほどの効果が得られないというケースも考えられます。このような問題を回避しつつ、安定したLANの構築を行いたいときにおすすめなのが、家庭内のコンセントを利用してLANの構築が行える「PLC（Power Line Communication）アダプター」です。

PLCアダプターは、有線LANケーブルの代わりに電力線（屋内の電気配線）を利用してデータ通信を行う機器です。PLCアダプターは、有線LAN機器接続用のポートを1つ搭載し、家庭用のコンセントに直接接続して利用するように設計されています。最低でも2台セットで利用する必要がありますが、PLCアダプター間を有線LAN

家庭内のコンセントを利用してLANの構築が行えるPLCアダプター。写真は、アイ・オーデータ機器の「PLC-HP240EA-S」

ケーブルで接続しなくてもデータのやり取りを行える点が特徴です。PLCアダプター間をケーブルで接続する必要がないため、配線がスッキリし、無線LANでは電波が届きにくいような場所で利用するのに適しています。

設定がかんたんな点もPLCアダプターの特徴です。PLCアダプターは、導入時に最低2台の機器を購入する必要があり、セットになった機器を購入した場合は、初期設定を行う必要はありません。無線LANルーターなどの機器とPLCアダプターを有線LANケーブルで接続し、コンセントに挿すだけですぐに利用できます。また、機器を増設する場合は、増設用のPLCアダプターを購入し、PLCアダプター本体に搭載された設定ボタンを操作するだけで利用できます。速度も比較的速く、最大240Mbpsのデータ転送速度を実現した製品が販売されています。同じ規格どうしなら、同一メーカー製で統一しなくても、他社製品を組み合わせて利用することもできます。

なお、PLCアダプターは、コンセントを利用するため、雷サージ対策、ノイズフィルター付きACタップなどに接続すると、正常にデータ通信ができない場合があります。また、ヘアドライヤーや掃除機などのノイズによって通信速度が低下する場合があります。通信速度が低下する場合は、PLC対応OAタップを利用し、そこにヘアドライヤーや掃除機などを接続することでこの問題を回避できます。

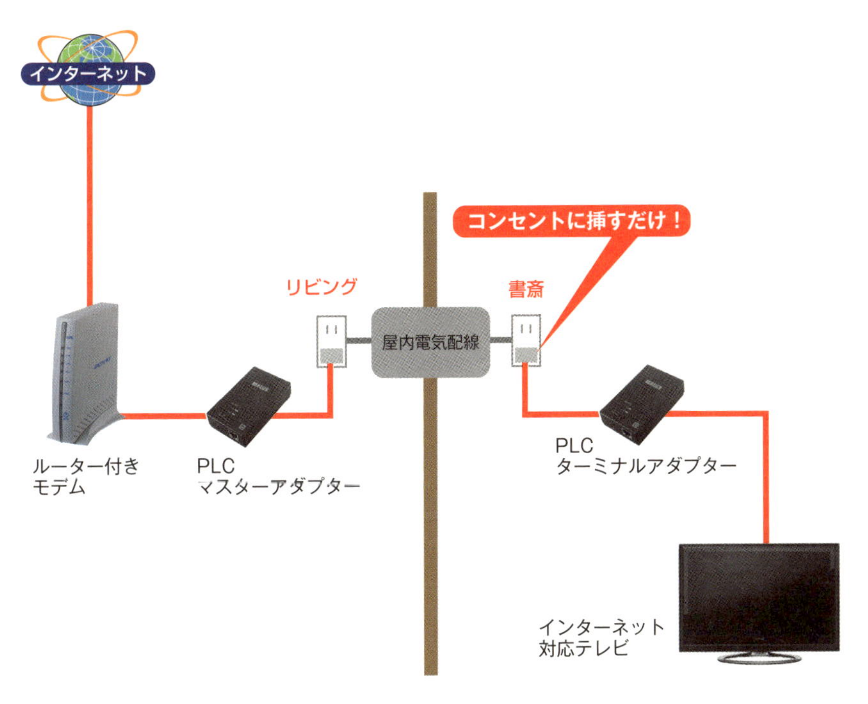

PLCアダプターを利用した場合の接続イメージ。有線LAN機器をPLCアダプター搭載の有線LANポートに接続し、コンセントに挿すだけで利用できます

SECTION 007 基本

無線LANの電波到達範囲を広げるには

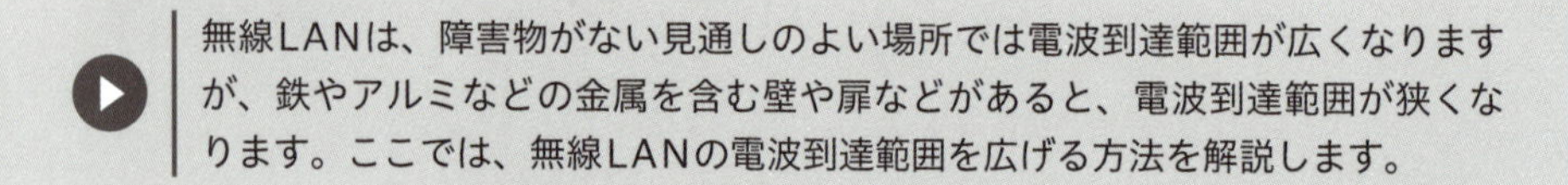
無線LANは、障害物がない見通しのよい場所では電波到達範囲が広くなりますが、鉄やアルミなどの金属を含む壁や扉などがあると、電波到達範囲が狭くなります。ここでは、無線LANの電波到達範囲を広げる方法を解説します。

電波到達範囲を広げる方法

無線LANの電波到達範囲を広げるには、無線LANの電波を中継する機器を設置する方法と、アンテナを交換する方法があります。

前者は、無線LANルーターなどの親機の電波を途中で受け取るための中継機能を搭載した機器を設置することで、電波の到達範囲を広げる方法です。中継機の利用は、親機から離れた場所に別の親機を設置するイメージに似ていますが、親機との間は無線LANを利用して接続され、同じ「SSID」で利用できる点が特徴です。

無線LANの場合、有線LANケーブルなどを利用して離れた場所に親機を増設すれば、電波の到達範囲をかんたんに拡大できます。しかし、この方法では、ケーブルの施設が必要になるだけでなく、親機ごとに異なるSSIDを設定する必要があるため、

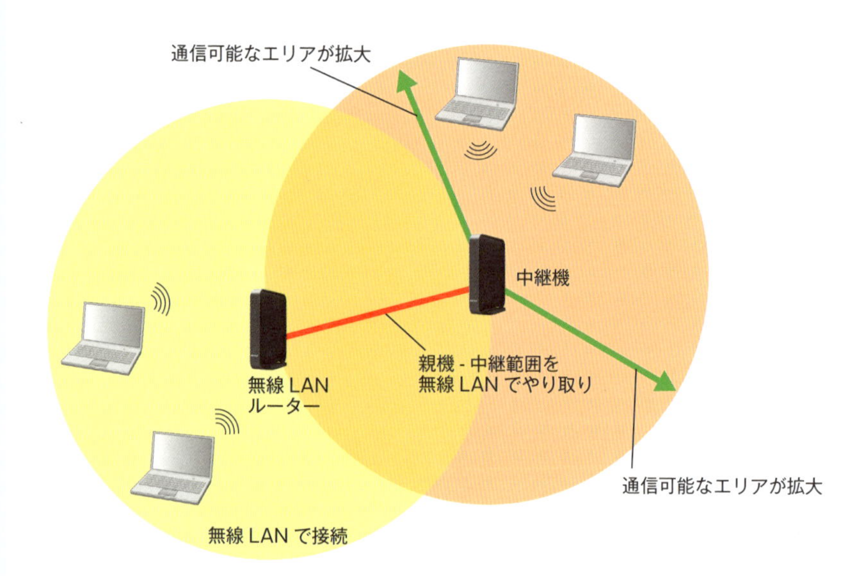

中継機を利用した場合のイメージ。中継機と親機との間は無線LANで接続され、同じSSIDで利用でき、同時に電波の到達範囲も広がります

電波が重なる場所での利用に問題が発生する場合があります。中継機ならこの問題を解消し、同時に有線LANケーブルを利用することなく、電波到達範囲を拡大できます。

後者のアンテナ交換は、無線LAN機器に搭載されているアンテナを交換することで、電波の到達範囲を拡大させる方法です。アンテナには、電波を送出する方向を特定の方向に絞る「指向性アンテナ」と放射状に電波を拡散させて送出する「無指向性アンテナ」があります。

前者の指向性アンテナは、電波が送出される方向（範囲）が制限される反面、特定方向の電波到達範囲が長くなるという特徴があります。指向性アンテナを利用すると、アンテナの背面はほとんど電波を送出しない代わりに、アンテナの前方向のみに絞って電波を送出するといったことができます。これによって、特定方向の電波到達範囲を広げることができるというわけです。また、指向性アンテナには、電波の送出出力そのものを上げる機能を搭載した製品も販売されています。このタイプの製品を利用すると、電波の出力自体が高いため、さらに特定方向の電波到達範囲を広げることができます。

一方、後者の無指向性アンテナは、上下左右に幅広く電波を拡散して送出するのが特徴です。全体的な到達距離は短くなりますが、あらゆる方向に電波を拡散するので、指向性アンテナとは異なり、死角が少なく、幅広い場所で利用できる点がメリットです。通常、無線LAN機器には、このタイプのアンテナが標準搭載されています。

無線LAN機器は、このようにアンテナを交換することでも電波到達範囲を広げることができますが、アンテナ交換をサポートした機器とそうでない機器がある点には注意が必要です。また、現在購入できる無線LAN機器用のアンテナは、2,4GHz帯向けのもののみで、5GHz帯用の製品は販売されていません。アンテナ交換は、基本的に2.4GHz帯の無線LANの電波到達範囲を広げるための手段となります。

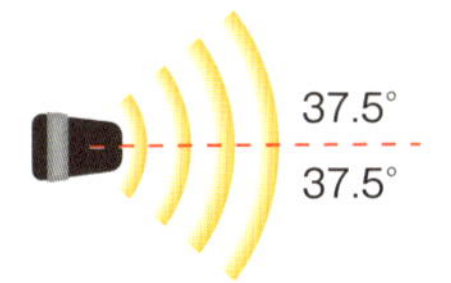

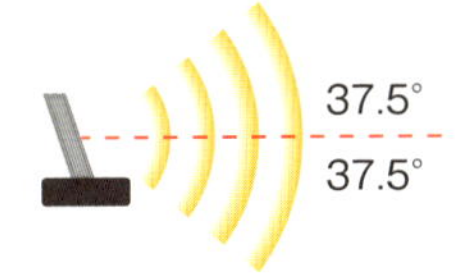

指向性アンテナの電波送出範囲。水平方向、垂直方向ともに電波の送出範囲が限られている点が特徴。その分、電波到達範囲は広くなります

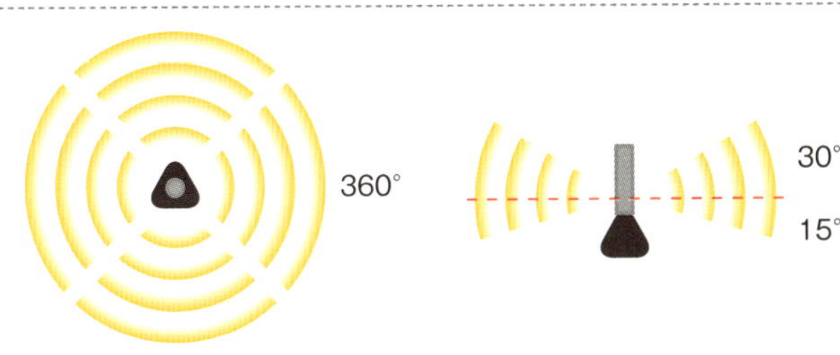

無指向性アンテナの電波送出範囲。水平方向は360度全方位で電波が送出され、垂直方向も比較的広めの範囲で電波が送出されます

中継機購入時のポイント

中継機を用いて無線LANの電波到達範囲を拡大したいときは、中継機能を搭載した機器を購入する必要があります。

中継機能は、無線LANルーターやアクセスポイントに標準搭載されていることが一般的で、無線LAN-イーサネットコンバーターなどにも搭載されている場合があります。また、アクセスポイントとしても利用できる機器を「中継機」として販売しているメーカーもあります。中継機を購入するときは、これらの点を考慮して、購入する機器を選択してください。

また、中継機能は、機器によって若干の機能差があります。購入するときは、次の点も考慮して検討を行うことをおすすめします。

他社製品との接続

中継機は、他社製の親機（無線LANルーターやアクセスポイント）への接続に対応した製品と、同一メーカー製との接続のみをサポートする製品に大別されます。近年は、他社製の接続にも対応した製品が増加していますが、旧型製品の場合や、最新の製品でも一部は未対応の場合があるので注意してください。

また、とくに後者の同一メーカー製の機器のみをサポートする製品の中には、セットで同じ型番を利用した場合のみという制限が付く場合もあります。不安がある場合は、購入を検討している無線LANルーターやアクセスポイントに中継機能が搭載されているどうかを確認し、同じ製品を2台セットで購入すると確実に中継機能を利用できます。

親機との接続方式と中継時の制限

中継機には、接続先の親機（無線LANルーターやアクセスポイント）が送信している周波数帯の電波すべてを中継する機器と、2.4GHz帯（IEEE802.11b/g/n）または5GHz帯（IEEE802.11ac/a/n）

アイ・オー・データ機器が発売する中継機「WN-AC1300EX」。最大データ速度1300Mbpsに対応した高性能な製品です

第1章 ≫基本

のいずれか一方のみを中継する機器があります。

前者の製品は、親機が2.4GHz帯のみ対応だった場合は、2.4GHz帯の電波のみを中継し、親機が2.4GHz帯と5GHz帯の両対応だった場合は両方の電波を中継します。このタイプの製品を利用すると、どこにいても2.4GHz帯／5GHz帯の両方を常に利用できます。中継機の中でもっとも便利なのがこのタイプの製品です。

後者の製品は、親機との接続に2.4GHz帯または5GHz帯のどちらか一方のみを利用します。たとえば、親機が2.4GHz帯のみの対応だった場合は、2.4GHz帯を利用して親機に接続し、親機が2.4GHz／5GHz両対応だった場合は、どちらか一方を親機との接続に利用します。また、このタイプの製品には、親機との接続に利用する周波数帯とは異なる周波数帯を子機に提供する製品と、親機との接続に利用した周波数帯と同じ周波数帯を子機に提供する製品があります。具体的には、親機との接続に5GHz帯を利用し、中継機に接続する子機には2.4GHz帯を提供する製品と、親機／子機ともに5GHz帯を提供する製品があります。中継機を購入する場合は、これらの製品仕様の違いに注意して、どのタイプの製品を購入するか決めてください。

中継機の設定を行うには

中継機の設定は、通常、「WPS」ボタンや「AOSS」ボタンなどの「かんたん設定用ボタン」を利用することで行えます。取り扱い説明書を参考に、親機と中継機の<かんたん設定>ボタンを長押しすれば自動的に設定が行われます。なお、利用している機器によっては、無線LANルーターやアクセスポイントの動作モードを中継機用のモードに変更する必要があります。付属の取り扱い説明書をよく読んでから設定を行ってください。

中継機の設定は、<WPS>ボタンや<AOSS>ボタンなどのかんたん設定用のボタンから行えます。写真の機器では<WPS>ボタンを利用します

SECTION 008 基本

無線LANの速度を上げるには

電波によってデータのやり取りを行う無線LANは、近隣の無線LANの利用状況などによって通信速度が変化する場合があります。ここでは、できるだけ快適な速度で無線LANを利用するテクニックを解説します。

無線LANの通信規格を知る

無線LANには、データ転送速度の違いによってIEEE802.11a、ac、b、g、nの5種類の通信規格があります。これらの規格は、2.4GHz帯と5GHz帯の通信規格に大別でき、それぞれ次のような特徴があります。

規格名	周波数帯	最大通信速度
IEEE802.11a	5GHz	54Mbps
IEEE802.11b	2.4GHz	11Mbps
IEEE802.11g	2.4GHz	54Mbps
IEEE802.11n	2.4GHz／5GHz	450Mbps (理論上の最大は600Mbps)
IEEE802.11ac	5GHz	1.73Gbps (理論上の最大は6.93Gbps)

無線LANの規格と最大速度

2.4GHz帯の通信規格

2.4GHz帯の通信規格には、IEEE802.11b、g、nの3種類の規格があります。IEEE802.11bの最大データ転送速度は11Mbps、IEEE802.11gは54Mbpsです。IEEE802.11nは、2.4GHz帯の中で現在もっとも高速な無線LAN規格です。理論上の最大速度は600Mbpsですが、発売されている製品の多くの最大速度は300Mbpsです。

IEEE802.11nは、「チャンネルボンディング」と呼ばれる技術と「MIMO(multiple-input and multiple-output)」と呼ばれる技術を利用することで高速化を図っている点が特徴です。IEEE802.11nは、2.4GHzの無線LAN専用の規格ではなく、5GHz帯の無線LAN規格でも採用されています。

前者のチャンネルボンディングとは、隣り合う2つのチャンネルを束ねて1つのチャンネルと見なすことでデータ転送を高速化する技術です。無線LANでは、通常、1チャンネル当たり「20MHz」の帯域幅を利用してデータ通信を行っていますが、チャンネルボンディングを利用すると隣り合う2つのチャンネルを束ねるので「40MHz」の

第1章 ≫基本

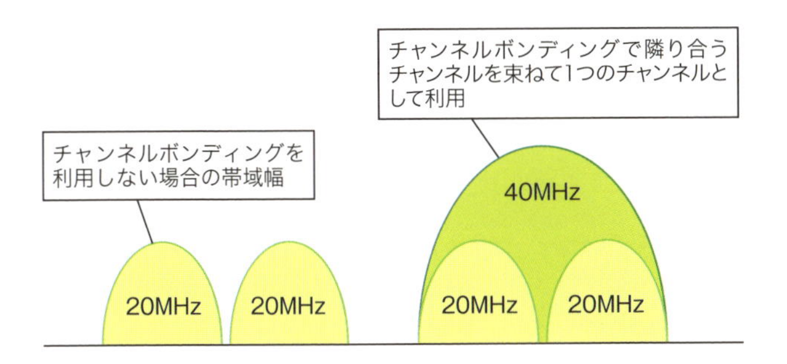

チャンネルボンディングでは、隣り合うチャンネルを束ねて1つのチャンネルとして利用します。これによって、帯域が約2倍になり、速度も2倍に向上します

帯域幅を1チャンネルとして扱い、データ通信を行います。これによって、データ転送速度を約2倍に向上させています。IEEE 802.11nでは、20HMzの帯域幅で最大「75Mbps」のデータ転送速度を実現しており、チャンネルボンディングを利用した40MHzの帯域幅では、最大150Mbpsの速度でデータ通信を行えます。

後者のMIMOは、複数のアンテナを同時に利用してデータの送受信を行うことでデータ転送速度を高める技術です。たとえば、アンテナ1本に対して、データ通信に利用するチャンネル1つを割り当てた場合、アンテナ2本を利用して同時にデータ転送を行えば、2つのチャンネルを利用してデータ転送ができ、通信速度は2倍に向上します。

2.4GHz帯の無線LAN機器の現在の主流は、IEEE802.11nに対応した製品です。1本のアンテナで通信を行う最大速度150Mbpsの製品と、2本のアンテナで通信を行う300Mbpsの製品の2種類が販売されています。IEEE802.11n対応製品は、下位互換で設計されており、IEEE 802.11bやIEEE802.11g対応機器とも通信できます。

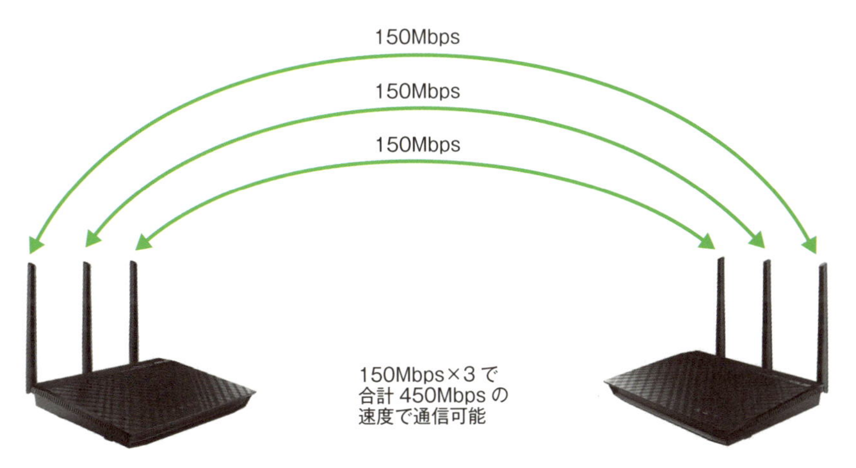

MIMOでは、複数のアンテナを利用してデータの送受信を行います。IEEE802.11nでは、アンテナ1本当たり150Mbpsの速度でデータ通信が行え、2本なら300Mbps、3本なら450Mbpsの速度になります

5GHz帯の通信規格

5GHz帯の通信規格には、IEEE802.11a、n、acの3種類の規格があります。IEEE802.11aの最大データ転送速度は54Mbpsです。

IEEE802.11nは、2.4GHz帯 のIEEE802.11nと同じ技術で、利用する周波数帯域が異なるだけです。理論上の最大データ転送速度は2.4GHz帯と同じ600Mbpsで、周波数帯が異なるため、2.4GHz帯の機器と通信を行うことはできません。販売されている製品の最大通信速度は、5GHz帯の製品のほうが2.4GHzの製品よりも高速であることが多く、3本のアンテナを利用して通信を行う「450Mbps」の製品が販売されています。5GHz帯のほうが高速な製品が販売されているのは、トータルの通信帯域が2.4GHz帯よりも広いためです。

IEEE802.11acは、5GHz帯のみで規定されている最新の通信規格で、現在もっとも高速な無線LANの規格です。この規格は、IEEE802.11nの後継規格で、IEEE802.11n同様にチャンネルボンディングとMIMO技術などを利用して高速化を図っています。チャンネルボンディングによって帯域幅を最大「160MHz（IEEE802.11nでは40MHz）」まで拡大でき、最大「8本（IEEE802.11nでは4本）」のアンテナを利用したデータの送受信に対応しています。

IEEE802.11acは、これらの技術に加えて、より効率のよい変調方式を採用することで、理論上「6.93Gbps」の最大データ転送速度を実現しています。この速度は、IEEE802.11nの最大600Mbpsよりも10倍以上速い速度です。IEEE802.11ac対応製品は、アンテナ1本当たり「433Mbps」の速度を実現しており、433Mbps、866Mbps、1300Mbps、1733Mbpsの4種類の速度の製品が販売されています。また、IEEE802.11acに対応した製品は、IEEE802.11aやIEEE802.11nに対応した機器とも通信できます。

IEEE802.11acに対応した無線LANルーター。写真は、アイ・オー・データ機器の「WN-AC1600DGR3」。最大データ転送速度1300Mbpsに対応しています

無線LANを快適に利用するポイント

無線LANの速度を向上させたいときに、もっともわかりやすい方法は、最新の通信規格に対応した機器を購入することです。たとえば、最新規格のIEEE802.11ac対応機器は、1チャンネル当たり「433Mbps」の速度を実現しており、IEEE802.11n対応機器の150Mbpsと比較して約3倍も高速です。とくに最大速度が54MbpsのIEEE802.11a／g規格の機器を利用している場合は、IEEE802.11ac対応機器やIEEE802.11n対応の機器に買い替えることで物理的な接続速度が速くなり、より快適な無線LAN環境を構築できる可能性が高くなります。

無線LAN規格	IEEE 802.11b	IEEE 802.11a	IEEE 802.11g	IEEE802.11n		IEEE 802.11ac
周波数帯域	2.4GHz帯	5GHz帯	2.4GHz帯	2.4GHz帯	5GHz帯	5GHz帯
最大速度	11Mbps	54Mbps	54Mbps	600Mbps（理論値）		6.93Gbps（理論値）
同時使用チャンネル数	4	19	3	3/2	19/9	19/9/4/2
利用可能チャンネル数	14	19	13	13	19	19
チャンネル幅	20MHz	20MHz	20MHz	20MHz/40MHz		20/40/80/160MHz

無線LANの規格と同時使用チャンネル数／利用可能チャンネル数

5GHz帯の活用

5GHz帯の無線LAN規格に対応した機器を利用している場合は、2.4GHz帯の無線LANを利用するのではなく、5GHz帯の無線LANを活用するのがおすすめです。というのも、2.4GHz帯の無線LANで利用できる通信チャンネルは、合計13チャンネル（機器によっては14チャンネル）ありますが、5MHz単位で各チャンネルの周波数帯が重複する形で配置されています。このため、2.4GHz帯では、電波干渉を起こさずに利用できる独立した20MHz幅の

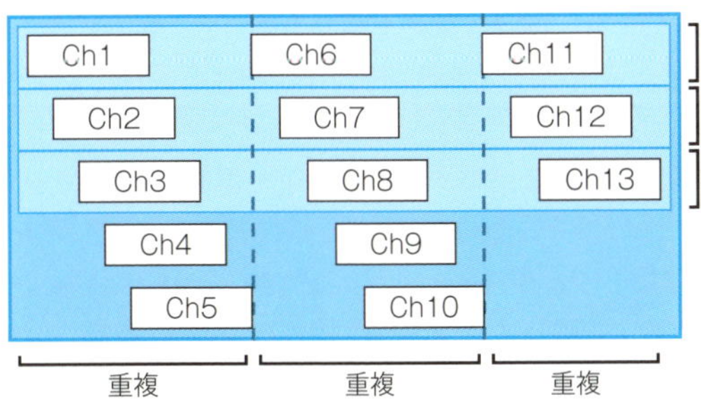

2.4GHz帯は、周波数帯が重複する形で配置されており、電波干渉なしで利用できるのは、実質3チャンネルまたは4チャンネルしかありません

通信チャンネルを最大でも3チャンネル（機器によっては4チャンネル）しか確保できません。

一方、5GHz帯の無線LANは、合計19チャンネルを利用できますが、すべてのチャンネルが20MHz幅で重複することなく独立して配置されています。このため、5GHz帯の無線LANは、2.4GHz帯の無線LANよりももともと電波干渉を受けにくくなっています。また、2.4GHz帯は、Bluetoothや電子レンジなどでも利用されており、それらによる電波干渉が発生する可能性がありますが、5GHz帯ならその心配もありません。

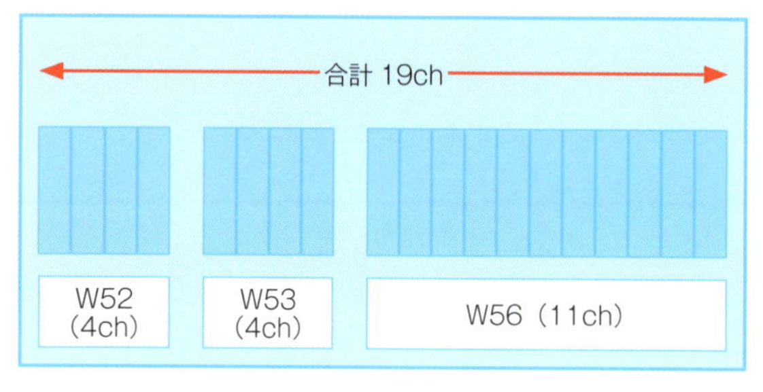

5GHz帯は、すべてのチャンネルが独立して配置されており、すべてのチャンネルを電波干渉なしで利用できます

2.4／5GHz帯の使い分け

5GHz帯に対応した親機（無線LANルーターやアクセスポイント）は、2.4GHz帯も利用できるので、両者の使い分けも速度向上に効果的です。たとえば、携帯ゲーム機などの比較的低速な機器は、できるだけ2.4GHz帯を利用するように設定し、パソコンなどの速度が必要な機器は、5GHz帯を積極的に利用するというわけです。その際に、接続機器の通信規格ごとに親機を設置するとさらに効果が上がります。

たとえば、5GHz帯のIEEE802.11nに対応している機器は、5GHz帯を利用してIEEE802.11nで接続するように設定し、5GHz帯に対応した機器でもIEEE802.11nに対応していない機器は、あえて2.4GHz帯を利用するように設定するというわけです。

無線LANの親機は、対応している通信規格すべての機器の接続に対応しています。たとえば、IEEE802.11a/n/ac対応の親機は、IEEE802.11ac対応機器だけでなく、IEEE802.11aの機器およびIEEE802.11nの機器の同時に接続することができます。しかし、IEEE802.11ac対応機器が接続中の親機に対して、IEEE802.11nの機器やIEEE802.11aの機器が接続するとパフォーマンスが低下してしまいます。このため、IEEE802.11ac対応親機は、IEEE802.11ac専用として利用し、同様にIEEE802.11ac非対応でIEEE802.11n対応親機は、IEEE802.11n専用として利用するとパフォーマンスの向上が見込めます。

また、親機を複数台持っているなら、2.4GHz帯も各通信規格専用として利用することで、パフォーマンスの向上が見込めます。たとえば、2.4GHz帯の親機にもIEEE802.11n専用とIEEE802.11b/g専用を準備するというわけです。2.4GHz帯に対応した機器は広く普及しており、無線LAN対応機器で2.4GHz帯に対応していない機器はほぼ存在しません。最新の製品でも、一部の製品は、IEEE802.11nには非対応で、IEEE802.11gまでしか対応していない場合もあります。初期の携帯ゲーム機などは、IEEE802.11bのみ対応という製品も少なくありません。

2.4GHz帯は、対応機器が多いだけでなく、無線LAN以外の機器でも利用されているため、電波干渉による速度低下が発生しやすい帯域です。近年、パソコンに限らず、スマートフォンなどでも5GHz帯に対応した機器が増加しています。5GHz帯対応親機を持っている場合は、それを活用し、快適な無線LAN環境を構築してください。

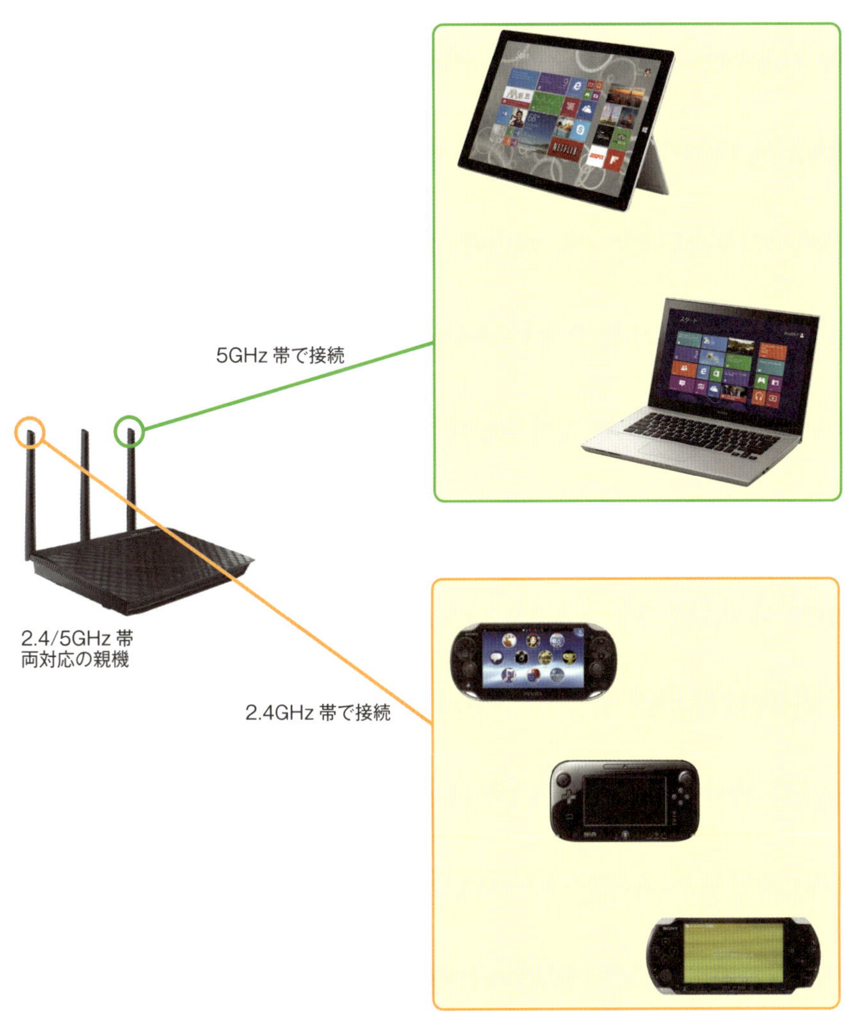

2.4GHz/5GHz帯両対応の親機を利用している場合は、2.4GHz帯に低速な機器を接続し、5GHz帯にパソコンなどを接続すると効率的に運用できます

SECTION 009 基本

ルーター設定のポイントとは

インターネットを利用するには、インターネットサービスプロバイダーと契約を結び、ルーターを設置する必要があります。ここでは、ルーターを設置するときに、必ず行っておきたい設定などについて解説します。

ルーターの役割とは

ルーターは、2つ以上の異なるネットワークの間に設置され、データの中継を行ってくれる機器です。家庭内では、インターネットと自宅に構築した家庭内LANの間に設置します。このように設置されたルーターは、インターネットから受け取ったデータを家庭内LANの目的の機器に送ったり、家庭内LANでやり取りしているデータのうち、インターネットに送る必要があるデータのみをインターネットに送り出し、それ以外のデータを家庭内LANの目的の機器にデータを送る役割を担います。

また、ルーターは、インターネット利用時のセキュリティを高める機能も提供します。というのも、家庭内で光ファイバーやADSLなどを利用したインターネットを行う場合、インターネットを利用する機器が1台のみならルーターを介することなく、直接パソコンをインターネットに接続することも可能です。しかし、このような接続を行うと、インターネットからそのパソコンに対して直接アクセスを試みることができるため、さまざまな脅威に対して、直接その身をさらすことになります。

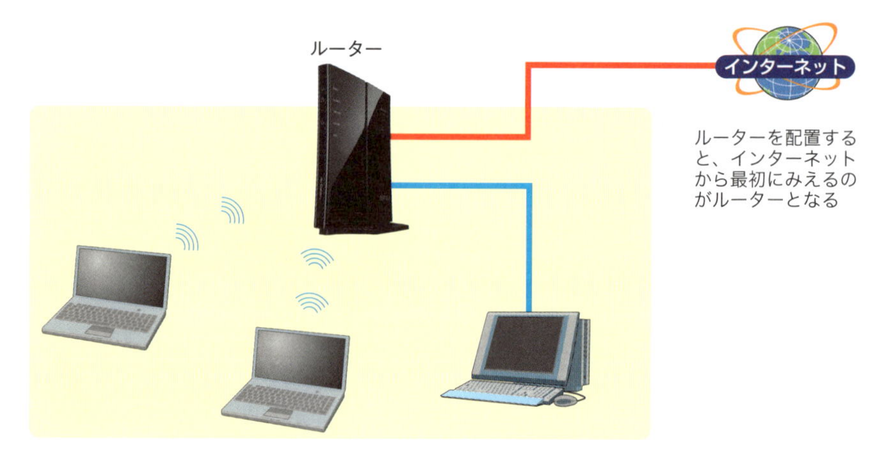

家庭内でインターネットを利用する場合、ルーターを配置するとインターネット側から最初にみえる機器が、ルーターとなり、セキュリティを高めることができます

これはセキュリティ上好ましくありません。しかし、ルーターを設置すれば、インターネット側から最初にアクセスされる機器がルーターとなり、ルーター側で不要なアクセスを排除することも可能となります。家庭用のルーターには、このための防御機能が最初から備わっており、ユーザーが自ら許可をしない限り、インターネット側からの不要なアクセスは自動的に排除するように設計されています。これによって、パソコンなどを直接インターネットに接続する場合よりも、家庭内LANのセキュリティを高めることができます。

ルーター設定のポイント① インターネット接続の設定

ルーターを設置したときに、必ず確認しておきたいのがインターネット接続の設定です。インターネット接続の設定は、契約しているインターネット接続回線やインターネットサービスプロバイダーによって「設定不要」で利用できる場合と、「ユーザー名やパスワードの登録が必要」になる場合の2通りがあります。

前者の「設定不要」で利用できる場合は、ケーブルテレビ業者が提供しているインターネット接続サービスに多くみられます。この接続方法は、「LAN接続（DHCP接続）」と呼ばれます。このタイプの業者の場合、通常、回線終端装置などとルーターを有線LANケーブルで物理的に接続するだけで、インターネットを利用できます。数年前の古いルーターを利用している場合などに若干の設定が必要になる場合がありますが、その場合もWebブラウザーで設定ページを開き、接続方法に「LAN接続（DHCP接続）」や「ローカルルーター」などのモードを選択するだけです。

後者の「ユーザー名やパスワードの登録が必要」になる場合は、「PPPoE」接続を採用している回線提供業者を利用してインターネット接続を行うときです。NTTが

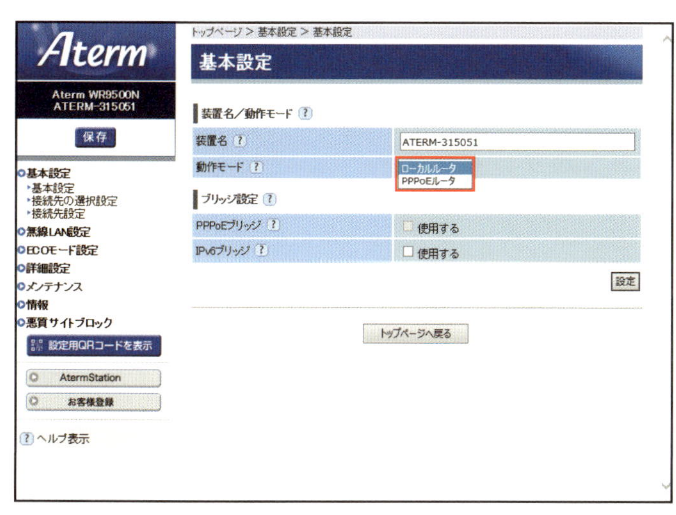

LAN接続（DHCP接続）を採用している業者は、通常、設定不要でインターネットを利用できます。設定が必要な場合も、ローカルルーターやLAN接続（DHCP接続）などの動作モードを選択するだけです

提供しているフレッツ光やフレッツADSLなどのサービスが該当します。このタイプのインターネット接続業者を利用する場合は、ルーターの設定画面を開き、回線接続モードに「PPPoE」を選択して、ユーザー名とパスワードの登録を行います。

なお、ルーターの設定を行うには、ルーターにパソコンを接続し、Webブラウザーを利用してルーターの設定画面を開く必要があります。ルーターの設定画面を開くためのIPアドレスまたはURLは、付属の取り扱い説明書に記載されているほか、デフォルトルーターのアドレスを調べることでも確認できます（P.53参照）。

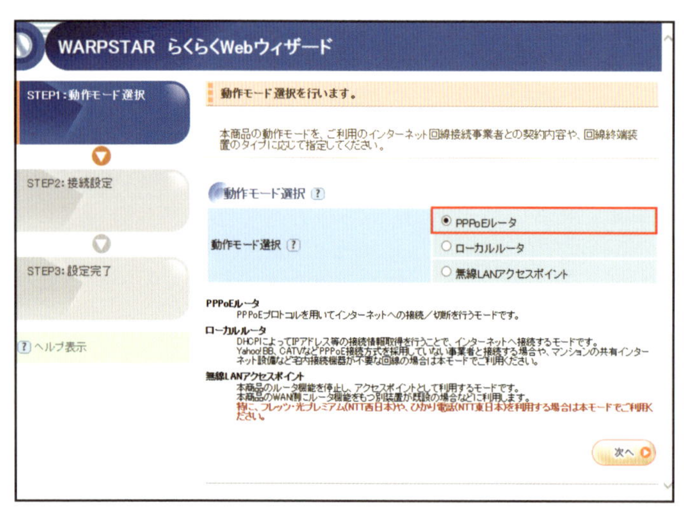

フレッツ光やフレッツADSLなどのPPPoE接続で利用するインターネット接続回線は、ルーターの回線接続モードを「PPPoE」に設定し、その後、ユーザー名とパスワードの設定が必要になります

接続先の設定

[接続先名]は、わかりやすい名前に自由に変更できます。
※NTT東日本/NTT西日本の「フレッツ・ADSL」、「Bフレッツ」などをご利用の場合は、ユーザー名(ログインID)の後ろに「@<プロバイダ名>」の指定が必要です。<プロバイダ名>の部分は、各プロバイダにより異なりますのでご注意ください。(例) abcdefg@biglobe.ne.jp

接続先名	接続先 1
ユーザー名	username @ xxx.ne.jp
パスワード	●●●●●●●●

フレッツ・スクウェア接続

NTT東日本/NTT西日本の「フレッツ・ADSL」、「Bフレッツ」をご利用の場合、「フレッツ・スクウェア」への接続設定を自動で行います。

フレッツ・スクウェア接続	◉ 設定しない
	○ 設定する(東日本)
	○ 設定する(西日本)

「PPPoE」を設定した場合のユーザー名とパスワードの入力画面。NTTが提供しているフレッツ光やフレッツADSLでは、ユーザー名とパスワードの設定が必要になります

ルーター設定のポイント② ルーターのパスワード設定

ルーターを設置したときに必ず行っておきたいのが、ルーターの設定画面を開くときに利用する「パスワードの変更」です。ルーターに初期設定されているパスワードは、取り扱い説明書に記載されており、その気になれば誰でも知ることができます。他人に設定を変更されないように、必ず、パスワードの設定を変更しておきましょう。なお、ルーターによっては、設定画面を開いたときに、最初にパスワードの設定を行うように設計されている製品があります。

また、ルーターによっては、インターネット側から設定画面を呼びせるような設定が準備されていたり、pingコマンドによる機器の設置確認に返答するかどうかの設定が準備されている場合があります。これらの機能を有効にすると、ルーターのセキュリティが低下するので注意が必要です。設定の有無を確認し、これらの機能を無効に設定しておくことをおすすめします。

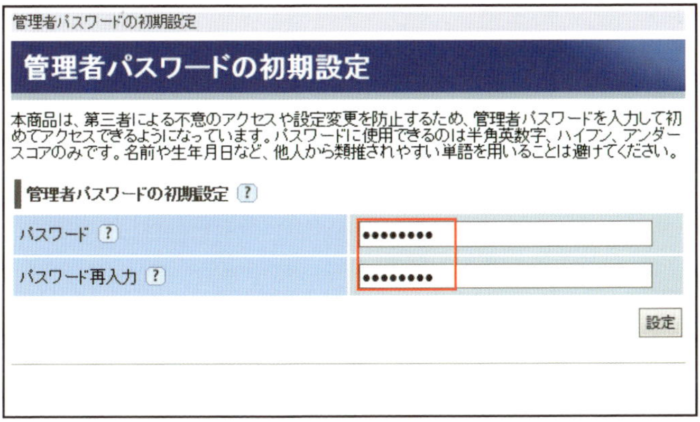

NEC製のルーターでは、設定画面を開いたときに最初にパスワードの設定を行うように設計されています

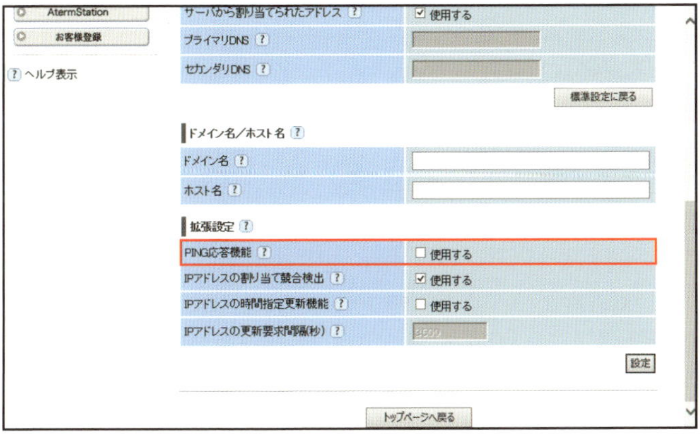

PING応答機能を搭載しているルーターを利用している場合は、この機能が無効に設定されているかを確認します

無線LANの設定ポイントとは

無線LANは、誰でも受信可能な電波を利用してデータのやり取りを行うため、セキュリティの確保が欠かせません。ここでは、無線LANを利用する上で、行っておきたいセキュリティ設定について解説します。

無線LANのセキュリティ設定

電波を利用してデータのやり取りを行う無線LANは、電波を傍受されても、情報が漏洩しないためのセキュリティ機能を用意しています。無線LANで利用されているセキュリティ機能は、通信内容を暗号化することでデータの内容を秘匿する「暗号化」、特定の機器以外からのアクセスを防ぐ「MACアドレスフィルタリング」、無線LANのアクセスポイント名を隠す「SSIDの隠蔽」があります。データの暗号化は、セキュリティを確保する上で欠かすことができない必須のセキュリティ機能です。MACアドレスフィルタリングとSSIDの隠匿は必須の機能ではありませんが、暗号化に加えてこれらの機能も合わせて設定しておくと、無線LANのセキュリティがアップします。可能なら、この3つのセキュリティ機能すべてを設定することをおすすめします。

暗号化でセキュリティを高める

無線LANのセキュリティを確保する上で、事実上必須の機能となっているのが「暗号化」です。無線LANでは、「SSID」と呼ばれる識別情報を利用して接続先のアクセスポイントを指定し、暗号化によってアクセスポイント（親機）とクライアント（子機）との間でやり取りしているデータを秘匿しています。暗号化を施さずに無線LANのアクセスポイントを設置すると、SSIDさえわかってしまえば誰でもそのアクセスポイントに接続できてしまうので注意してください。

無線LANの暗号化は、「認証方式」と「暗号化方式」がセットで利用されています。最初に信頼できる機器かを認証によって確認して、認証が成功したら実際のデータのやり取りが開始されます。その際、やり取りされるデータの内容は暗号化されます。

親機と子機の間で認証に利用されるのが、「暗号キー」と呼ばれる情報です。暗号キーは、パスワードのようなもので、事前に親機に設定しておく必要があります。子機は、親機接続時に暗号キーを送り、それが親機に設定されている暗号キーと一致すると、通信が確立されます。通常、親機には、任意の暗号キーが設定された状態で出荷されており、ユーザーがあとから変更することもできます。出荷時に設定されている暗号キーは、無線LANルーターやアクセスポイントなどの親機本体に記載されています。暗号キーは、「WPA-PSK（事前共有キー）」

や「WPA暗号化キー（PSK）」、「パスフレーズ」などメーカーによって呼称が異なります。

認証方式は、「WEP（Wired Equivalent Privacy）」「WPA（Wi-Fi Protected Access）」「WPA2」の3種類があります。

WEPは、初期の無線LANで利用されていた方式で、暗号化されたデータを解読されやすく、安全性がもっとも低い方式です。

WPAは、WEPをより強固にした方式です。一定量の通信を行うと暗号化に利用する鍵が変化するため、データの解読が難しくなっています。

WPA2は、WPAのセキュリティをさらに強化した後継規格です。現在の主流は、セキュリティがもっとも高いWPA2を利用した認証です。通常は、認証方式にWPA2を利用してください。

暗号化方式は、実際のデータの暗号化を行うときに利用する技術です。「AES（Advanced Encryption Standard）」「TKIP（Temporal Key Integrity Protocol）」「RC4」の3種類があります。この中でもっともセキュリティが高いのが、AESです。通常、WPA2で認証を行うときは暗号化方式にAESが利用され、WPAではTKIP、WEPではRC4が利用されます。暗号化の設定は、もっともセキュリティが高いAESをWPA2と組み合わせて利用することをおすすめします。

なお、セキュリティが低いWEPの利用は、基本的に推奨されませんが、初期の携帯ゲームなど一部の製品では、暗号化機能としてWEPのみしかサポートしていない場合があります。無線LANは、認証方式が一致しないと親機への接続が行えません。WEPのみ対応の機器を利用するには、親機の認証方式にWEPを設定する必要があり、そのままではセキュリティが著しく低下する恐れがあります。このようなケースでは、「マルチSSID」と呼ばれる機能を利用することを強くおすすめします。

マルチSSIDは、同じ周波数帯にパソコン用とゲーム機用など2つのSSIDを準備

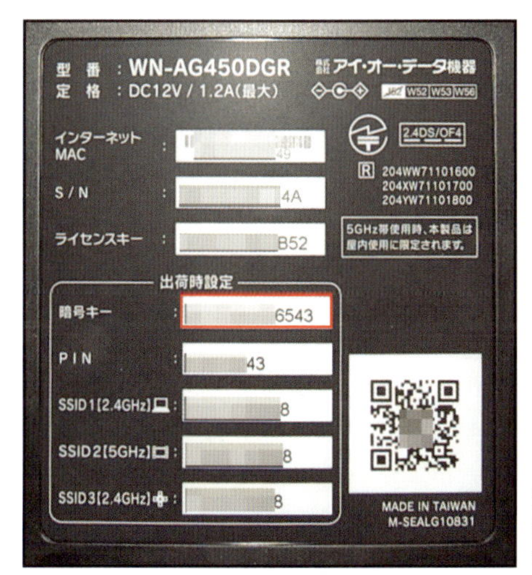

工場出荷時に設定されている暗号キーは親機本体に記載されていることが一般的で、暗号キーはあとから任意のものに変更することもできます

第1章 基本

し、それぞれの用途によってSSIDを使い分ける方法です。マルチSSIDでは、2つのSSIDに異なる暗号化の設定が行えます。たとえば、1つのSSIDにはWPA2-AESを設定し、もう1つのSSIDにWEPを設定できます。これによって、WEPのみ対応のゲーム機などを接続しても、セキュリティが低下することはありません。利用している親機がマルチSSID機能を搭載しているかどうかは、付属の取り扱い説明書などで確認してください。

また、マルチSSIDを利用する場合は、WEPで利用するSSIDに対して「隔離」機能の設定を行っておくことをおすすめします。隔離とは、特定のSSIDをインターネット接続専用に利用する機能です。隔離機能が設定されたSSIDは、有線LANで接続した機器や、もう1つのSSIDで接続している機器とデータのやり取りを行うことができません。これによって、WEPの暗号化が破られたとしても、有線LANで接続している機器やもう1つのSSIDで利用している機器に深刻なダメージを与える危険性が減り、セキュリティが向上します。

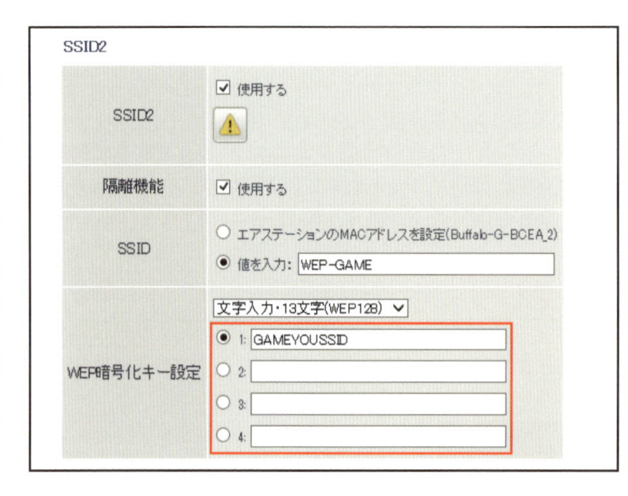

マルチSSIDの設定例。バッファロー製無線LANルーター「WZR-1166DHP2」では、SSIDの設定画面で複数のSSIDを設定できます。追加するSSIDは、WEPのみ設定できます。隔離機能の設定も行っておくとセキュリティがアップします

MACアドレスフィルタリングを設定する

MACアドレスフィルタリングは、「MACアドレス（物理アドレス）」と呼ばれるネットワーク機器固有の識別情報を利用したフィルタリング機能です。通信を許可する機器のMACアドレスを無線LANルーターやアクセスポイントに登録しておき、登録済みのMACアドレスの機器以外の接続を拒否します。MACアドレスは、特殊な方法を利用すると偽装できるという問題はありますが、外部から登録されているMACアドレスを特定するには多くの時間が必要になるためセキュリティが向上します。

たとえば、家庭内で接続する機器が特定できる場合はこの機能を利用し、MACアドレスが登録されていない機器からの接続を拒否するように設定しておくことをおすすめします。

無線設定
2.4 GHz (11n/g/b)
5 GHz (11ac/n/a)
WPS
AOSS
MACアクセス制限
マルチキャスト制御
ゲストポート
セキュリティー
アプリケーション
管理
ステータス
編集を終了して前の画面へ戻る
登録リストの新規追加
登録するMACアドレス
新規追加
登録リスト
MACアドレス 操作
MACアドレスが登録されていません
検出された無線パソコン一覧
MACアドレス 操作
1C:B1:7F:22:1B:44 登録
現在の状態を表示

無線LANルーターやアクセスポイントの設定画面を開いて、MACアドレスフィルタリングの設定を行います。バッファローの無線LANルーターでは、「MACアクセス制限」のページで設定を行えます

MACアドレスの情報は、機器に情報が記載されたシールで確認できるほか、Windowsで調べることもできます。Windowsから調べる場合は、コマンドプロンプトを開き、「ipconfig /all」と入力すると、MACアドレスやデフォルトルーターのアドレス、自身のIPアドレスなどを確認できます。

また、利用している無線LANルーターやアクセスポイントによっては、設定画面を開いた時点で接続中の無線LAN機器のMACアドレスを確認できる場合があります。

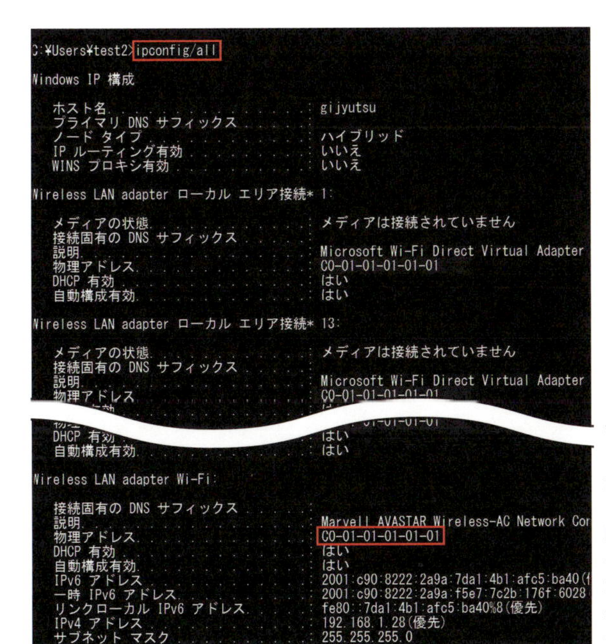

WindowsでMACアドレスを調べるには、スタート画面やスタートメニューから「コマンドプロンプト」を開き、「ipconfig /all」と入力します。「Wirelss LAN adaptor Wi-Fi」のところの「物理アドレス」にMACアドレスが表示されます。このコマンドは、自身のIPアドレスやデフォルトルーターのアドレスなども確認できます

SSIDの隠蔽を設定する

SSIDの隠蔽（ステルス）は、親機の識別情報として利用されている「SSID」を、子機から見えないようにする機能です。親機は通常、子機がかんたんに接続できるようにSSIDを公開しており、パソコンやスマートフォンなどで接続先親機（無線LANルーターやアクセスポイント）の選択リストを表示すると、周囲にある親機の一覧（SSID）が自動的に表示されます。しかし、SSIDの隠蔽機能を有効にすると、接続先親機の一覧リストに「SSID」が表示されなくなります。

SSIDの隠蔽は、「SSIDステルス」や「ANY接続拒否」などとも呼ばれています。この機能を設定すると、SSIDを知っているユーザーしかその親機に接続できなくなり、セキュリティを高めることができます。この設定は、メーカーによって異なるので、取り扱い説明書などで確認して設定を行ってください。

なお、パソコンのOSがWindows 8.1以降の場合、SSIDの隠蔽を行うとその親機への自動接続が行えなくなります。この問題を回避するには、SSIDの隠蔽の設定を行う前に、その親機への接続設定を変更するか、デスクトップの通知領域のネットワークアイコンをクリックし、＜非公開のネットワーク＞を選択して、新規の接続設定を作成する必要があります。その際、＜自動的に接続する＞を必ずオンにして接続先の新規作成を行ってください。また、SSIDは、大文字と小文字が区別されます。SSIDを入力するときは、大文字と小文字を正確に入力してください。ここでは、Windows 10を利用している場合の親機への接続設定の変更手順を紹介します。Windows 8.1/7でも同じ手順で設定を変更できます。

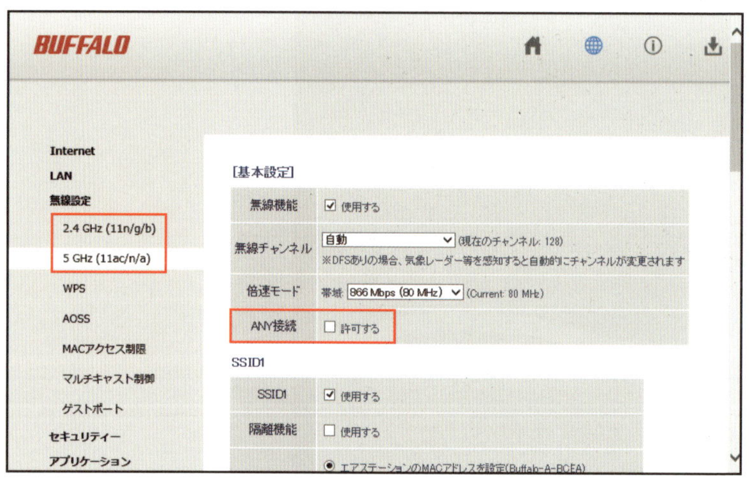

SSIDの隠蔽の設定例。バッファロー製無線LANルーター「WZR-1166DHP2」は、「無線LAN設定」の「2.4GHz (11n/g/b)」または「5GHz (11ac/n/a)」で設定できます。この製品の場合は、「ANY接続」を拒否することで、SSIDの隠蔽を設定できます

❶デスクトップのネットワークアイコンを右クリックし、

❷<ネットワークと共有センターを開く>をクリックします。

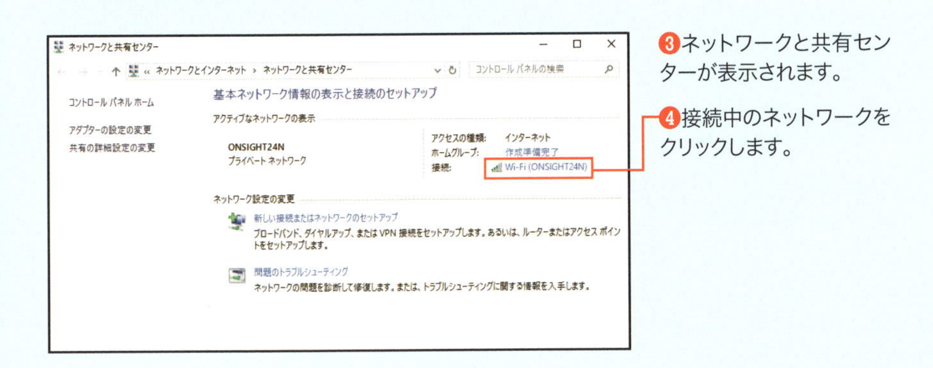

❸ネットワークと共有センターが表示されます。

❹接続中のネットワークをクリックします。

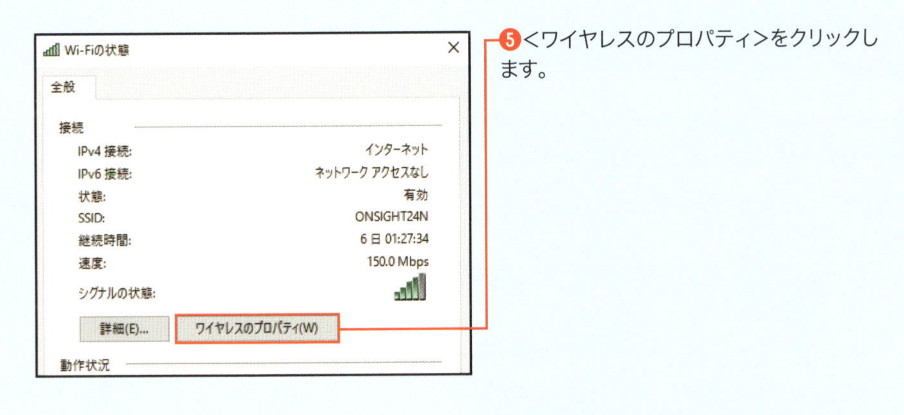

❺<ワイヤレスのプロパティ>をクリックします。

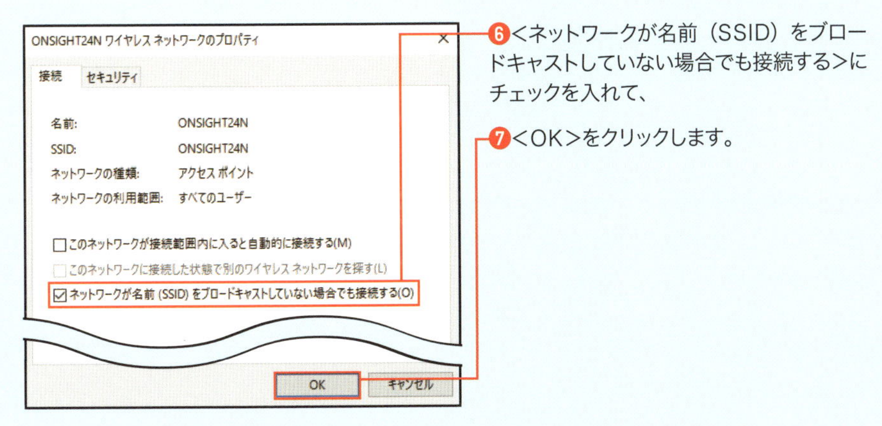

❻<ネットワークが名前（SSID）をブロードキャストしていない場合でも接続する>にチェックを入れて、

❼<OK>をクリックします。

ルーターが2台になったときの接続方法とは

ここでは、ルーターを複数台持っている場合のLANの構築方法を解説します。以前から持っている無線LANルーターを親機として活用したいときや、無線LANルーターを買い替えてそのまま利用したいときに参考にしてください。

ルーターが複数ある場合の対処方法

無線LANの親機（アクセスポイント）は、ルーター機能を搭載した無線LANルーターが主流で、ルーター機能を搭載しない製品は少数派です。このため、インターネット回線の提供業者からレンタルまたは購入したルーターを利用しているにもかかわらず、無線LANルーターを購入してしまったという方も多いはずです。また、すでにルーターが設置されている環境に、新しく無線LANルーターを導入したい場合や、以前から持っている無線LANルーターを今あるネットワークに親機として追加したい場合な

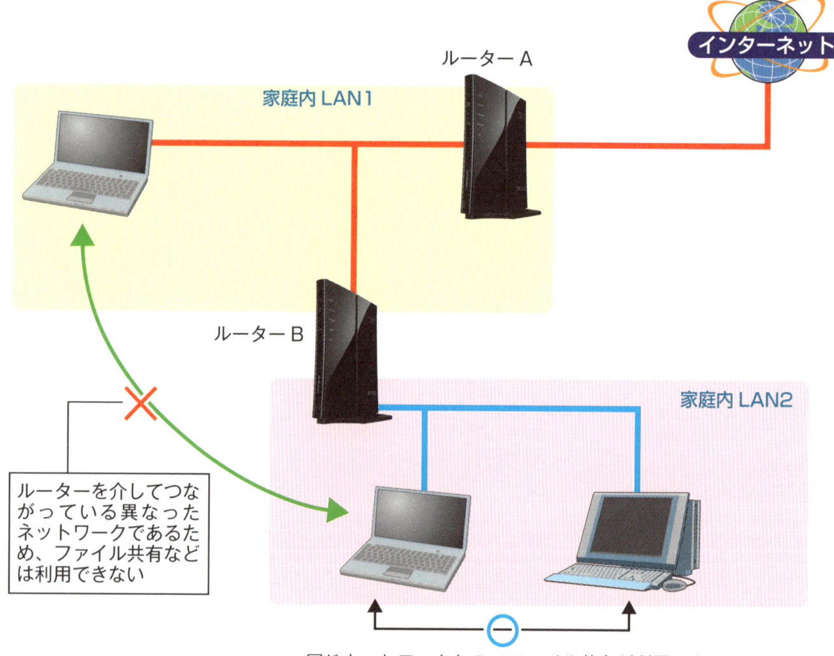

2台のルーターを設置すると、すでに構築した家庭内LANとは別のネットワークが構築されます

どもあるでしょう。

すでにルーターが設置されている環境に無線LANルーターを導入するには、ルーター機能を「有効」にしたまま設置する方法と、「無効」にして設置する方法があります。いずれの方法を利用しても、インターネットの利用に問題はありません。しかし、前者の方法ではファイル共有やプリンター共有などを利用できなくなり、後者の方法では、ファイル共有やプリンター共有などもそのまま利用できるという違いがあります。

というのも、家庭向けのルーターは「2つ」の異なるネットワークの間に設置され、両者の間でデータの中継を行う機能を提供しています。このため、2台のルーターを設置するということは、合計3つのネットワークが必然的に存在することになります。

通常、ルーターが1台の場合は、インターネットと家庭内LANの2つのネットワークで利用します。このネットワークにルーターをもう1台追加する場合は、1台目のルーターに接続されている家庭内LANに、新しいルーターを追加します。つまり、1台目のルーターでインターネットと家庭内LAN（ここでは、「家庭内LAN1」）のネットワークを接続し、2台目のルーターで家庭内LAN1と家庭内LAN2のネットワークを接続することになります。

ファイル共有やプリンター共有は、同一ネットワーク内の機器どうしでのみ利用できる機能で、ルーターを超えて利用することはできません。ルーターを2台設置すると、家庭内LAN1と家庭内LAN2のような異なるネットワーク間でファイル共有やプリンター共有を行うことはできない点に注意してください。

ただし、2台目のルーターの設置は、ファイル共有やプリンター共有が行えないことがデメリットではなくメリットになる場合もあります。たとえば、ゲーム機専用のネット

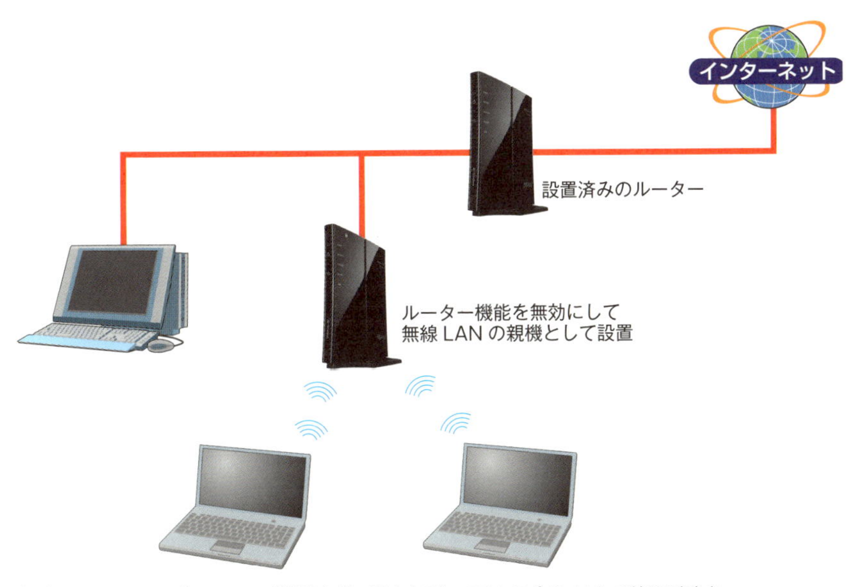

無線LANルーターの「ルーター」機能を無効に設定すると、アクセスポイントとして利用できます

第1章 基本

ワークを構築したい場合や友人などゲスト向け専用の環境を準備したい場合など、特定用途向けの専用ネットワークを準備したいときです。このようなケースでは、ルーターをもう1台設置するとインターネットを利用できるようにしたまま、大切なデータを管理していているネットワークと切り離した別のネットワークを構築できます。これによって、大切なデータの漏洩を防ぎ、セキュリティを高めることができます。

なお、インターネット回線の提供業者からレンタルまたは購入したルーターを利用している環境にルーター（無線LANルーターを含む）を追加する場合、家庭内LANを追加したルーターのみで構築してもかまいません。この方法を利用するとほとんどのケースで、すでに設置済みのルーターのハブと追加するルーターの「インターネット」端子を有線LANケーブルで接続するだけで利用できます。NTTが提供しているフレッツ光やフレッツADSLなどのサービスを利用していても、ユーザー名やパスワードの登録は必要ないので、かんたんに利用できるというメリットがあります。

一方、後者の無線ルーターのルーター機能を無効にして設置する方法は、無線LANルーターを単なる無線LANの親機（アクセスポイント）として利用する方法です。この方法は、これまで利用していたネットワークの設定を変更することなく利用できる点はメリットですが、追加する無線LANルーターの設定変更などが必要になります。

機器設置時のポイント① ルーター機能有効の場合

ルーターが設置されている環境に、ルーター機能を有効にしたまま無線LANルーターを追加する場合は、必ず追加する無線LANルーターのインターネット端子と、すでに設置済みのハブを有線LANケーブルで接続する必要があります。また、次の点について事前に確認しておく必要があります。

1つ目は、追加する無線LANルーターのIPアドレスを必ず確認することです。IPアドレスが、すでに設置済みのルーターと同じであった場合、追加した無線LANルー

ルーター機能を有効にしたまま追加するときは、設置済みルーターのハブと、新規設置する無線LANルーターのインターネット端子をケーブルで接続します

ターは正常に動作しません。取り扱い説明書などでIPアドレスを確認して、設置済みルーターとは異なるIPアドレスに設定しておいてください。

2つ目が、動作モードの確認です。無線LANルーターは、ルーターモード／アクセスポイントモードの切り替えスイッチを搭載した製品が主流です。取り扱い説明書を確認し、無線LANルーターの動作モードがルーターモードになっていることを確認しておいてください。

また、無線LANルーターの中には、ルーターモード／アクセスポイントモードの自動判別機能を搭載した製品が存在しています。このタイプの製品は、動作モードのスイッチに関係なく、インターネット端子に接続されたネットワークを自動判別して最適と思われる動作モードを自動設定します。このタイプの製品では、手動で設定を行わないとルーターモードで利用できません。事前に自動判別機能を搭載しているかどうかを確認しておいてください。

機器設置時のポイント② ルーター機能無効の場合

無線LANルーターのルーター機能を無効にしてアクセスポイントモードで設置する場合は、取り扱い説明書を参考に動作モードを「アクセスポイントモード」に設定してから設置を行います。

また、すでに設置済みのルーターとは、互いのハブどうしを有線LANケーブルで接続してください。なお、無線LANルーターの中には、動作モードをアクセスポイントモードに設定すると、インターネット端子もハブの端子の1つとして利用できる製品があります。このタイプの製品は、前述した動作モードの自動判別機能を搭載した製品に多くみられます。利用しているルーターがどのような仕様となっているかは、取り扱い説明書で確認してください。

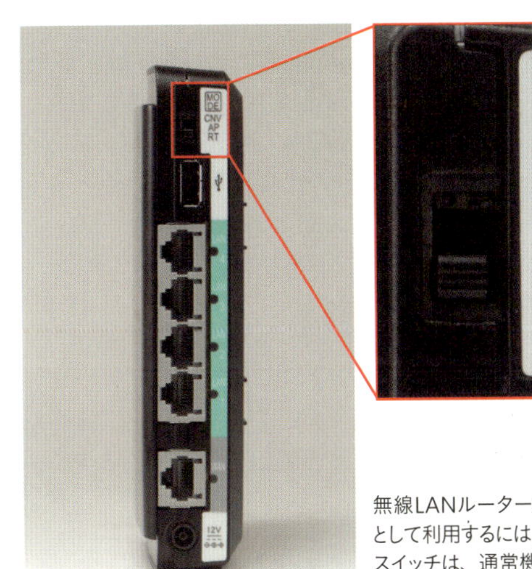

無線LANルーターのルーター機能を無効にしてアクセスポイント（親機）として利用するには、動作モードのスイッチを変更します。動作モード選択スイッチは、通常機器の背面に用意されています。<AP>に設定するとアクセスポイントモードに設定されます

アクセスポイントに優先順位を付けるには

WindowsやMacでは、接続先のアクセスポイント（親機）に優先順位を設定できます。頻繁に利用する親機に優先順位を付けておくと、会社や自宅で狙った親機に自動接続する可能性を高くできます。

アクセスポイントに優先順位を付けるには

WindowsやMacなどの無線LANの子機（クライアント）は、接続した親機（アクセスポイント）の接続情報を保存しておき、次回の接続に利用しています。このため、接続可能な親機（アクセスポイント）の電波を複数検出したときに、自分が想像しているのとは別の親機に自動接続してしまう場合があります。

たとえば、自宅で利用しているのに、自宅の親機ではなく、近所に設置されている公衆無線LANスポットのアクセスポイントに接続していたというようなケースがあります。この問題は、手動で接続を行うことでも回避できますが、接続先の親機（アクセスポイント）に優先順位を付けておくことで回避できます。接続先の親機の優先順位を設定しておけば、親機の電波を検出したときに優先順位に従って親機への自動接続が実行されます。

Windows 10／8.1以降で優先順位を設定する

Windows 10／8.1以降で接続先の親機（アクセスポイント）の優先順位を設定するには、コマンドプロンプトを利用します。また、接続先の情報は、「プロファイル」と呼ばれ、「SSID」ごとに管理されています。接続先の優先順位の設定は親機に接続していない状態で、以下の手順で行います。

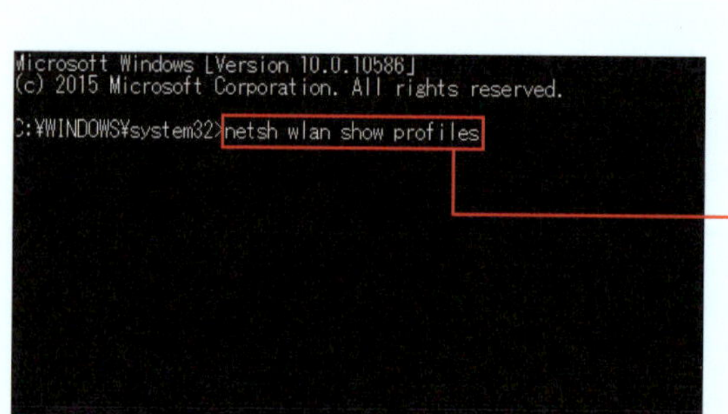

❶スタートボタンを右クリックし、<コマンドプロンプト（管理者）>をクリックします。

❷「netsh wlan show profiles」と入力し、Enterキーを押します。

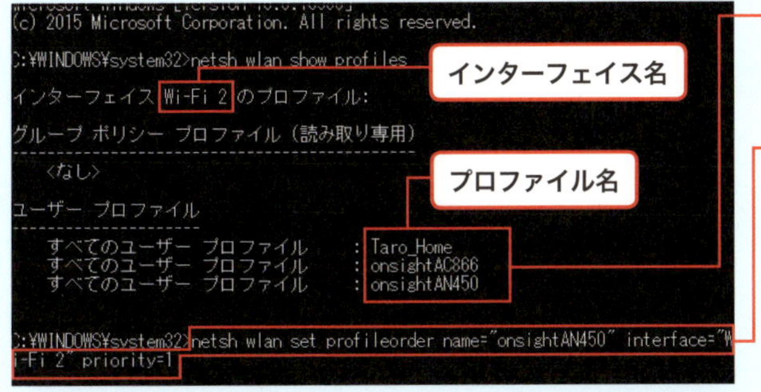

❸登録されているプロファイルの一覧が優先順位に表示されます。

❹「netsh wlan set profileorder name="変更したいプロファイル名" interface="インターフェイス名" priority=設定したい優先順位」と入力し、Enterキーを押します。

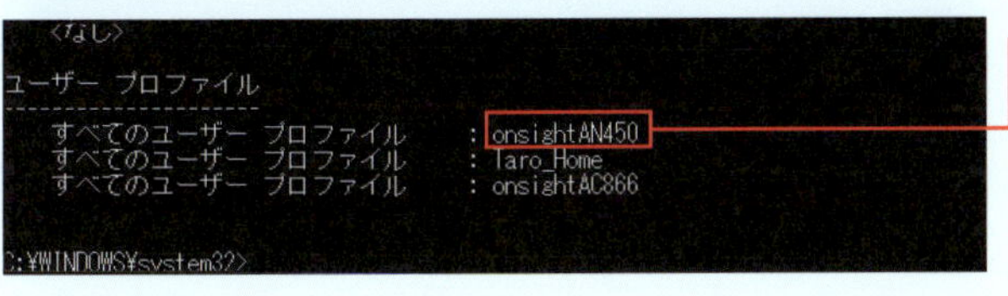

❺優先順位が更新されます。

❻「netsh wlan show profiles」と入力し、Enterキーを押します。

```
    <なし>
ユーザー プロファイル
-------------
    すべてのユーザー プロファイル     : onsightAN450
    すべてのユーザー プロファイル     : Taro_Home
    すべてのユーザー プロファイル     : onsightAC866

C:¥WINDOWS¥system32>
```

❼優先順位が変更されていることが確認できます。

第1章 基本

COLUMN

コマンドの書式について

無線LANの接続先の優先順位は、「netsh」コマンドを利用して設定を行います。入力書式と各コマンドの意味とパラメーターの設定は、以下の通りです。

書式：netsh wlan set profileorder name="プロファイル名" interface="インターフェイス名" priority=[設定したい優先順位]

wlanは、無線LANの設定を行うためのコマンドです。
setは、設定の変更を行うためのコマンドです。
profileorder nameは、設定を行うプロファイルを指定するコマンドです。プロファイル名に半角スペースが含まれる場合は、プロファイル名の前後を"（ダブルコーテーション）で括って入力を行います。
interfaceは、設定を行うインターフェイスを指定するコマンドです。インターフェイス名に半角スペースが含まれる場合は、インターフェイス名の前後を"（ダブルコーテーション）で括って入力を行います。
priorityは、優先順位を設定するためのコマンドです。設定したい優先順位を整数値で入力します。

Windows 7／Vistaで優先順位を設定する

Windows 7やWindows Vistaでは、「ワイヤレスネットワークの管理」画面を開くことで、接続先の親機の優先順位を設定できます。設定は以下の手順で行え、Windows 7とWindows Vistaは同じ手順で設定できます。

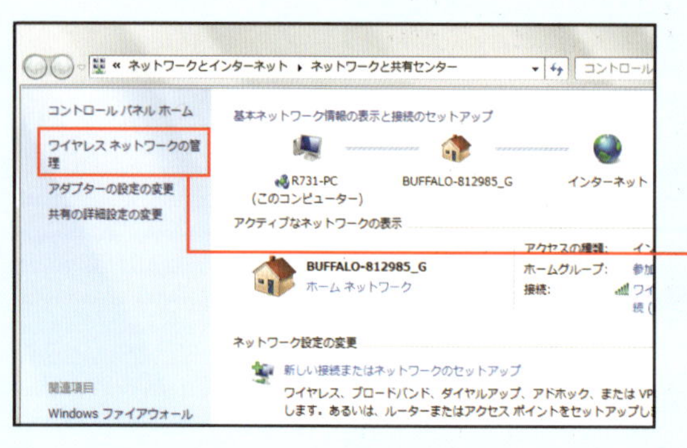

❶通知領域のネットワークアイコンを右クリックし、<ネットワークと共有センターを開く>をクリックして、「ネットワークと共有センター」を開きます。

❷<ワイヤレスネットワークの管理>をクリックします。

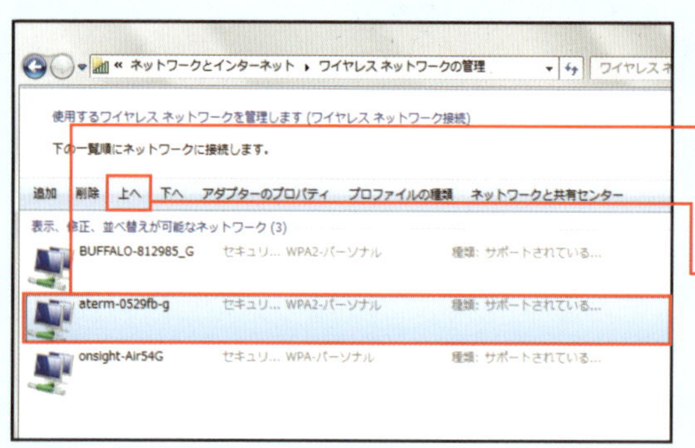

❸「ワイヤレスネットワークの管理」画面が開きます。

❹優先順位を変更したいアクセスポイントのプロファイルをクリックし、

❺<上へ>または<下へ>（ここでは、<上へ>）をクリックします。

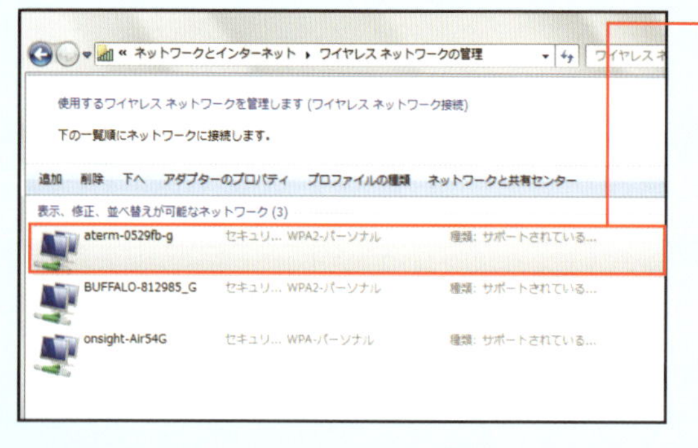

❻選択したプロファイルの優先順位が変更されます。

Macで優先順位を設定する

Macで接続先の親機（アクセスポイント）の優先順位を設定するには、「ネットワーク」の設定画面から以下の手順で行います。

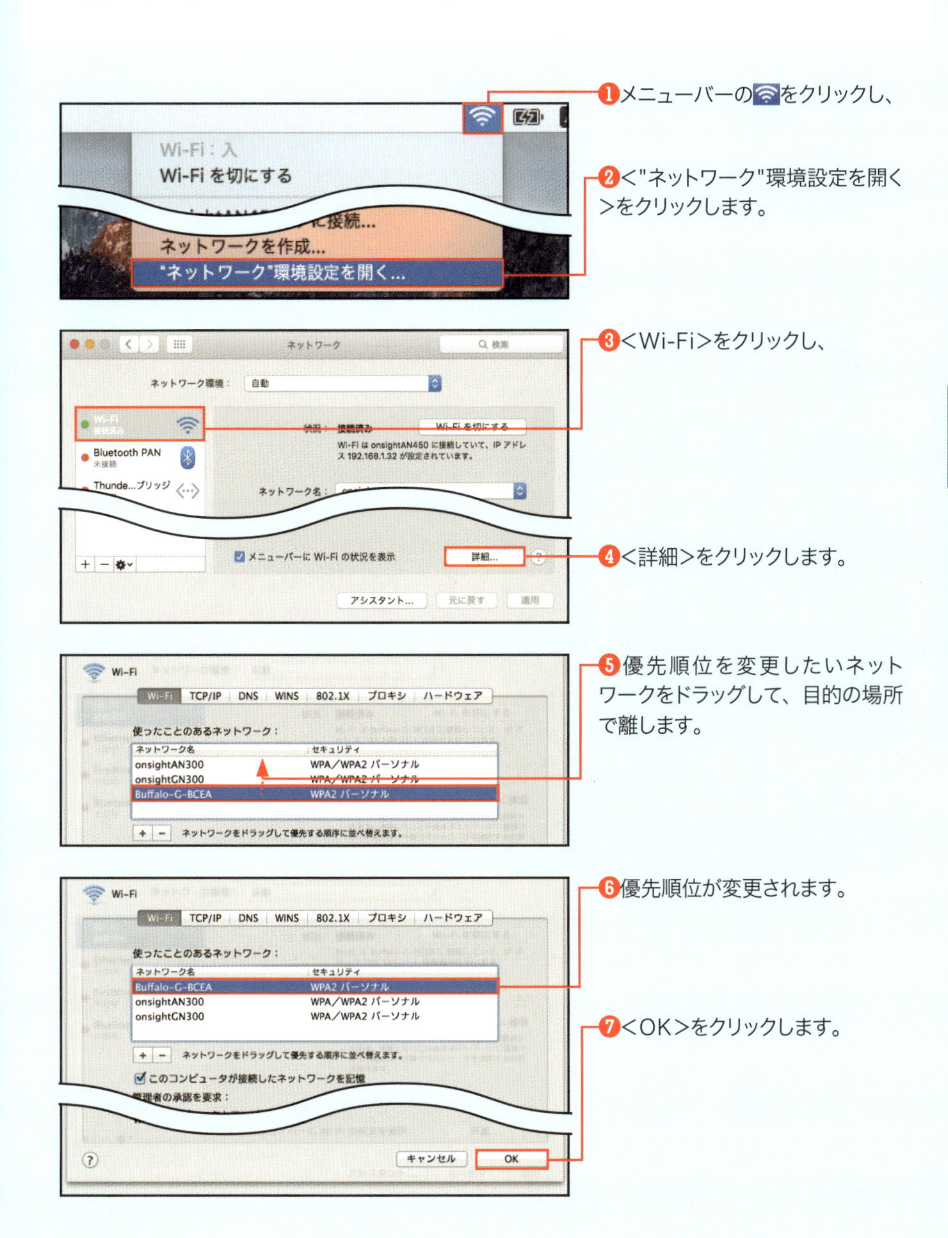

❶メニューバーの（Wi-Fiアイコン）をクリックし、

❷<"ネットワーク"環境設定を開く>をクリックします。

❸<Wi-Fi>をクリックし、

❹<詳細>をクリックします。

❺優先順位を変更したいネットワークをドラッグして、目的の場所で離します。

❻優先順位が変更されます。

❼<OK>をクリックします。

第1章 ≫基本

SECTION 013 基本

紛らわしいアクセスポイントを非表示にするには

無線LANを利用していて煩わしいのが、近隣に設置されたアクセスポイントのSSIDまで接続先リストに表示されてしまうことです。ここでは、不要なアクセスポイントのSSIDを非表示にする方法を解説します。

接続先リストにSSIDが大量に表示される

無線LANを利用するユーザーは、年々増加しており、公衆無線LANスポットも増加の一途をたどっています。このため、会社や街なかだけでなく、自宅でもたくさんのSSIDが接続先リストに表示されるようになってきています。

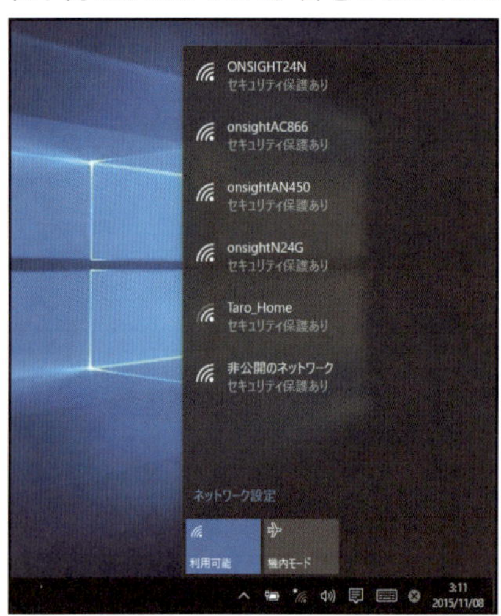

Windows 10の無線LANのアクセスポイントの接続先リスト画面。自宅のアクセスポイント以外も表示されます

無線LANは、電波を利用してデータのやり取りを行うため、受信可能なアクセスポイントを検出すると、それらすべてのSSIDを表示する仕様で設計されています。技術的にはごく当たり前のことですし、だからといってそれが大きな問題になるわけではありません。しかし、関係ないアクセスポイントのSSIDが大量に表示されるのは、気持ちのよいものではありません。

Windowsでは、このようなときに、あらかじめ登録しておいたアクセスポイントを表示しないようにする機能を備えています。この機能を利用すると、不要なアクセスポイントのSSIDを常に非表示にできます。

WindowsでアクセスポイントのSSIDを非表示にする

WindowsでアクセスポイントのSSIDを非表示にするには、「コマンドプロンプト」から設定を行います。設定を行う前に、接続先リストを表示して、非表示にしたいアクセスポイントのSSIDを紙などに控えておいてください。また、設定を行うときに間違えて、自分が利用しているアクセスポイントを登録しないように注意してください。ここでは、Windows 10を例に、不要なアクセスポイントを非表示にする手順を解説しますが、Windows 8.1／7／Vistaも同じコマンドを入力することで設定を行えます。

Windows 8.1を利用している場合は、スタートボタンを右クリックして「コマンドプロンプト」を管理者権限で起動します。Windows 7/Vistaを利用している場合は、スタートメニューから「コマンドプロンプト」を管理者権限で起動します。

❶「netsh wlan add filter permission=block ssid="表示しないSSID" networktype=infrastructure」と入力し、Enterキーを押します。

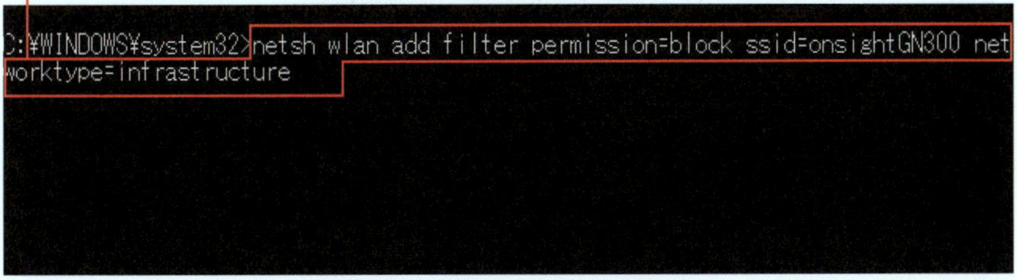

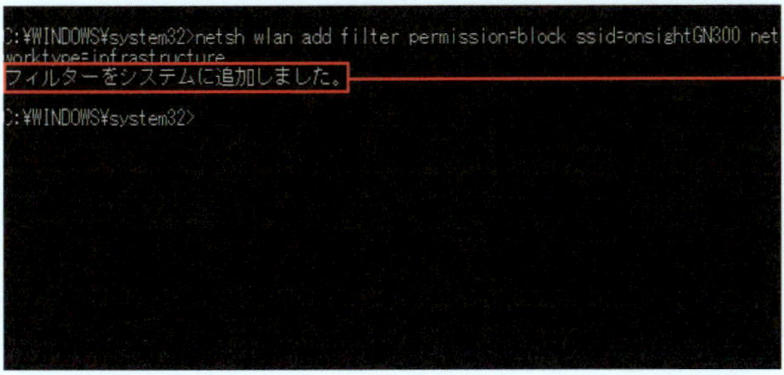

```
C:¥WINDOWS¥system32>netsh wlan add filter permission=block ssid=onsightGN300 net
worktype=infrastructure
```

```
C:¥WINDOWS¥system32>netsh wlan add filter permission=block ssid=onsightGN300 net
worktype=infrastructure
フィルターをシステムに追加しました。

C:¥WINDOWS¥system32>
```

❷指定したSSIDが非表示に設定されます。同じ手順を繰り返し、非表示にしたいSSIDをすべて登録します。

COLUMN

コマンドの書式について

不要なアクセスポイントのSSIDを非表示にしたいときは、「netsh」コマンドを利用して設定を行います。入力書式と各コマンドの意味とパラメーターの設定は、以下の通りです。

書式：netsh wlan add filter permission=block ssid="表示しないSSID" networktype=infrastructure

wlanは、無線LANの設定を行うためのコマンドです。
add filterは、フィルターの設定を追加するためのコマンドです。delete filterと入力すると、登録済みフィルターの削除を行えます。
permission=block ssidは、表示したくないSSIDを追加するためのコマンドです。SSIDに半角スペースが含まれる場合は、SSIDの前後を"（ダブルコーテーション）で括って入力を行います。
networktypeは、設定を行う無線LANのネットワークタイプを指定するコマンドです。アクセスポイントを介して無線LANを利用している場合は、「infrastructure」を入力します。

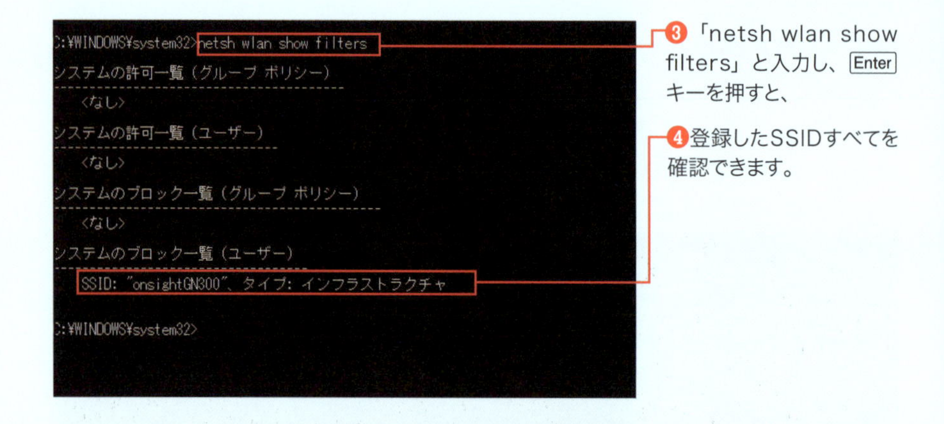

❸「netsh wlan show filters」と入力し、Enterキーを押すと、

❹登録したSSIDすべてを確認できます。

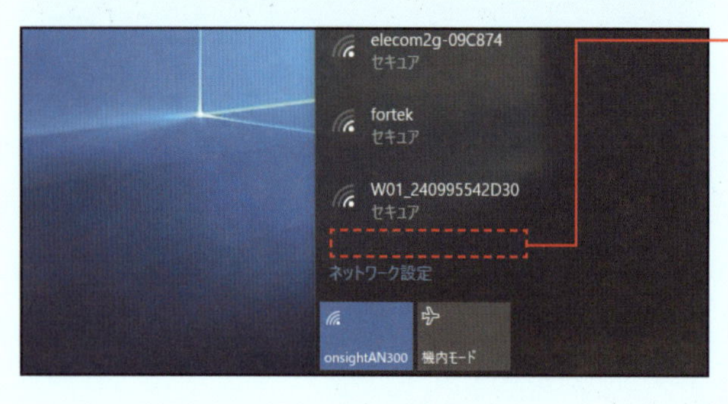

❺接続先リストを表示すると、指定したSSIDが非表示になっていることが確認できます。

COLUMN

非表示にしたSSIDを再度表示するには

間違って、表示したいSSIDを登録したときは、以下のコマンドを入力して、Enterキーを押すと、指定したSSIDを再度表示するように設定できます。

netsh wlan delete filter permission=block ssid="表示したいSSID" networktype=infrastructure

```
C:¥Windows¥system32>netsh wlan delete filter permission=block ssid=aterm-celcca-gw networktype=infrastructure
フィルターをシステムから削除しました。

C:¥Windows¥system32>
```

間違ったSSIDを登録したときは、画面のようにコマンドを入力すると指定したSSIDを再度表示できます

第2章

データを有効利用！
ファイルの共有

Windows 10/8.1/7でホームグループを設定するには

Windowsには「ホームグループ」という共有機能があります。このホームグループは、「ホームネットワーク」でのみ、ファイルやプリンターなどを共有できます。複数のパソコンを使っている場合に利用するとよいでしょう。

ホームグループ利用の流れと注意点

ホームグループはパスワードによって共有を可能にする機能です。このホームグループを利用すれば、同じネットワーク環境（LAN環境）に複数台のパソコンがあった場合、共通のパスワードを設定することで、データの共有が行えるようになります。パスワードといえばアカウントを連想する読者もいると思いますが、ここではアカウントは関係ありません。

ホームグループを利用するには、まずホストとなるパソコン（親）で、ホームグループを作成します。作成が終了すると、パスワードが表示されるので、このパスワードをクライアントとなるパソコン（子）に登録します。これによって、ホームグループが形成され、データのやり取りなどが可能になります。クライアントパソコンは、ホームグループに「参加する」という形になります。

なお、ホームグループはWindows 7から搭載された機能です。このため、Windows 7よりも前のOSであるWindows Vistaなどではホームグループを利用することはできません。

また、Windows 10/8.1/7ともにホスト（ホームグループを作成）となることができますが、OSのエディションによってはホームグループに参加することができても、ホームグループを作成できないものもあります。下表を参考に、自分のOSでどのようにホームグループを利用できるかを確認してください。

OS	ホームグループの作成	ホームグループへの参加
Windows 10	○	○
Windows 8.1	○	○
Windows RT	×	○
Windows 7 Ultimate／Professional／Home Premium	○	○
Windows 7 Starter	×	○
Windows Vista(全エディション)	×	×

OS別のホームグループ作成／参加の有無

Windows 10でのホームグループの作成

Windowsのネットワーク接続では、接続する「ネットワークの場所」に応じて「パブリックネットワーク」と「プライベートネットワーク」が用意されています。外出先など公共の場所にあるネットワークを利用する場合は前者に、自宅など特定の場所にあるネットワークを利用する場合は後者に設定します。

ホームグループではプライベートネットワークに接続する必要があるので注意が必要です。Windows 10ではあらかじめパブリックネットワークに設定されているため、事前に変更しておく必要があります。なお、ホームグループの作成方法は、Windows 8.1はP.72、Windows 7はP.74を参照してください。

プライベートネットワークに設定する

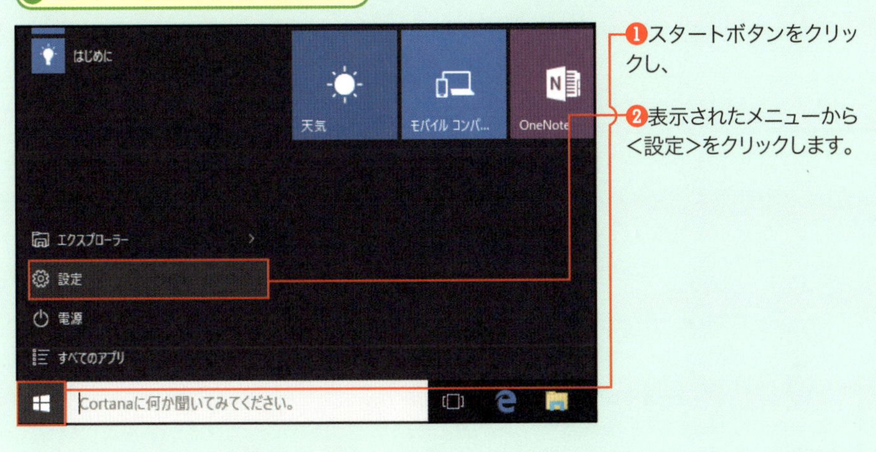

❶スタートボタンをクリックし、

❷表示されたメニューから<設定>をクリックします。

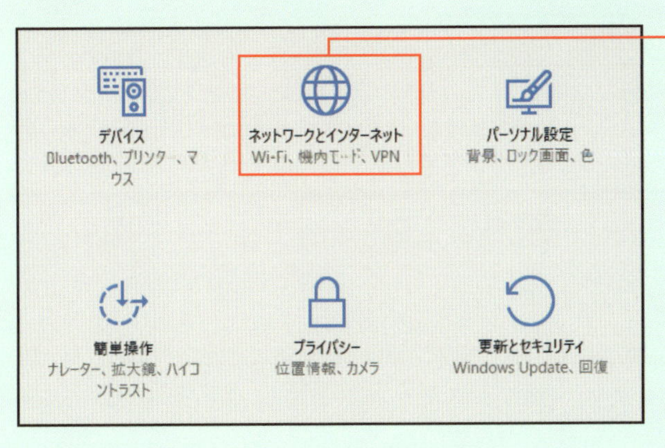

❸<ネットワークとインターネット>をクリックします。

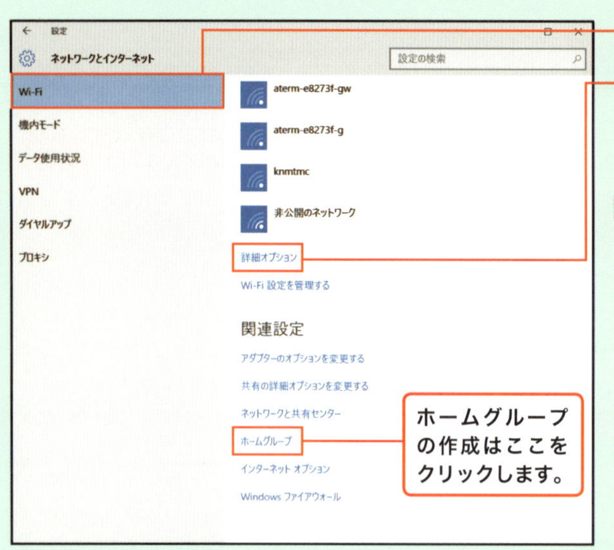

❹<Wi-Fi>をクリックし、

❺スクロールして画面下部を表示して、<詳細オプション>をクリックします。

MEMO: ネットワーク環境で画面の表示が異なる

ここで使用しているWindows 10は、Wi-Fiの接続を行っています。有線LANで接続している場合などは、画面に<イーサネット>の項目が表示されるので、そちらをクリックしてください。なお、Wi-Fiでの接続の場合、ルーターのプライバシーセパレータという機能が有効になっていることで、ホームグループに参加できないことがあります。この機能は、機器間の接続を制限するものです。うまくいかない場合は、ルーターの取り扱い説明書などで設定を確認してください。

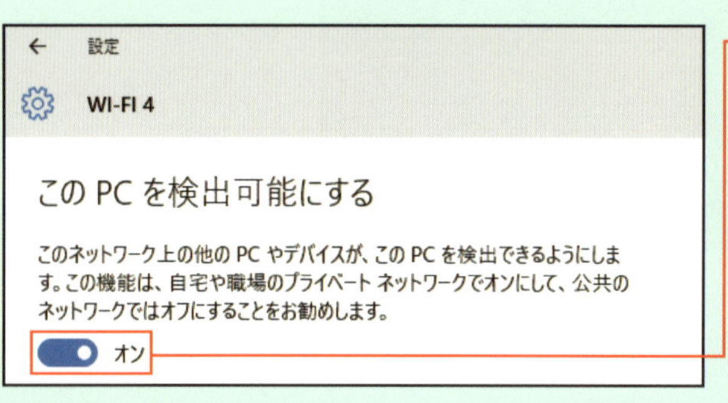

❻「このPCを検出可能にする」が表示されるので、クリックしてオンにします。以上で設定は終了です。

ホームグループを作成する

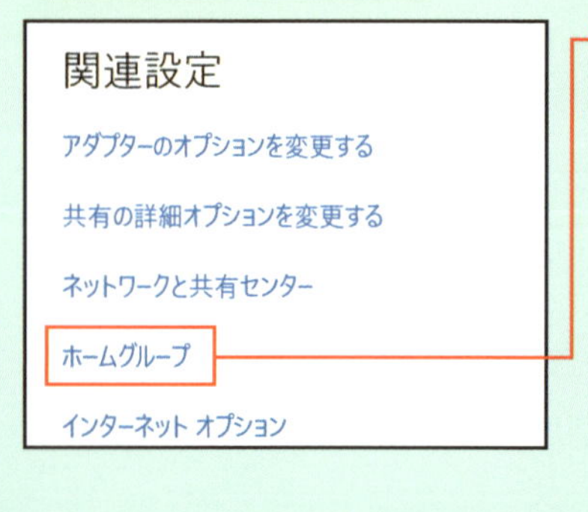

❶上記の手順❹の画面を表示し、<ホームグループ>をクリックします。

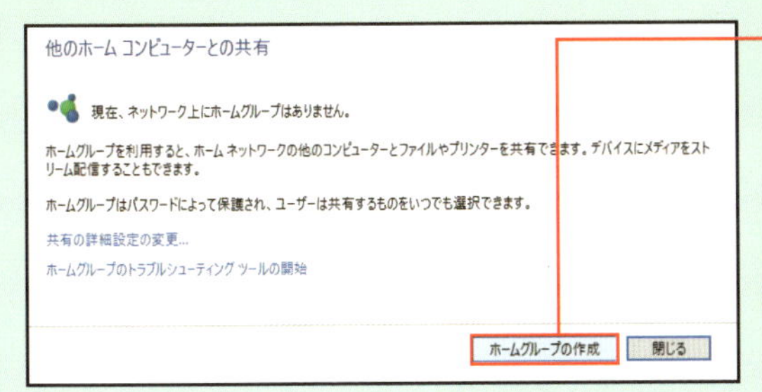

❷＜ホームグループの作成＞をクリックし、

❸次に表示される画面では、＜次へ＞をクリックします。

MEMO: **ホームグループが作成されている場合は**

すでにネットワーク上にホームグループが作成されていると、その旨が表示されます。その場合には、手順に従ってP.78の「Windows 10でホームグループに参加する」に進んでください。ネットワーク上に既存のホームグループがない場合には、ホームグループの作成に入ります。

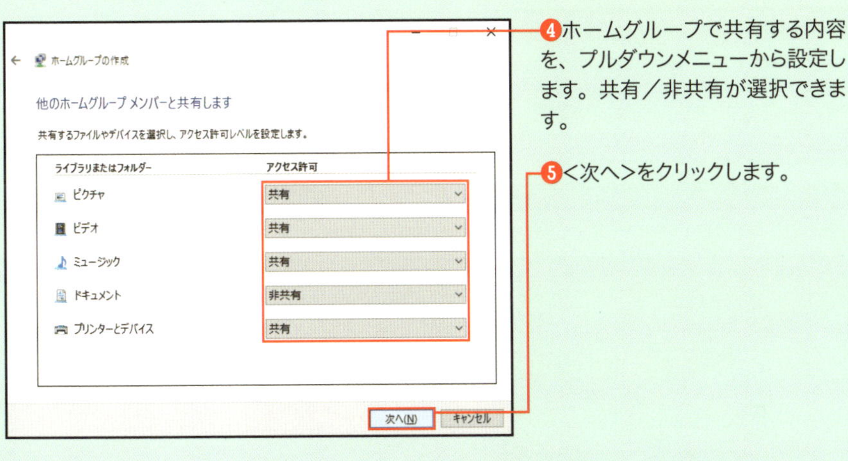

❹ホームグループで共有する内容を、プルダウンメニューから設定します。共有／非共有が選択できます。

❺＜次へ＞をクリックします。

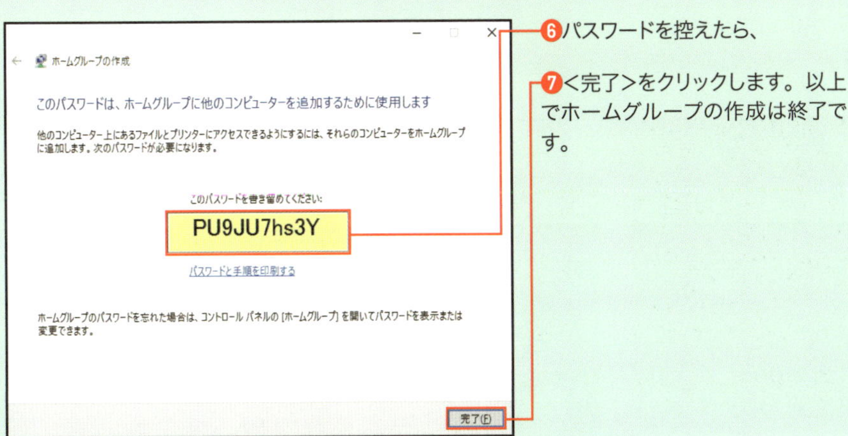

❻パスワードを控えたら、

❼＜完了＞をクリックします。以上でホームグループの作成は終了です。

Windows 8.1でのホームグループの作成

Windows 8.1でホームグループを作る場合には、まず、「PC設定の変更」画面を開きます。マウスポインターを右下の隅に持っていくか、画面右側から左にフリック操作をすることでチャームバーが表示されます。チャームバーが表示されたら<設定>をクリックし、設定オプションの中から<PC設定の変更>を選択します。「PC設定」が表示されたら、左側のリストから<ネットワーク>→<ホームグループ>の順にクリックしてください。

なお、Widows 8.1の場合も「ネットワークの場所」はプライベートネットワークである必要があります。

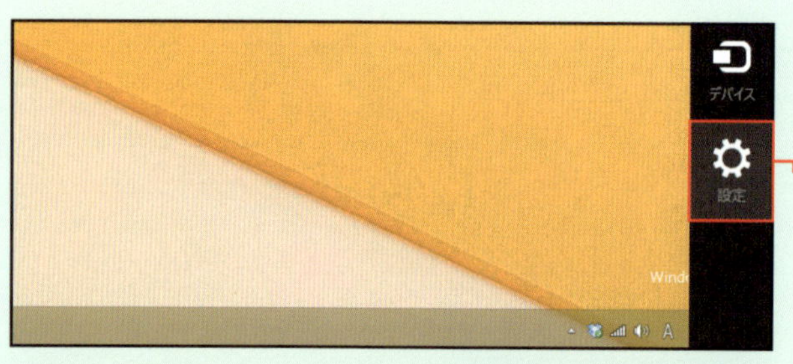

❶マウスポインターを画面右下に移動し、チャームバーを表示して、

❷チャームバーの一番下にある<設定>をクリックします。

❸設定画面の一番下にある<PC設定の変更>をクリックします。

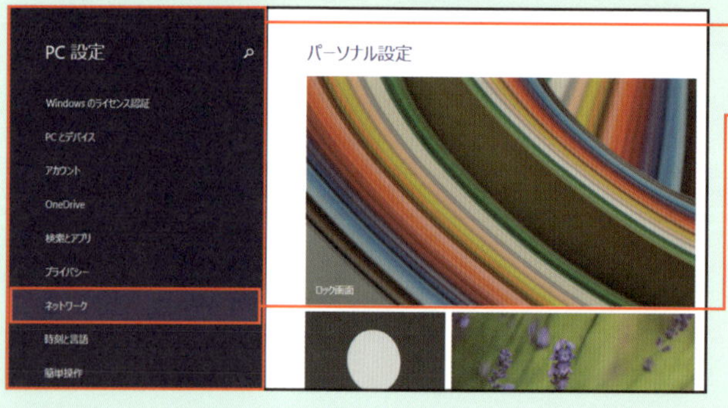

❹「PC設定」画面が表示されるので、

❺左側のリストから<ネットワーク>をクリックします。

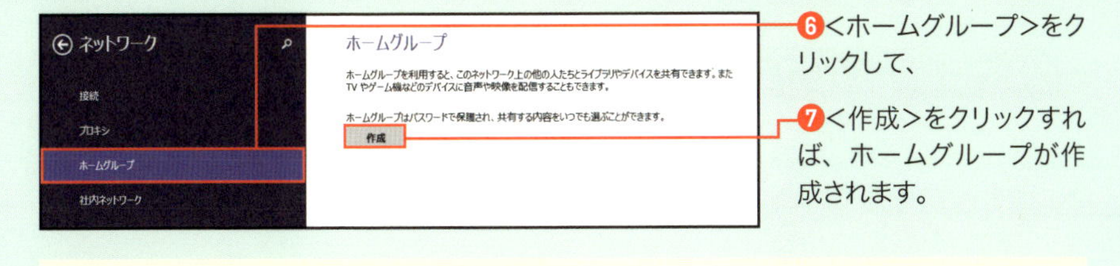

❻＜ホームグループ＞をクリックして、

❼＜作成＞をクリックすれば、ホームグループが作成されます。

MEMO: ホームグループが作成されている場合は

すでにネットワーク上にホームグループが作成されていると、その旨が表示されます。その場合には、手順に従ってP.79の「Windows 8.1でホームグループに参加する」に進んでください。ネットワーク上に既存のホームグループがない場合には、ホームグループの作成に入ります。

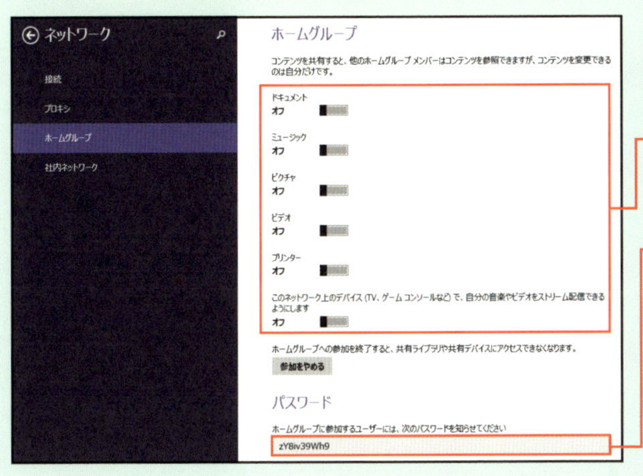

❽ホームグループが作成されるとこのような画面が表示されます。

❾ホームグループで共有する内容を、オン／オフで設定します。

❿パスワードを控えます。

COLUMN

プライベートネットワークなどの設定を行う

Windows 8.1でホームグループの作成がうまくいかない場合は、「ネットワーク探索」の設定を確認し、「ネットワークの場所」もプライベートネットワークに設定します。ネットワーク探索の確認は、コントロールパネルの「ネットワークと共有センター」の画面から、＜ホームグループと共有に関するオプションの選択＞→＜共有の詳細設定の変更＞の順にクリックして設定画面を表示します。ここで、＜ネットワーク探索を有効にする＞と＜ファイルとプリンターの共有を有効にする＞のチェックがオンになっていることを確認します。プライベートネットワークの設定／確認は、以下の手順を参考に行ってください。

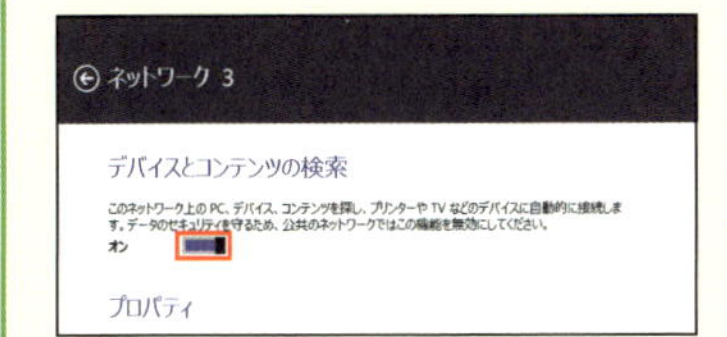

＜設定＞→＜PCの設定＞→＜ネットワーク＞→＜接続＞の順にクリックします。表示される画面で、利用中のネットワークのアイコンをダブルクリックします。すると、「デバイスとコンテンツの検索」画面が表示されるので、スイッチをクリックしてオンにします

Windows 7でのホームグループの作成

Windows 7でホームグループを作成するにはコントロールパネルから行います。スタートメニューからコントロールパネルを開き、<ホームグループと共有に関するオプションの選択>を選択します。続いて<ホームグループの作成>をクリックして表示される画面で、共有する対象を選択していきます。最後にパスワードの画面が表示されたら、作成は完了です。

なお、Widows 7の場合は「ネットワークの場所」をホームネットワークにする必要があります。

ホームネットワークに設定する

ホームグループの設定画面を表示したときに、「パブリックネットワーク」などの設定になっている場合には、設定の変更を促されます。以下の手順を参考に、設定を変更してください。

ホームネットワークに設定する

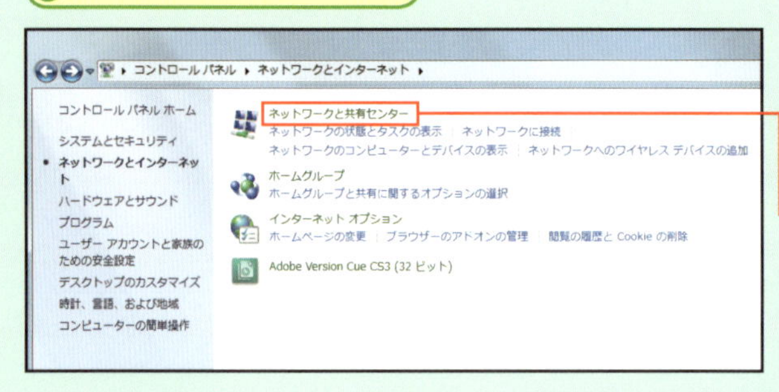

❶コントロールパネルを表示し、<ネットワークとインターネット>をクリックします。

❷<ネットワークと共有センター>をクリックします。

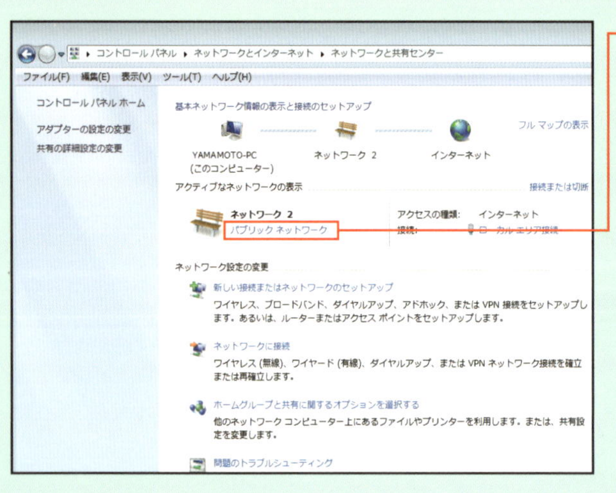

❸表示される画面で<パブリックネットワーク>をクリックします。

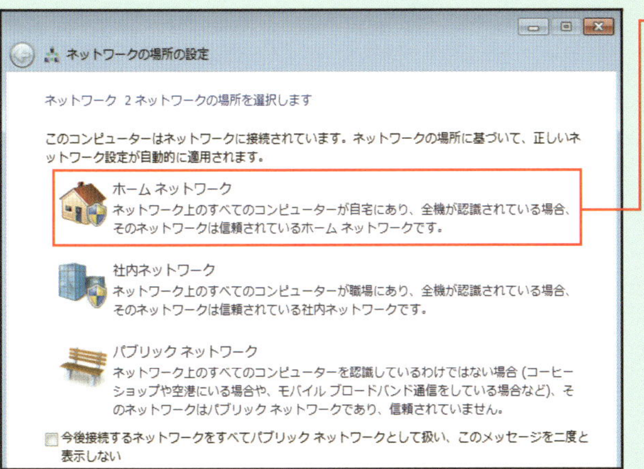

❹<ホームネットワーク>をクリックすれば、ホームネットワークに変更できます。

ホームグループを作成する

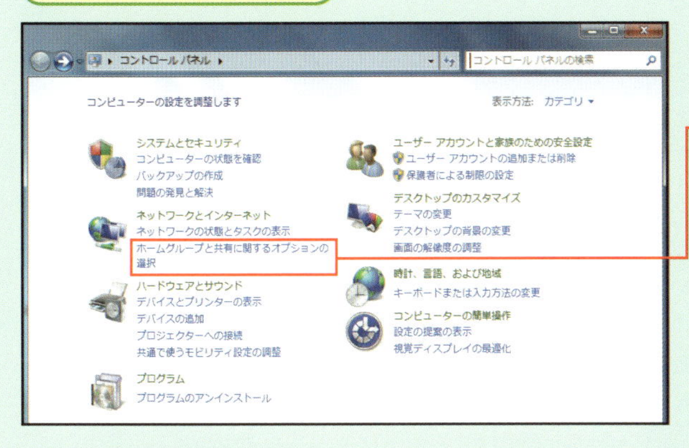

❶スタートメニューからコントロールパネルを開き、

❷「ネットワークとインターネット」の<ホームグループと共有に関するオプションの選択>をクリックします。

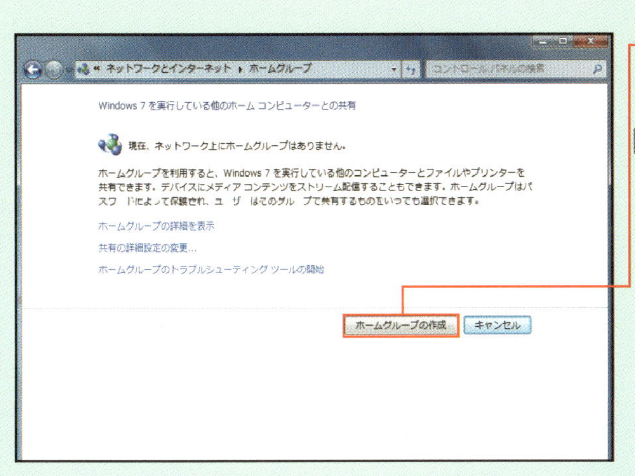

❸<ホームグループの作成>をクリックします。

MEMO: ホームグループが作成されている場合は

すでにネットワーク上にホームグループが作成されていると、その旨が表示されます。その場合には、手順に従ってP.79の「Windows 7でホームグループに参加する」に進んでください。ネットワーク上に既存のホームグループがない場合には、ホームグループの作成に入ります。

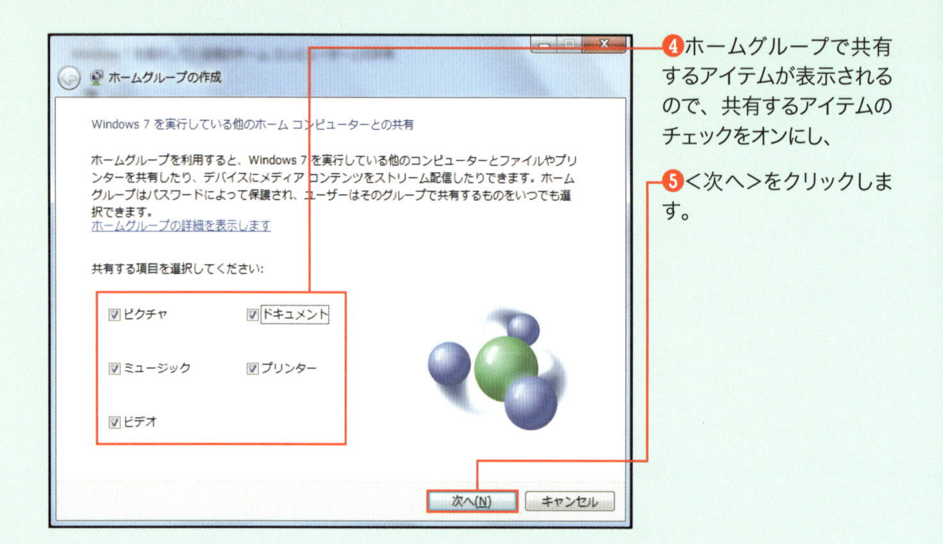

❹ホームグループで共有するアイテムが表示されるので、共有するアイテムのチェックをオンにし、

❺<次へ>をクリックします。

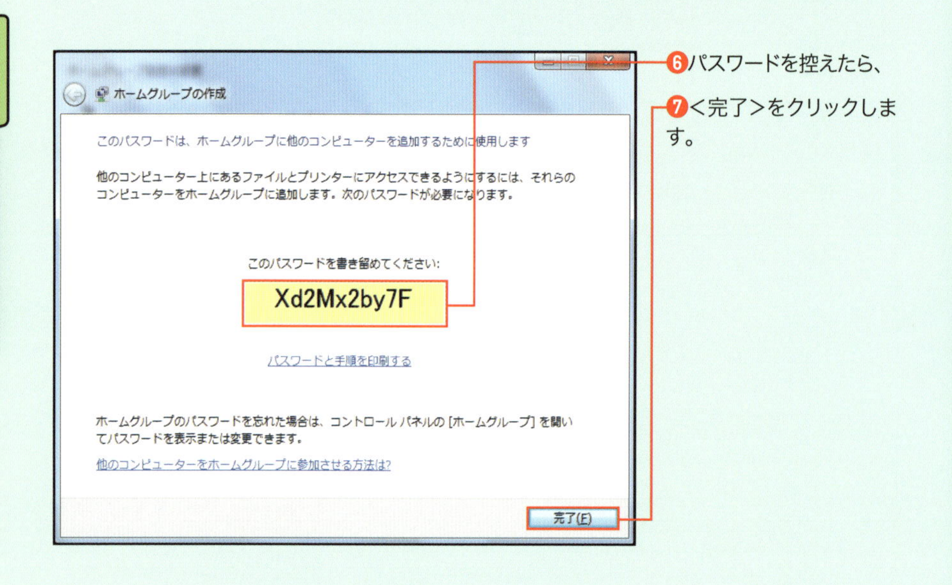

❻パスワードを控えたら、

❼<完了>をクリックします。

COLUMN

ホームグループ作成時の注意点とパスワードの再確認、解除方法について

Windows 7でもホームグループを利用するためにはネットワーク探索を有効にする必要があります。手順は下記の通りです。Windows 7に限らず、ホームグループは「1つのネットワーク上に1つ」が原則となります。しかし、ホームグループに参加しているコンピューターの電源がオフになっていると、新しいホームグループを作成できてしまいトラブルのもととなってしまいます。ホームグループは複数作成しないようにしてください。間違って作成してしまった場合には、ホームグループへの参加の解除を行ってください。また、ホームグループに接続するためのパスワードを忘れてしまった場合には、すでにホームグループに参加しているコンピューターで再確認することが可能です。

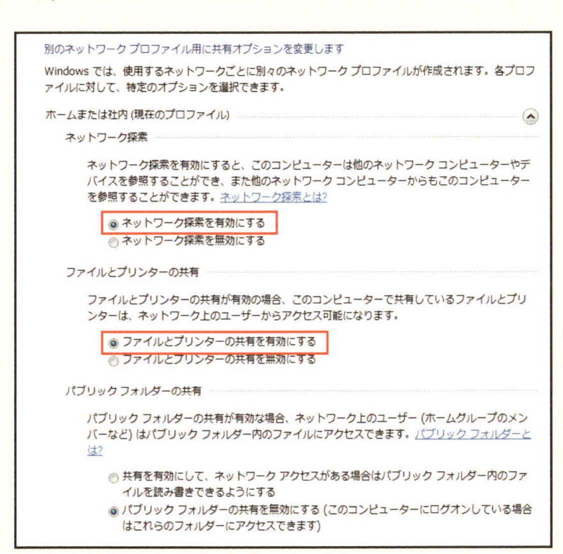

ネットワーク探索の確認は、「ネットワークと共有センター」の画面から、＜ホームグループと共有に関するオプションの選択＞→＜共有の詳細設定の変更＞の順にクリックします。表示される画面で、＜ネットワーク探索を有効にする＞と＜ファイルとプリンターの共有を有効にする＞のチェックがオンになっていることを確認します

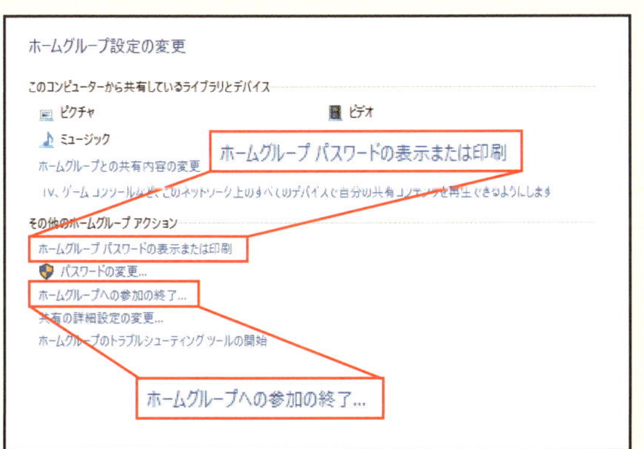

Windows 10では、ホームグループへの参加の解除やパスワードの再確認は、ホームグループ画面から行います。＜設定＞→＜ネットワークとインターネット＞→＜イーサネット＞（または＜Wi-Fi＞）→＜ホームグループ＞の順にクリックします。＜ホームグループへの参加の終了＞をクリックすると、確認が求められるので＜ホームグループへの参加を終了します＞を選択します。パスワードの再確認は、同じ画面にある＜ホームグループ パスワードの表示または印刷＞をクリックします

Windows 10/8.1/7でホームグループに参加するには

ホームグループの参加は、作成に比べると画面の指示に従って進めるだけなのでかんたんです。ポイントは作成時に控えたパスワード入力、そして共有内容の確認です。パスワードはホストのパソコンでかんたんに確認できます。

パスワードを確認する

パスワードはエクスプローラーを起動して、ホームグループを右クリックします。表示されるメニューから、＜ホームグループパスワードの表示＞をクリックします。これはすべてのOSで共通の操作です。

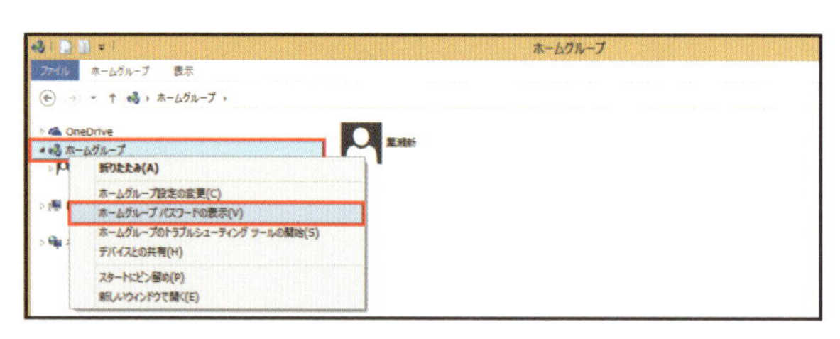

画面はWindows 8.1のものです

Windows 10でホームグループに参加する

Windows 10でホームグループに参加するには、ホームグループの設定画面から行います。スタートボタン→＜設定＞→＜ネットワークとインターネット＞→＜イーサネット＞（または→＜Wi-Fi＞）→＜ホームグループ＞の順にホームグループ作成時と同じ画面を開きます。

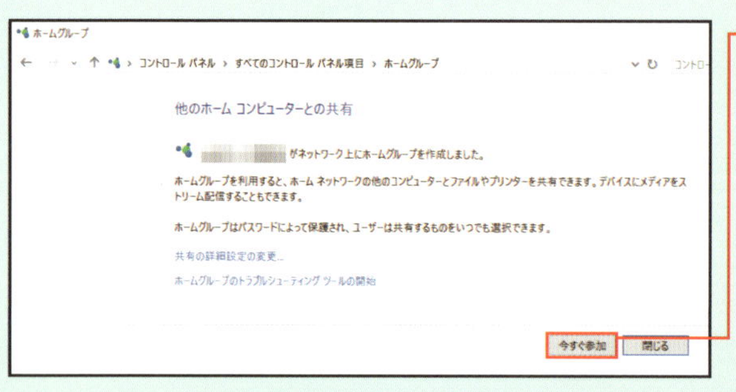

❶＜今すぐ参加＞をクリックします。

❷次に表示される画面では＜次へ＞を選択します。

❸続いてアクセス許可の設定を行います。必要であれば設定の変更を行ってください(P.81参照)。

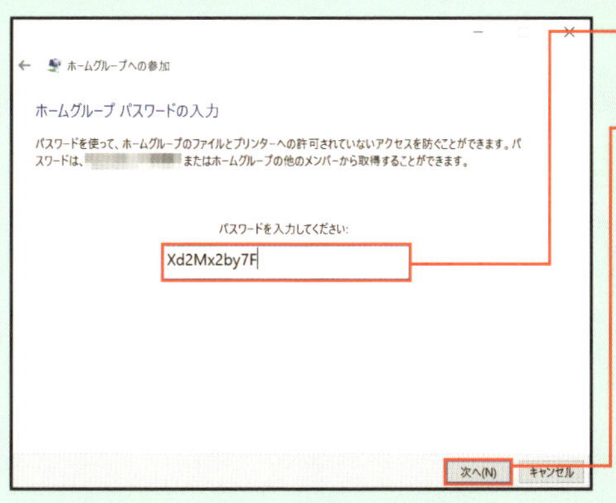

❹＜次へ＞をクリックしたあと、表示される画面で、控えたパスワードを入力し、

❺＜次へ＞をクリックします。これでホームグループに参加することができました。

MEMO: ホームグループに参加できない

Wi-Fiでの接続の場合、ルーターのプライバシーセパレータという機能が有効になっていることで、ホームグループに参加できないことがあります。この機能は、機器間の接続を制限するものです。うまくいかない場合は、ルーターの取り扱い説明書などで設定を確認してください。

Windows 8.1でホームグループに参加する

Windows 8.1でホームグループに参加する場合には、ホームグループの設定画面から行います。チャームバーから＜設定＞をクリックし、＜PC設定の変更＞→＜ネットワーク＞→＜ホームグループ＞の順にクリックしていきます。ホームグループパスワードの入力を行えるようになっているので、ホームグループの作成時に表示されたパスワードを入力し、＜参加する＞をクリックします。

ホームグループに無事参加できたら、ホームグループで共有する内容の設定を行います。こちらはホームグループの作成時と同じなので割愛します。

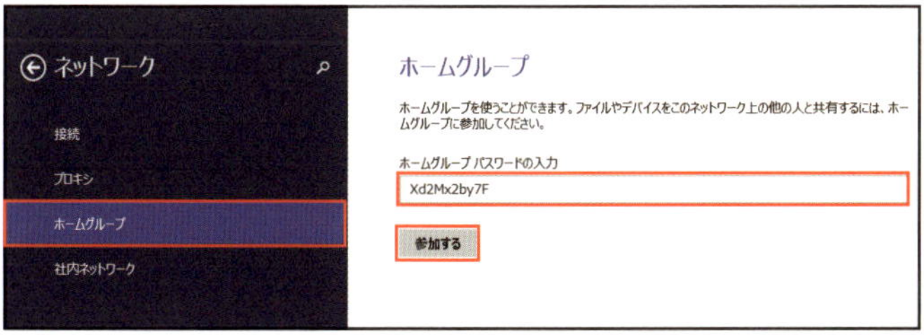

ホームグループの設定画面を開き、控えたパスワードを入力するだけでホームグループに参加することができます

Windows 7でホームグループに参加する

Windows 8.1と同様に、Windows 7でもホームグループの設定画面からホームグループに参加します。スタートメニューの＜コントロールパネル＞→＜ネットワークとインターネット＞→＜ホームグループ＞の順にクリックし、参加画面を表示してください。

＜今すぐ参加＞のボタンが表示されているので、それをクリックします。次にパスワードを入力し、共有する内容を設定すれば、ホームグループへの参加が完了します。

ホームグループで設定された共有フォルダーを利用するには

ここでは、ホームグループの設定で行った共有フォルダーの活用方法を解説します。共有を許可したユーザーにファイルの新規作成や変更、削除の権限を与えて、より便利に共有フォルダーを利用しましょう。

共有フォルダーはどこにある？

ホームグループに参加すると、エクスプローラーの左のカラムに<ホームグループ>が表示されるようになります。そこにはホームグループに参加しているほかのパソコンが表示され、ドキュメントやピクチャなど、設定した共有内容に沿ったフォルダーが見えるようになっています。

この共有フォルダーは、Cドライブのユーザーフォルダーの中にあり、どのユーザーがサインインしていても、4つのフォルダーを共有することができます。たとえばドキュメントフォルダーの場合、Windows 10/8.1では、<Cドライブ>→<ユーザー>→<"ユーザー名">にある「ドキュメント」フォルダーが、Windows 7では、<Cドライブ>→<ユーザー>→<"ユーザー名">にある「マイドキュメント」フォルダーが共有の対象フォルダーになります（ドキュメントはそれぞれピクチャ／ビデオ／ミュージックに読み替えてください）。

各フォルダーに入れるデータは自由です。「ドキュメント」フォルダーに画像ファイルや動画ファイルを入れても問題なく共有を行うことができます。こうしたフォルダー名は、ファイルを整理するためにあらかじめ用意されたものと考えてください。

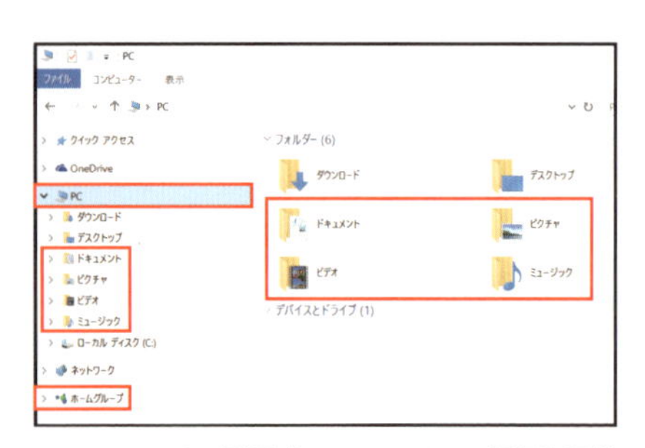

Windows 10の画面（Windows 8.1の画面も同様です）。この4つのフォルダーがほかのパソコンと共有されます。<ホームグループ>をクリックすると共有フォルダーにアクセスできます

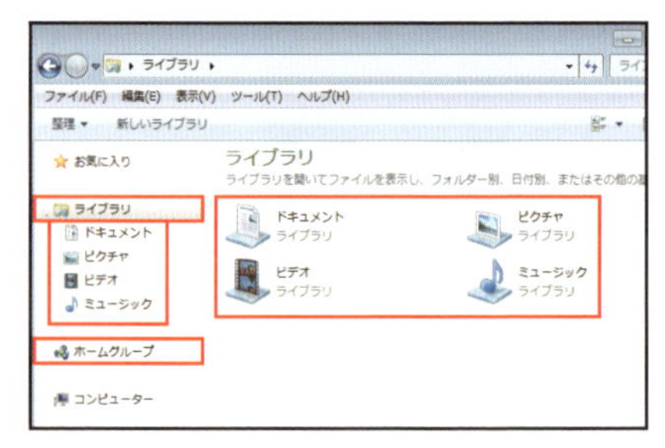

Windows 7の画面。ライブラリにまとめられています。画面では「ドキュメント」と表示されていますが、実体はCドライブの「マイドキュメント」フォルダーです。<ホームグループ>をクリックすると共有フォルダーにアクセスできます

共有フォルダーの書き込み権限を与える

ホームグループの設定で共有をオンにしても、読み取り専用のためファイルの書き込みは行えません。そこでホームグループに参加しているパソコンに対して、共有しているデータが書き込めるよう、権限を与えてみましょう。

ここでは例として、ホームグループに参加したWindows 10のパソコンデータがほかのパソコンから自由に書き込みを行えるように設定してみます。なお、Windows 8.1/7でも同じ操作で行えます。

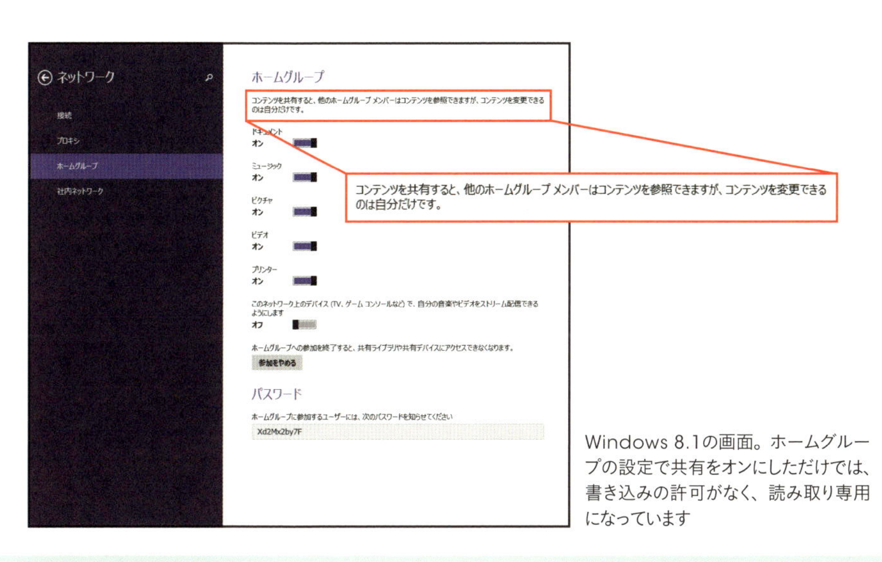

Windows 8.1の画面。ホームグループの設定で共有をオンにしただけでは、書き込みの許可がなく、読み取り専用になっています

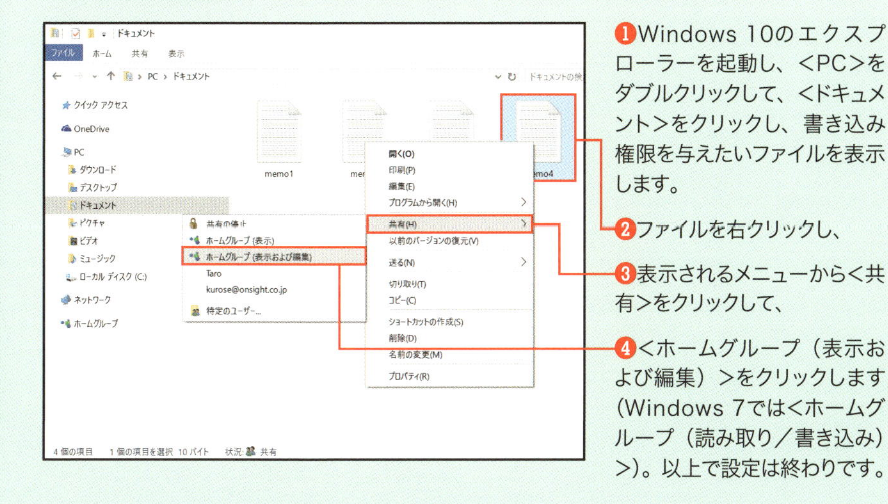

❶Windows 10のエクスプローラーを起動し、<PC>をダブルクリックして、<ドキュメント>をクリックし、書き込み権限を与えたいファイルを表示します。

❷ファイルを右クリックし、

❸表示されるメニューから<共有>をクリックして、

❹<ホームグループ（表示および編集）>をクリックします（Windows 7では<ホームグループ（読み取り／書き込み）>）。以上で設定は終わりです。

Windows 10/8.1/7/Vista すべてのパソコンと共有を行うには

ホームグループやMicrosoft アカウントは便利なものですが、すべてのWindowsで使えるわけではありません。ネットワーク内に複数のOSが混在している場合にはローカルアカウントを利用して接続するとよいでしょう。

アカウントを利用した共有の基本的な考え方

アカウントとはコンピューターにサインインするための権利のことで、Windowsには「Microsoft アカウント」と「ローカルアカウント」との2種類があります。前者はその権利をマイクロソフトが付与しており、マイクロソフトの承認を経てコンピューターにサインインします。後者はマイクロソフトの承認がなくても利用できるアカウントのことだと理解しておけばよいでしょう。

アカウントを使った共有を行う場合、Microsoft アカウントで管理しているパソコンと、Microsoft アカウントが使えないパソコン（あるいはローカルアカウントで管理しているパソコン）の共有はできません。そのため、Windows 7/Vistaパソコンと Windows 10や8.1パソコンを共有したいといった場合は、ローカルアカウントどうしで紐付けを行います。共有までの流れは以下の通りになります。

Windows 10パソコンとWindows 8.1/7/Vistaパソコンを共有する場合

STEP1 Windows 10 パソコンでサインインして利用するローカルアカウントを作成する

▼

STEP2 Windows 8.1/7/Vista パソコンでサインインして利用するローカルアカウントを作成する

▼

STEP3 Windows 10 パソコンで共有相手となる Windows 8.1/7/Vista パソコンのサインイン用ローカルアカウントを作成する

▼

STEP4 同じく Windows 8.1/7/Vista パソコンで共有相手となる Windows 10 パソコンのサインイン用ローカルアカウントを作成する

▼

STEP5 共有を行うすべてのパソコンに対して「パスワード保護共有」の設定を行う

以上が共有を行うまでの基本的な流れで、あとはどんなデータ（フォルダー）を共有するかの個別の設定を行います。

左ページの解説を図式化したものが以下になります。なお、ここではローカルアカウントをそれぞれ「Taro」「michihiro」「hanako」としていますが、セキュリティは低下しますが、共有用の共通アカウントを作成し、1つのアカウントで、すべて統一して利用するといったことも可能です。ただし、その際はパスワードもすべて同じものにしてください。これは、仮想ドライブとして共有フォルダーにドライブ文字列を割り当てたりする際、GUIやCUI（コマンドプロンプト）で行えばアカウントとパスワードを入力（指定）して作業を行うことができるのに対して、エクスプローラーから共有フォルダーを開こうとすると、利用するためのアカウントとパスワードをOSがユーザーに確認せず、パスワード不一致（このパスワード不一致という理由を表示してくれないため余計に混乱する）で利用不可という返答をしてくるためです。なお、ここでアカウントを作成していますが、共有を行うからといって、共有をするアカウントや共有をさせる相手のアカウントでWindowsにサインインしている必要はありません。電源さえ入っていれば共有の利用は可能です。

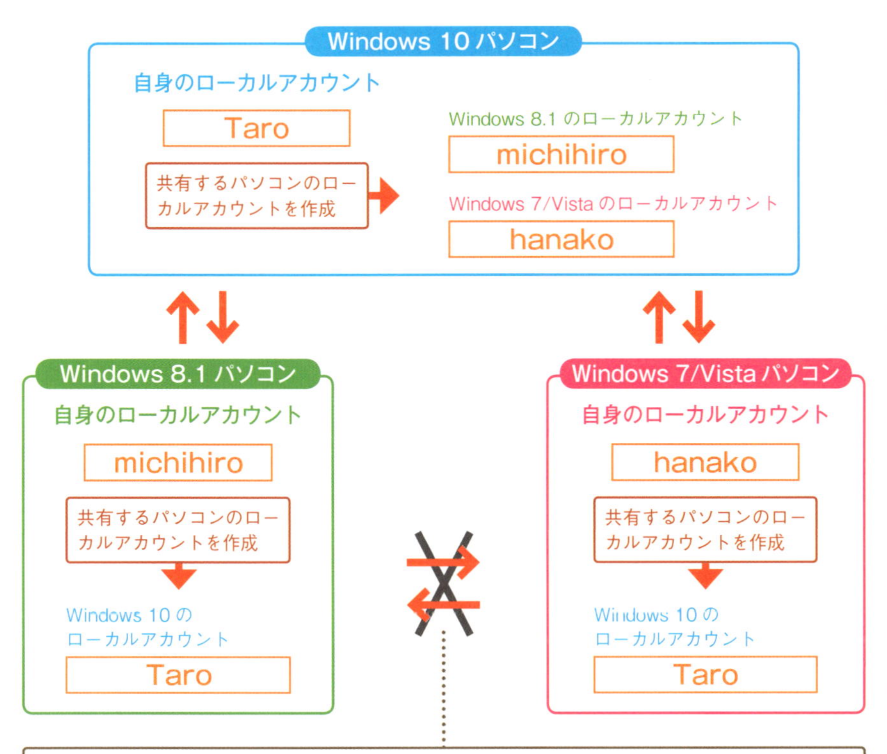

Windows 8.1（michihiro）パソコンとWindows 7/Vista（hanako）パソコンの共有をお互いに行うには、Windows 8.1 パソコンにWindows 7/Vista パソコンのmichihiroというローカルアカウントを、Windows 7/Vista パソコンにWindows 8.1 パソコンのhanakoというローカルアカウントを登録して、それぞれ共有の設定を行う必要があります。

Windows 10でローカルアカウントを作成する

最初にWindows 10でのローカルアカウントの作成方法を解説します。Windows 10はMicrosoft アカウントの作成が推奨されているため、ローカルアカウントの作成は操作の手順が多くなりますが、以下の手順で作成することができます。まずはスタートボタンをクリックしてから<設定>を選択し、<アカウント>→<家族とその他のユーザー>→<その他のユーザーをこのPCに追加>の順にクリックしていきます。ここではその後を含めた手順を画面写真を交えて詳しく解説しているので参照しながらローカルアカウントを作成してください。

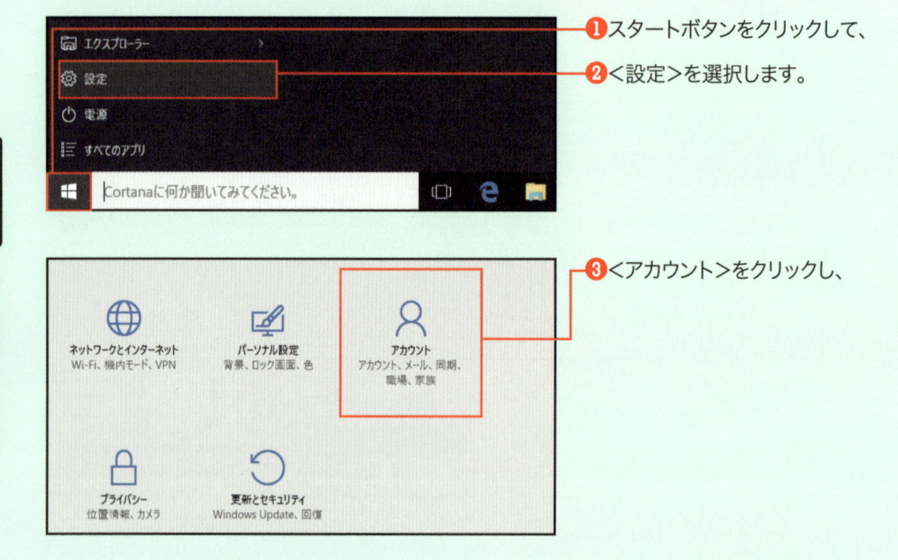

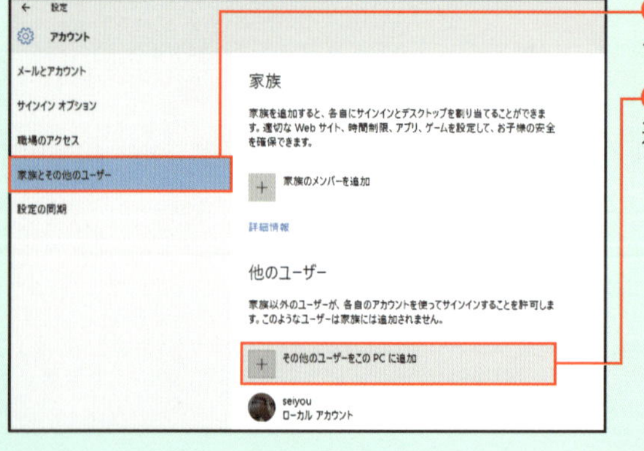

❹<家族とその他のユーザー>をクリックして、

❺<その他のユーザーをこのPCに追加>をクリックします。

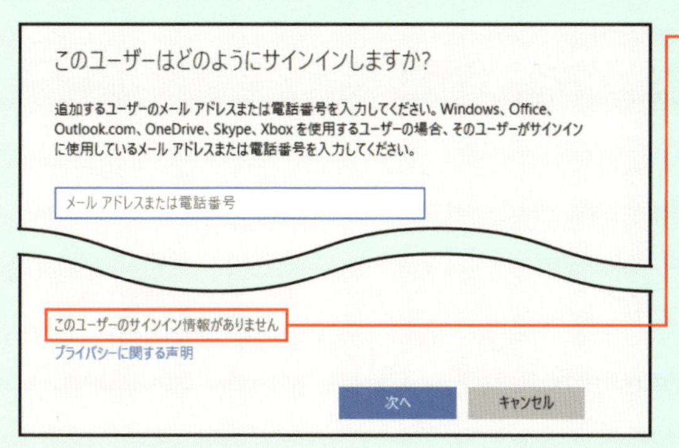

❻<このユーザーのサインイン情報がありません>をクリックします。

アカウントを作成しましょう

Windows、Office、Outlook.com、OneDrive、Skype、Xbox。Microsoft アカウントでサインインすると、すべてさらに個人向けにカスタマイズされたものになります。* 詳細情報

姓 (例: 田中)　名 (例: 太郎)

someone@example.com

新しいメール アドレスを取得

パスワード

日本

*既に Microsoft サービスを使用している場合は、元に戻ってそのアカウントを使用してサイン インします。

Microsoft アカウントを持たないユーザーを追加する

次へ　戻る

❼<Microsoft アカウントを持たないユーザーを追加する>をクリックします。

この PC 用のアカウントの作成

パスワードを使用する場合は、覚えやすく、他人からは推測されにくいパスワードを選んでください。

この PC を使うのはだれですか?

Taro

パスワードの安全性を高めてください。

●●●●●●●●

●●●●●●●●

ペットの名前

戻る(B)　次へ(N)

❽作成するアカウントと、そのパスワード、パスワードを忘れた際のヒントを入力したら、

❾<次へ>をクリックします。これでローカルアカウントの追加が完了しました。

MEMO: 共有相手のローカルアカウントを作成する

ここでは、Windows 10を利用するTaroのローカルアカウントを作成していますが、Windows 8.1パソコンのmichihiroやWindows 7/Vistaのhanakoに共有が利用できるようにするためには、michihiroとhanakoのローカルアカウントを作成します。

Windows 8.1でローカルアカウントを作成する

次にWindows 8.1でローカルアカウントを作成する方法を解説します。画面の右下にマウスポインターを移動させチャームバーを表示して、<設定>→<PC設定の変更>を選択します。左のカラムから<アカウント>→<その他のアカウント>と進んだら、<アカウントを追加する>をクリックします。次に表示されるのは、このパソコンへ新たなMicrosoft アカウントを追加する画面です。ここではローカルアカウントを作成するため、下にある<Microsoft アカウントを使わずにサインインする>を選びます。次の画面の下にある<ローカル アカウント>を選択すると、ユーザー（ローカルアカウント）の追加画面が表示されるので、こちらでアカウントを作成します。

❶チャームバーから<設定>をクリックし、<PC設定の変更>をクリックして「PC設定」画面を表示したら、

❷<アカウント>をクリックします。

MEMO: 画面が表示されない場合

「PC設定」の画面が表示されない場合は、画面左上の㊀をクリックしてください。

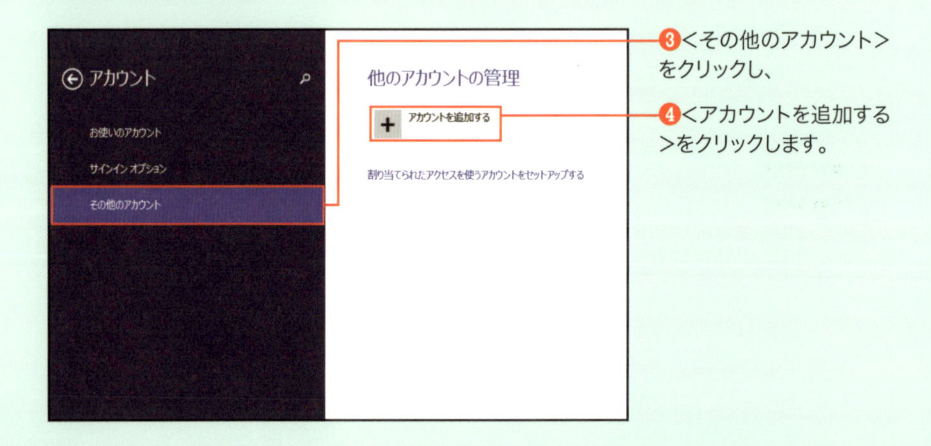

❸<その他のアカウント>をクリックし、

❹<アカウントを追加する>をクリックします。

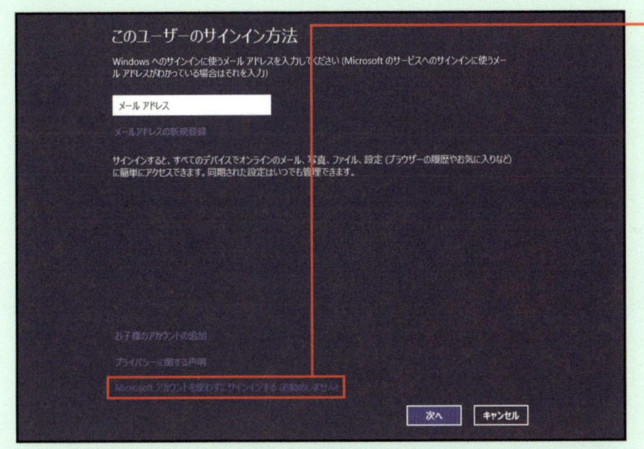

❺Microsoft アカウントは使わないので、<Microsoft アカウントを使わずにサインインする>をクリックし、

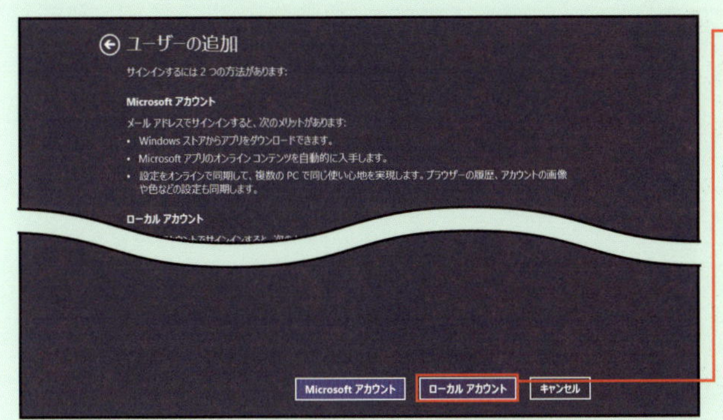

❻画面下の<ローカル アカウント>をクリックします。

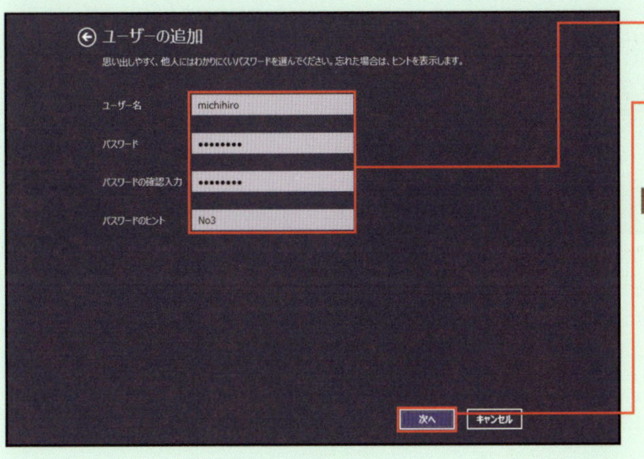

❼作成するアカウント情報を入力し、

❽<次へ>をクリックします。

MEMO: 共有相手のローカルアカウントを作成する

ここでは、Windows 8.1を利用するmichihiroのローカルアカウントを作成していますが、Windows 10パソコンのTaroやWindows 7/Vistaのhanakoに共有が利用できるようにするためには、Taroとhanakoのローカルアカウントを作成します。

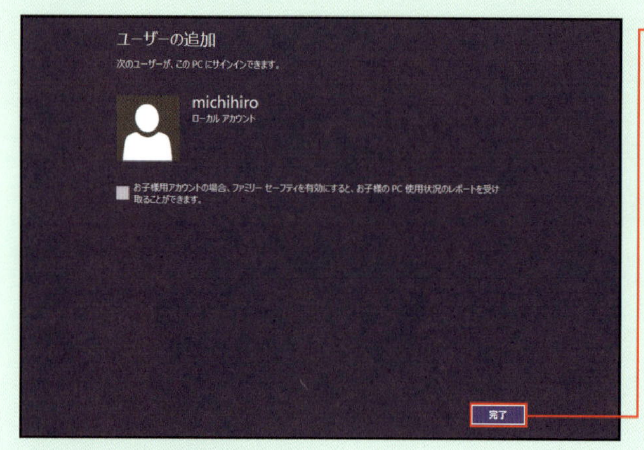

❾確認画面が表示された場合は、＜完了＞をクリックすれば、ローカルアカウントの追加作業は終了します。

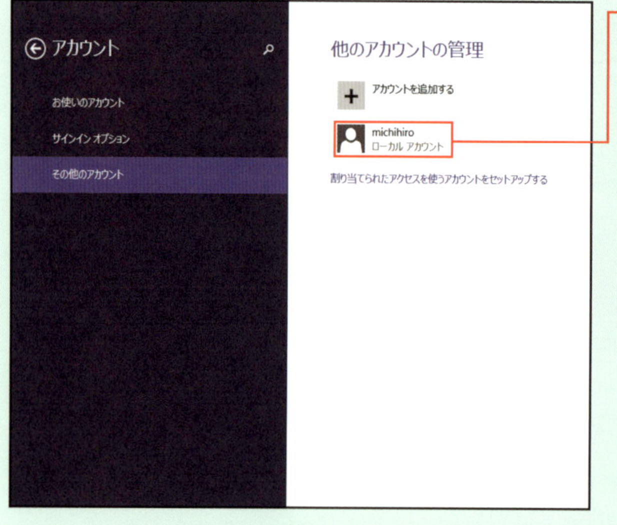

❿P.86手順❶～❸を参考に、「他のアカウントの管理」画面を表示すると、新しくアカウントが追加されたことがわかります（この画面は手順❽のあとにすぐに表示される場合もあります）。

Windows 7やWindows Vistaでローカルアカウントを作成する

Windows 7でローカルアカウントを作成する場合には、アカウントの管理画面で作業を行います。コントロールパネルを開き「ユーザーアカウントの追加または削除」でアカウントの管理画面を開いたら＜新しいアカウントの作成＞をクリックして作業を進めます。アカウントの作成自体はすぐに終わるのですが、パスワードを付与する作業は別になっているので、忘れないようにしましょう。

また、多少UIは異なるものの、画面遷移は同じなので、Windows Vistaで作業する場合にも同様に行えばアカウントの作成は可能です。

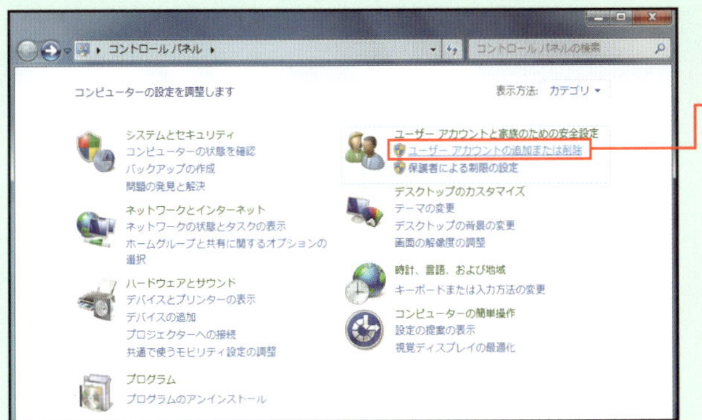

❶スタートメニューからコントロールパネルを開き、

❷<ユーザーアカウントの追加または削除>をクリックします。

❸「アカウントの管理」画面が表示されるので、<新しいアカウントの作成>をクリックします。

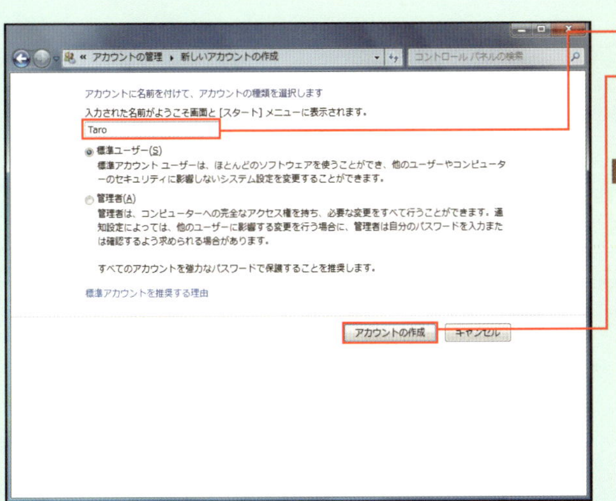

❹ユーザー名を入力して、

❺<アカウントの作成>をクリックします。

MEMO: ここでの作業

ここでは普段Windows 7/Vistaを利用するため、すでにローカルアカウントを持っているhanakoが、Windows 10パソコンのTaroに共有が利用できるよう、Taroのローカルアカウントを作成しています。ここで作成するアカウントはとくに管理者である必要はないので、標準ユーザーで作成します。

❻新しくアカウントが作成されたら次にパスワードの付与を行います。作成したアカウントをクリックします。

❼アカウントの変更画面が表示されたら、<パスワードの作成>をクリックします。

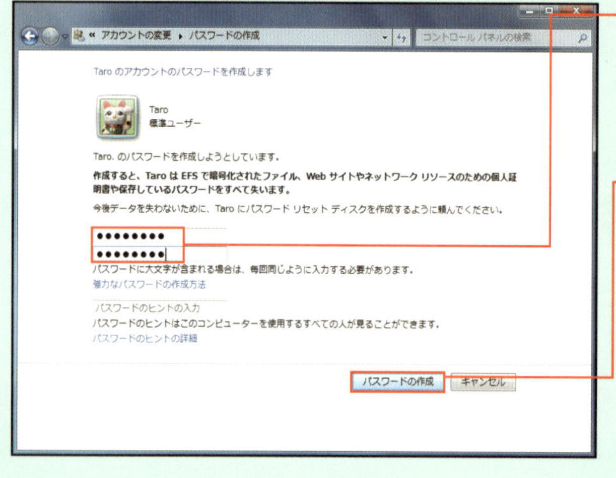

❽パスワードを入力します。ほかのパソコンで使っているアカウントなら、同じパスワードを入力しておくのがよいでしょう。

❾最後に<パスワードの作成>をクリックします。

すべてのパソコンでパスワード保護共有の確認をする

アクセス権の制御を行う前に、＜パスワード保護共有＞を有効にします。これは、この共有設定を行うパソコンにアカウントがあるユーザーだけに共有フォルダーを利用できるようにするためです。＜コントロールパネル＞→＜ネットワークとインターネット＞→＜ホームグループと共有に関するオプションの選択＞→＜共有の詳細設定の変更＞の順にクリックして設定画面を表示します。この画面を表示するための操作はWindows 10/8.1/7/Vistaで共通です。

以上の操作を行って、パスワード保護共有の確認・設定を済ませたら、共有したいフォルダーのアクセス権を個別に設定します。パスワード保護共有は、共有を許可するすべてのパソコンで行います。この設定を行っていないパソコンは、ローカルアカウントがなくても共有を利用できるようになってしまうことがあるので注意してください。また、この設定は、ここまで作成したローカルアカウントでサインインして行う必要はありません。通常使っているアカウントで設定してください。

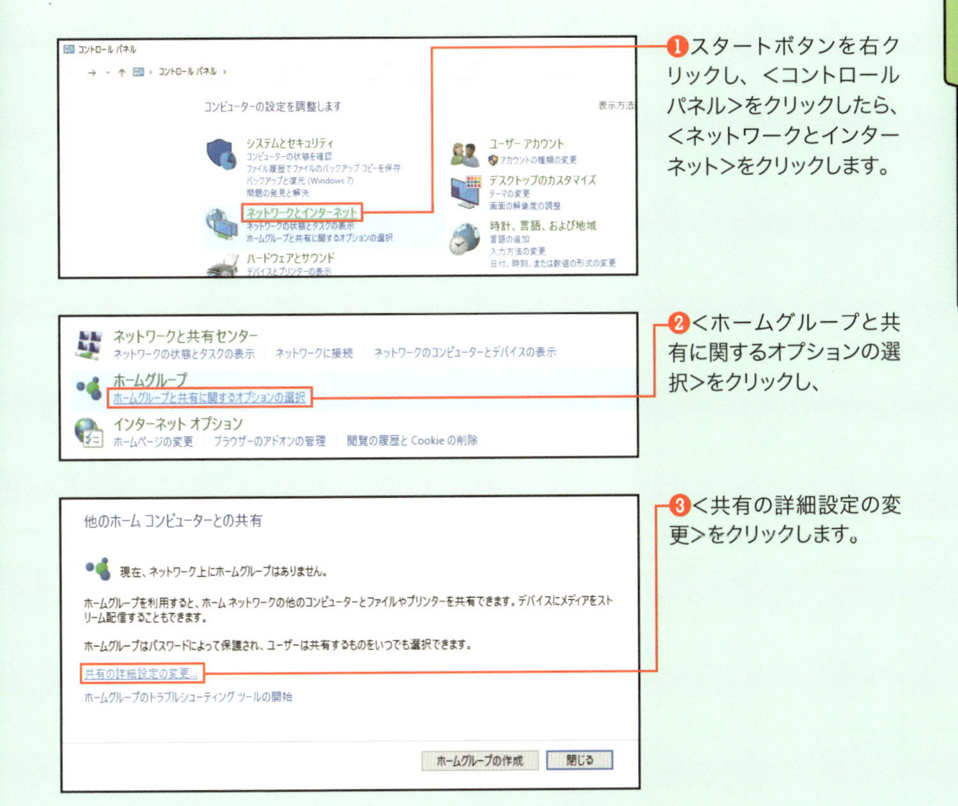

❶スタートボタンを右クリックし、＜コントロールパネル＞をクリックしたら、＜ネットワークとインターネット＞をクリックします。

❷＜ホームグループと共有に関するオプションの選択＞をクリックし、

❸＜共有の詳細設定の変更＞をクリックします。

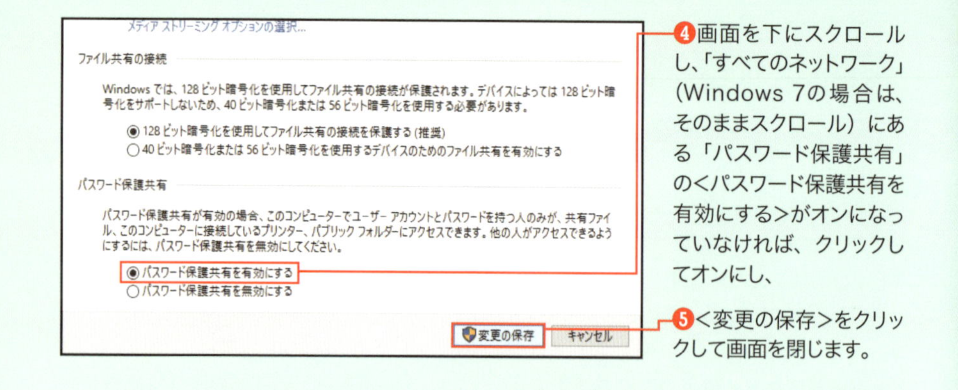

❹画面を下にスクロールし、「すべてのネットワーク」（Windows 7の場合は、そのままスクロール）にある「パスワード保護共有」の<パスワード保護共有を有効にする>がオンになっていなければ、クリックしてオンにし、

❺<変更の保存>をクリックして画面を閉じます。

フォルダーに新しく共有設定を行う

ここまで共有を許可する相手のローカルアカウントや、ローカルアカウントでの共有の準備をしてきました。ここではWindows 8.1パソコンのmichihiroがWindows 10パソコンのTaroにDataというフォルダーの共有の許可を出すという例を参考に、共有の設定方法を説明します。

Windows 10/8.1で共有の設定を行うには、最初に共有したいフォルダーを用意し、そのフォルダーの「権限」を設定します。今回は、自分以外のローカル アカウントを利用しているユーザーが、Cドライブに作成したDataというフォルダーに書き込みをできる権限を与えることにします。

共有の設定を行うにはエクスプローラーを使用します。Windows 8.1の場合は、エクスプローラーで目的のフォルダーを右クリックしてプロパティを表示し、ここで設定を行います。Windows 10の場合は、右クリックしたら、<共有>→<特定のユーザー>とクリックして設定を行います。

Windows 8.1の場合

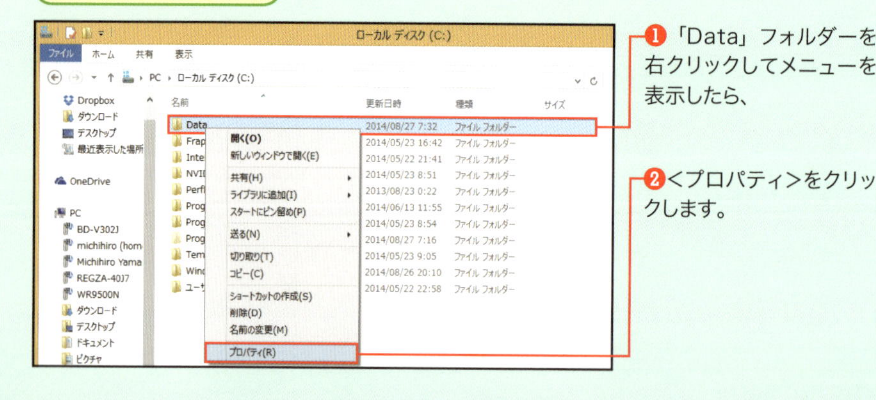

❶「Data」フォルダーを右クリックしてメニューを表示したら、

❷<プロパティ>をクリックします。

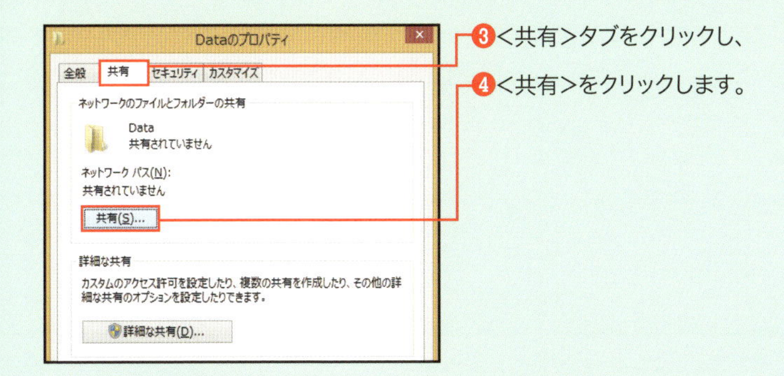

❸<共有>タブをクリックし、

❹<共有>をクリックします。

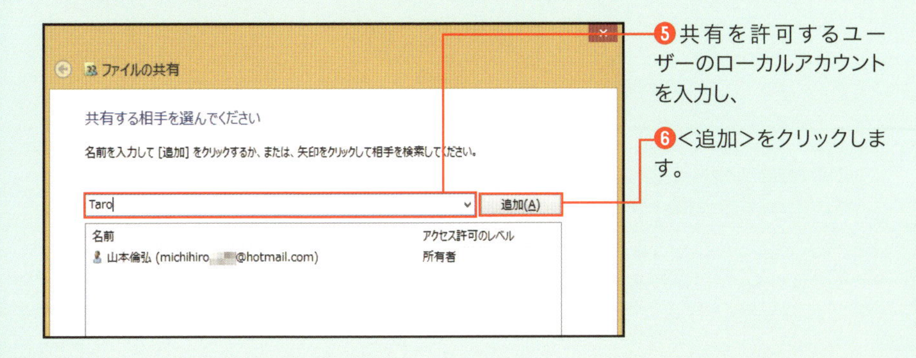

❺共有を許可するユーザーのローカルアカウントを入力し、

❻<追加>をクリックします。

MEMO: プルダウンメニューから選択する

⌄をクリックするとすでに登録されているローカルアカウントなどが表示されます。ここでTaroを選んでも問題ありません。もしも何かの不具合で表示されない場合は、ここでの手順を参考に入力してください。また同じリストに表示される<Everyone>というグループを共有相手として設定することもできます。この場合、このパソコンに登録されているアカウントすべてに共有の許可を出すことになります。

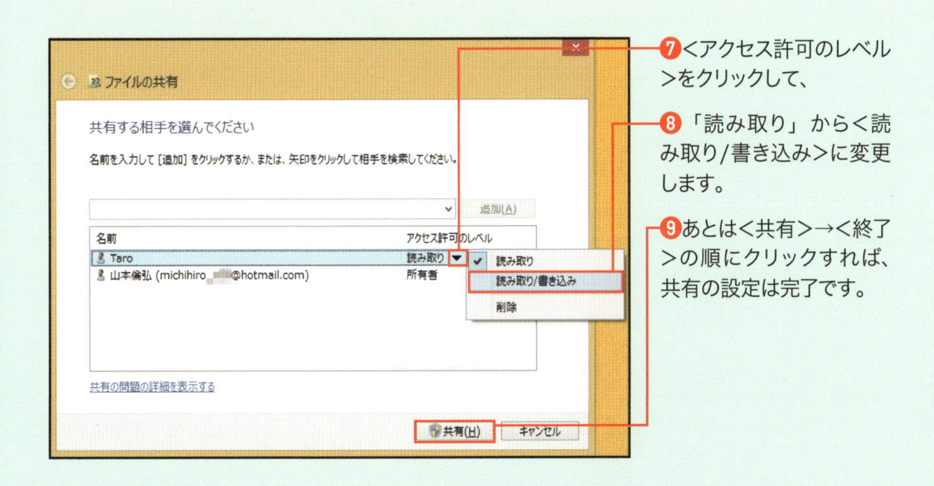

❼<アクセス許可のレベル>をクリックして、

❽「読み取り」から<読み取り/書き込み>に変更します。

❾あとは<共有>→<終了>の順にクリックすれば、共有の設定は完了です。

Windows 10の場合

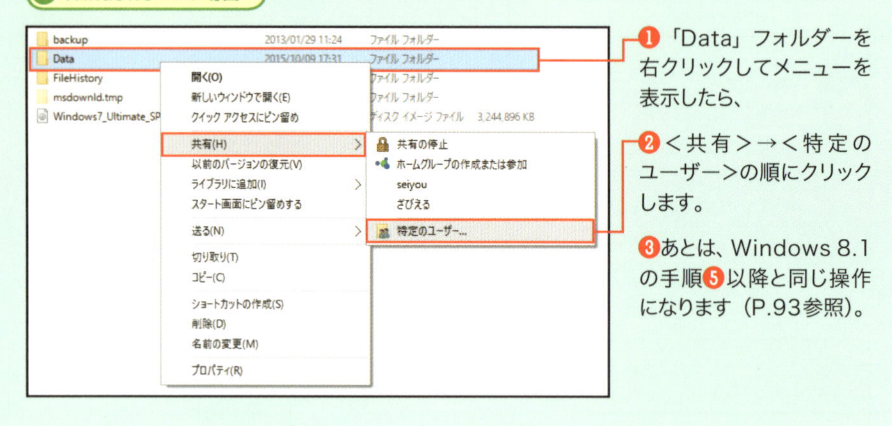

❶「Data」フォルダーを右クリックしてメニューを表示したら、

❷＜共有＞→＜特定のユーザー＞の順にクリックします。

❸あとは、Windows 8.1の手順❺以降と同じ操作になります（P.93参照）。

共有されたフォルダーを利用する

共有を許可されたユーザーは、エクスプローラーの＜ネットワーク＞をクリックすると、ネットワーク上にあるパソコンのコンピューター名を確認することができるので、この中から共有の許可を受けたパソコンを開けば、共有の許可を与えられたフォルダーを見ることができます。

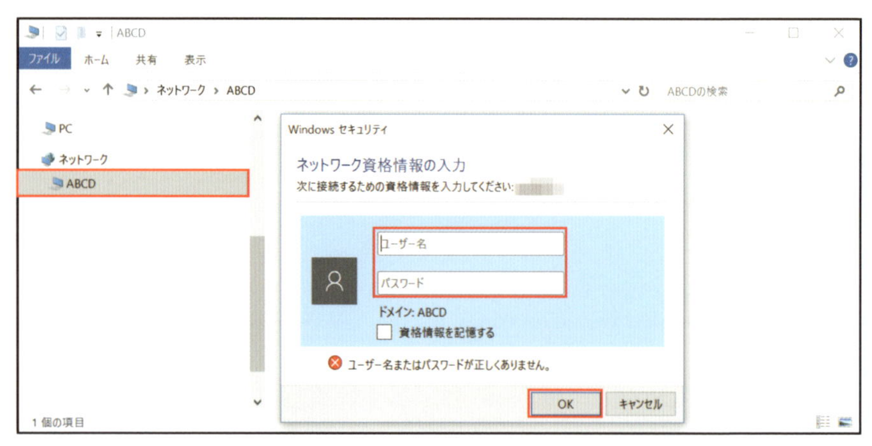

ここまで説明した共有の設定ができていれば、コンピューターにサインインしたアカウントと同じアカウントとパスワードの情報が利用され、共有が自動的に行われます。このため、アカウントとパスワードの確認が省略されることになります。共有もとに設定されていないアカウントでサインインしていた場合には、上の画面のようにアカウントとパスワードの入力が求められます。この際に共有もとに設定しておいたアカウントとパスワードを入力することにより、共有フォルダーの利用も可能です。なお、画面はWindows 10ですが、Windows 8.1でも操作は変わりません。なお、コンピューターをクリックした際にエラーが表示された場合には、しばらく待ってから＜キャンセル＞をクリックし、もう一度コンピューター名をクリックすると解決することがあります

COLUMN

パソコンのIPアドレスやコンピューター名を調べるには

ネットワークを利用しているとよく出てくるのがIPアドレスやコンピューター名という言葉です。設定時にはIPアドレスやコンピューター名が必要になることがあります。ここではそれらの名称を調べる方法を解説します。以下の操作は一部を除いて各Windows共通の方法なので覚えておくと便利です。

コマンドプロンプトからIPアドレスを確認する

❶キーボードの⊞キーを押したままRキーを押します。

❷「ファイル名を指定して実行」の画面が開くので、「cmd」と入力し、

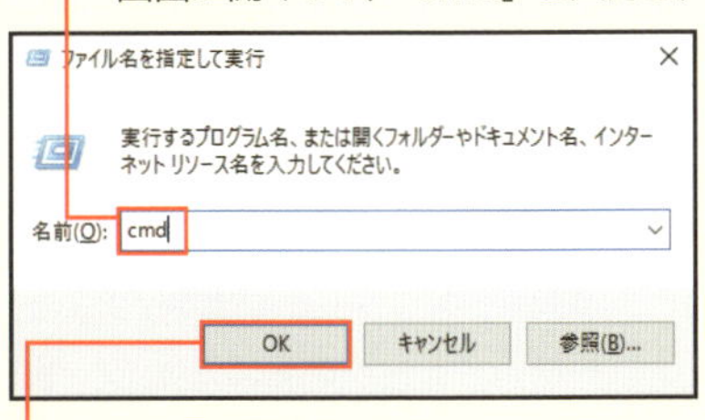

❸<OK>をクリックします。

C:¥WINDOWS¥system32¥cmd.exe
Microsoft Windows [Version 10.0.10586]
(c) 2015 Microsoft Corporation. All rights reserved.
C:¥Users¥michi>ipconfig

❹コマンドプロンプトが表示されたらipconfigと入力し（大文字でも小文字でも問題ありませんが半角で入力します）、

❺Enterキーを押します。

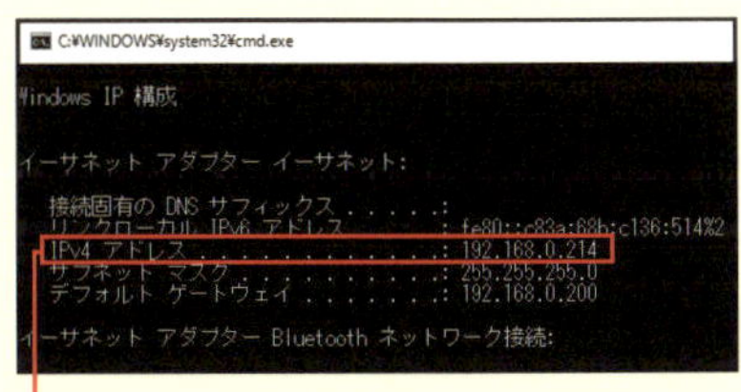

❻ipconfigコマンドを実行するとこのような画面が表示されます。「IPv4 アドレス」と書かれた右にある数値が、このパソコンの現在のIPアドレスです。

システム画面でコンピューター名を確認する

❶Windows 8.1以降のOSの場合には、スタートボタンを右クリックし、

❷表示されるサブメニューから<システム>をクリックします。Windows 7以前の場合には、スタートボタンをクリックして表示される<コンピューター>（Windows Vistaの場合は<コンピュータ>）を右クリックして<プロパティ>を表示します。

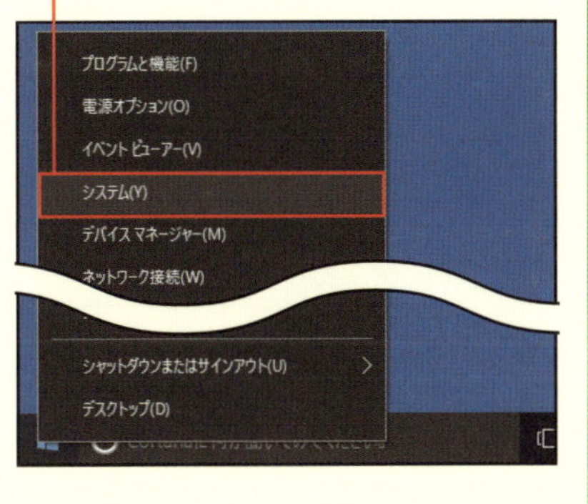

❸システム画面の<コンピューター名、ドメインおよびワークグループの設定>にある<コンピューター名>が、操作しているパソコンのコンピューター名です。

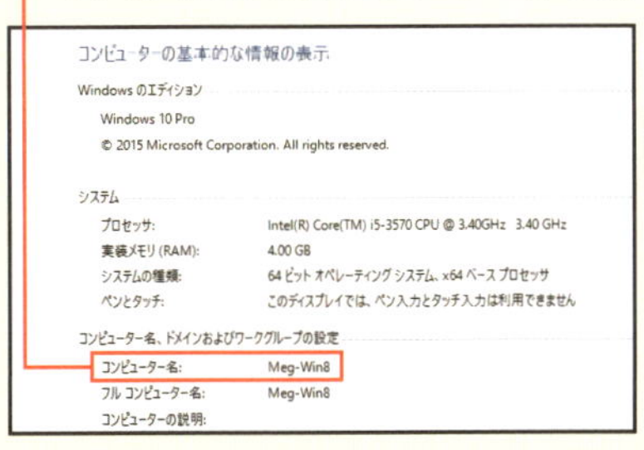

Mac内からWindowsの共有フォルダーを利用するには

WindowsとMacは違うOSですが、Windowsの共有フォルダーをMacで利用するのは、特別難しいことではありません。ここではMacでWindowsの共有フォルダーを利用するための接続方法を解説していきます。

Finderのメニューから設定を行う

Windowsの共有フォルダーを利用するのはそれほど難しいことではありません。まずは、Sec.17を参考にMacで使用しているアカウントをローカルアカウントとしてWindows側に作成（Windows 10であれば、P.84参照）し、フォルダーに共有の設定（P.94参照）を行います。準備ができたらMacの設定を行います。

MacからWindowsの共有フォルダーを利用するにはサーバ接続機能を使用します。Finderのメニューから<移動>→<サーバへ接続>をクリックし、表示されたウィンドウのサーバアドレスにWindowsパソコンのコンピューター名を入力します。このときコンピューター名の代わりにIPアドレスを入力してもかまいませんが、いずれにしても先頭に「smb://」と入力してください。接続が成功すると対象のパソコンで利用できる共有フォルダーの一覧が表示されるので、共有フォルダーを選択します。なお、IPアドレスやコンピューター名を調べる方法についてはP.95を参考にしてください。

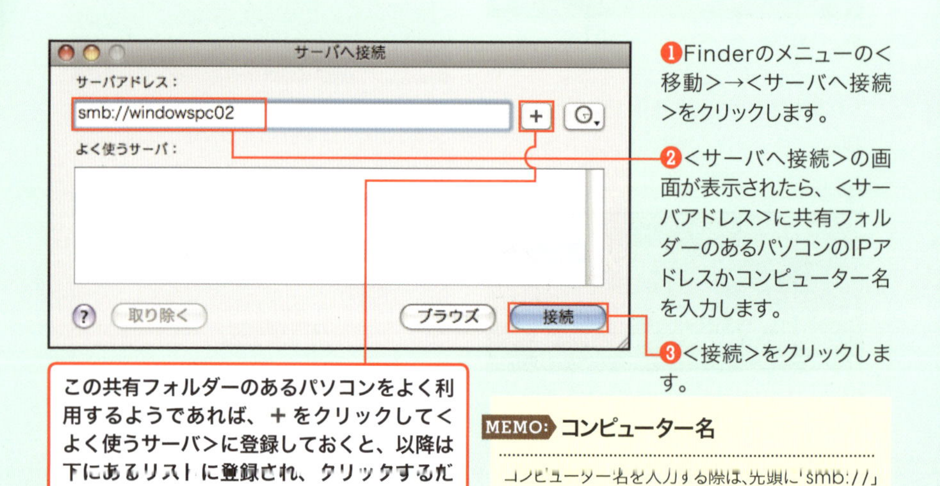
サーバへ接続
サーバアドレス：
smb://windowspc02
よく使うサーバ：
取り除く
ブラウズ
接続
この共有フォルダーのあるパソコンをよく利用するようであれば、＋をクリックして<よく使うサーバ>に登録しておくと、以降は下にあるリストに登録され、クリックするだけで入力の必要がないため便利です。

❶Finderのメニューの<移動>→<サーバへ接続>をクリックします。

❷<サーバへ接続>の画面が表示されたら、<サーバアドレス>に共有フォルダーのあるパソコンのIPアドレスかコンピューター名を入力します。

❸<接続>をクリックします。

MEMO: コンピューター名

コンピューター名を入力する際は、先頭に「smb://」と入力してから、コンピューター名を入力します。

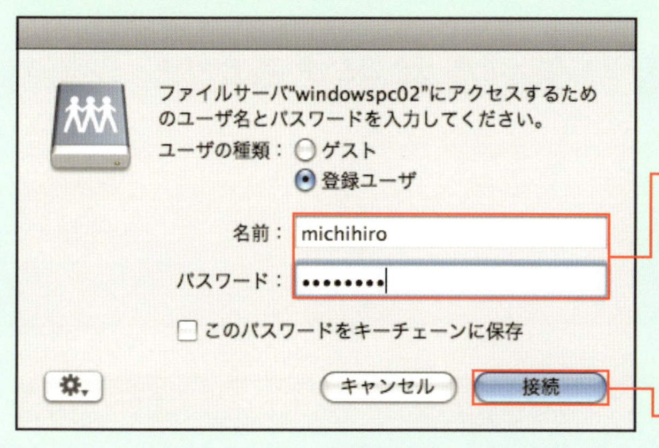

❹パスワード認証を有効にしている場合にはユーザー名とパスワードの確認画面が表示されます。

❺ここではWindows側の共有フォルダーに設定されている許可されたユーザーのアカウントとパスワードを入力します。Microsoft アカウントの利用も可能です。

❻<接続>をクリックします。以上でパソコン上で利用できる共有フォルダーがリストで表示されるはずです。

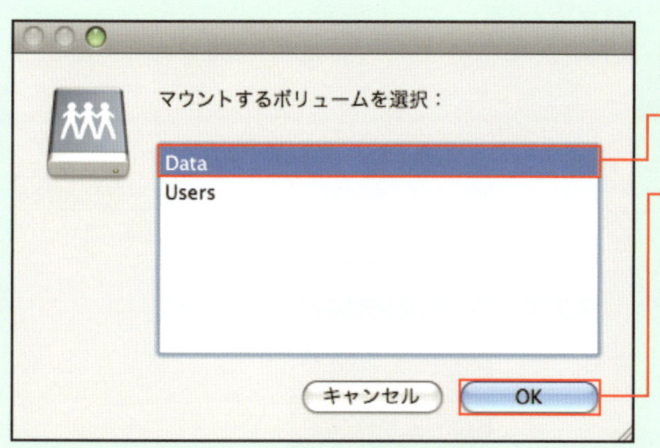

❼共有フォルダーの一覧が表示されます。

❽利用したい共有フォルダーの名前をクリックし、

❾<OK>をクリックします。

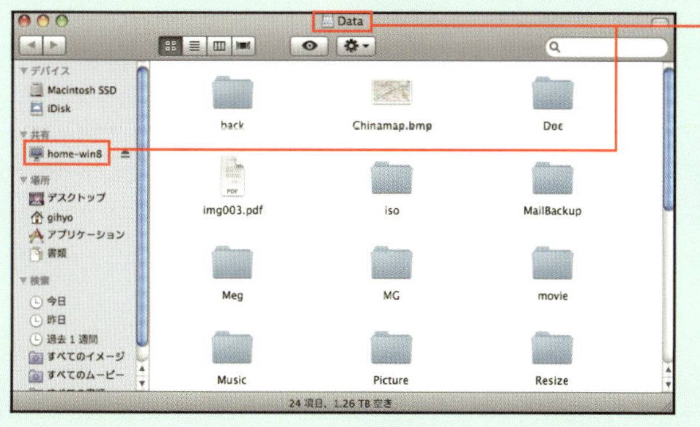

❿これで、Windows上の共有フォルダーを開くことができました。デスクトップには共有したフォルダーが開かれたファインダーが表示されたはずです。

プリンターを共有するには

プリンター（共有）

最近は、Wi-Fi搭載プリンターも数多く登場しており、ネットワーク経由でほとんどのパソコンからも利用できますが、ここでは、1台のパソコンにUSBで接続したプリンターがあることを前提として解説を行います。

Windows 10にUSB接続されたプリンターを共有できるようにする

1台のパソコンにUSBケーブルで接続してあるプリンターを、ほかのパソコンからも使えるようにしてみましょう。ここでは、EPSONのネットワーク対応プリンターである「PX-047A」を例として、ネットワーク対応プリンターの設定方法も解説します。すでにドライバーがインストールされた状態であれば、プリンターの共有はかんたんです。まずは、パソコンに接続してあるプリンターのプロパティを開きます。

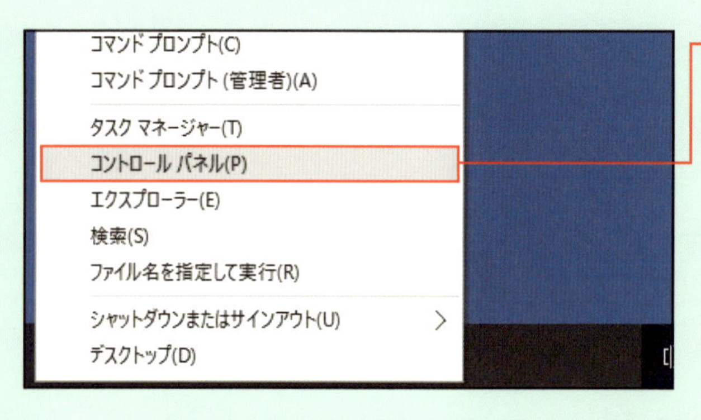

❶スタートボタンを右クリックし、<コントロールパネル>を選択します。

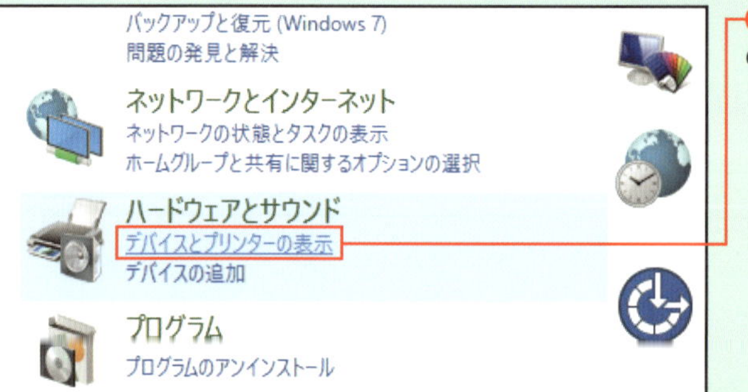

❷<デバイスとプリンターの表示>をクリックします。

❸ここでは「EPSON PX-047A Series」となっているプリンターがパソコンにUSB接続されています。

❹プリンターのアイコンを右クリックし、

❺＜プリンターのプロパティ＞をクリックします。

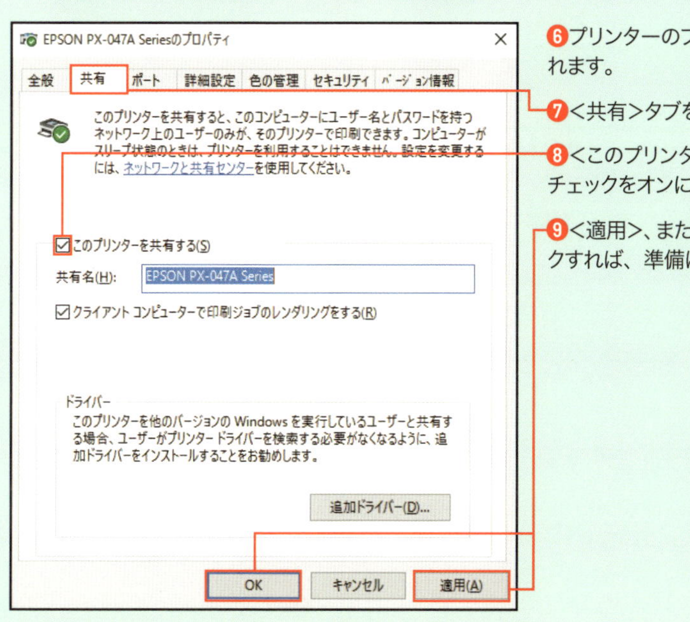

❻プリンターのプロパティが表示されます。

❼＜共有＞タブをクリックし、

❽＜このプリンターを共有する＞のチェックをオンにし、

❾＜適用＞、または＜OK＞をクリックすれば、準備は完了です。

MEMO: Wi-Fiプリンターについて

同じネットワーク上にWi-Fiプリンターがあれば、プリンターに接続されていないパソコンからでもデバイスドライバーをインストールするだけでWi-Fiプリンターが利用できるようになります（Windows 8以降であれば、多くの場合、自動的にドライバーがインストールされます）。右の画面はドライバーをインストールしたあとに、＜コントロールパネル＞→＜デバイスとプリンターの表示＞の順にクリックして、プリンターの状態を確認したものです。もしも✅が表示されていない場合は、プリンターのアイコンを右クリックして、表示されるメニューから＜通常使うプリンターに設定＞をクリックしてください。

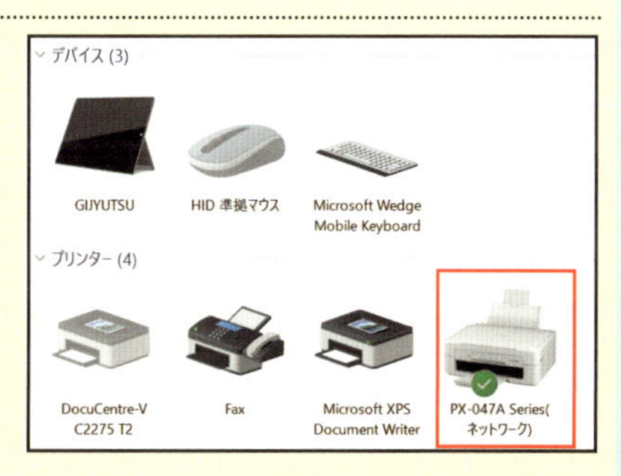

第2章 ≫プリンター（共有）

デバイスドライバーをインストールする

この時点でパソコンに接続されたEPSONのPX-047Aは、ほかのパソコンからも共有できる状態になりました。しかし、違うOSや32bit OS、64bit OSなど、プリンターを接続していないパソコンでプリンターを共有する場合に、共有プリンターを使用するパソコンで改めてデバイスドライバーを手動で入れなおさなければいけません。少しハードルは高くなりますが、プリンターの設定ファイルをドライバーディスクなどから探して以下の操作を行っておけば、32 bit版、64bit版などの違いやOSのバージョンの違いがあっても、利用者がかんたんに共有プリンターを接続することができます。

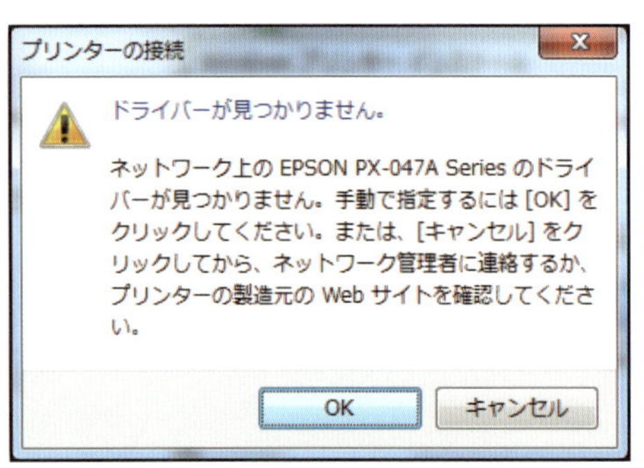

ここで設定している共有プリンターはWindows 10の64bit版で行っています。この画面は、ほかのOS用のドライバーをインストールしていない状態でWindows 7の32bit版から接続をしようとした際に、表示されたメッセージです。このような場合には、共有プリンターに接続するパソコンに、そのOS用のドライバーのセットアップが必要になります

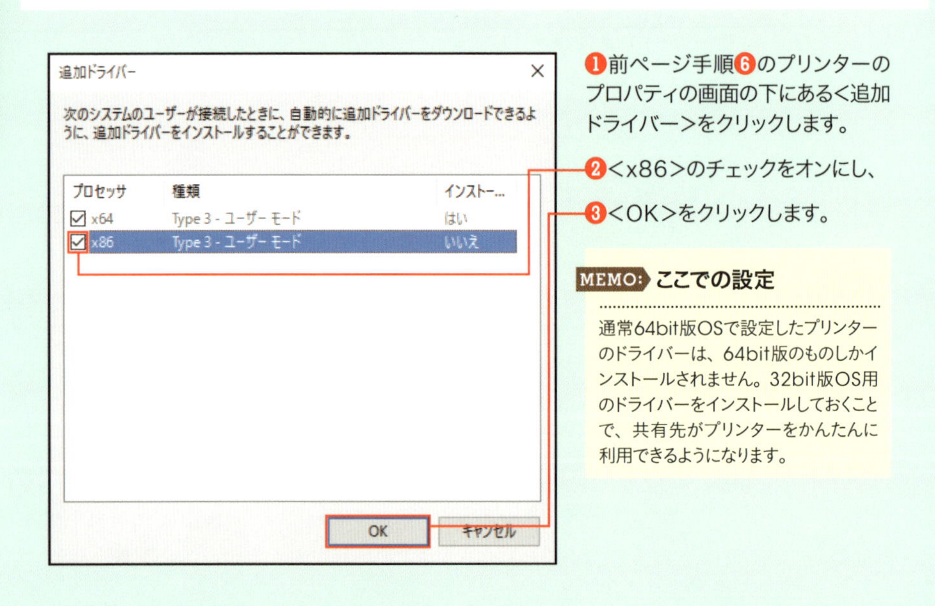

❶前ページ手順❻のプリンターのプロパティの画面の下にある<追加ドライバー>をクリックします。

❷<x86>のチェックをオンにし、

❸<OK>をクリックします。

MEMO: ここでの設定

通常64bit版OSで設定したプリンターのドライバーは、64bit版のものしかインストールされません。32bit版OS用のドライバーをインストールしておくことで、共有先がプリンターをかんたんに利用できるようになります。

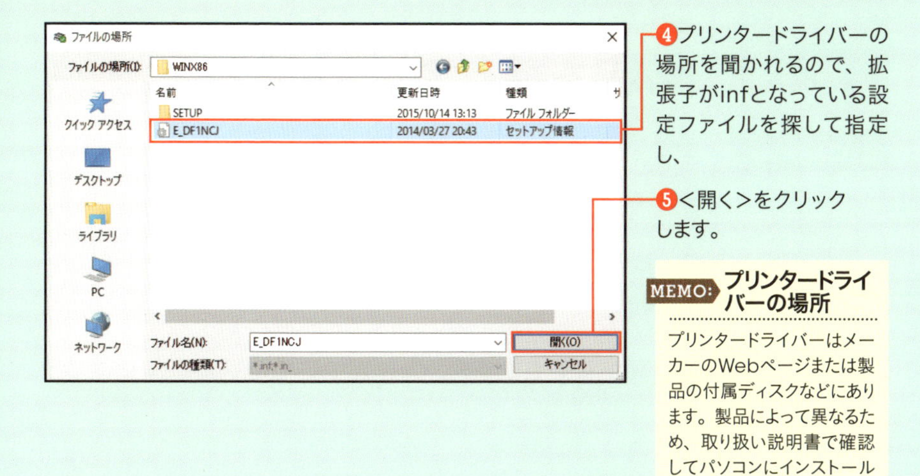

❹プリンタードライバーの場所を聞かれるので、拡張子がinfとなっている設定ファイルを探して指定し、

❺<開く>をクリックします。

MEMO: プリンタードライバーの場所

プリンタードライバーはメーカーのWebページまたは製品の付属ディスクなどにあります。製品によって異なるため、取り扱い説明書で確認してパソコンにインストールしておいてください。

COLUMN

付属ソフトを利用するのも1つの手段

最近ではWi-Fi接続対応のネットワークプリンターも、一般的に普及してきました。ここで解説している方法の場合、Windowsのネットワーク共有を利用しているため、プリンターにUSBで接続しているパソコンの電源が入っていないとプリンターを利用することができません。そのような場合にはネットワーク接続で利用するのがおすすめです。ネットワーク接続に対応していないプリンターの場合は仕方のないことですが,PX-047Aはネットワーク接続に対応しています。ネットワーク接続の場合には付属の光学メディアに収録されている設定ソフトを使いましょう。ネットワークの知識がほとんどなくても、ネットワーク上のプリンターを見つけてくれて、ドライバーなどのインストールも行ってくれます。

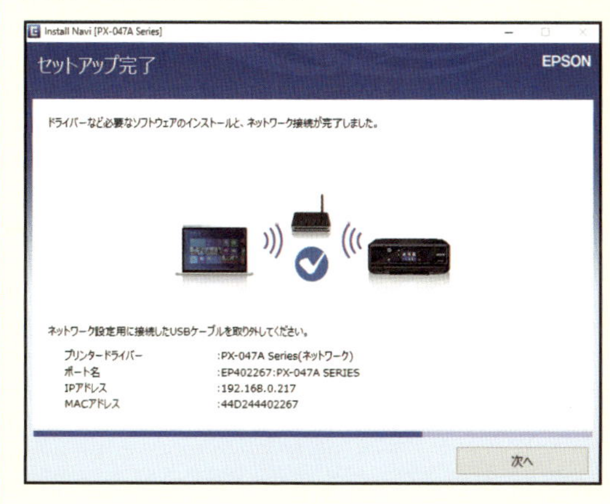

最近ではネットワーク接続に対応したプリンターも安価になっており、広く普及しています。設定も付属ソフトでかんたんにできるので、ネットワーク接続に対応したプリンターの場合には、利用してみるとよいでしょう

020 NASを使ってファイルを共有するには

NAS

手軽なファイル共有の手段として近年人気が高まっているのが、NAS(Network Attached Storage)です。NASを利用すると、手軽にファイル共有を行えます。ここでは、NASを利用したファイル共有の方法について解説します。

NASとは

NAS（Network Attached Storage）とは、ネットワーク経由で利用する外部ストレージです。単体でファイルサーバーとして動作するように設計されており、パソコンから利用するときは、パソコンどうしでファイル共有を行っているときと同じ感覚で利用できる機器です。HDDを何台内蔵できるかによって形状が異なり、USB接続のHDDと同形状の製品から、パソコンのような形状をした製品まで、さまざまな形状の製品が販売されています。

NASは、専用機器ならではの使い勝手のよさが特徴です。24時間の連続稼働で利用することを前提に設計されているので、NASの電源を落とすことなく利用できます。利用する機器によっては、パソコンからリモート操作で必要に応じてNASの電源をオンにしたり、指定した時間だけ電源をオンにしたりするスケジュール機能なども搭載されています。

NASは、消費電力が低いので無理に電源を落とす必要はありませんが、電気代を節約したい場合や利用頻度が低い場合は、前述の機能を利用することで消費電力を抑えることもできます。

NASは、ネットワーク接続で利用するストレージ機器。背面にはLANの接続に利用する有線LANポートが搭載されており、USB接続のHDDなどと同じ形状をした小型の製品も販売されています。写真は「LS410DCシリーズ」

NASは、新製品が登場するごとに高速化が図られています。NASには、ハイエンド向けの高速製品とエントリー向けの製品が販売されていますが、現在では、後者のエントリー向けの製品でも40MB／秒以上の速度を実現した製品が多くを占めています。ハイエンド向けの製品はさらに高速化され、100MB／秒前後の速度を実現した製品が主流です。

黎明期のNASは、最大速度が20MB／秒前後の製品が多く、USB2.0接続の外付けHDDよりも低速な製品が多かったのですが、現在のNASは速度も速く、ハイエンド向けのNASの速度は、パソコンどうしでファイル共有を行ったときと遜色ない速度を発揮します。

また、HDDを2台以上内蔵できる製品は、RAIDを利用して信頼性を高めることもできます。たとえば、HDDを2台内蔵するタイプの製品は、同じデータを別のドライブに保存することで信頼性を高める「RAID1」を利用できます。HDDを3台以上内蔵できる製品は、RAID1で利用できるだけでなく、RAID5やRAID6などのより高度なRAID技術を利用して信頼性を高めることもできます。

NAS購入時のポイント

現在販売されているNASには、完成品と組み立てキットの2種類があります。前者の完成品はHDDを内蔵済みの製品で、購入すればすぐに利用できます。ハイエンド向けの高速タイプの製品と若干速度が遅めのエントリー向け後者の組み立てキットは、HDDを内蔵してない半完成品です。利用するHDDは別途購入する必要があります。しかし、組み立てキットには基本的に最大速度が速い高性能タイプの製品が多くみられます。特定のHDDを利用したい場合や完成品ではラインナップされていない容量

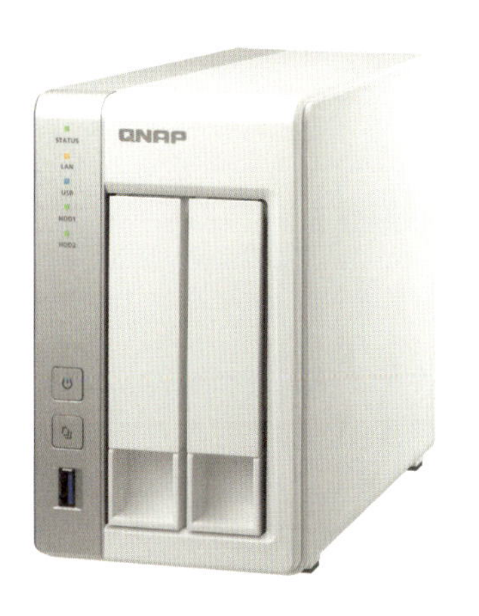

NASは、HDDを内蔵しない半完成品の組み立てキットの状態で販売されてる場合もあります。写真は、QNAPの「TS-231」。この製品は、HDDを2台内蔵できるタイプの製品で、HDDの接続には、前面に用意されている着脱式のトレイを利用します

のNASを利用したい場合、また、性能が高い製品を利用したい場合などは、組み立てキットを購入するという方法もあります。
　内蔵できるHDDの総数もNASによって異なります。もっとも安価なタイプは、HDDを内蔵できるのが1台のみの製品で、内蔵できるHDDの総数が増加するほど高価になります。保存するデータの信頼性を高めたいときは、多少高価でも2台以上のHDDを内蔵できるタイプの製品がおすすめです。

NASの設定を行うには

　NASを利用するには、NAS本体に関する設定や共有フォルダーの設定など、いくつかの設定を行う必要があります。設定方法は利用するNASによって異なりますが、必ず行わなければならないのは、NAS本体のIPアドレスの設定、NASの設定画面へのサインインに利用するパスワードの設定、共有フォルダーの設定です。それ以外にも、必要に応じて共有フォルダーにアクセスできるユーザーの設定を行います。どの製品を利用してもNASは、基本的に上記の設定を行うだけで、すぐに利用できます。設定そのものは、慣れてしまえば難しいものではありません。
　また、NASの設定は、通常、Webブラウザーで設定画面を開くことで行いますが、最初に行う初期設定に限って、以下の3種類の方法のうち、いずれかの方法が採用されています。これは、Webブラウザーで設定画面を開くためにNASに設定されたIPアドレスをユーザーが知っている必要があるからです。
　1つ目が、メーカーが用意している設定ツールを利用する方法です。設定ツールに搭載されている機能は、メーカーによって異なりますが、通常、NASのIPアドレスを設定したり、IPアドレスを調べてWebブラウザーで設定画面を開く機能を搭載しています。設定ツールは、NAS本体のIPアドレスの確認などに利用するだけで、多くの設定は、Webブラウザーで設定画面を開くことで行います。

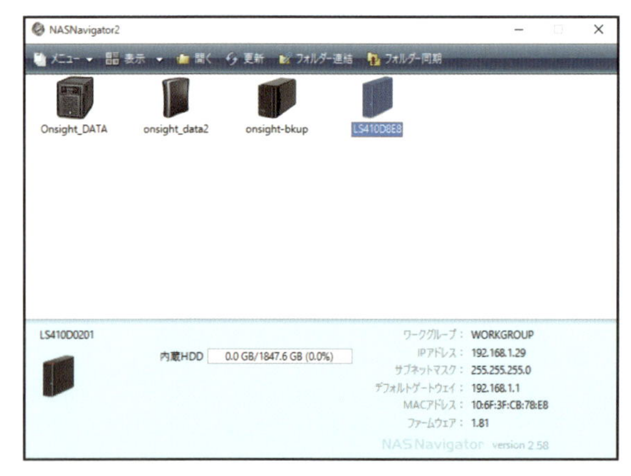

専用ツールを利用すると、NASに設定されているIPアドレスの確認を行えます。NASの設定は、Webブラウザーで設定画面を開くことで行うのが一般的です。画面は、バッファローの「Linkstation LS410DCシリーズ」の設定ツールです

2つ目が、工場出荷時に設定されているNASのIPアドレスをWebブラウザーで開いて設定を行う方法です。このタイプの製品では、NASとパソコンを有線LANケーブルでダイレクトに接続し、Webブラウザーで設定画面を開いて設定を行います。その際、設定を行うパソコンのIPアドレスを手動でNASと同じネットワークアドレスに設定しておく必要があります。このタイプの製品は、比較的古めの製品に多くみられます。

3つ目が、Webブラウザーでインターネット上の設定サイトからNASの初期設定を行う方法です。このタイプの製品は、半完成品のNASキットで採用されているケースが多くみられます。NASを家庭内LANなどに設置して電源をオンにしたあと、Webブラウザーでインターネット上の設定サイトを開くとことで初期設定が行えます。初期設定が完了すると、以降はNASの設定画面を開くことで各種設定を行えるようになります。

NASは、専用のファイルサーバーであるため、パソコンどうしでファイル共有を行うときよりも設定そのものはかんたんです。ウィザード形式で画面の指示に従って初期設定を行える製品も多くあります。利用するにあたって、必ず設定しなければならない項目は多くなく、前述した通り、IPアドレスの設定、共有フォルダーの設定、サインインパスワードの設定の3つの勘所さえ抑えておけば、かんたんに利用できます。

バッファローの「Linkstation LS410DCシリーズ」の初期設定画面。Webブラウザーで初めて設定画面を開くと、管理者のサインインパスワードの設定画面が表示されます。ウィザード形式で設定を行っていくので、設定はかんたんです

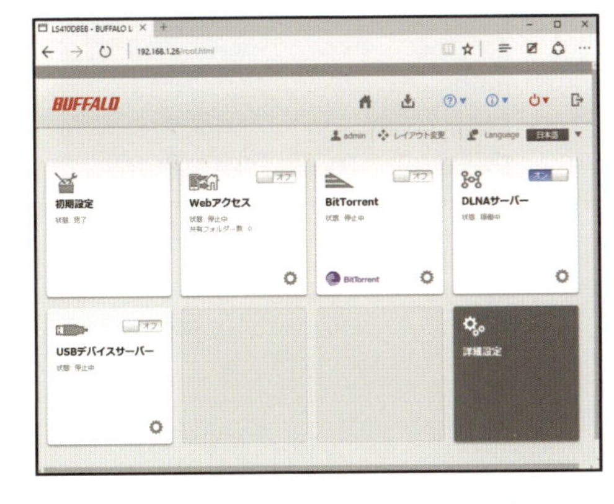

バッファローの「Linkstation LS410DCシリーズ」の設定画面。初期設定が終わると、次回から、この画面が最初に表示されます。詳細設定をクリックすると、共有フォルダーの設定やユーザー登録などの設定が行えます

COLUMN

FreeNASで余ったパソコンをNASとして利用する

無料で利用できるNAS専用OS「FreeNAS」を利用すると、パソコンをNASとして利用できます。余ったパソコンがあるときは、市販のNASを購入するのではなく、FreeNASを利用してパソコンをNASとして活用する方法もあります。

FreeNASは、「FreeBSD」と呼ばれるUNIX系のOSをベースに開発されたNAS向けの専用OSです。日本語化も行われており、FreeNASをインストールしたパソコンのIPアドレスさえ設定してしまえば、各種設定をWebブラウザーで行えます。

FreeNASは、NAS専用OSであるため、要求されるパソコンの性能もそれほど高くありません。最低動作環境は、64bit対応のマルチコアプロセッサー（Intel製CPUを強く推奨）の搭載と8GBのメモリーの搭載、FreeNASインストールに利用する8GB以上のストレージとなっています。メモリーの搭載量は若干多めですが、CPUのスペックについては数年前のもので十分対応可能です。データ共有用のドライブは、最低1台接続されていればよく、2台以上のドライブを搭載すればRAIDを利用してストレージの信頼性を高めることもできます。8GB以上の容量のストレージがあればFreeNASが運用できるので、USBメモリーにインストールして運用することもできます。ただし、FreeNASをインストールしたOS起動用ドライブは、データ共有用のドライブとして利用できない点には注意してください。

FreeNASは、無線LAN、有線LANを問わず対応ハードウェアが多く、さまざまなパソコンで利用できます。おすすめは、ドライブを内蔵できる台数が多いデスクトップパソコンでUSBメモリーから起動を行って運用することですが、ノートパソコンで運用することもできます。FreeNASの動作環境や対応ハードウェアの情報は、FreeNASのホームページ（http://www.freenas.org/）で確認できます。

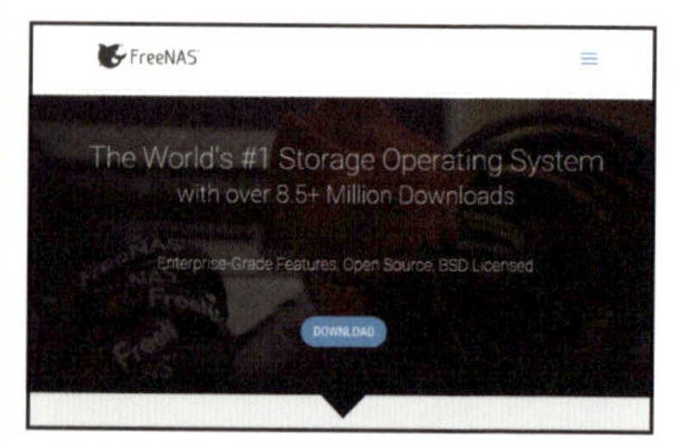

NAS専用OS「FreeNAS」の開発元のホームページ（http://www.freenas.org/）。FreeNASをダウンロードできるほか、FreeNASで利用可能なハードウェアの情報や動作環境などを調べることができます

AV機器もフル活用！

音楽や動画の共有

音楽やビデオ、写真などを家電機器と共有するには

パソコンでメディアサーバーを構築すると、音楽やビデオ、写真といったファイルを複数の機器で共有できます。そのメディアサーバーの中でもDLNAという規格ならば、対応するAV家電も豊富なので共有の幅が広がります。

動画や音楽を手軽に共有できるメディアサーバー

スマートフォンやビデオカメラで撮影した動画や写真、音楽CDから取り込んだ音楽ファイルといった「メディアファイル（音声／動画／写真のファイル）」をパソコンで一括管理している人は多いでしょう。一般にメディアファイルは、家族で楽しむときはパソコンの前に集まったり、必要なファイルだけをスマートフォンやタブレットに転送して見たりといった方法で利用されています。しかし、それよりも便利なのが、メディアファイルを共有してさまざまな機器で再生できる「メディアサーバー」を活用することです。

そのメディアサーバーの代表的な規格が「DLNA（Digital Living Network Alliance）」です。DLNAは、パソコンやスマートフォン、タブレットのほか、ネットワーク機能を搭載したBlu-ray／DVDレコーダー、テレビなどの多くの家電が対応しています。普段使っているパソコンをDLNA対応のメディアサーバーにすれば、家庭内LANを通じて、リビングの大型TVや寝室のノートパソコンで動画や音楽が楽しめます。

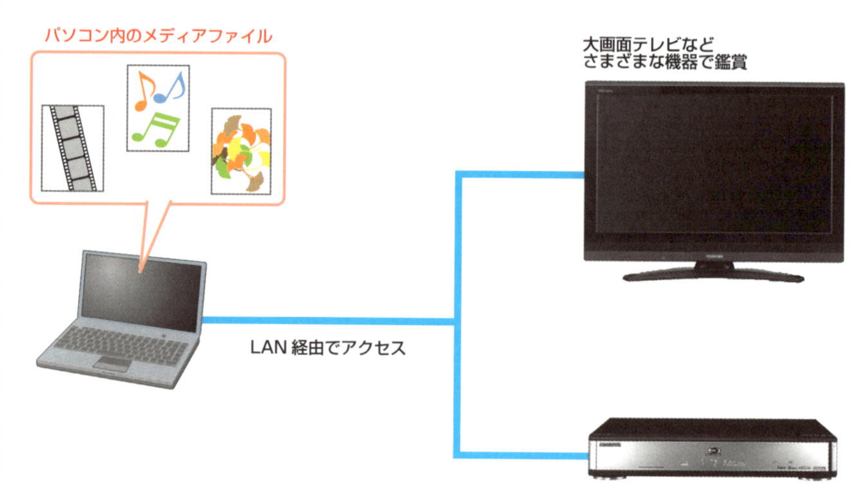

メディアサーバーを構築すれば、対応機器からパソコン内のメディアファイルを再生できます

DLNA(Digital Living Network Alliance)とは

「DLNA」とは、パソコン、AV機器、ゲーム機などさまざまな機器でメディアファイルを共有／再生するための統一規格です。DLNAに対応した機器どうしであれば、メーカーやOSが異なっていてもメディアファイルを共有できます。最近では、地上デジタル／BSデジタル／CSデジタルなどの著作権保護された録画データを配信する「DTCP-IP」規格に対応した機器が増え、その利便性がより高まっています。

DLNA規格を使ってメディアファイルを共有するには、共有する機器がすべてLANでつながっている必要があります。そのうえで、メディアファイルが保存されているパソコンなどの機器が「サーバー」となり、再生する側の機器が「クライアント」となります。

サーバー機能は、ソニー、パナソニック、シャープ、東芝などのBlu-ray／DVD／HDDレコーダーに搭載されている場合が多いです。クライアント機能はXbox360やPlayStation 4／3といったゲーム機が備えているほか、スマートフォン／タブレットではアプリで提供されるケースが増えています。パソコンについては、使用するソフトによってサーバーにもクライアントにもなることができます。

なお、メディアファイルには、AVI、WMV、MPEG、MP4、MP3、WMAなどさまざまな形式がありますが、再生するにはクライアント側の機器がそれらのファイル形式に対応している必要があります。DLNAを使って共有環境を作る場合は、サーバー側、クライアント側、両方の対応ファイル形式を確認しておきましょう。

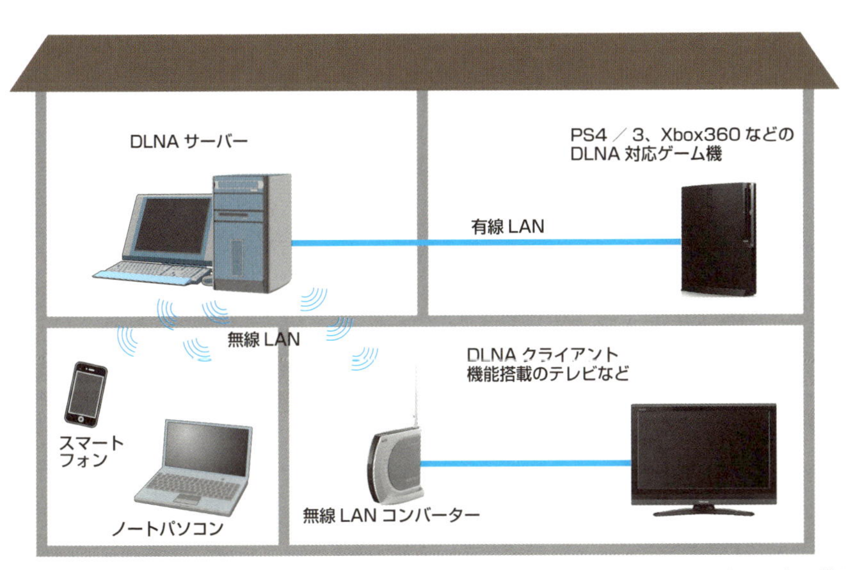

DLNAサーバーを構築すれば、LAN内のパソコンを始めDLNA対応のAV機器、PlayStation 3などのゲーム機からサーバー内のメディアファイルを自由に再生できます

Windows Media Playerで音楽や動画を共有するには

Windowsならば、標準で搭載されているメディアプレイヤー「Windows Media Player」だけでDLNAサーバーを構築し、音楽や動画ファイルをかんたんに共有することができます。ここでは、その構築手順を解説します。

Windows Media PlayerでDLNAサーバーを構築する

パソコン内のメディアファイルをほかの機器と共有するには、DLNAに対応するサーバーソフトが必要です。一番手軽なのはWindowsに標準で搭載されているメディアプレイヤー「Windows Media Player(以下、WMP)」を使用する方法です。なお、WMPはサーバーとクライアント両方の機能を持っています。WMPには、主にWindows 10/8.1やWindows 7に標準搭載されている「WMP12」とWindows Vista標準搭載の「WMP11」の2種類があります。WMP11とWMP12でサーバーの構築手順が少し異なります。

Windows 10/8.1/7でのDLNAサーバー構築する[WMP12編]

Windows 8.1標準のWMP12でメディアサーバーを構築する場合、まずは「ネットワーク」の設定が「プライベートネットワーク」になっているかを確認します。「パブリックネットワーク」に設定されているとメディアファイルの共有が行えないためです。「ネットワークと共有センター」で設定を確認し、変更の必要がある場合は、P.73、74を参考に切り替えておきます。

なお、Windows 7では「プライベートネットワーク」ではなく「ホームネットワーク」という表記なので注意しましょう。Windows 10の場合は、「パブリックネットワーク」に設定されていても変更の必要はありません。

WMP12でのサーバー構築に必要なネットワーク設定

Windows 10	プライベートネットワーク(パブリックネットワークでも可)
Windows 8.1	プライベートネットワーク(パブリックネットワークでは不可)
Windows 7	ホームネットワーク(パブリックネットワークでは不可)

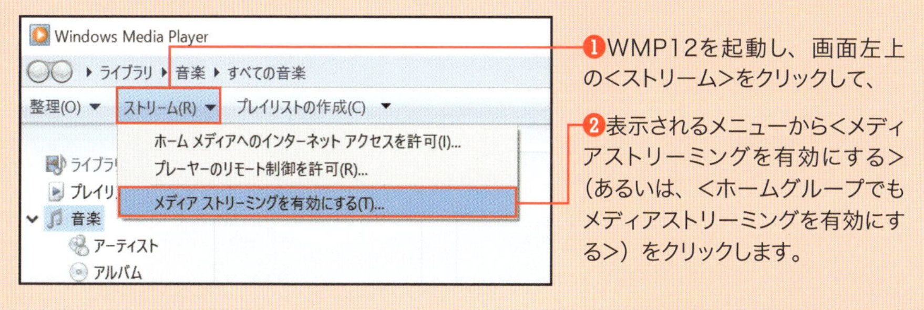

❶WMP12を起動し、画面左上の<ストリーム>をクリックして、

❷表示されるメニューから<メディアストリーミングを有効にする>（あるいは、<ホームグループでもメディアストリーミングを有効にする>）をクリックします。

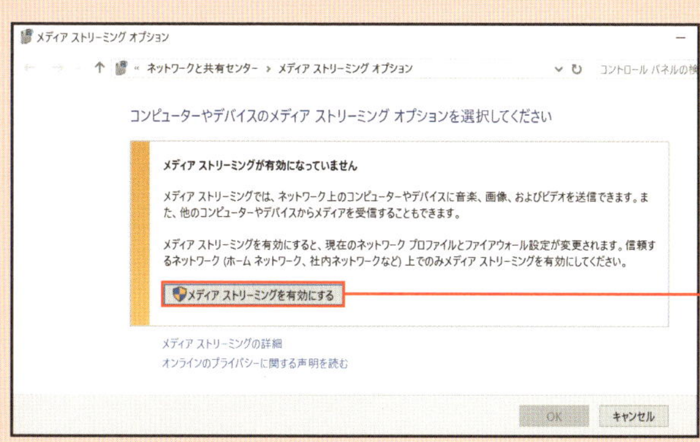

❸「メディアストリーミングオプション」のダイアログボックスが表示されたら、<メディアストリーミングを有効にする>をクリックします。

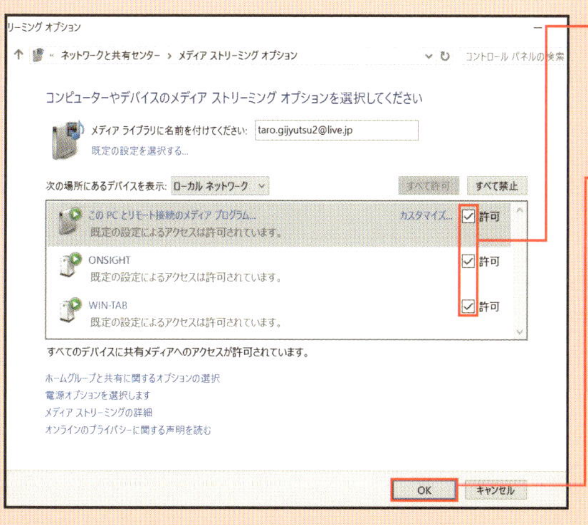

❹「メディアストリーミングオプション」のダイアログボックスが表示され、LAN内にあるDLNAクライアントが一覧表示されます。

❺確認して問題がなければ、<OK>をクリックします。これでクライアント側（ほかのパソコン）から再生が可能になります。クライアント側の設定はとくに必要ありません。

MEMO: ホームグループに参加している場合は

ホームグループを作成し、参加している環境ではこの画面で<次へ>ボタンが表示されます。その場合は、次ページの手順に進んでください。

MEMO: 設定後に「メディアストリーミングオプション」を表示する

表示されている機器の「許可」の左にあるチェックは、標準の状態では、すべてオンになっています。これをクリックして外すと、その機器からはアクセスできなくなります。家族しか使わないLANだとしてもテレビ以外からは再生されたくない、といった場合は変更しておきましょう。

ホームグループに参加している場合

ホームグループに参加している場合は、前ページでも説明した通り、手順が少し増えます。以下の手順を参考にDLNAサーバーの設定を行ってください。

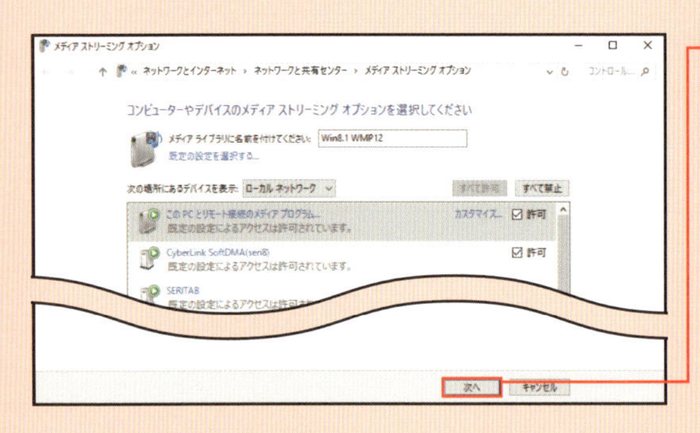

❶P.111の手順❺のボタンが<次へ>に変わるので、クリックします。

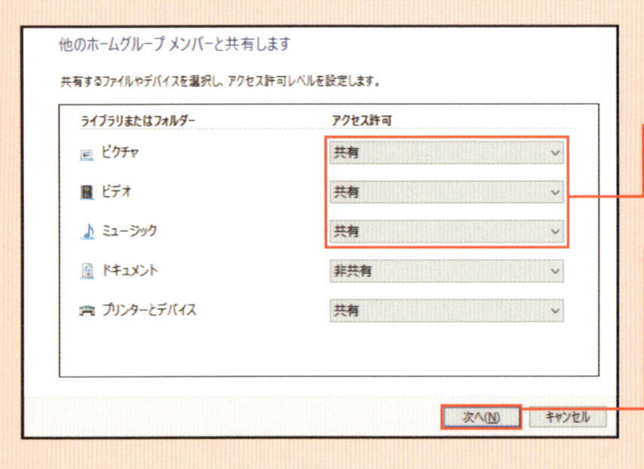

❷「ホームグループ」のダイアログボックスが表示されます。

❸ピクチャ、ビデオ、ミュージックが「共有」の設定になっていることを確認して、

❹<次へ>をクリックします。

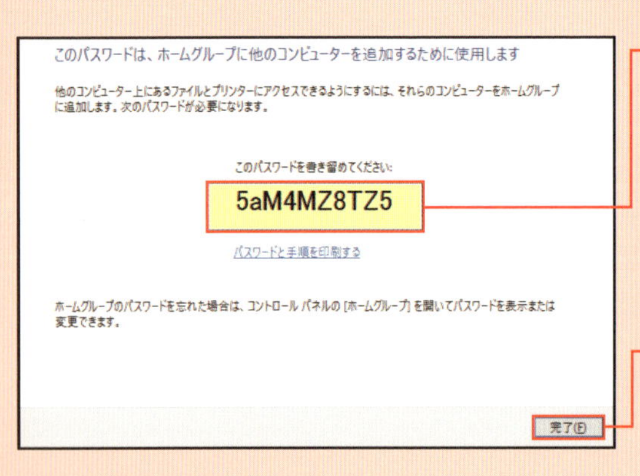

❺パスワードが表示されるので、それをメモします。これはホームグループのパスワードとなります。クライアント側（ほかのパソコン）から再生するためには、ホームグループへの参加が必要です。ホームグループの参加方法についてはSec.15を参照してください。

❻<完了>をクリックします。

Windows VistaでのDLNAサーバー構築する[WMP11編]

Windows Vistaでは、WMP12が配布されていないため、WMP11を使用してDLNAサーバーを構築します。WMP11は、Windows Vistaには標準搭載されています。

Windows VistaでもWindows 8.1/7と同様にネットワークが「パブリックネットワーク」に設定されているとメディアファイルの共有が行えません。変更の必要がある場合はP.74（解説はWindows 7で行っていますが、手順❸の画面で<カスタマイズ>をクリックします）を参考に「プライベートネットワーク」に切り替えておきましょう。

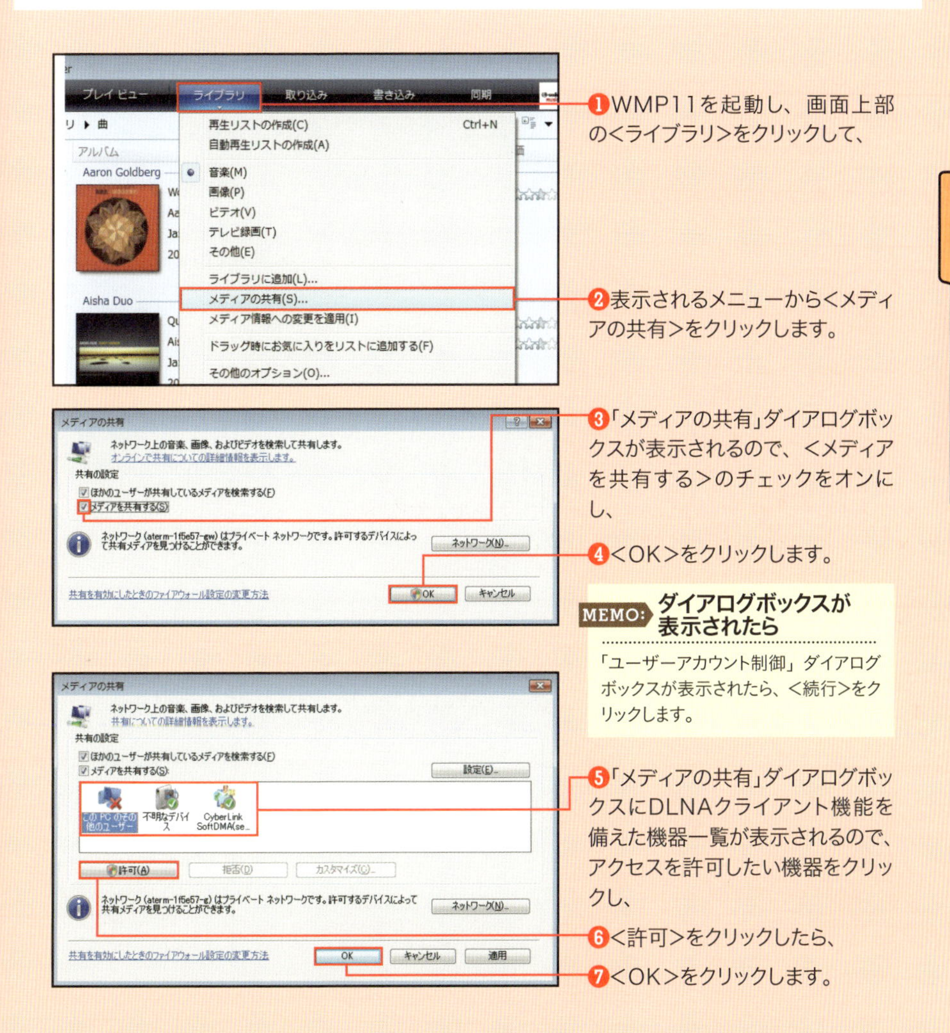

❶WMP11を起動し、画面上部の<ライブラリ>をクリックして、

❷表示されるメニューから<メディアの共有>をクリックします。

❸「メディアの共有」ダイアログボックスが表示されるので、<メディアを共有する>のチェックをオンにし、

❹<OK>をクリックします。

MEMO: ダイアログボックスが表示されたら

「ユーザーアカウント制御」ダイアログボックスが表示されたら、<続行>をクリックします。

❺「メディアの共有」ダイアログボックスにDLNAクライアント機能を備えた機器一覧が表示されるので、アクセスを許可したい機器をクリックし、

❻<許可>をクリックしたら、

❼<OK>をクリックします。

共有を確認する

WMPで共有された状態を確認してみましょう。WMPを起動し、画面左側のナビゲーション ウィンドウに表示されている「その他のライブラリ」にDLNAサーバーで設定（P.111手順❹）したコンピューター名が表示されます（ここでは「onsight」）。▷をクリックすると、<音楽><ビデオ><画像><録画一覧>が表示されるので、ここでは<音楽>をクリックし、<アーティスト>をクリックします。コンピューター「onsight」の音楽ファイルが再生されます。

Taroのパソコン

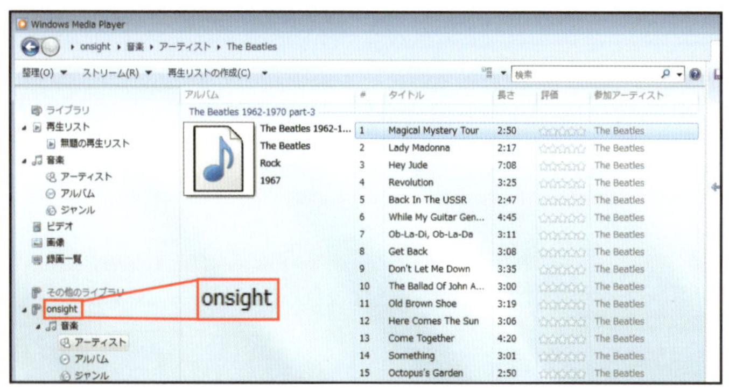

コンピューター「onsight」の音楽ファイルが再生されていることがわかります（OSはWindows 7)。下部項目の<ビデオ>をクリックすればビデオをファイルを表示でき、再生することができます

一方のコンピューター「onsight」のWMPを表示すると、「Taro」が共有されていることがわかります。なお、WMPでの共有の場合、それぞれのパソコンで別々の音楽を再生することも可能です。また、お互いのパソコンは起動している必要があります。

onsightのパソコン

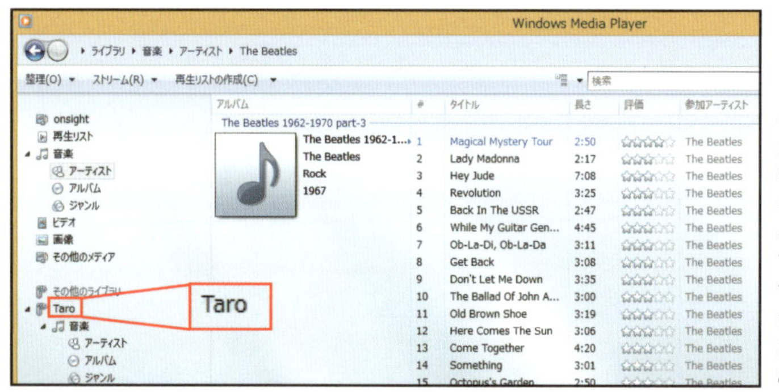

この画面はコンピューター「onsight」に保存されている、音楽ファイルを表示しているところです。「その他のライブラリ」では、共有している「Taro」が表示されていることがわかります（OSはWindows 8.1）

共有を解除する

共有を解除したい場合は、DLNAサーバーを構築したパソコンで、WMPの「メディアストリーミングオプション」のダイアログボックスを呼び出して共有を解除します。このダイアログボックスは、＜ストリーム＞をクリックし、＜その他のストリーミングオプション＞をクリックすることで表示させることができます。

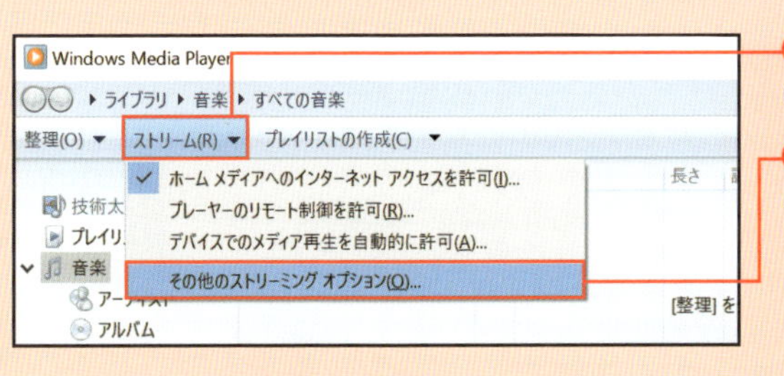

❶WMP12を起動し、画面左上の＜ストリーム＞をクリックして、

❷表示されるメニューから＜その他のストリーミングオプション＞をクリックします。

❸「メディアストリーミングオプション」のダイアログボックスが表示されます。

❹＜すべて禁止＞をクリックします。

❺クリックしてチェックを外すと、個別にDLNAクライアントの共有を解除できます。

❻＜OK＞をクリックします。

MEMO: 共有を設定する

再度、共有を設定したい場合は、P.111の手順を参考に作業を行います。画面左上の＜ストリーム＞をクリックすると、表示されるメニューに＜メディアストリーミングを有効にする＞の項目が表示されます。

iTunesで音楽や動画を共有するには

iTunesでは、「ホームシェアリング」機能を使ってかんたんにメディアファイルの共有が行えます。ただし、共有したファイルの再生には同じくiTunesが必要となるのがDLNAとは異なる部分です。ここでは、その設定手順を解説します。

iTunesのホームシェアリングで共有する

Appleの音楽管理ソフト「iTunes」は、バージョン9以降に「ホームシェアリング」というメディアファイルの共有機能が搭載されています。iTunesは、Windows版、OS X版があり、どちらも無料でダウンロードができます。

ただし、DLNAほど汎用性はありません。共有、再生するためには、Apple TVのほか、iTunesがインストールされたパソコン、iPhone/iPad/iPod touchといったApple製のスマートフォンやタブレットが必要です。対応機器が限定されているのはデメリットですが、その一方でiTunesに統一されているため、「環境や機器によって再生できるファイル形式が変わる」といったDLNAサーバーとクライアント間によるトラブルは起きません。Apple製品を中心に使っている人にとっては便利な共有方法といえます。ここでは、その設定方法を解説していきます。

iTunesはAppleの公式Webサイトの「iTunes (http://www.apple.com/jp/itunes/)」からダウンロードできます。Windows版とOS X版が用意されています

ホームシェアリングでメディアファイルを共有する

ホームシェアリングでメディアファイルを共有するには、iTunesのダウンロードおよびインストールのほか、Apple IDが必要となります。もし、IDを持っていない場合は、iTunesやAppleのサイト（https://appleid.apple.com/jp/）からも取得できるので、あらかじめApple IDを作成しておきましょう。なお、1つのApple IDで5台まで共有が可能です。それぞれの機器に自分のApple IDとパスワードの入力が必要となるため、家族以外での共有は避けたほうがよいでしょう。また、利用したいデバイスがすべて有線、無線を問わず同じLAN内にあることも必要です。ここでは一例として、まずはWindowsパソコンから設定を行っていきます。iTunesを起動したら、事前にApple IDでサインインしておきます。

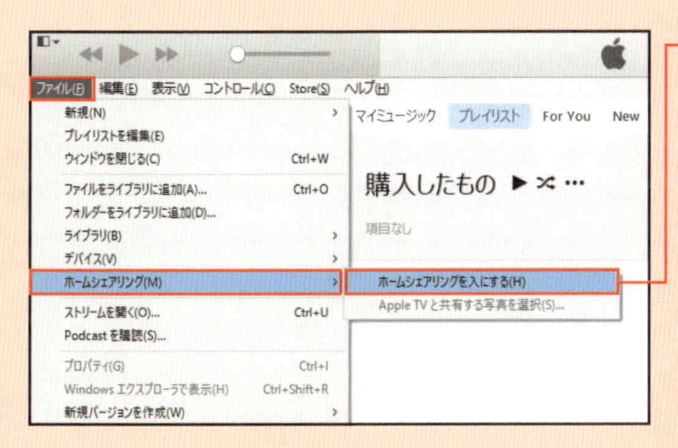

❶iTunesを起動し、Altキーを押して、メニューバーを表示し、<ファイル>→<ホームシェアリング>→<ホームシェアリングを入にする>の順にクリックします。

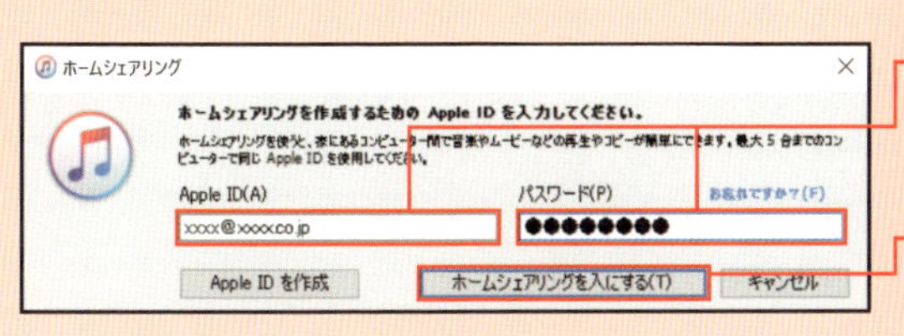

❷ホームシェアリングの設定画面に切り替わるので、Apple IDとパスワードを入力し、

❸<ホームシェアリングを入にする>をクリックして、

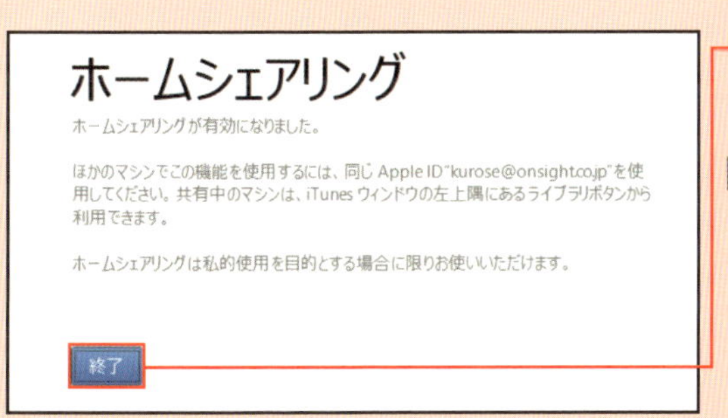

❹「有効になりました」と表示されたら、<終了>をクリックします。

MEMO: 認証画面が表示されたら

手順❸のあとにコンピューターの認証画面が表示された場合は、指示に従い、<認証>をクリックして認証を実行しましょう。

別のパソコンのiTunesで再生する[OS X編]

ここからは、ホームシェアリングを有効にしたパソコン以外のiTunesからメディアファイルを再生する方法を解説します。ホームシェアリングを利用する上で注意が必要なのは、メディアファイルを共有しているパソコンのiTunesを終了すると共有が途切れてしまうことです。パソコンの電源が入っていても、iTunesを終了するだけで共有できなくなってしまいます。また、ホームシェアリングは、単にメディアファイルを共有するだけではなく、参加している機器どうしでiTunes内のファイルのコピーが行える便利な機能も備えています。

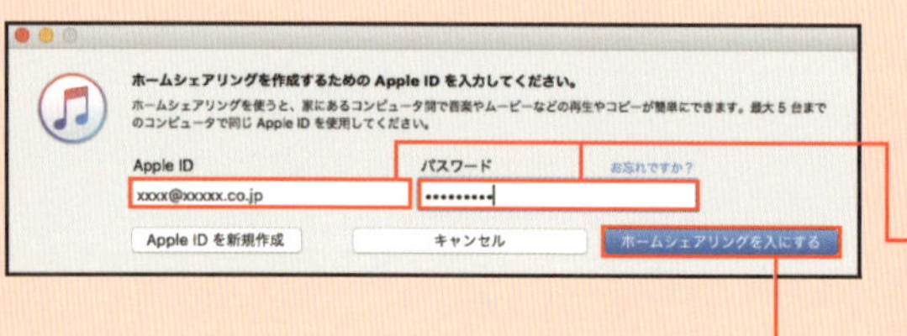

前ページと同じ手順で別のパソコンのホームシェアリングを有効にします。

❶前ページで設定したApple IDとパスワードを入力し、

❷<ホームシェアリングを入にする>をクリックして、

ホームシェアリング

ホームシェアリングが有効になりました。

ほかのマシンでこの機能を使用するには、同じ Apple ID“kurose@onsight.co.jp”を使用してください。共有中のマシンは、iTunes ウインドウの左上隅にあるライブラリボタンから利用できます。

ホームシェアリングは私的使用を目的とする場合に限りお使いいただけます。

完了

❸「有効になりました」と表示されたら<完了>をクリックします。

MEMO: 入力するApple IDとパスワード

ここで重要なのは、前ページで設定したApple IDとパスワードを入力することです。異なるApple IDを使用すると共有は行えません。

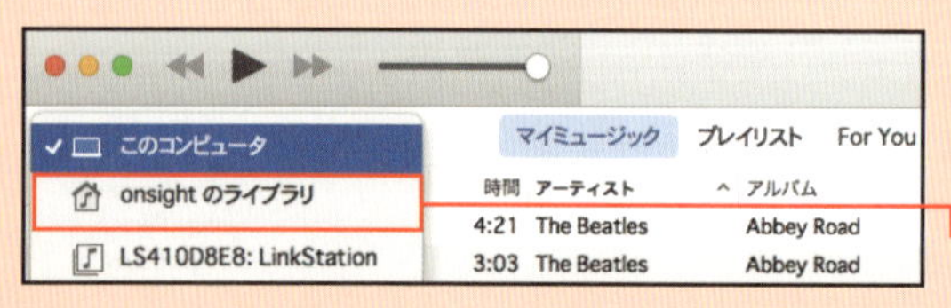

❹ホームシェアリングの有効後は、画面左上のライブラリの切り替えメニュー をクリックすると、

❺共有化されているパソコンが追加されているので、クリックします。

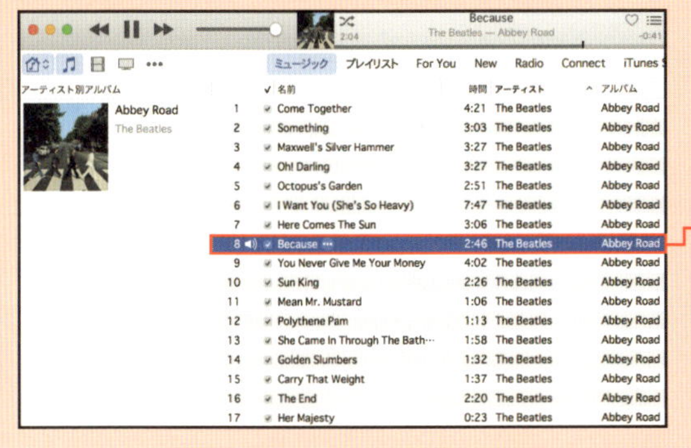

ここからは通常のiTunesと操作方法は同じです。自分のパソコンに保存されているような感覚で再生できます。

❻ファイルをダブルクリックして、

❼再生を実行します。

iPhoneで再生する[iOS 9編]

ホームシェアリングはiPhoneやiPadを始めとするiOS（4.3以降）の環境でも利用できます。ただし、iOSのデバイス（クライアント）は、ホームシェアリングに参加しているパソコン（iTunes）のライブラリへのアクセスと再生のみに限定されています。ファイルのコピーは行えません。ここではiPhoneのiOS 9での設定手順を解説します。なお、iOS 8.4ではホームシェアリングは利用できません。

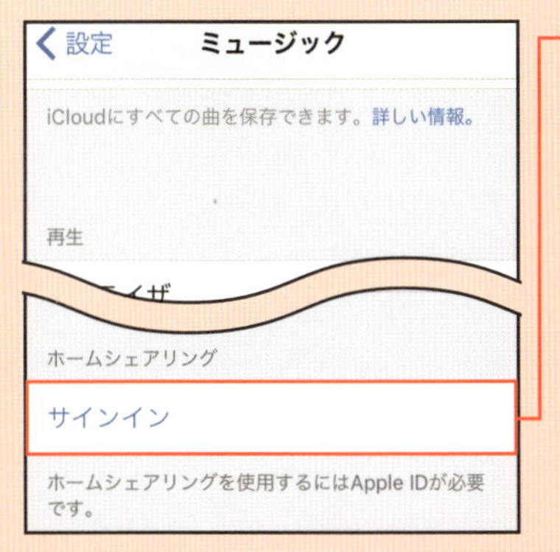

❶<設定>→<ミュージック>とタップし、一番下の「ホームシェアリング」の欄にある<サインイン>をタップします。

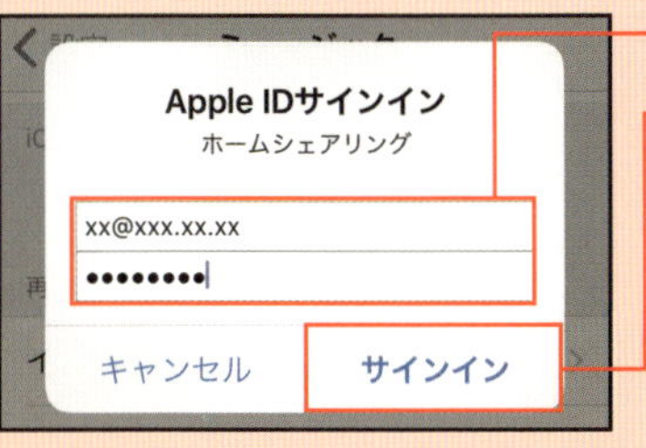

❷Apple IDとパスワードをそれぞれ入力し、

❸<サインイン>をタップします。

第3章 »iTunes

❹「ミュージック」アプリを起動し、＜My Music＞の＜ライブラリ＞をタップして、

❺画面中央にあるアーティストやアルバム、ジャンルなど表示する内容を切り替える部分をタップします。

❻メニューが開くので、その一番下にある＜ホームシェアリング＞をタップします。

MEMO: ホームシェアリングが表示されない場合は

メニューにホームシェアリングが表示されない場合はiOSを再起動するか、数分待ってから再び表示させてください。

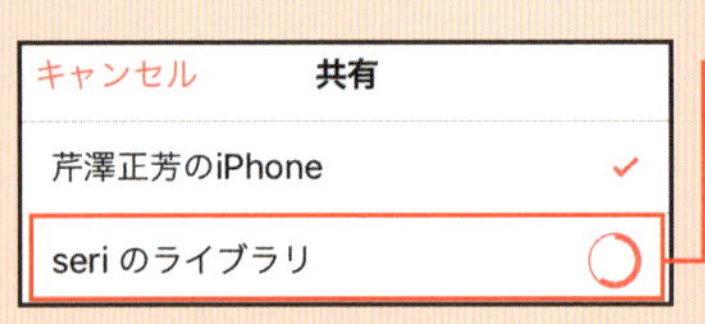

❼共有化しているライブラリが表示されるのでタップします。

❽共有化されているライブラリに切り替わり、あとは通常の音楽ファイルと同じように再生が可能となります。

COLUMN

iTunesサーバー機能付きNASが便利

ホームシェアリング機能は便利ですが、メディアファイルが保存されているパソコンの電源を入れ、iTunesを起動しておく必要があるのが弱点です。音楽再生のためだけにパソコンを起動しておくのに抵抗がある人もいるでしょう。
そこで便利なのが、iTunesサーバー機能を備えたNASです。これは、NASに保存したメディアファイルを同じネットワーク内になるパソコンのiTunesで再生できる機能です。メディアファイルの管理をNASに集約できるのも便利な点です。なお、NASの基本的な機能についてはP.102で解説しています。ただし、iPhoneやiPadからは、標準の状態ではiTunesサーバーのメディアファイルを再生することはできません。別途アプリを使って、各種の設定を行う必要があります。

iTunesサーバー機能を備えたNASの1つ、shuttleの「KD21」。2.5インチまたは3.5インチのHDDを2台まで組み込めます。なお、標準ではHDDは非搭載です

バッファローのNASの多くはiTunesサーバー機能を備えている。写真は高速なCPUを搭載する「LS410D0201C」。2TBのHDDを搭載しています

NASのメディアサーバー機能で共有するには

パソコンをメディアサーバーにするのは手軽な反面、ほかの機器がファイルを再生するためには、そのパソコンを常に起動しておく必要があります。起動の手間や電気代が心配ならば、メディアサーバー機能を備えたNASを導入します。

メディアサーバー機能を備えたNASを導入する

Windowsに標準搭載されているWindows Media Playerを使用したDLNA準拠のメディアサーバーの構築は、無料かつ手軽にメディアファイルをほかの機器と共有できるのが魅力です。しかしその一方で、メディアサーバーとなるパソコンの起動が必要となるため、音楽や動画を見るためだけに消費電力の大きいパソコンを起動するのに抵抗がある人もいるでしょう。

その問題を解決してくれるのがメディアサーバー機能を備えたNASです。NASはP.102でも解説していますが、実体はLAN接続で使用する外付けHDDです。しかし、近年では多機能化が進んでいます。DLNA準拠のメディアサーバー機能や、iTunesやiPhoneなどのiOS搭載デバイスからNASに保存した音楽ファイルの再生を可能するiTunesサーバー機能などを搭載し、メディアファイルをかんたんに共有できる製品が増えています。メディアサーバー機能を備えたNASは、パソコンよりもずっと消費電力が少なく場所も取らないため、さまざまな機器でメディアファイルを再生できる環境を作ることができます。

メディアサーバー機能を備えたNASを導入すれば、場所を取らず、メディアファイルを共有できるのが大きなメリットです。写真はバッファローの「LS210DC」

NASのDLNAサーバー機能を利用する

DLNAサーバー機能を備えたNASでは、かんたんにメディアファイルを共有できます。基本的には、DLNAを有効にして、共有したいフォルダーを指定すれば設定は完了です。あとは、そのフォルダーに共有したいメディアファイルを保存していくだけです。ただし、どのファイル形式に対応するかは、DLNAサーバーとクライアントによって異なります。DLNAサーバーやクライアントが、共有したいファイルの形式に対応しているか、事前に確認しておきましょう。ここからは、NSAのDLNAサーバー機能の設定方法をバッファローのNAS「LS421D」を使って解説していきます。あらかじめ、NASの管理ソフトである「NAS Navigator2」をインストールしておきます。

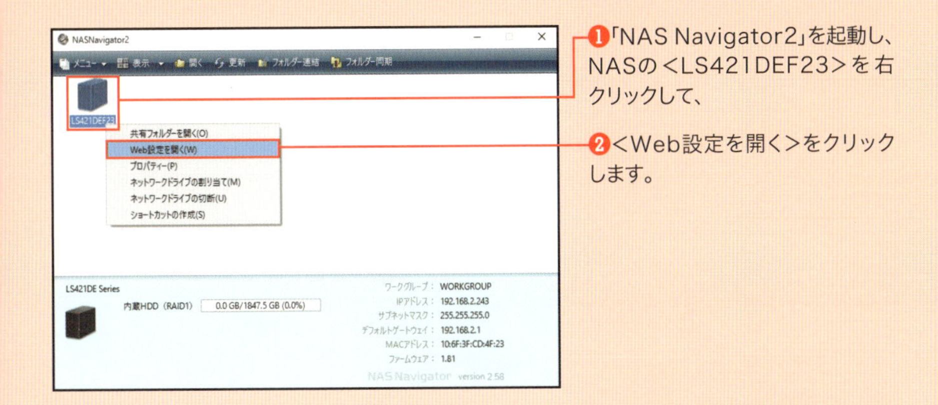

❶「NAS Navigator2」を起動し、NASの<LS421DEF23>を右クリックして、

❷<Web設定を開く>をクリックします。

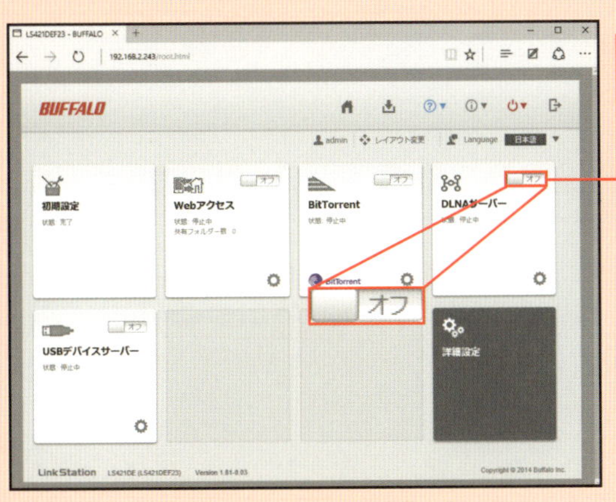

❸画面右上にある「DLNAサーバー」の<オフ>の部分をクリックして、<オン>に変更します。

MEMO: サインイン画面が表示されたら

設定中に、サインインユーザー名、パスワードを入力する画面が表示された場合は、指示に従って情報を入力します。初期設定では、ユーザー名が「admin」、パスワードが「password」ですが、サインイン後、セキュリティのためにパスワードは変更しておきましょう。

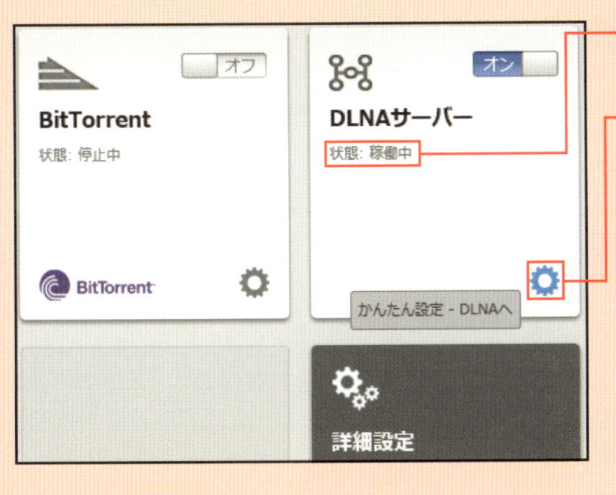

❹有効になると、「状態：稼働中」と表示されます。

❺標準では初期設定で作成した共有フォルダーがDLNAサーバー用の共有フォルダーとして使用されます。変更したい場合は右下の⚙をクリックします。

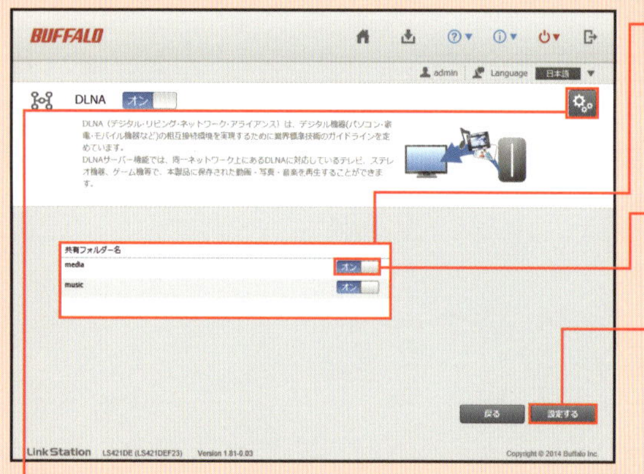

❻共有フォルダー名の欄にNAS内に作られたフォルダーが表示（ここでは「media」と「music」、2つのフォルダーを作成しています）されるので、

❼共有したいフォルダーを<オン>に、共有したくないフォルダーを<オフ>に設定します。

❽設定が終了したら<設定する>をクリックします。

❾NASへアクセスする機器（クライアント側）を限定したい場合は、手順❽で設定を完了する前に、手順の右上にあるをクリックします。

MEMO: クライアントからの再生

標準の状態ならば、この「media」フォルダーに共有したいメディアファイルをコピーすれば、DLNAに対応したクライアントからの再生が可能になります。

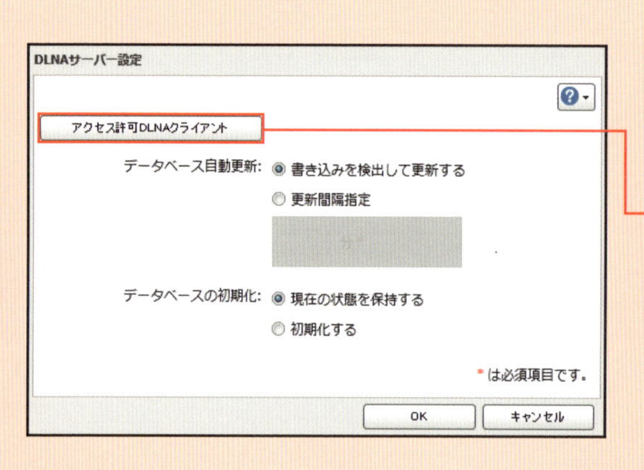

❿をクリックした画面。ここではデータベース自動更新の設定などを変更できますが、基本的には標準のままで問題ありません。

⓫再生するクライアントを限定するには、<アクセス許可DLNAクライアント>をクリックします。

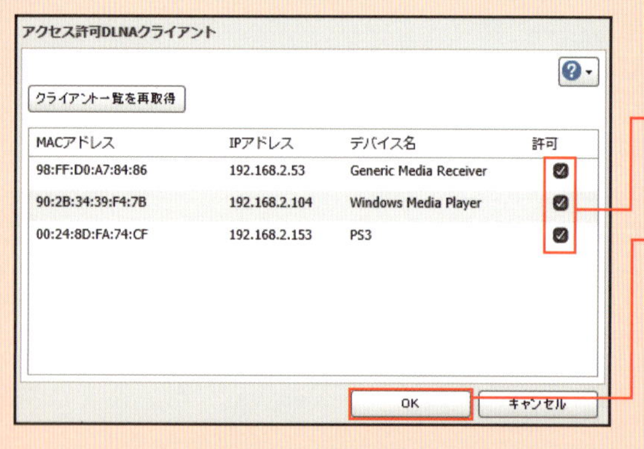

⓬LAN内にあるDLNAクライアントが一覧表示されます。

⓭アクセスされたくないクライアントがある場合は、許可の欄にあるチェックをオフにします。

⓮これでNASのDLNAサーバーにはアクセスできなくなります。設定を終えたら、<OK>をクリックします。

クライアント側からアクセスする

NASのDLNAサーバー機能でメディアファイルを共有した場合も、パソコンでDLNAサーバーを構築したときと基本的には同じです。WMP12やPlayStation 4／3などDLNAクライアントにメディアサーバーとして表示されるので、あとは再生したいファイルを選ぶだけです。ここでは、WMP12での表示例を解説します。

❶WMP12の左側のナビゲーションウィンドウにDLNAサーバーが表示されるので、

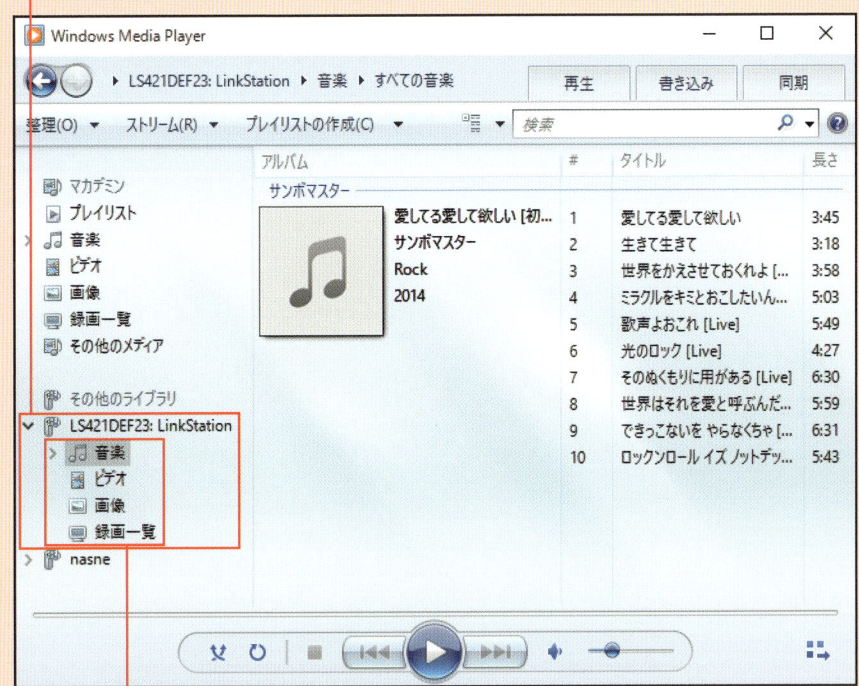

❷<音楽><ビデオ><画像>などのジャンルを選び、タイトルをクリックすれば、通常のメディアファイルと同じように再生がスタートします。

MEMO: **iTunesサーバー機能を使う場合**

メディアの再生プレイヤーにパソコンのiTunesを使用したい場合は、「LS421D」に備わっているiTunesサーバー機能を使用するのが便利です。管理画面から詳細設定→サービスとクリックし、iTunesサーバーから共有用フォルダーなどの設定が行えます。

SECTION 025 ルーター

ルーターのDLNA機能で共有するには

わざわざ別途NASを用意しなくても、USBメモリや外付けのHDDを利用してDLNAサーバー対応のNASを構築できる無線LANルーターは数多く存在しています。ルーターの購入時にはチェックしてみるとよいでしょう。

DLNA構築に対応した無線LANルーターを導入する

家庭内でメディアファイルの共有を考えているならば、無線LANルーターの購入または買い替え時にDLNA対応のサーバー構築に対応した製品を購入するという手段もあります。バッファロー、アイ・オー・データ機器、NECアクセステクニカなど人気メーカーの上位モデルには「メディアサーバー機能」といった名称で搭載されています。基本的には、無線LANルーターに搭載されているUSBコネクタへ、USBメモリやUSB接続に対応する外付けHDDを接続し、そこにメディアファイルを保存することで共有するというものです。ここでは、バッファローの無線LANルーターを例に設定方法を解説していきます。

あらかじめ、無線LANルーターのUSBコネクタにメディアファイルを保存するためのUSBメモリや外付けHDDといったストレージデバイスを接続しておきます。

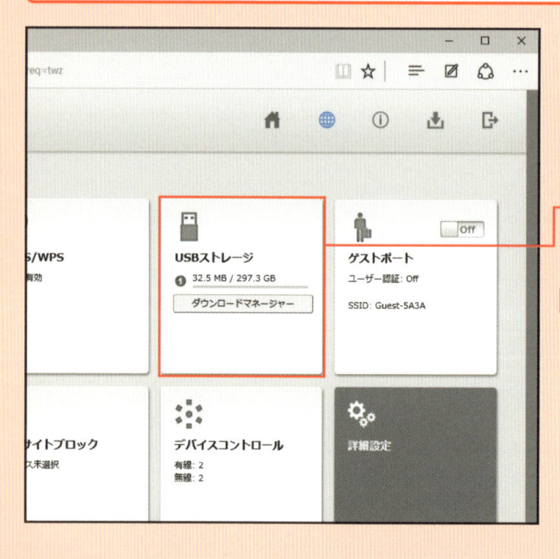

❶Webブラウザーを起動し、ルーターの設定画面にアクセスします。解説に使用しているバッファローの「WXR-1750DHP」は「192.168.11.1」です。

❷USBストレージの部分をクリックします。

MEMO: ファイルシステムの確認

製品によってはファイルシステムがFATやFAT32しか対応していない場合があります。接続するストレージのファイルシステムを確認しておきましょう。

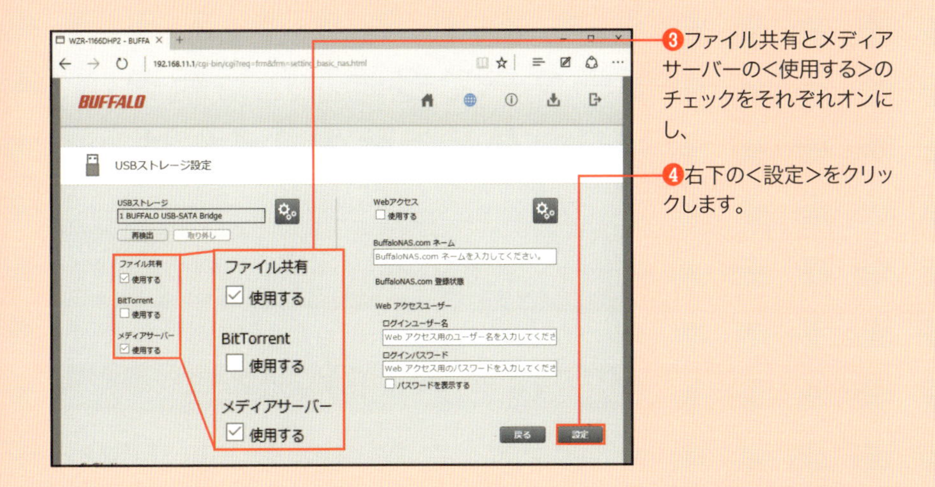

❸ファイル共有とメディアサーバーの＜使用する＞のチェックをそれぞれオンにし、

❹右下の＜設定＞をクリックします。

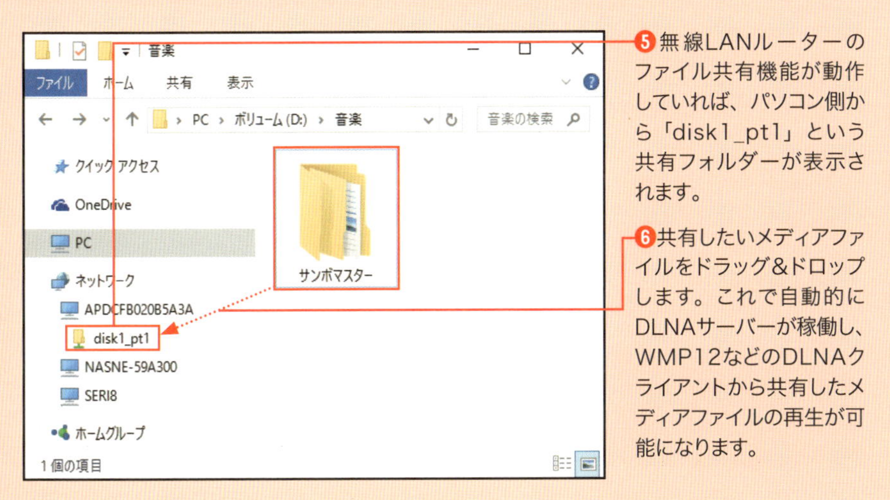

❺無線LANルーターのファイル共有機能が動作していれば、パソコン側から「disk1_pt1」という共有フォルダーが表示されます。

❻共有したいメディアファイルをドラッグ&ドロップします。これで自動的にDLNAサーバーが稼働し、WMP12などのDLNAクライアントから共有したメディアファイルの再生が可能になります。

COLUMN

うまくいかない場合は？

共有フォルダーにコピーしたメディアファイルがDLNAクライアントに表示されない場合は、Webブラウザーでルーターの管理画面にアクセスし、詳細設定をクリックします。左側のメニューから＜アプリケーション＞→＜メディアサーバー＞と順にクリックし、＜データベースの更新＞をクリックします。これでDLNAクライアントに表示されるはずです。

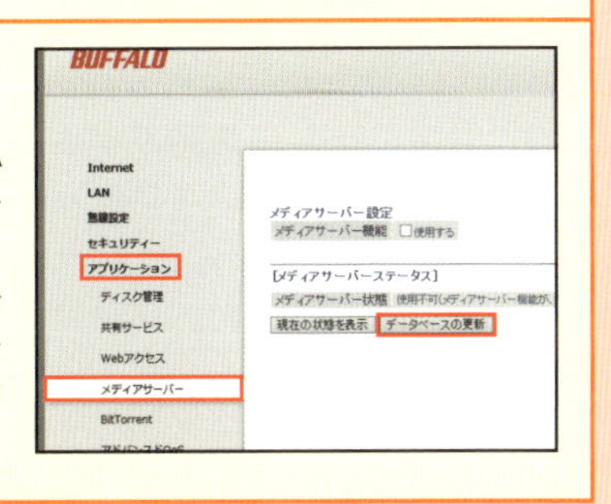

レコーダーで録画した番組をパソコンなどで再生するには

最近のレコーダーはDLNAサーバー機能を備え、録画した番組などを家庭内のLANを通じて配信できるモデルが増えています。しかし、録画番組の再生にはDTCP-IPに対応したDLNAクライアントが必要となるので注意が必要です。

TV番組の配信を可能にするDTCP-IP

メディアファイルの配信に便利なDLNA規格ですが、地デジ対応のレコーダーと家庭内LANの普及により、録画した地デジ番組をスマートフォンやパソコンなどさまざまな機器で再生したいというニーズが高まってきました。そこで生まれたのが「DTCP-IP」です。DTCP-IPは、地デジの録画番組など著作権保護技術で保護されたコンテンツをネットワークを通じて配信するための技術規格です。コンテンツを暗号化して配信するため、不正なコピーを防げます。最近ではDTCP-IP対応のDLNAサーバー機能を備えたレコーダーが増えていますが、再生にはクライアント側（配信を受ける側）もDTCP-IPに対応している必要があります。ここでは、Windows、iPhone(iOS)、Android向けのDTCP-IP対応DLNAクライアントについて解説し、録画番組を再生する手順を解説します。

ソニーを始め、パナソニック、シャープ、東芝、日立など大手メーカーは、DTCP-IPによるコンテンツ配信に対応したBlu-ray Discレコーダーを手がけています。写真はSONYの「BDZ-ET2200」

DTCP-IPクライアント[Windows 10編]

Windows 10には標準でWMP12というDLNAクライアントがインストールされていますが、DTCP-IPに対応していないため、レコーダーで録画した地デジの番組は再生できません。Windows向けのDTCP-IP対応DLNAクライアントはいくつか登場していますが、シンプルなインターフェイスで使いやすいのがサイバーリンクの「SoftDMA 2」（ダウンロード版：4,980円）です。番組をパソコンにダビング（コピー）する機能は備えていませんが、録画番組自体の再生は可能です。軽快な動作が特徴といえます。

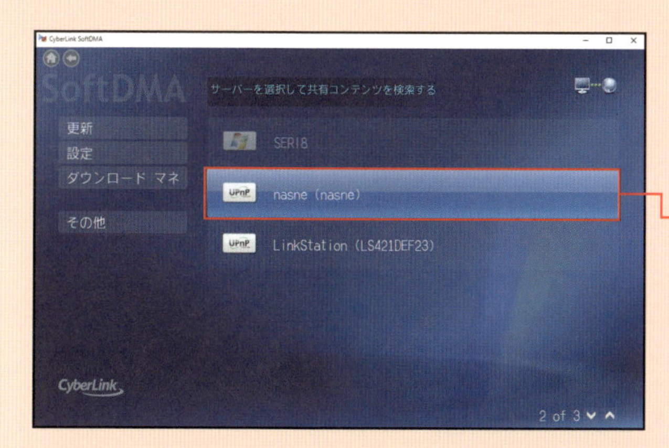

❶ソフトをインストールし起動すると、LAN内にあるDLNAサーバーを自動的に検索し、一覧表示します。

❷レコーダーをクリックします（ここではソニーのネットワークレコーダー＜nasne＞をクリック）。

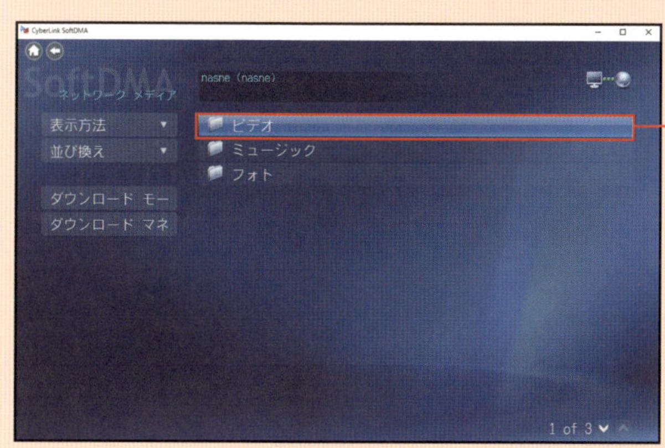

❸次は再生したいコンテンツをクリックします（ここでは、レコーダーが録画した番組が保存されている＜ビデオ＞をクリック）。なお、ここでの表示内容はレコーダーによって異なります。

MEMO: CDキーの入力

SoftDMA 2はDTCP-IP対応のコンテンツを再生する初回時のみCDキー（購入時に発行されるシリアルキー）の入力が必要です。製品に付属するCDキーを手元に用意しておきましょう。

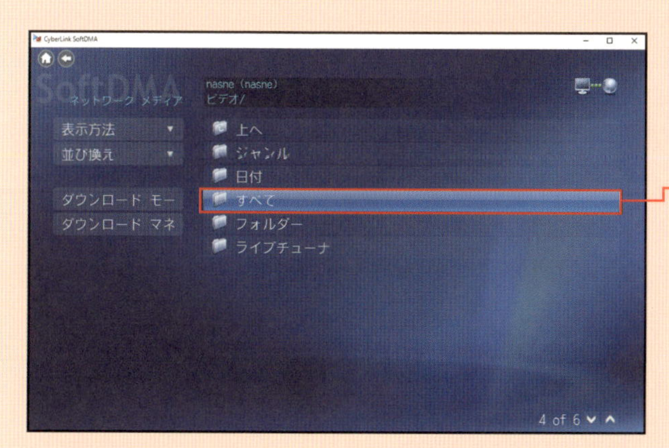

❹ジャンルや日付など、録画した番組の一覧をどのように表示させるかを選ぶ画面が表示されます。

❺ここでは、録画した日付が新しい順に一覧表示する＜すべて＞をクリックします。なお、nasneの場合＜ライブチューナ＞をクリックすると、放送中の番組を視聴することができます。

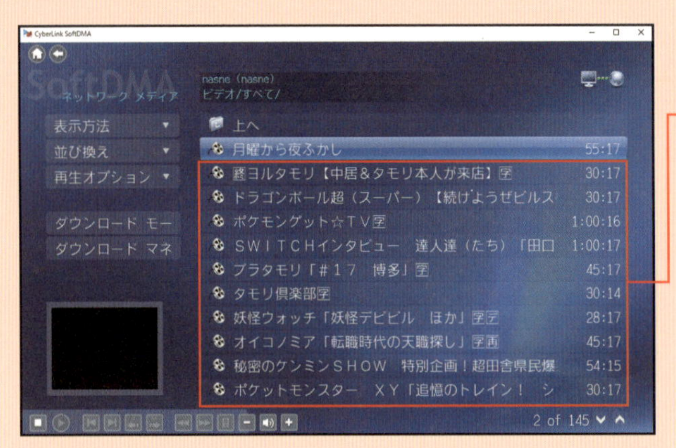

❻録画した番組が一覧表示されます。

❼再生したい番組をクリックします。あとは自動的に再生がスタートします。

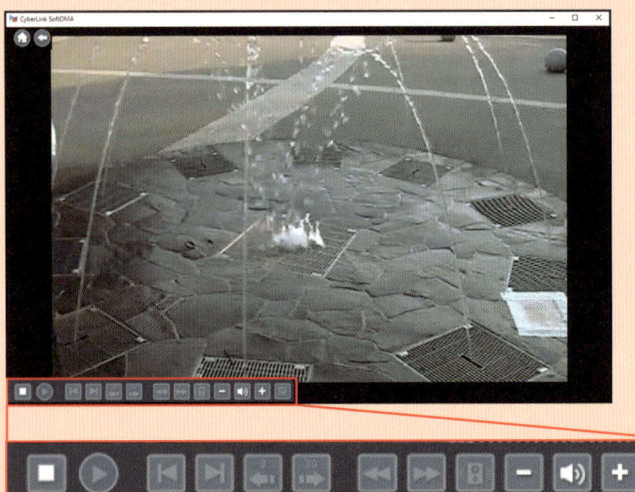

❽再生中は画面上でマウスカーソルを動かすと自動的に左下にメニューが表示され、音量の調整や早送り、巻き戻し、番組情報の表示などが行えます。<停止>をクリックすると、一覧表示の画面に戻ります。

DTCP-IPクライアント[iPhone(iOS)編]

iPhone向けのDTCP-IP対応DLNAクライアントは数多く登場していますが、高い安定性と日本語対応で人気を集めているのがアルファシステムズの「Media Link Player for DTV」(900円)です。シンプルなインターフェイスに加えて、録画した番組のダビング(コピー)にも対応し、通勤、通学中にiPhoneで録画番組を楽しむことができます。ただし、ダビングに対応しているレコーダーは限られているので、事前にアルファシステムズのWebサイトで対応機器を確認しておきましょう。なお、Media Link Player for DTVにはAndroid版も配信されています。

❶アプリを起動するとLAN内のDLNAサーバーを自動的に検索し、一覧表示します。

❷目的のレコーダーをタップします（ここでは＜nasne＞をタップ）。

❸「ビデオ」「ミュージック」「フォト」とメディアファイルの種類が表示されます。レコーダーが録画した番組を表示するには＜ビデオ＞をタップします。

MEMO: CA証明書のインストール

Media Link Player for DTVの 初回起動時には、暗号化した通信を行うためのCA証明書のインストールが必要となります。画面の指示に従って作業を進めてください。

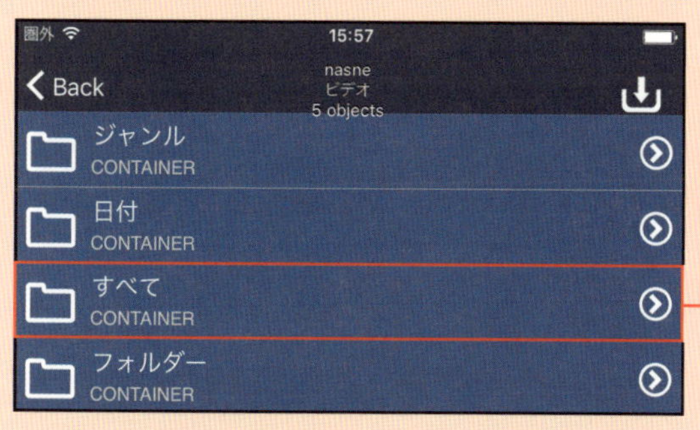

❹録画した番組の表示方法を選ぶ画面が表示されます。

❺ここでは＜すべて＞をクリックします。

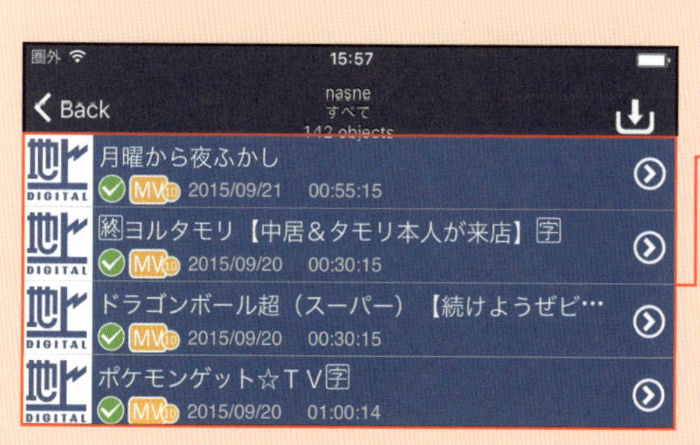

❻録画した番組が一覧表示されました。

❼あとは再生したい番組名をタップするだけです。

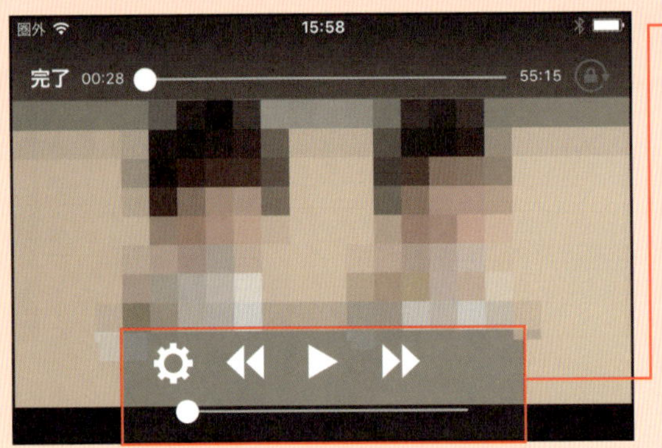

❽再生中に画面をタップするとコントローラーが表示され、早送りや巻き戻しなどを実行できます。

COLUMN

ダビングが可能な場合

ダビングに対応したレコーダーを使っている場合は、手順❻で、番組名を右にスライドさせることでiPhoneへのダビング（ムーブ）を実行できます。

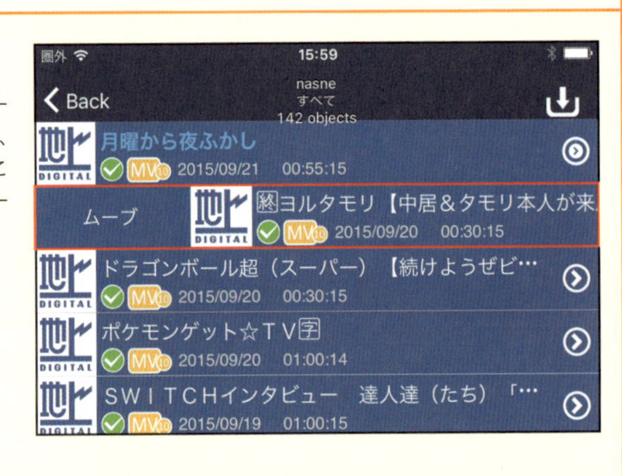

DTCP-IPクライアント[Android編]

Android向けのアプリを配信するPlayストアでも、多くのDTCP-IP対応DLNAクライアントが公開されています。その中で、先駆けともいえる存在がPacketVideoの「Twonky Beam」です。いち早くDTCP-IPに対応し、スマートフォンやタブレットで録画番組を見たいユーザーに人気となりました。なお、Twonky Beamのアプリ自体は無料ですが、DTCP-IPに対応するには700円のアドオン購入が必要です。現在では番組のダビング（ムーブ）にも対応し、通勤、通学中にも録画番組を楽しめるようになっています。ただし、ダビング（ムーブ）に対応しているレコーダーは限られているので、事前に確認しておきましょう。なお、Twonky BeamはiPhone（iOS）版も配信されています。

❶LAN内にあるDLNAサーバーの録画番組を再生するには、アプリを起動したら<ホームネットワーク上のコンテンツを再生>をタップします。

MEMO: 録画番組のダビングを行う

<外部機器コンテンツを持ち出し>をタップすると、録画番組のダビング（ムーブ）が可能になります。

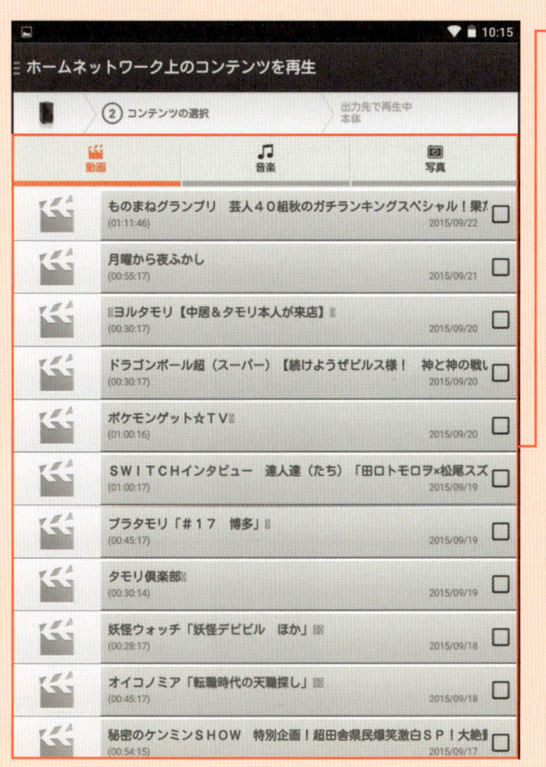

❷あとはWindowsやiPhoneのアプリと操作は同じです。録画番組を一覧表示させて、再生したい番組を選ぶと再生がスタートします。

スマートフォンでテレビをライブ視聴するには

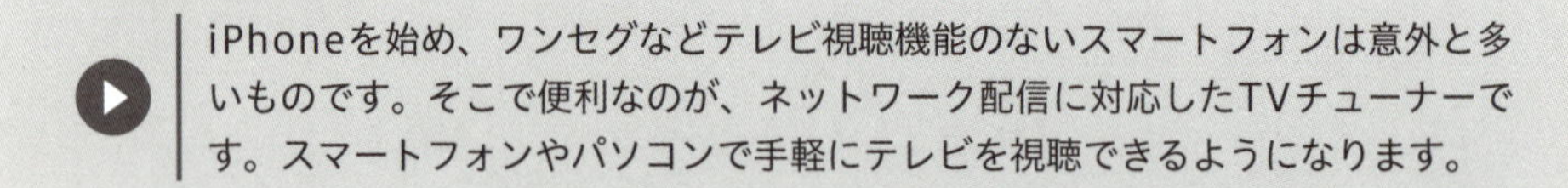

iPhoneを始め、ワンセグなどテレビ視聴機能のないスマートフォンは意外と多いものです。そこで便利なのが、ネットワーク配信に対応したTVチューナーです。スマートフォンやパソコンで手軽にテレビを視聴できるようになります。

ワイヤレスチューナーを導入する

家庭のLAN環境を生かして、家のどこでもテレビを見られるようにできるのが「ワイヤレスチューナー」です。これは、現在放送中のテレビ番組または録画した番組をスマートフォンやタブレット、パソコンへと配信できる便利なものです。無線LANの電波が届く家庭内に限られますが、テレビのない部屋での視聴はもちろん、防水ケースとスマートフォンやタブレットを組み合わせれば、お風呂でテレビを楽しむことも可能です。スマートフォンの中には、ワンセグやフルセグといったテレビ機能を備えたモデルもありますが、ワイヤレスチューナーの中には地上デジタル／BSデジタル／110度CSデジタルの3波に対応している製品もあり、幅広い番組を楽しめます。また、録画に対応した製品ならば、大容量の外付けHDDと組み合わせ、レコーダーとしても活用できます。ここでは、iPhone／iPad、Android、Windows 10／8.1に対応するピクセラのワイヤレスチューナー「PIX-BR310L」を例に視聴方法を解説します。

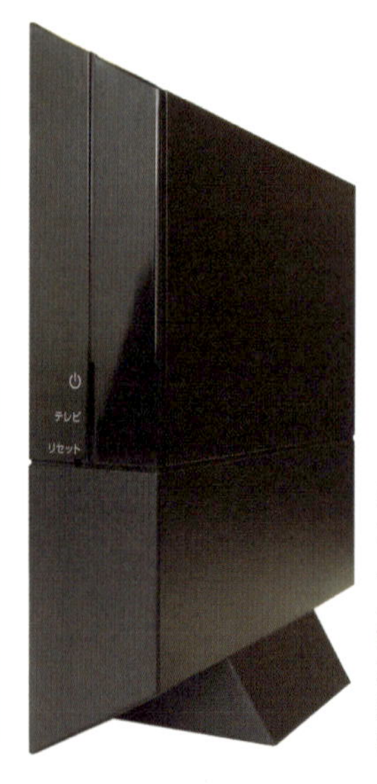

ピクセラのワイヤレスチューナー「PIX-BR310L」。地上デジタル／BSデジタル／110度CSデジタルの受信や録画に対応し、無線LANを通じて、スマートフォンやタブレット、パソコンへ番組を配信します

背面には端子類が並び、USBコネクタにUSB接続の外付けHDDを接続すれば、番組を録画できます。また、番組の受信にはアンテナコネクタへのアンテナ接続が必要となります

専用のアプリケーションを導入して視聴する

PIX-BR310Lでテレビ番組の配信を行うには、まずハードウェアの準備が必要です。背面に付属のB-CASカードを挿し、ルーターと有線LANで接続します。USBコネクタにUSB対応の外付けHDDを取り付け、テレビのアンテナを挿し込みます。最後にACアダプターを本体とコンセントに接続すれば準備は完了です。

また、外付けHDDを接続しなくても、放送中のテレビ番組の配信は可能になりますが、録画機能は利用できません。ここでは、Android用のアプリケーションを使った手順を解説しますが、iPhone／iPad、Windows用のアプリでも手順はほぼ同じです。

❶Playストアから専用のアプリ「ワイヤレスTV（StationTV）」をダウンロードしてインストールを行います。

❷インストールの完了後は、<開く>をクリックしてアプリを実行します。

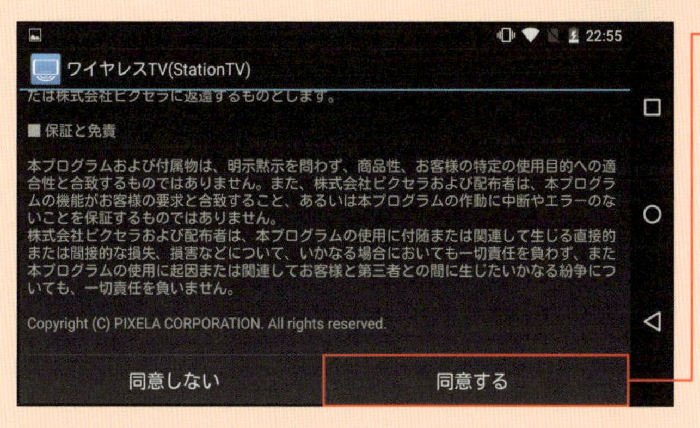

❸使用許諾に同意するなど画面の指示に従って作業を進めます。

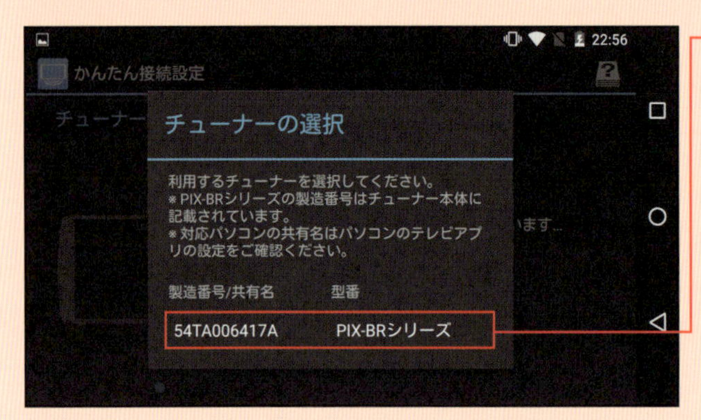

❹画面の指示に従い設定を進めていくとチューナーの選択画面が表示されます。本体の側面にある製造番号を確認して問題がなければ、番号部分をタップして先に進みます。

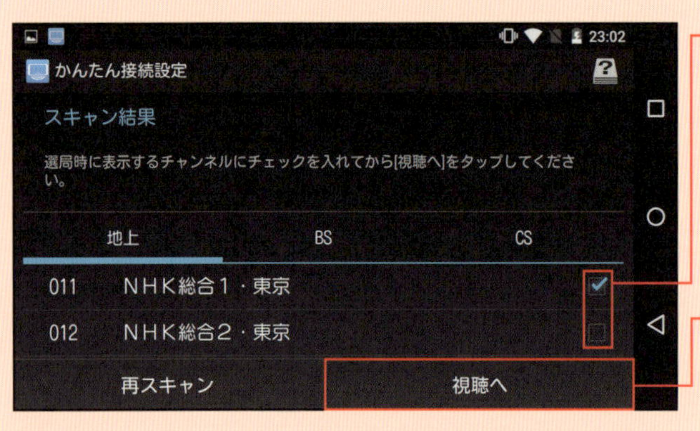

❺視聴可能なチャンネルは基本的に自動で検出され、あらかじめチェックが入っています。もし視聴不要なチャンネルがある場合は、タップしてチェックを外します。

❻<視聴へ>をタップすれば、テレビ視聴が開始されます。

第3章 » TVチューナー

COLUMN

外出先で視聴するには

PIX-BR310Lは、外出先でも3G/4G/LTE回線/Wi-Fi経由でテレビや録画した番組の視聴、再生に加え、予約録画も行える「リモート視聴」に対応しています。ただ、リモート視聴を利用するには、Playストアから有償のリモート視聴プラグイン（300円）の導入が必要となります。これは、iOSやWindowsでも同様で300円でリモート視聴機能が提供されています。

iPhone(iOS 9)での視聴は？

iPhone（iOS 9）での設定手順や視聴方法はAndroid版とほぼ同じです。App Storeより「ワイヤレスTV（Station TV)」をダウンロードすれば、視聴できるようになります。なお、ワイヤレスTV（Station TV）は無料で配布されているので、iPhoneとAndroidなど複数の機器にインストールすることが可能です。しかし、PIX-BR310Lは同時視聴には対応していないので、テレビ視聴できるのは1台だけとなります。家族で使う場合には注意しましょう。

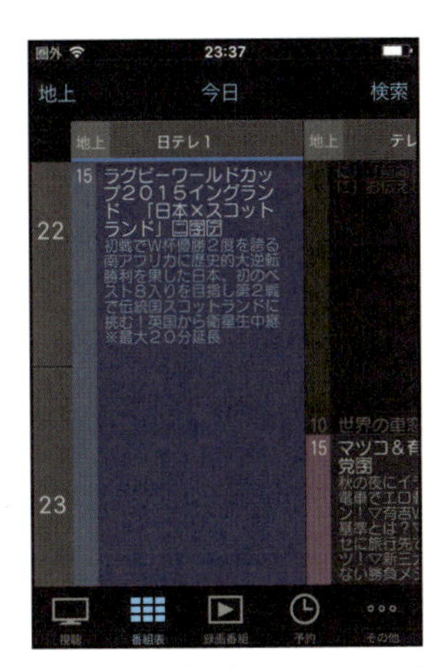

iPhoneでの番組表。iPhoneでワイヤレスTV(Station TV）の番組表を表示したところ。縦表示だとほとんど1チャンネル分しか表示できません

Windows 10での視聴は？

Windows 10では、Windows ストアから「StationTV」をダウンロードすることで視聴が可能になります。設定手順などは、ほかのOSを利用したときと変わりませんが、パソコンの大画面を使って、各種情報がかんたんに確認できるのが大きな違いといえます。とくにフルHDのディスプレイを使用していれば、複数のチャンネルを同時に表示できるので見たい番組を探しやすく、録画予約も快適にできるというメリットがあります。

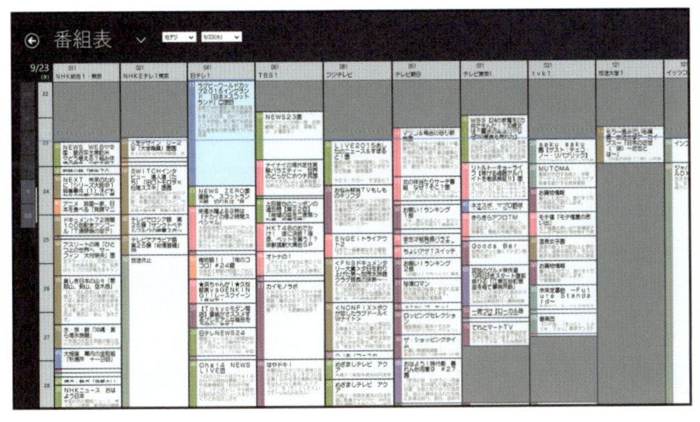

Windows 10での番組表。複数のチャンネルを同時に表示できるため、番組を探しやすいのが大きなメリット。録画予約も行いやすいです

SECTION 028 nasne

nasneで同時視聴を行うには

大人気となっているソニーのネットワークレコーダー＆メディアストレージ「nasne」。小型で設置しやすいのに加えて、録画した番組をパソコンやタブレットなど2台まで同時に再生できる機能を備えているのが大きな魅力です。

2台同時配信が可能なnasne

ソニーのネットワークレコーダー＆メディアストレージ「nasne」は、本体に映像出力を持たず、ネットワーク経由でのみ映像や音楽を再生できるという思い切った仕様となっているのが特徴です。DTCP-IP対応DLNAサーバー機能を備えたNASに、テレビの録画機能を追加した製品というほうがイメージしやすいかもしれません。

nasne単体では映像再生できないのは弱点ですが、機能を絞っているぶん、外付けHDD並みのコンパクトなボディなので設置しやすく、DTCP-IP対応DLNAクライアント機能さえあれば、テレビ、パソコン、スマートフォン、タブレットなど、どの機器からも録画した番組を再生できるのが大きな強みです。

さらに、nasneは同時に2台の機器に対して映像を配信することが可能です。リビングの大型テレビで放送中の番組を楽しみながら、子供部屋で別の録画した番組を再生するといったことができるのです。ただし、放送中の番組は1台の機器でしか視聴できません。放送中の番組と録画した番組、または録画した番組どうし、といった組み合わせであれば、2台同時の再生が可能となります。なお、nasneにはNASとしての機能もあるため、家庭内でファイルを共有するのにも役立ちます。

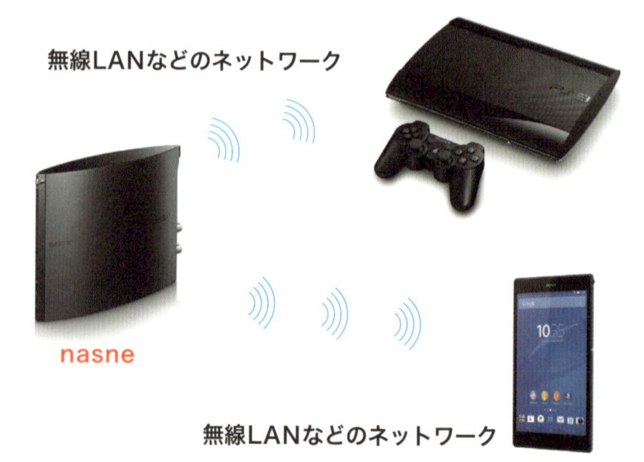

ソニーのネットワークレコーダー＆メディアストレージ「nasne」。DTCP-IP対応DLNAサーバー機能を備え、録画した番組や内蔵のHDD内に保存したメディアファイルをLAN内のさまざまなデバイスへと配信できます。2台同時に配信が可能なのが大きな魅力です

nasneの視聴に便利なPlayStation 4／PlayStation 3

nasneはDTCP-IP対応DLNAサーバー機能を備えているため、さまざまなデバイスから再生が可能ですが、中でも一番便利なのがPlayStation 4／3です。nasneを管理するための専用アプリケーション「torne」が用意されているためです。torneでは、番組の録画予約はもちろん、放送中の番組視聴、録画した番組の再生に加えて、録画予約数の多い番組がひと目でわかるトルミルといった機能も用意されています。さらに、Twitterへのツイートが表示されるライブ機能、ニコニコ実況を見ながらの視聴など、多くの独自機能を備えています。まずは、録画予約の設定方法から解説していきます。なお、ここではPlayStation 3（以下、PS3）で解説を行っていますが、「torne」の使い方はPlayStation 4でもほぼ同様です。

❶nasne付属のアプリケーション「torne」をPS3にインストールし、メニューの「テレビ/ビデオサービス」から、<torne>を起動します。

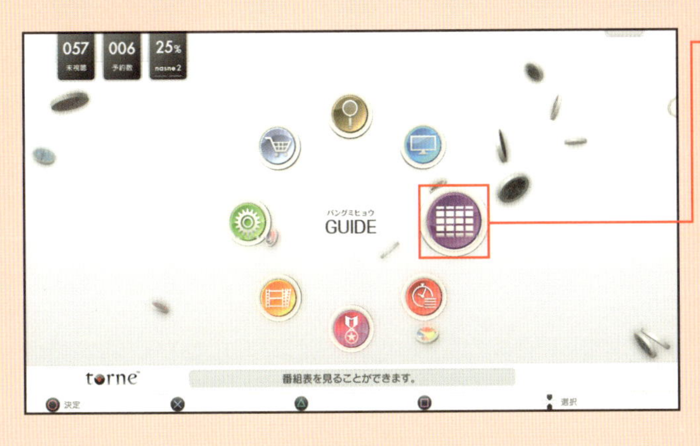

❷torneのメニューから<バングミヒョウGUIDE>をクリックし、▦ボタンをクリックすると番組表に画面が切り替わります。

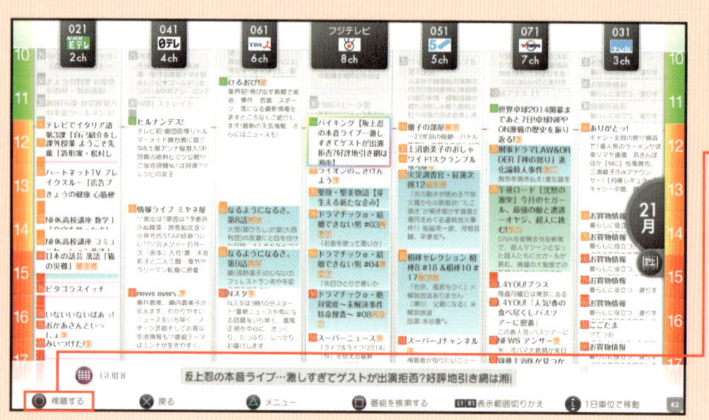

❸現在時刻を中心とした番組表が表示されます。

❹あとは録画したい番組を選び<視聴する>ボタンをクリックします。なお、<番組を検索する>ボタンをクリックすれば、ジャンルやキーワードを指定した番組検索も可能です。

❺番組をクリックすると録画予約の画面へと切り替わります。同じ番組を毎回録画するか決める<繰り返し録画>、画質を決める<録画モード>などを指定できます。

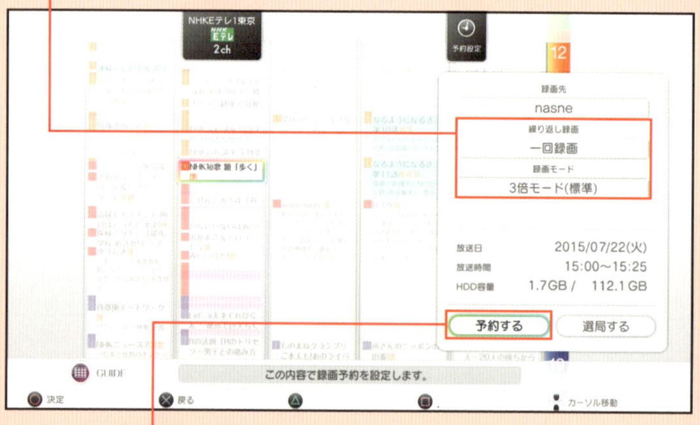

❻内容が決まったら<予約する>をクリックします。これで録画予約が完了します。

COLUMN

トルミル機能とは？

番組検索でおもしろいのは「トルミル機能」です。これは、予約録画している数や視聴している数を確認できる機能で、どの番組が人気なのかひと目でわかります。利用するには、torneのオンラインサービスを有効にしておく必要があります。

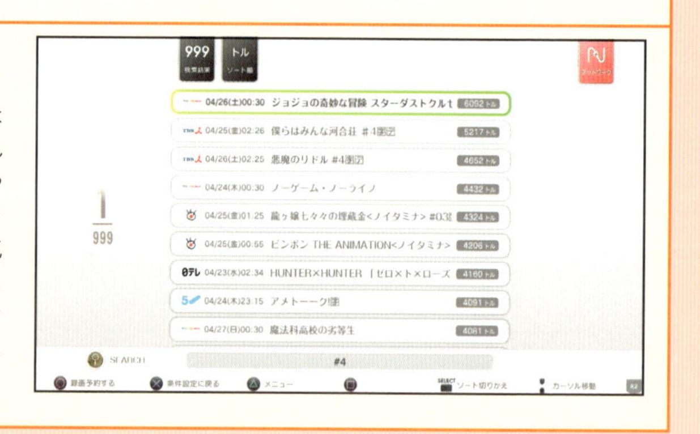

torneなら視聴も快適

PS4／3のtorneならば、nasneで録画した番組を日付順、ジャンル順、チャンネル順などさまざまな方法でソートできるほか、どこまで視聴したのか記録するので番組の視聴を途中でやめてPS4／3を終了しても、その場所から再開できるので便利です。ここでは、視聴の方法を解説していきます。

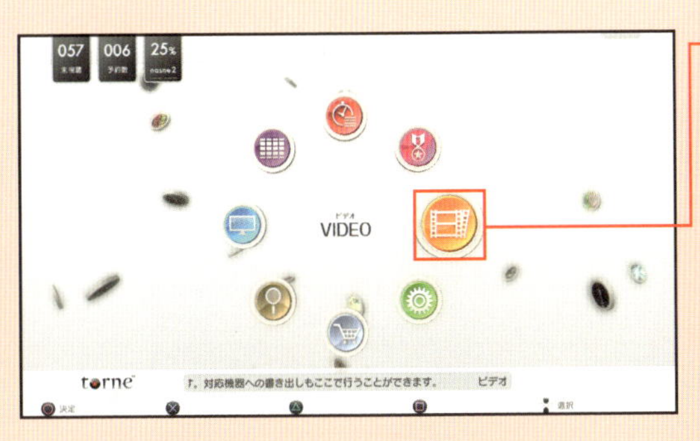

❶録画予約と同じようにPS3のメニューからtorneを起動します。続いて、torneのメニューから＜ビデオVIDEO＞をクリックし、◎ボタンをクリックします。

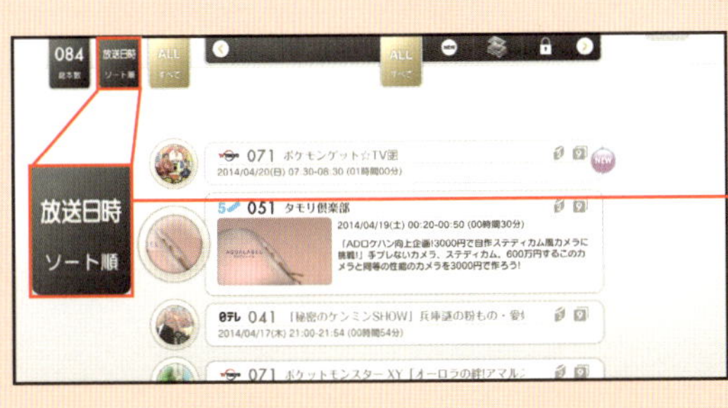

❷標準では新しく録画した順に番組が並ぶので、番組を選べば再生がスタートします。日付やジャンル別などのソートも可能です。

COLUMN

番組の確認

上記の手順❷の画面下部の＜メニュー＞をクリックし、＜チャート＞をクリックすると、自分がどのチャンネルやどのジャンルの番組を多く見ているのか確認できます。

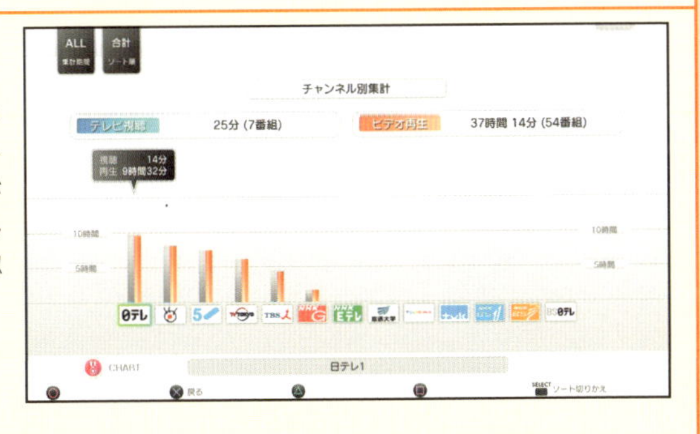

COLUMN

DLNAクライアント機能を備えるPS3

PS3は標準で本体にDTCP-IP対応のDLNAクライアント機能が備わっています。そのため、WMP12やnasneなどを利用したDLNAサーバーで共有しているメディアファイルの再生が可能です。録画した番組の再生だけならば、torneを起動しなくてもPS3のメニューの「ビデオ」から「nasne」を選べば実行できます。すばやく再生したいときは、こちらを利用するとよいでしょう。なお、PS4でDLNAクライアント機能を追加するには「メディアプレイヤー」のダウンロードが必要です。

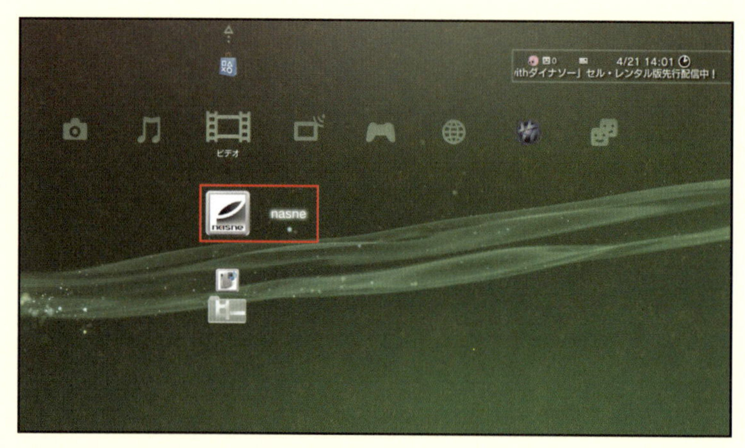

PS3にはDTCP-IP対応のDLNAクライアント機能があるため、WMP12やnasneなどのDLNAサーバーを自動的に検出します

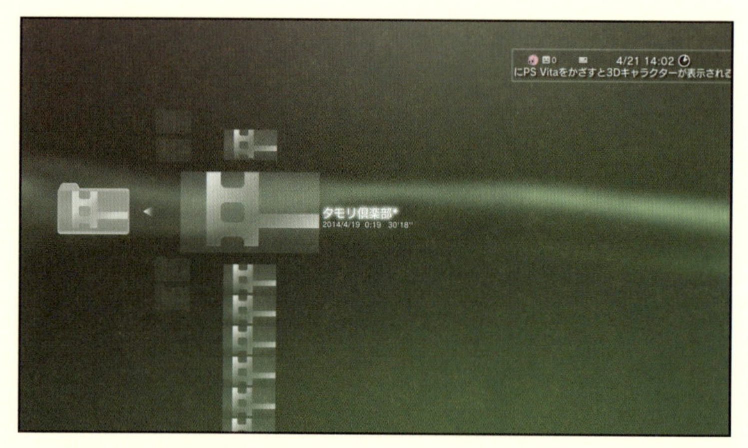

nesneで録画した番組も再生だけならば、PS3のメニューにある「ビデオ」から実行が可能です

第3章 »nasne

SECTION 029 nasne

nasneをパソコンやスマートフォンから再生するには

DTCP-IP対応DLNAクライアント機能を備えたアプリケーションならば、nasneに保存されている録画番組を再生できます。さらに、専用のアプリケーションなら、nasneの機能を存分に生かすことが可能です。

専用のアプリケーションを利用する

nasneはPS4／3だけではなく、パソコンやiOS、Android向けにも専用アプリケーションを用意しています。パソコン版は「PC TV with nasne」という名前で、ソニーストアでダウンロード販売されています。価格は3,000円（PC1台用）です。14日間無料で使用できる体験版も用意されているので、気軽に試すことも可能です。

PC TV with nasneの魅力は、放送中の番組、設定したキーワードにヒットする番組の一覧、録画予約率が高い番組、nasneの空き容量など多くの情報を一画面に表示できることです。録画した番組をPCやBlu-ray、DVDへ書き出し、1.5倍速の早見再生など機能も豊富です。

iOS、Android向けには「torne mobile」という名前で無料公開されています。PS4／3の「torne」に近いインターフェイスや使い勝手を実現してます。ただし、録画予約や録画した番組の一覧表示は可能ですが、テレビの視聴や録画番組の再生には500円の視聴再生機能を追加で購入する必要があります。

PC TV with nasne

PC TV with nasneのメイン画面です。現在放送中の番組、登録したジャンルやキーワードにヒットする番組（マイサーチ）、nasneで録画した番組数、残り容量など数多くの状況を確認できます

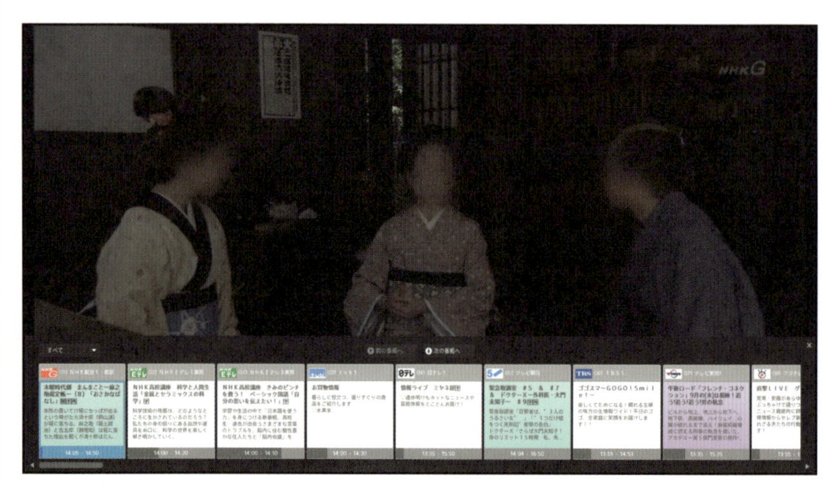

番組の視聴も便利です。そのまま録画を開始可能なほか、現在放送されている番組の一覧も表示が可能となっています

torne mobile

PS4/PS3のtorneと似たインターフェイスを採用するtorne mobile。画面はiOS版です

nesneで録画した番組の一覧表示も可能です。ただし、再生には視聴再生機能の購入が必要となります

第4章

VPNを徹底攻略！

リモートアクセス

030 外出先から自宅のネットワークにアクセスするには

リモート接続

リモートアクセスとは、自宅や会社のパソコンにインターネットを経由してノートパソコンやスマートフォンから接続することです。これによって、外出先からもさまざまなデータにアクセスできるのが大きな魅力です。

利便性が飛躍的に向上するリモートアクセス

リモートアクセス環境を構築すると、どこからでも自宅のパソコンに接続でき、そのパソコンに保存されているデータを自由に使えます。自宅に大切なデータを忘れてきた、といったときでもすぐに対処できるのが大きな魅力といえるでしょう。最近では、Googleの「Google Drive」やMicrosoftの「OneDrive」など、パソコンのデータとオンラインストレージを同期するサービスが多数登場しています。これらサービスも便利ですが、アップロードに時間がかかったり、容量に制限のあるケースがほとんどです。その点、リモートアクセスならば自宅のパソコンに直接アクセスするため、アップロードの手間や容量を気にする必要はありません。

なお、リモートアクセスは、インターネットに接続できる環境が必要となります。最近では、スマートフォンの通信速度も飛躍的に向上し、公衆無線LANやWiMAX2など安価で高速なデータ通信サービスも充実しています。これらサービスを活用すれば、どこからでも自宅のパソコンに接続できるリモートアクセス環境を実現できます。

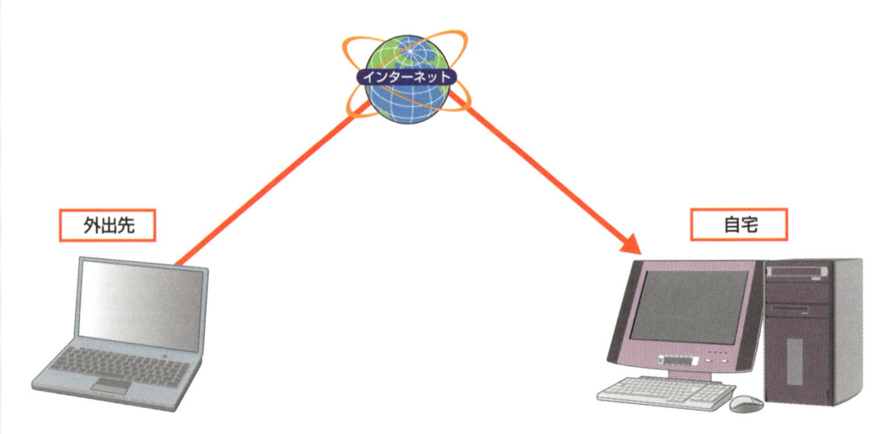

遠隔地にあるパソコンを手元にあるパソコンから利用するリモートアクセス。個人でもリモートアクセスの環境を構築できます

リモートアクセスに必要な機材やソフトとは

リモートアクセスは、インターネットなどの回線を使って、異なるネットワークどうし（自宅と会社など）を接続する「VPN（Virtual Private Network）」と呼ばれる仮想ネットワークを構築し、それを利用することで実現する技術です。これは、外部にあるパソコンなどの機器と自宅にあるパソコンが同じLAN内に存在しているように見せる技術です。そのため、外部のパソコンやスマートフォンからも自宅にあるパソコンの共有フォルダーへとアクセスが可能になるのが一番の魅力といえます。

個人でVPNを構築するときに必要な機材やソフトですが、まず必要となるのが外出先（外部）からの接続を管理する「VPNサーバー」を自宅LAN内に設置することです。そして、自宅および外出先で利用するインターネット回線、外出先からの接続に使用するVPNクライアントソフトの３点が必要となります。

VPNサーバーは、VPNサーバー機能を搭載するルーターを使用するのがもっともかんたんです。しかし、VPNサーバー機能の搭載についてはメーカーによって大きく異なります。バッファロー製のルーターにはほとんど搭載されていますが、NEC製のルーターにはほとんど搭載されていません。これから購入するときは、こうした機能の有無に注意しておきましょう。また、ルーターにVPNサーバー機能がない場合は、Windowsパソコンならば、VPNサーバーの機能をOS内で構築することが可能です。

また、外出先からのリモートアクセスはインターネットを利用して自宅LAN内のVPNサーバーに接続し、そのVPNサーバーを介して自宅LAN内のパソコンにアクセスします。そのため、外出先からアクセスするにはVPNサーバーの位置（IPアドレス）を入力する必要があります。固定グローバルIPアドレスでインターネット接続を行っている場合は、そのIPアドレスを使えば問題ありませんが、それ以外の人はP.152で解説している「ダイナミックDNS」というサービスを併用すると「xxxxxx.mydns.jp」などドメイン名を入力することでVPNサーバーへのアクセスが容易になります。

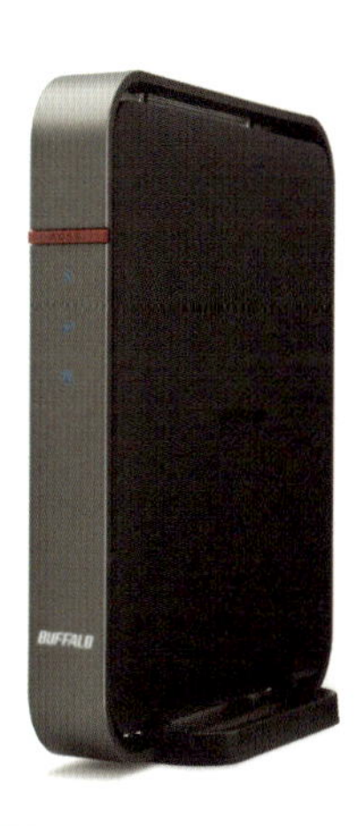

バッファローのルーターは、無線、有線ともにハイエンドからローエンドモデルまでのほとんどにVPNサーバー機能が搭載されています

さらに、外出先からアクセスされる自宅内のパソコンは、家庭内LAN内での接続状況を固定するために、固定ローカルIPアドレスを使用します。VPNサーバーのある自宅LANへの接続には、Windowsが標準で搭載しているVPNクライアントを使用します。またiOSやAndroid向けのVPNクライアントも多数存在しています。

リモートアクセス設定フロー

パターン 1

ルーター機能を利用する場合	→ P.158 参照（Windows ／ Mac）

パターン 2

- **Windows を利用する場合**

①ローカル IP アドレスの固定	→ P.150 参照
②ルーターの「ポート・フォワード」の設定	→ P.160 参照
③ Windows の設定	→ P.163 参照

- **Mac を利用する場合**

①ローカル IP アドレスの固定	→ P.168 参照
②ルーターの「ポート・フォワード」の設定	→ P.160 参照
③ Mac の設定	→ P.170 参照

任意

ダイナミック DNS サービスへの登録・設定	→ P.152 参照

クライアントの設定

Windows の場合	→ Sec.37、39、40、41 参照
Mac の場合	→ Sec.42 参照

パソコンでVPNサーバーを構築する場合は、ローカルIPアドレスの固定、ルーターのポート・フォワードの設定が必要になります。プロバイダーとの契約で固定IPアドレスを使っている場合は、ダイナミックDNSサービスへの登録・設定は必要ありません。任意で設定を行ってください。ルーターでVPNサーバーを構築する場合は、そのほかの設定は不要です。

031 ローカルIPアドレスを固定するには[Windows編]

ローカルIPアドレス

通常、パソコンは、ルーターのDHCPサーバー機能によって、自動で割り振られたローカルIPアドレスを使う設定になっています。リモートアクセスを利用するために、ここでは固定のローカルIPアドレスに設定する方法を解説します。

ローカルIPアドレスの「固定」が必須

有線、無線を問わずルーターを使用して複数の機器を接続している場合、各機器には、すべてローカルIPアドレスが割り振られます。このIPアドレスは、ルーターに接続した機器順に、末尾の数値が小さいものが割り振られるのが一般的です。つまり、電源投入の順序によっては昨日まで「192.168.1.3」が割り振られていたローカルIPが、「192.168.1.6」などに変わってしまうことがあるのです。

インターネットへの接続だけならローカルIPが変化しても問題ありませんが、インターネットを経由して外部から家庭内LANの機器に接続するリモートアクセスを利用する場合は、接続したい機器が特定できなくなる場合があるため好ましくありません。

そのため、リモートアクセスなど外部の機器から自宅LAN内にあるパソコンに接続する場合、ローカルIPアドレスを固定し、機器の所在を不変のものに設定しておく必要があります。たとえば、「192.168.1.6」などに固定しておくわけです。OS上から行えるため、設定はそれほど難しくありません。リモートアクセスを利用するならば、まずは機器のローカルIPアドレスを固定するところから始めます。

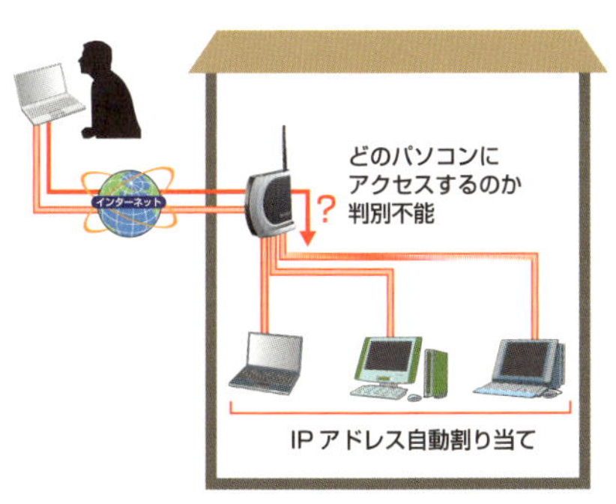

ローカルIPアドレスが自動割り当ての場合、パソコンの電源を入れるごとにIPアドレスが変動するため、リモートアクセス時に接続するパソコンが特定できず、接続できなくなってしまいます

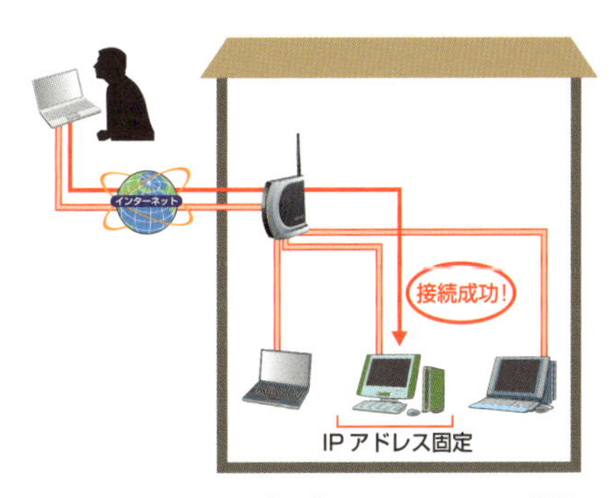

ローカルIPアドレスを「固定」することで、その機器へインターネットを経由した外部からのアクセスに対して、所在が決まっているので接続に成功します

Windows 10のローカルIPアドレスを固定する

ローカルIPアドレスを「固定」するには、「インターネットプロトコルバージョン4（TCP/IPv4）のプロパティ」で目的のローカルIPアドレスの値を直接指定します。ここでの手順はWindows 10のものですが、Windows 8.1/7/Vistaでも大きくは変わりません。

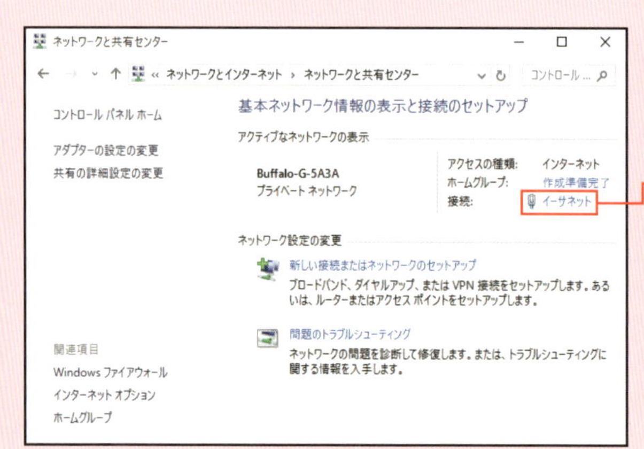

❶コントロールパネルを開き、「ネットワークとインターネット」にある＜ネットワークと共有センター＞を選択し、

❷インターネットに利用しているネットワークをクリックします。ここでは有線LANに接続している「イーサネット」を選択しています。

MEMO: Windows 7/Vistaの場合

Windows 7/Vistaでは有線LANで接続している場合「ローカルエリア接続」と表示されます。

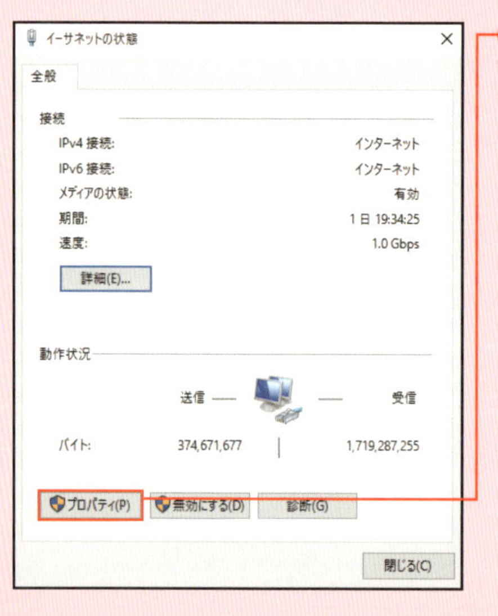

❸「イーサネットの状態」画面が表示されるので、＜プロパティ＞をクリックします。

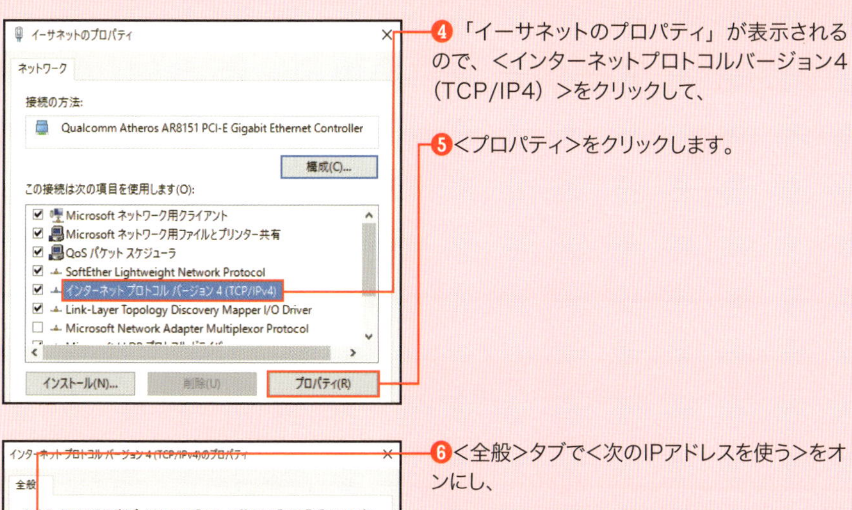

❹「イーサネットのプロパティ」が表示されるので、＜インターネットプロトコルバージョン4（TCP/IP4）＞をクリックして、

❺＜プロパティ＞をクリックします。

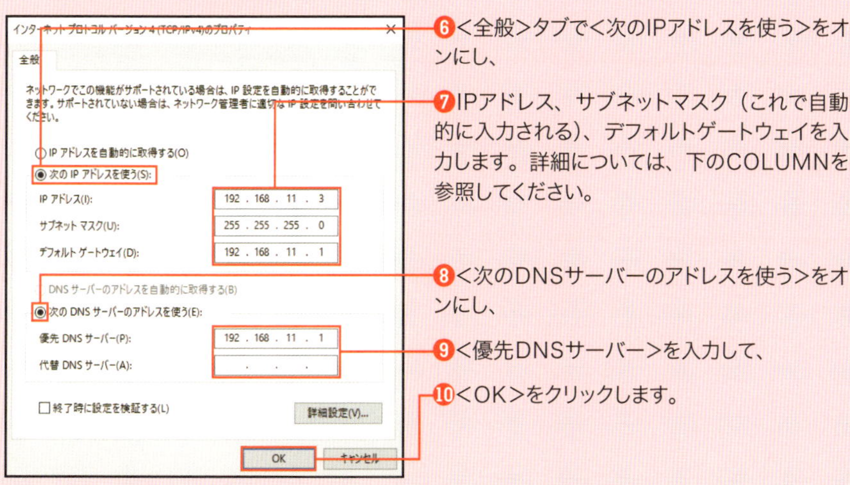

❻＜全般＞タブで＜次のIPアドレスを使う＞をオンにし、

❼IPアドレス、サブネットマスク（これで自動的に入力される）、デフォルトゲートウェイを入力します。詳細については、下のCOLUMNを参照してください。

❽＜次のDNSサーバーのアドレスを使う＞をオンにし、

❾＜優先DNSサーバー＞を入力して、

❿＜OK＞をクリックします。

TCP/IPに入力する数値を確認するには？

手順❼、❾で入力する各種数値は、手順❸で表示される「イーサネットの状態」の画面で＜詳細＞をクリックすると表示される「ネットワーク接続の詳細」で確認できます。IPアドレスには、「IPv4アドレス」に表示される数値を、デフォルトゲートウェイには「IPv4デフォルトゲートウェイ」の数値を、優先DNSサーバーには「IPv4DNSサーバー」の数値を入力すればIPアドレスを固定できます。

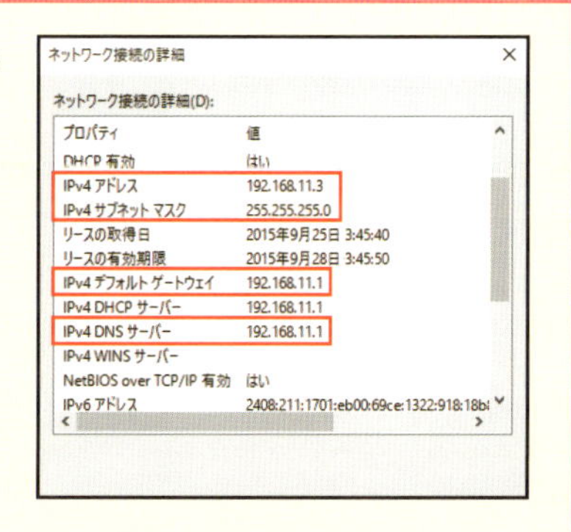

ダイナミックDNSを使うには

ダイナミックDNS

通常のプロバイダーはグローバルIPアドレスが定期的に変化します。そのため、外部から自宅のLANに接続するためにはダイナミックDNSを利用して、パソコンのある場所を外部からもわかるようにします。

ダイナミックDNSとは

一般的なインターネット接続では、光やADSLといった固定回線、WiMAXなどのモバイルルーターを問わず、プロバイダーから1つのグローバルIPアドレスが提供されます。このグローバルIPアドレスは、固定するサービスを利用している場合を除き、一定期間が経過したり、回線の切断／接続を行ったりすることで変化します。そのため、自宅に提供されているグローバルIPアドレスで外部から自宅へアクセスを試みても、グローバルIPアドレスが変化してしまい、アクセスできないという状況が起こります。それを解消してくれるのが「ダイナミックDNS」と呼ばれるサービスです。

具体的には、グローバルIPアドレスとURLを紐付けてくれるサービスのことを指します。グローバルIPアドレスを、ルーターの機能やソフトウェアによってダイナミックDNSを提供する業者に通知するとURLとの紐付けを自動更新します。そのため、ダイナミックDNS業者が提供するURLさえ覚えておけば、グローバルIPアドレスの変化を気にすることなく、外部から自宅へのアクセスが可能になるというわけです。

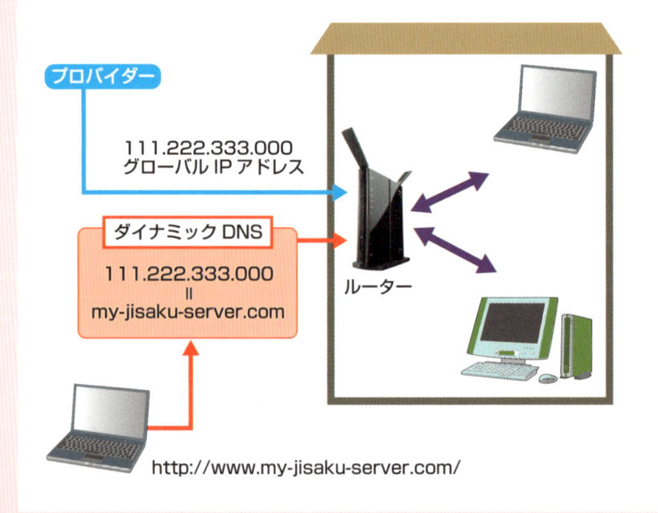

ダイナミックDNSを利用すると外出先のパソコンから自宅のネットワークへと、URLでアクセスできるようになります。ただし、グローバルIPアドレスが変更された場合、それが反映されるまで数分から数十分の時間がかかることがあります

ダイナミックDNSサービス選択の流れ

「ダイナミックDNSを提供する事業者」は、大きく2つに分けることができます。

1つはルーターを提供しているメーカーがダイナミックDNSのサービスを提供している場合です。たとえばバッファローのルーターの多くは、「BUFFALOダイナミックDNS」というバッファロー自身が提供しているサービスを付加しており、有料で利用することができます。また、コレガでも対応機器に対しては、無料で利用できる「corede.net」というダイナミックDNSサービスを提供しています。こうしたサービスを利用するメリットは、ルーターの設定がかんたんなうえ、ルーターが備えているグローバルIPアドレスとダイナミックDNSのURLを紐付ける自動更新をルーターが行ってくれるため、煩わしいメンテナンスなども不要という点です。なお、後述する❸-②の専用のフリーソフトとは、ルーターが行うこの自動更新を行ってくれるものです。

もう1つは、メーカー提供ではなく、独自にダイナミックDNSサービスを提供している事業者です。こちらを利用するメリットは、手持ちのルーターがダイナミックDNSに対応していない場合でも専用のソフトと組み合わせることで、ダイナミックDNSを利用できるという点です。ちなみに、バッファローのルーターでは「BUFFALOダイナミックDNS」のほかに、「DynDNS」「TZO」といったダイナミックDNSサービス事業者も利用することができます。

以上を整理すると、次のようになります。

❶手持ちのルーターがダイナミックDNSに対応しているかどうかをチェック

❷対応していてもダイナミックDNSサービス事業者はあらかじめ決められたものしか利用できない場合もあるので、こちらを利用するか、新規にダイナミックDNSサービス事業者で運用するかを判断

❸手持ちのルーターがダイナミックDNSに対応していない場合は、
　①ダイナミックDNSサービス事業者で登録を行い
　②専用のフリーソフトを使って運用

ダイナミックDNSサービス「Dynamic DO!.jp」に登録する

ダイナミックDNSを利用するには、最初にダイナミックDNSサービスを提供しているサイトにアクセスし、ユーザー登録を行う必要があります。ダイナミックDNSサービスは数多くあります。ここでは、無料と有料の2種類があるダイナミックDNSサービス「Dynamic DO!.jp（http://ddo.jp/)」を紹介します。無料での利用は広告の掲載などの条件を満たさない限り、最大9カ月という制限はありますが、日本語のサービスなのでわかりやすく、登録がかんたんで手軽に始められるのが魅力です。試しに使用し、気に入ったら有料サービスに移行するのもよいでしょう。

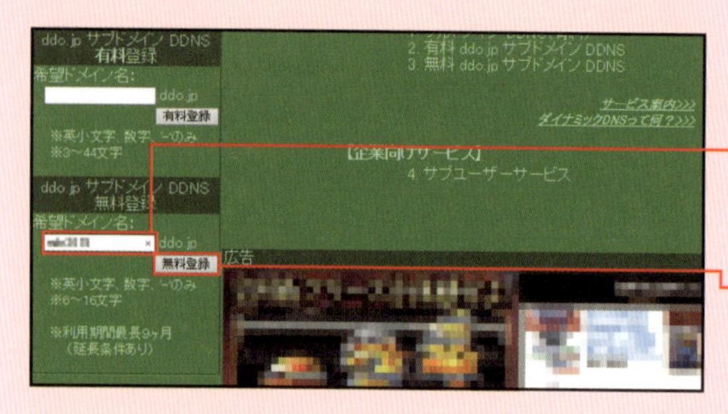

❶Dynamic DO!.jp（http://ddo.jp/）にアクセスし、

❷左下にある「ddo.jp サブドメイン DDNS無料登録」の入力欄に希望するドメイン名を入力して、

❸<無料登録>をクリックします。URLは「希望ドメイン名.ddo.jp」となります。

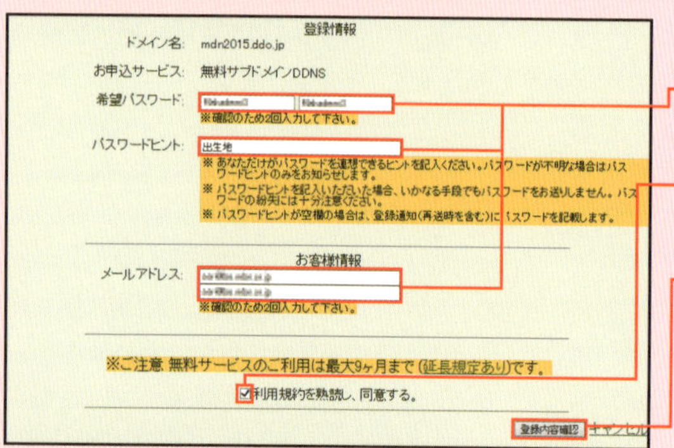

❹利用規約をすべて読み、

❺希望パスワードやメールアドレスなど必要な事項を入力し、

❻<利用規約を熟読し、同意する。>のチェックをオンにしたら、

❼最後に<登録内容確認>をクリックします。

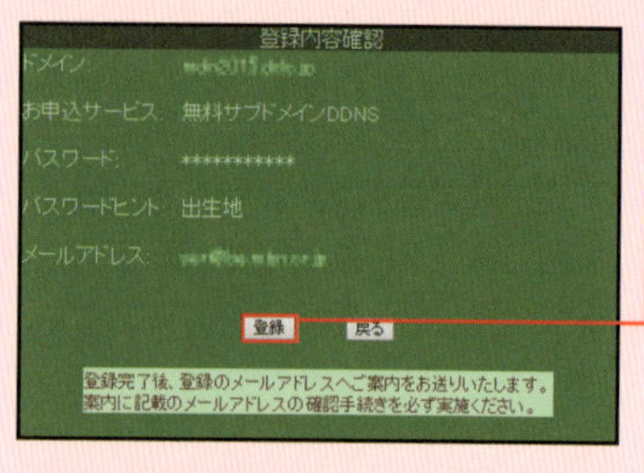

❽登録内容を確認する画面が表示されるので、問題がないか確認を行い、<登録>をクリックします。

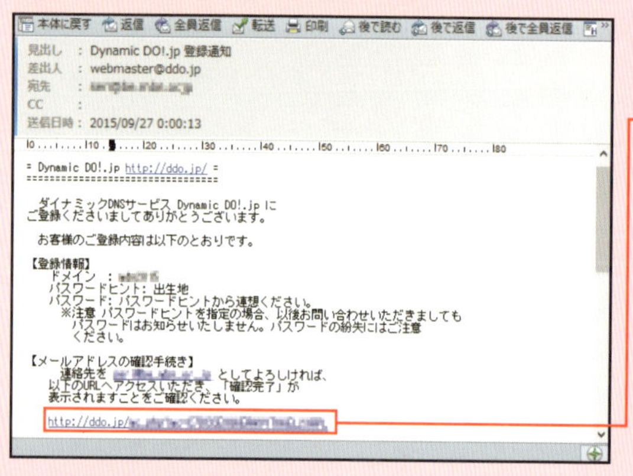

❾入力したメールアドレスに登録通知を知らせるメールが届くので、

❿メールアドレスの確認手続きに書かれているURLへアクセスします。

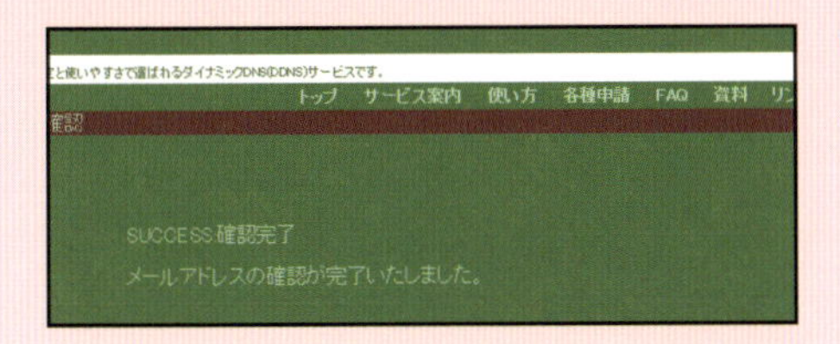

⑪メールアドレスに記載されたURLにアクセスするとメールアドレスの確認が完了となり、ダイナミックDNSが利用可能となります。

DiCEでグローバルIPとダイナミックDNSを紐付けする

フリーソフトの「DiCE」を利用すれば、Windows上でグローバルIPアドレスとダイナミックDNSのURLを自動的に紐付けることが可能です。さきに登録したダイナミックDNSサービス「Dynamic DO!.jp」を運用するためのソフトと考えてください。ダウンロードページ（http://www.hi-ho.ne.jp/yoshihiro_e/dice/）にアクセスし、インストール、および設定を下記の手順で行ってください。ただし、設定後は、ルーターのようにパソコンを常に稼働しておく必要があります。

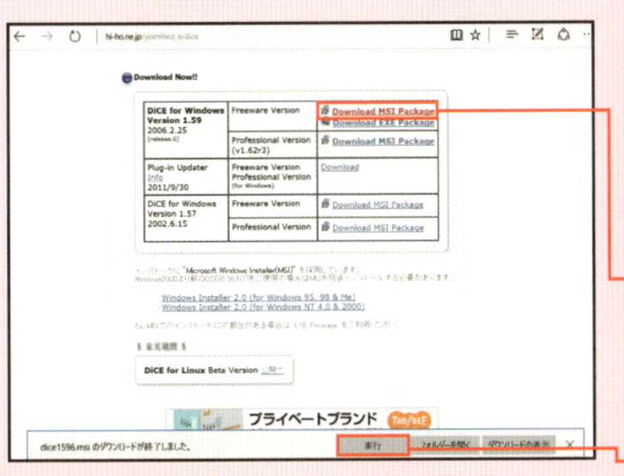

①ダウンロードページ（http://www.hi-ho.ne.jp/yoshihiro_e/dice/）にアクセスし、

②スクロールしてページ下部を表示したら、

③「DiCE for Windows Version 1.59」の「Freeware Version」にある<Download MSI Package>をクリックします。

④<実行>をクリックします。

MEMO: すぐにダウンロードされたら

手順③ですぐにダウンロードが開始されたら、ダウンロードフォルダーを開き、ダウンロードされた<dice1596>をダブルクリックしてインストールを行ってください。

⑤表示されるウィザードに従って、DiCEをインストールします。

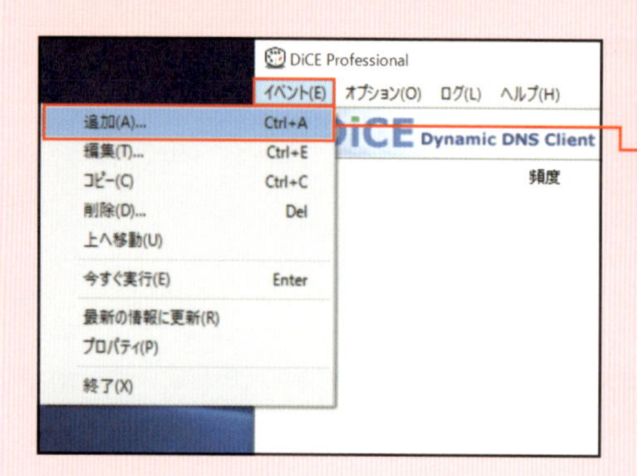

❻インストールが完了すると、DiCEが起動します。

❼<イベント>→<追加>の順にクリックします。

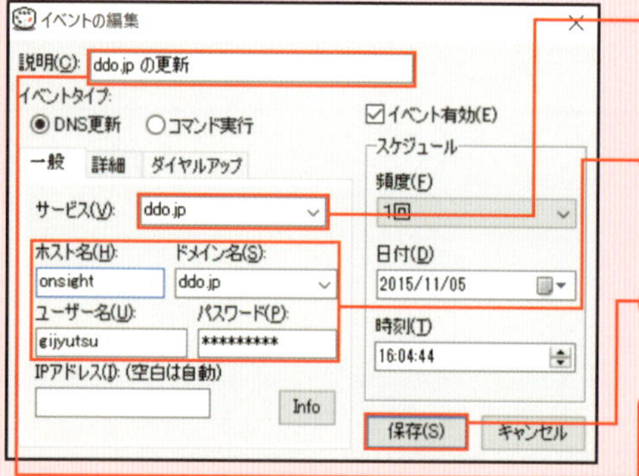

❽「サービス」では、プルダウンメニューから契約したダイナミックDNSサイトを選択します。

❾ダイナミックDNSサービスで登録したホスト名／ドメイン名／ユーザー名／サインインパスワードを入力します。

❿<保存>をクリックします。

<サービス>を設定すると自動的に表示されます。

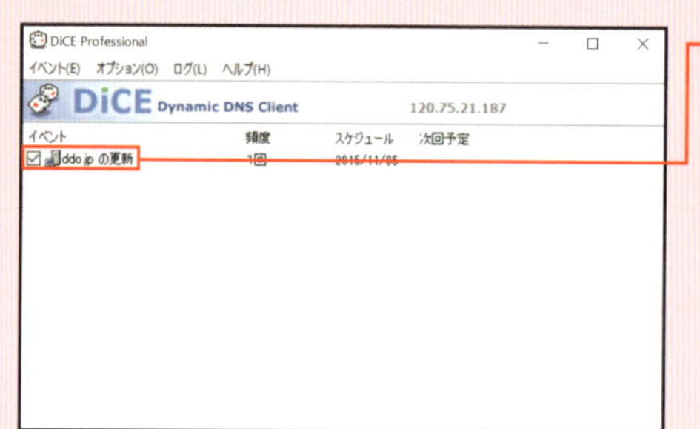

⓫以上で設定は終了です。ここで設定を行ったパソコンは、常に稼働しておく必要があります。なお、<オプション>の「環境設定」では、IPアドレスが変化したらメールで知らせるなどの設定が行えます。

BUFFALOダイナミックDNSサービスを利用する

ここではルーターのメーカーが提供しているダイナミックDNSサービスを利用する方法を、バッファローのルーターを例に解説します。設定はルーターから行います。なお、BUFFALOダイナミックDNSは有料サービスですが、1カ月の試用期間が設けられています。利用してみて満足いくようであれば、正式に登録してみるとよいでしょう。

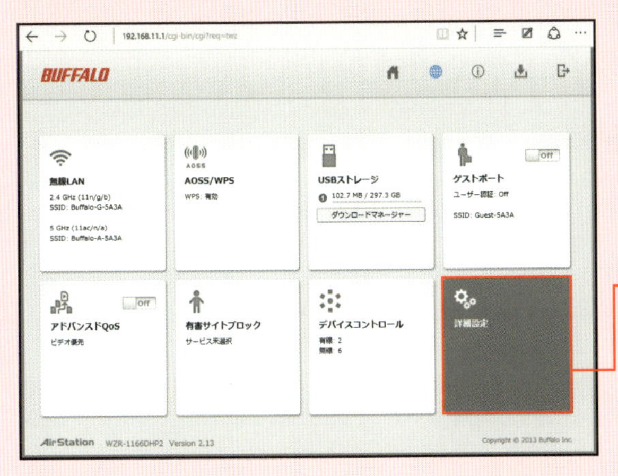

❶Webブラウザーを起動し、「WXR-1750DHP」の設定ページ(初期値では「192.168.11.1」をアドレス欄に入力)にアクセスし、

❷IDとパスワードを入力します。

❸メニュー画面が表示されるので<詳細設定>をクリックします。

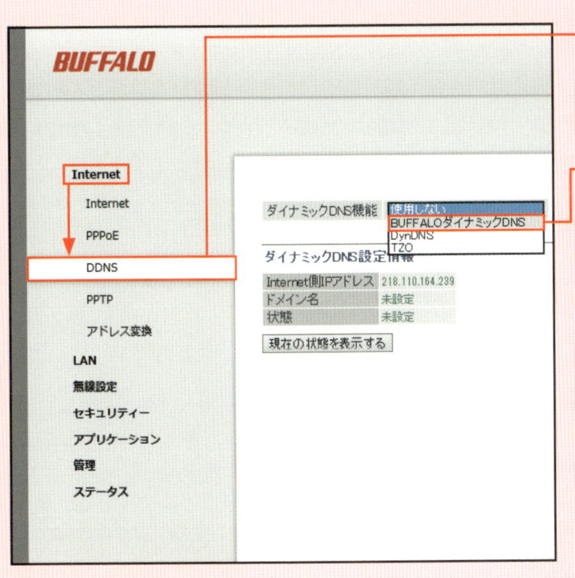

❹詳細設定が画面に切り替わったら、左側のメニューより<Internet>→<DDNS>の順にクリックし、

❺<ダイナミックDNS機能>のプルダウンメニューを開きます。ここでは<BUFFALOダイナミックDNS>を選択しています。なお、ここで選択できるダイナミックDNSはすべて有料のサービスです。

MEMO: BUFFALOダイナミックDNSについて

BUFFALOダイナミックDNSは有料サービスですが、1カ月の試用期間が付いています。

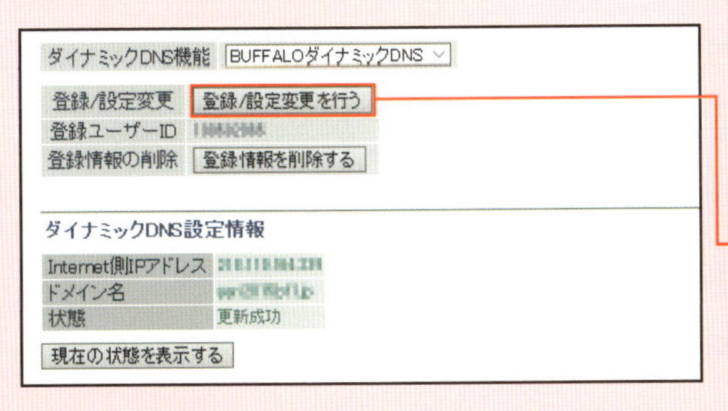

❻BUFFALOダイナミックDNSは登録が完了すると設定が自動的にルーターに保存され、ダイナミックDNSが有効になります。

❼登録を行う場合は、<登録/設定変更を行う>をクリックして、各種情報を設定します。

SECTION 033

VPNサーバー

ルーターでVPNサーバーを構築するには

VPNサーバー機能を搭載したルーターを利用すれば、自宅にVPN環境をかんたんに構築することができます。ここでは、バッファローの無線LANルーター「WXR-1750DHP」を例に、設定手順を解説します。

自宅のLANにVPN接続環境を構築する

自宅の家庭内LANにVPNの接続環境を構築する場合、もっとも手軽なのがVPNサーバー機能を搭載したルーターを導入することです。VPN接続環境の構築にはネットワークの知識が必要となりますが、VPNサーバー機能を搭載したルーターならばVPNに関する専門的な知識がなくても、かんたんにセットアップできるのが大きな魅力です。

ルーターにVPNサーバー機能が搭載されているかは、メーカーによって大きく異なります。上位モデルのみ搭載しているメーカーが多くなっていますが、バッファローは幅広いモデルで搭載されています。すでにルーターを導入している場合は、対応しているか確認してみましょう。ここでは、バッファローの無線LANルーター「WXR-1750DHP」を使用したVPN接続環境の設定例を解説します。

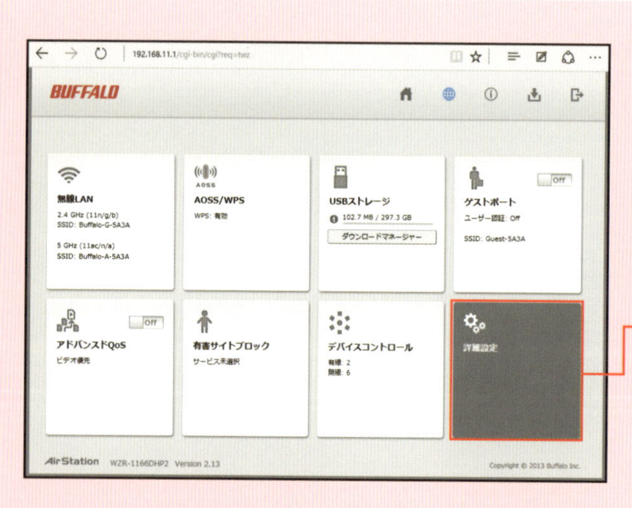

❶Webブラウザーを起動し、「WXR-1750DHP」の設定ページ（初期値では「192.168.11.1」をアドレス欄に入力）にアクセスし、

❷IDとパスワードを入力します。

❸メニュー画面が表示されるので<詳細設定>をクリックします。

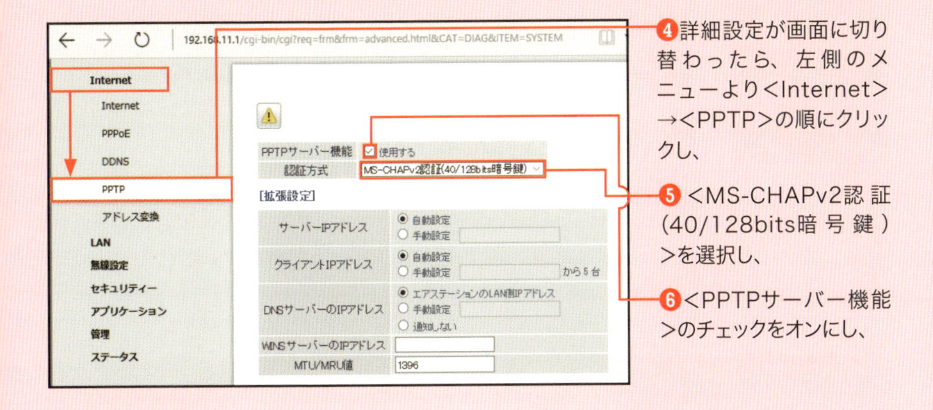

❹詳細設定が画面に切り替わったら、左側のメニューより＜Internet＞→＜PPTP＞の順にクリックし、

❺＜MS-CHAPv2認証(40/128bits暗号鍵)＞を選択し、

❻＜PPTPサーバー機能＞のチェックをオンにし、

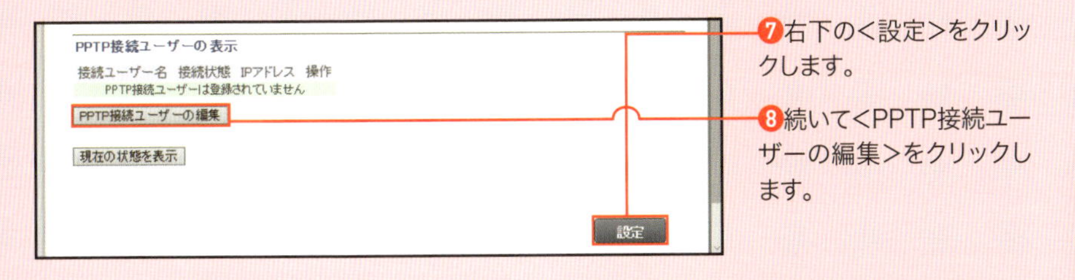

❼右下の＜設定＞をクリックします。

❽続いて＜PPTP接続ユーザーの編集＞をクリックします。

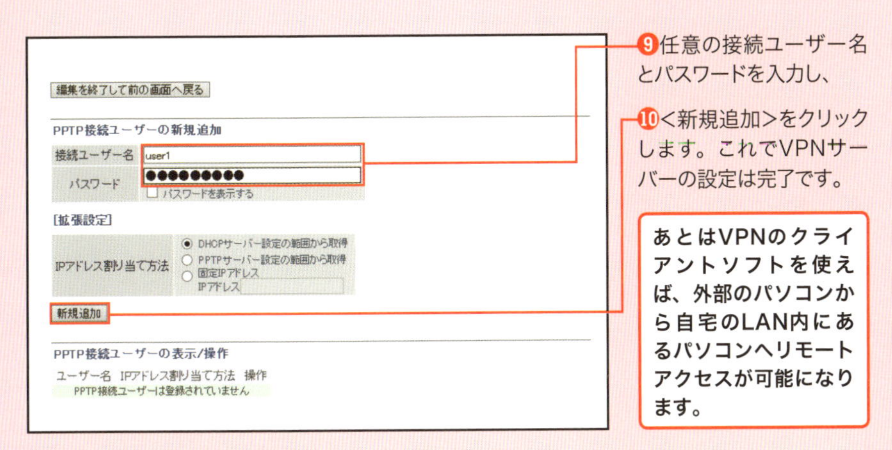

❾任意の接続ユーザー名とパスワードを入力し、

❿＜新規追加＞をクリックします。これでVPNサーバーの設定は完了です。

あとはVPNのクライアントソフトを使えば、外部のパソコンから自宅のLAN内にあるパソコンへリモートアクセスが可能になります。

COLUMN

ユーザー名とパスワード

ここで設定したユーザー名とパスワードは、外部のパソコンがVPNのクライアントソフトを使い自宅のパソコンへとアクセスする際に必要となります。メモするなどして、忘れないようにしておきましょう。

034 VPNを使えるようにルーターの設定を行うには

ポート・フォワード

VPNを使うにはルーターの設定が必要不可欠です。VPNが利用するポートを通過できるようにしないと外部からの接続ができないためです。ここでは、バッファローのルーター「WXR-1750DHP」を例に設定方法を解説します。

ルーターのポート・フォワード機能を設定する

外部のパソコンから自宅にWindowsやOS Xを使用して構築したVPNサーバーにアクセスするためには、ポート・フォワード機能の利用が必要です。通常、ルーターに接続されているパソコンには、WAN（インターネット側）からアクセスすることができないためです。せっかくVPNサーバーを構築しても、外出先などからそのままの状態ではアクセスできません。そのため、ポート・フォワード機能を使って、WAN（インターネット側）からの通信をVPNサーバーとなっているパソコンへと転送する必要があります。この転送機能は、使用するルーターやメーカーによって「静的IPマスカレード」や「アドレス変換」などと表記されることもあります。ルーターのマニュアルなどで、ポート・フォワード機能に該当する呼称を確認しておきましょう。

このほか、使用しているルーターによっては、ポート・フォワード機能に加えて「VPNパススルー」「PPTPパススルー」「PPTP変換」などと呼ばれるVPN通信をパソコンからWAN（インターネット側）に通過させる機能を有効にする必要があります。VPN通信を可能にする設定をマニュアルなどで確認してから作業することをおすすめします。

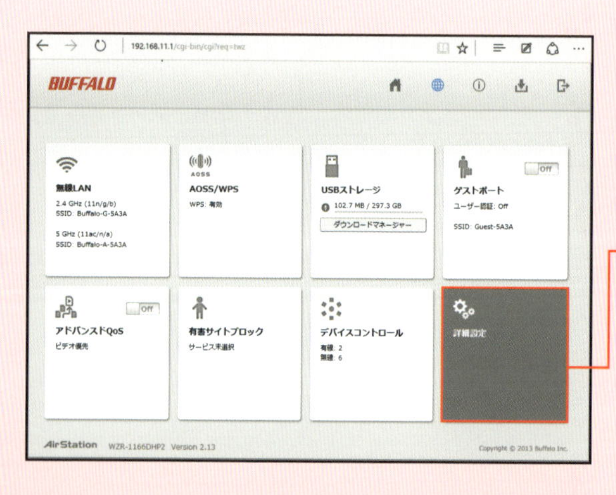

❶Webブラウザーを起動し、ルーターの設定画面にアクセスします。解説に使用しているバッファローの「WXR-1750DHP」は「192.168.11.1」です。

❷設定画面が表示されたら<詳細設定>をクリックします。

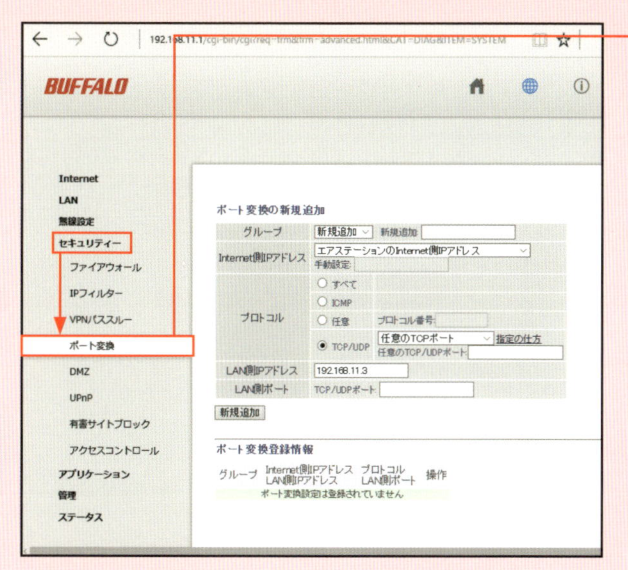

❸<セキュリティー>→<ポート変換>の順にクリックし、ポート・フォワード機能を呼び出します。

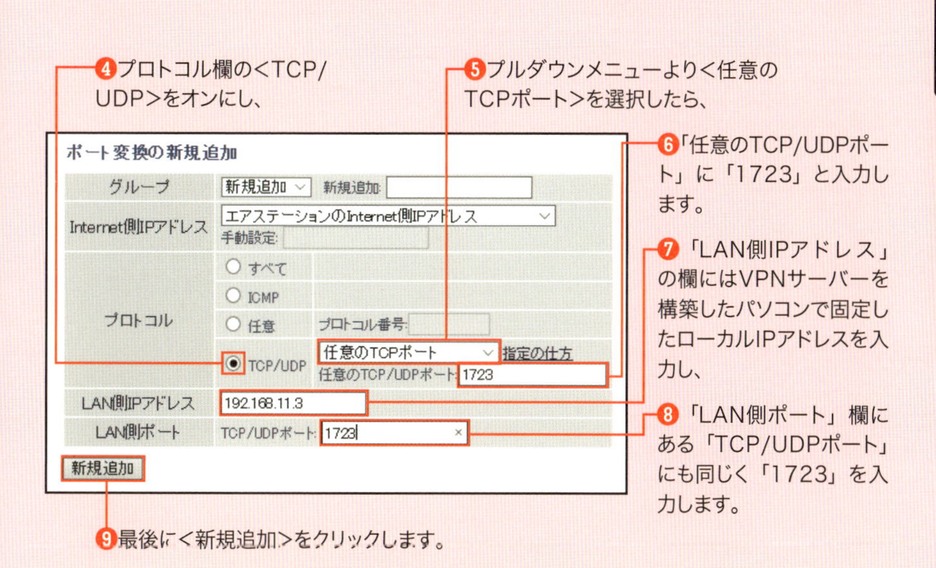

❹プロトコル欄の<TCP/UDP>をオンにし、

❺プルダウンメニューより<任意のTCPポート>を選択したら、

❻「任意のTCP/UDPポート」に「1723」と入力します。

❼「LAN側IPアドレス」の欄にはVPNサーバーを構築したパソコンで固定したローカルIPアドレスを入力し、

❽「LAN側ポート」欄にある「TCP/UDPポート」にも同じく「1723」を入力します。

❾最後に<新規追加>をクリックします。

MEMO: L2TP/IPsecを利用する場合

PPTP以外（L2TPやIPsec）のVPNサーバーを構築する場合は、UDPポートの「500」番、「1701」番、「4500」番もポート・フォワード機能によってポート変換を設定する必要があります。なお、L2TPやIPsecを使用するには、ルーターのVPNパススルー機能がこれらプロトコルに対応している必要があります。

ポート変換の新規追加

グループ	新規追加 新規追加:
Internet側IPアドレス	エアステーションのInternet側IPアドレス 手動設定:
プロトコル	○ すべて / ○ ICMP / ○ 任意 プロトコル番号: / ◉ TCP/UDP 任意のTCPポート 指定の仕方 任意のTCP/UDPポート:
LAN側IPアドレス	192.168.11.3
LAN側ポート	TCP/UDPポート:

新規追加

ポート変換登録情報

グループ	Internet側IPアドレス LAN側IPアドレス	プロトコル LAN側ポート	操作
Group01	エアステーションのInternet側IPアドレス 192.168.11.3	TCPポート:1723 TCPポート:1723	OFF 修正 削除

❿作成したポート変換の設定が画面下に表示されれば完了です。作成した設定は一時的にオフにしたり、内容の修正や削除も可能です。

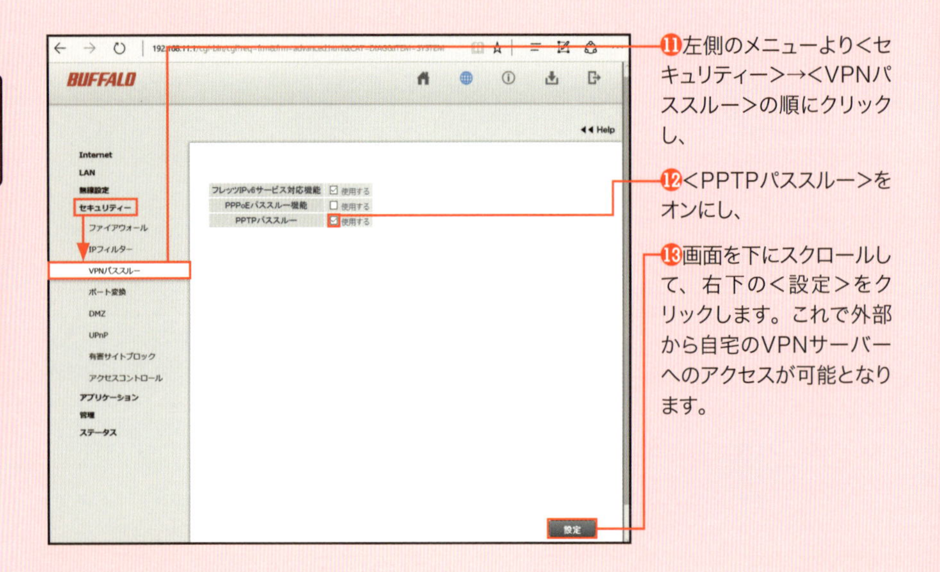

⓫左側のメニューより<セキュリティー>→<VPNパススルー>の順にクリックし、

⓬<PPTPパススルー>をオンにし、

⓭画面を下にスクロールして、右下の<設定>をクリックします。これで外部から自宅のVPNサーバーへのアクセスが可能となります。

COLUMN

VPNパススルーとは

ルーターに接続されているパソコンをVPNサーバーとした場合、そのままの状態では外部からのアクセスに対して、正しくVPNの通信が行われないことがあります。これはルーターのNAT機能（アドレス変換）が原因です。その問題を回避し、VPNの通信を正しく行うために用意されているのが「VPNパススルー」です。

035 WindowsでVPNサーバーを構築するには

VPNサーバー

ルーターにVPNサーバー機能がなくても、Windowsに搭載されているVPNサーバー機能を利用すればリモートアクセス環境を構築できます。ただし、構築の方法はやや複雑になるのが難点といえます。

WindowsのVPNサーバー機能を利用したリモートアクセス環境

Windows 10/8.1/7/Vistaの全エディション（Windows 7 Starterを除く）は、VPNサーバー機能を搭載しています。ルーターがVPNサーバー機能を搭載していない場合は、Windowsの機能を利用し、外部のパソコンからのリモートアクセス環境を構築できます。ただし、WindowsのVPNサーバー機能を利用するには、使用しているルーターがポートを変換（開放）する「ポート・フォワード」機能と「VPNパススルー」機能を搭載している必要があります。

ポート・フォワード機能は、「アドレス変換テーブル」や「静的NAT」などとも呼ばれる機能で、ほとんどのルーターに搭載されています。VPNパススルー機能は、「PPTP」や「L2TP」などVPNで使用される通信プロトコルをそのまま通過させる機能です。個人でのリモートアクセスに利用されるPTTPのパススルー機能は、ほとんどのルーターに搭載されています。

Windowsパソコンを VPNサーバーにした場合、外部からの接続は「遠隔地のパソコン」→（インターネットを経由）→「自宅ルーター」→「Windowsパソコンで構築したVPNサーバー（リモートアクセス先パソコン）」という経路になります。

つまり、①ダイナミックDNSを使って外部からのアクセスに対応できるようにし、②接続先となるパソコンのローカルIPアドレスを固定して、③そこにVPNパケットが流れるようにルーターを設定する、という設定が必要となります。

ローカルIPアドレスの固定はP.150を、ルーターのポート・フォワードについてはP.160を参照してそれぞれ設定しておきましょう。

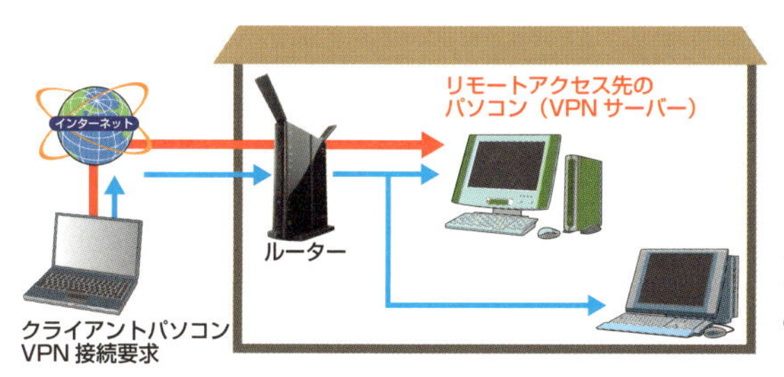

ルーターにVPNサーバー機能がない場合は、リモートアクセス先となるWindowsパソコンをVPNサーバーに設定します

リモートアクセス先(接続される側)の設定～VPNサーバーの設定 Windows 10

P.150を参照してローカルIPアドレスの固定、P.160のルーターのポート・フォワードで必要なポートを変換（開放）することがVPNサーバーを構築する前に必要な作業です。まずは、これらを済ませておきましょう。ここからは、Windows 10を使用したVPNサーバーの設定方法を説明します。Windows 8.1/7/Vistaでもほぼ同じ手順で設定が可能です。

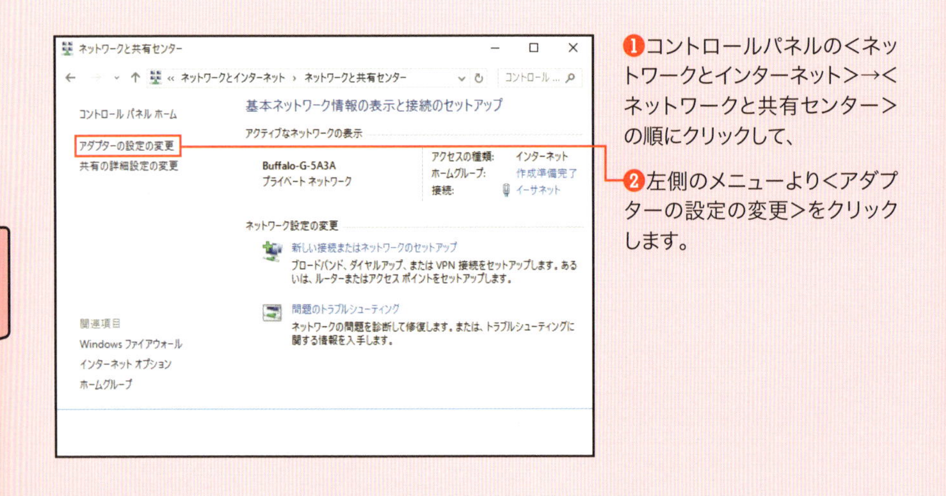

❶コントロールパネルの<ネットワークとインターネット>→<ネットワークと共有センター>の順にクリックして、

❷左側のメニューより<アダプターの設定の変更>をクリックします。

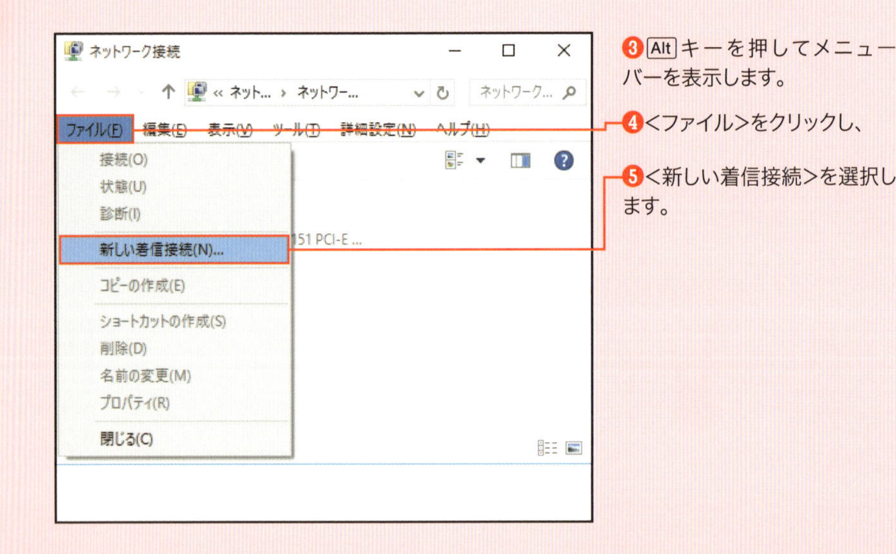

❸Altキーを押してメニューバーを表示します。

❹<ファイル>をクリックし、

❺<新しい着信接続>を選択します。

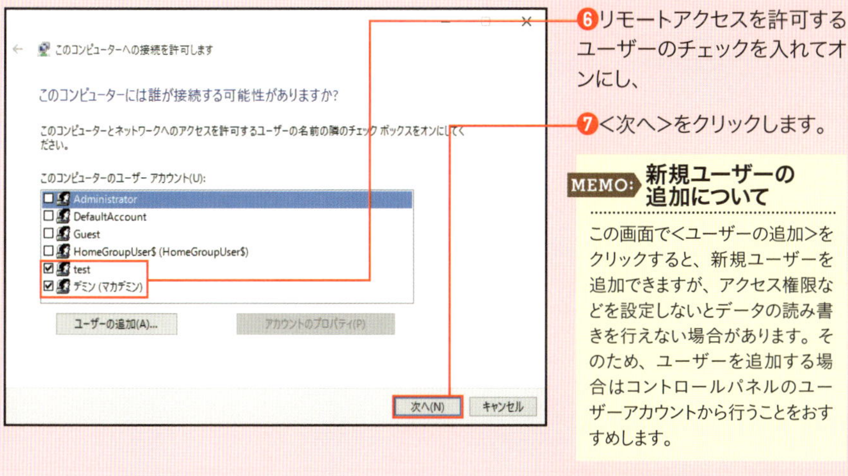

❻リモートアクセスを許可するユーザーのチェックを入れてオンにし、

❼＜次へ＞をクリックします。

MEMO: 新規ユーザーの追加について

この画面で＜ユーザーの追加＞をクリックすると、新規ユーザーを追加できますが、アクセス権限などを設定しないとデータの読み書きを行えない場合があります。そのため、ユーザーを追加する場合はコントロールパネルのユーザーアカウントから行うことをおすすめします。

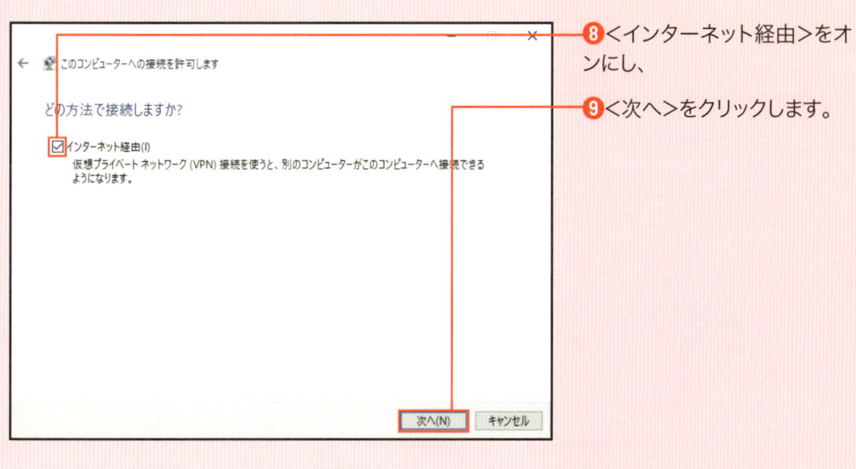

❽＜インターネット経由＞をオンにし、

❾＜次へ＞をクリックします。

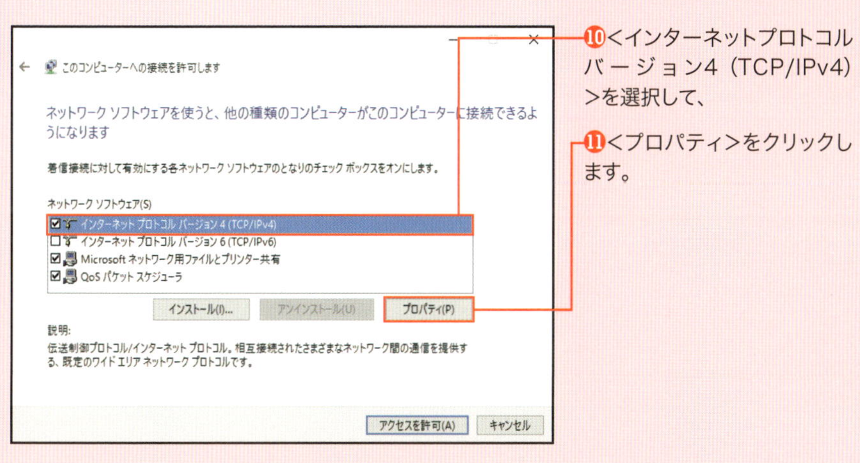

❿＜インターネットプロトコルバージョン4（TCP/IPv4）＞を選択して、

⓫＜プロパティ＞をクリックします。

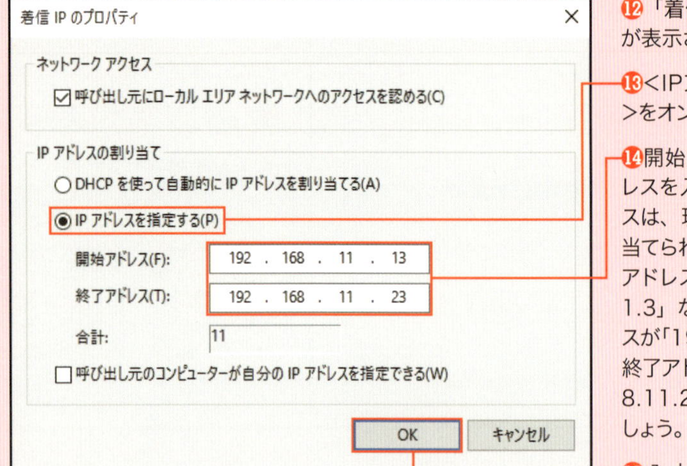

⑫「着信IPのプロパティ」が表示されたら、

⑬＜IPアドレスを指定する＞をオンにし、

⑭開始アドレスと終了アドレスを入力します。アドレスは、現在パソコンに割り当てられているローカルIPアドレスが「192.168.11.3」ならば、開始アドレスが「192.168.11.13」、終了アドレスは「192.168.11.23」程度がよいでしょう。

⑮入力後は＜OK＞をクリックします。

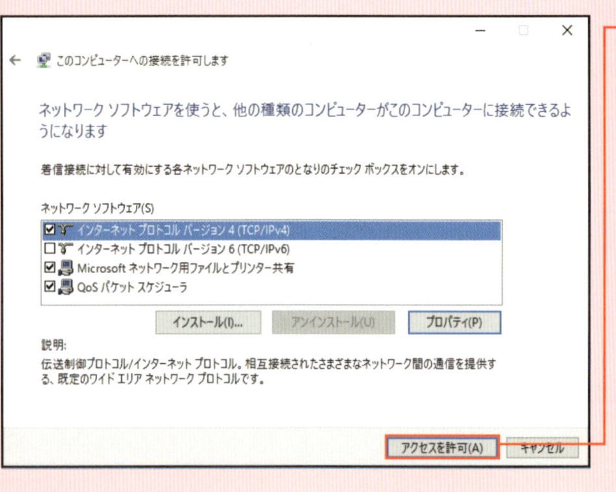

⑯ネットワークソフトウェアの設定画面に戻るので、＜アクセスを許可＞をクリックします。

COLUMN

開始アドレスについて

開始アドレスは、パソコンに割り当てられているローカルIPアドレスの末尾から10程度増やした数にしましょう。そうすれば、ルーターがほかの機器に割り当てているローカルIPアドレスと重複しない可能性が高いためです。なお、この数値は外部からリモートアクセスで接続したパソコンに割り当てられるローカルIPアドレスです。今回の例では、10台のパソコンが同時にリモートアクセスできることになります。

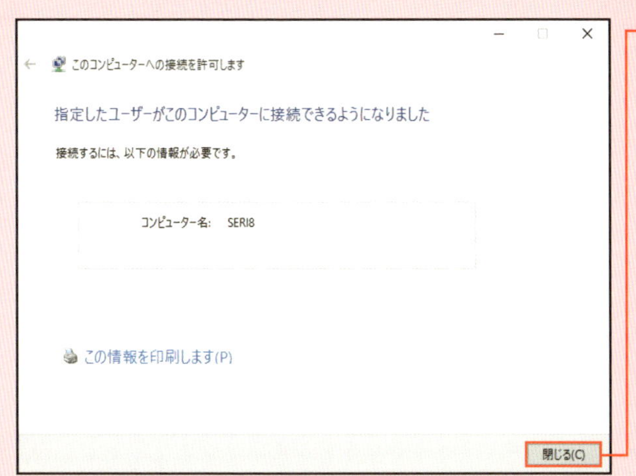

⑰この画面で<閉じる>をクリックすると、設定は完了です。

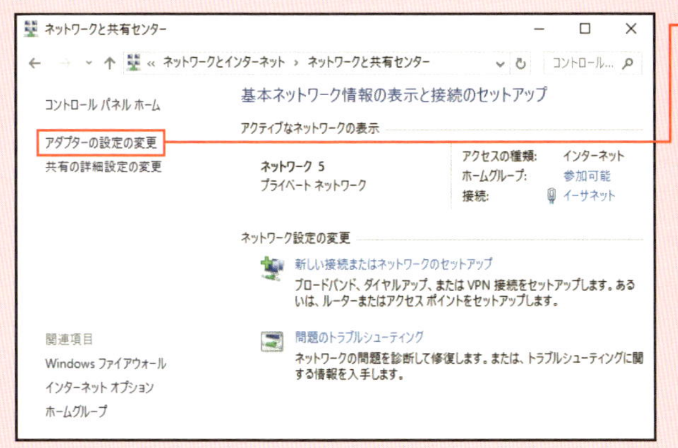

⑱続いて、コントロールパネルの<ネットワークとインターネット>→<ネットワークと共有センター>の順にクリックし、左側のメニューより<アダプターの設定の変更>をクリックします。

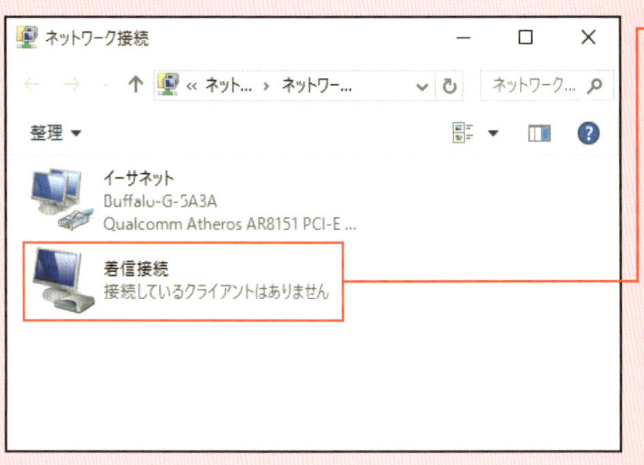

⑲ネットワーク接続に「着信接続」というアイコンが作成されれば設定は完了となります。これがVPN（PPTP）サーバーです。外部からのリモートアクセスを受け付ける状態になりました。

SECTION 036

VPNサーバー

MacでVPNサーバーを構築するには

OS XでもVPNサーバーの構築が可能です。VPNサーバーのソフトは無料のものもありますが、ここでは有料ですが扱いやすいApple公式の「OS X Server」を利用した設定手順を解説します。

OS X ServerのVPNサーバー機能を利用したリモートアクセス環境

OS XはWindowsとは異なり、標準でVPNサーバー機能を備えていません。そのため、OS上にVPNサーバーを構築する場合は、OS X対応のVPNサーバーソフトを導入する必要があります。フリーソフトも存在していますが、設定がかんたんで手軽に使えるApple純正のサーバーソフト「OS X Server」をここでは使用します。無料ではなく、2,400円の有料ソフトとなります。Mac App Storeからダウンロードが可能となっています。

ここでは、OS XでのローカルIPアドレスの固定方法から、OS X ServerのVPNサーバー機能の設定方法までを解説していきます。

ローカルIPアドレスを固定する

VPNサーバーを構築する上でポートの変換（開放）（P.160参照）が必要なのはWindowsと同様です。あらかじめ設定は済ませておきましょう。なお、ここではOS X El Capitanで解説しています。

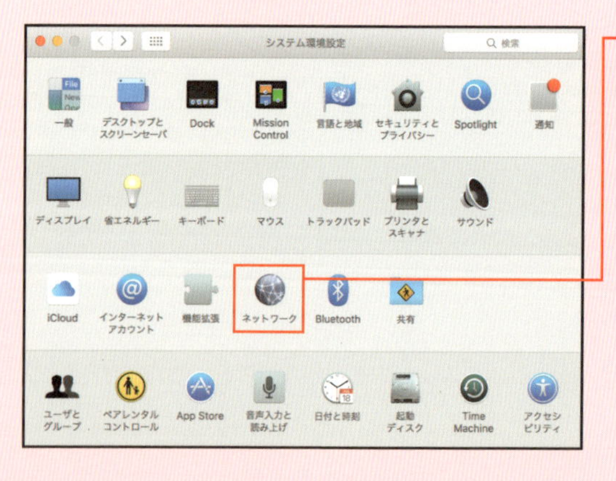

❶「システム環境設定」を表示し、<ネットワーク>をクリックします。

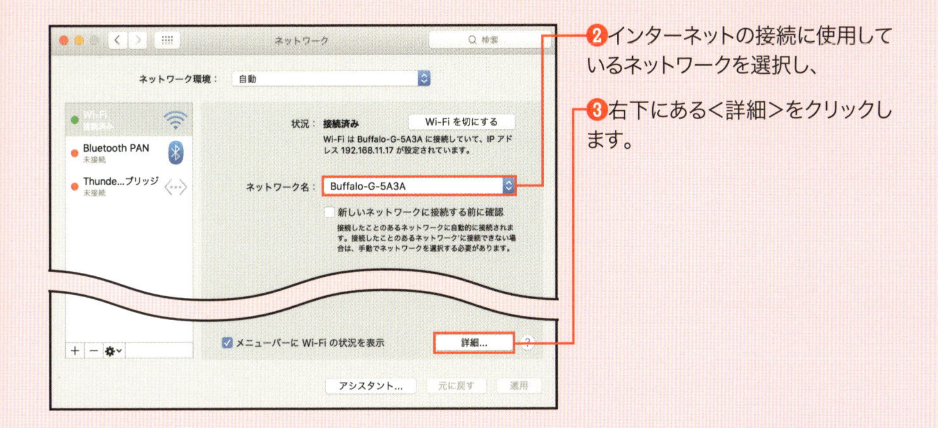

❷インターネットの接続に使用しているネットワークを選択し、

❸右下にある<詳細>をクリックします。

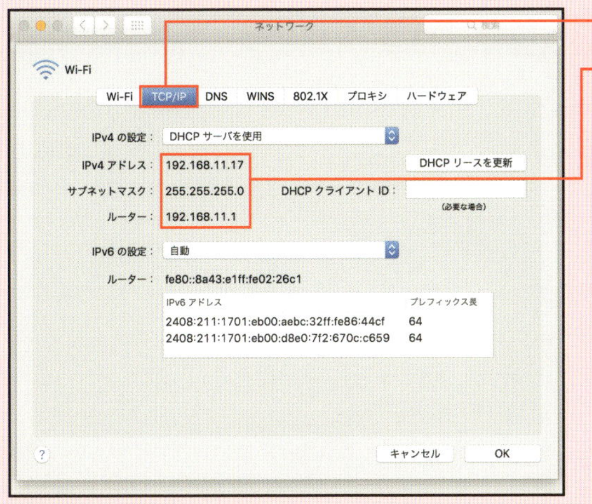

❹<TCP/IP>をクリックし、

❺現在割り当てられている「IPv4アドレス」「サブネットマスク」「ルーター」のアドレスをメモしておきます。

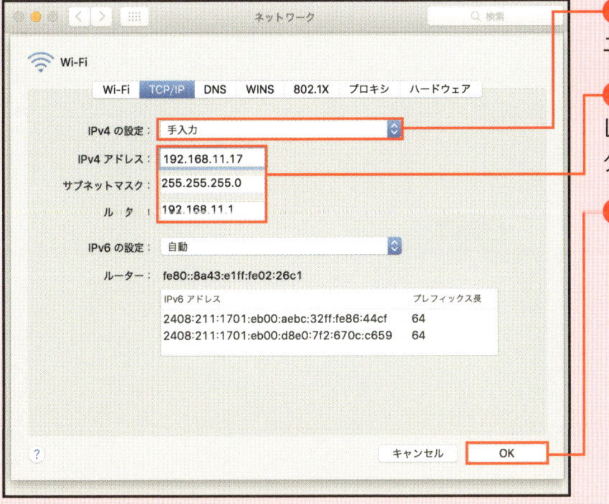

❻IPv4の設定のプルダウンメニューから<手入力>を選択し、

❼前の手順でメモした「IPv4アドレス」「サブネットマスク」「ルーター」の数値を入力して、

❽最後に<OK>をクリックします。

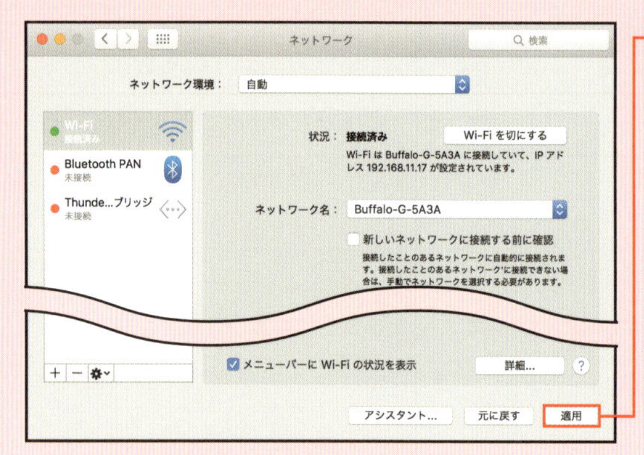

❾ネットワークの画面に戻ったら、右下の<適用>をクリックします。これでローカルIPアドレスの固定が完了します。

OS X ServerでVPNサーバーを構築する

ここからはOS X Serverを利用したVPNサーバーの構築手順を解説します。OS X ServerのVPNサーバーは、セキュリティを重視してメインのプロトコルとして「L2TP」を採用しています。しかし、ここではWindowsやAndroidからの接続しやすさ、ルーターの設定のしやすさを考慮して「PPTP」で接続可能な構築手順を採用しています。

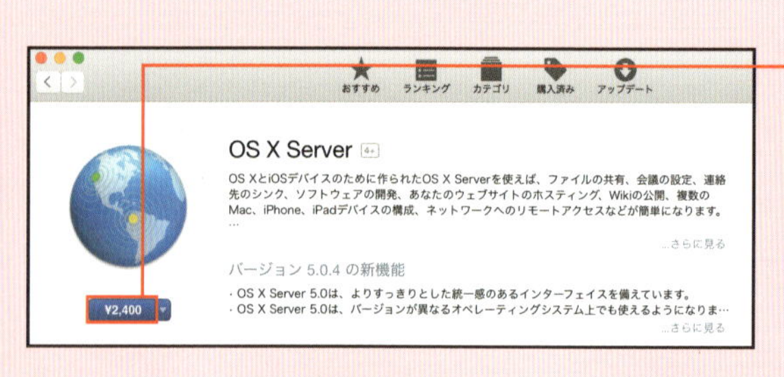

❶Mac App Storeにアクセスし、「OS X Server」を購入します。価格は2,400円です（2016年3月現在）。

❷OS X Serverの初回起動時は、設定ウィザードが起動します。画面の指示に従うだけで、とくに難しいことはありません。

第4章 ≫VPNサーバー

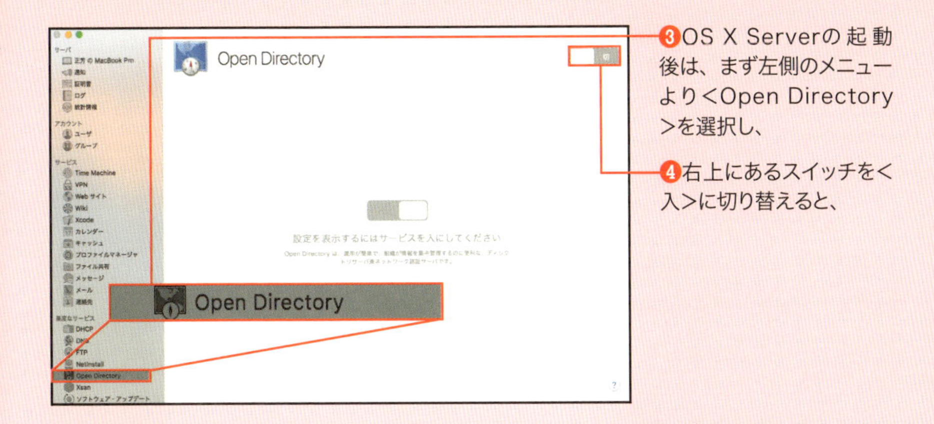

❸OS X Serverの起動後は、まず左側のメニューより<Open Directory>を選択し、

❹右上にあるスイッチを<入>に切り替えると、

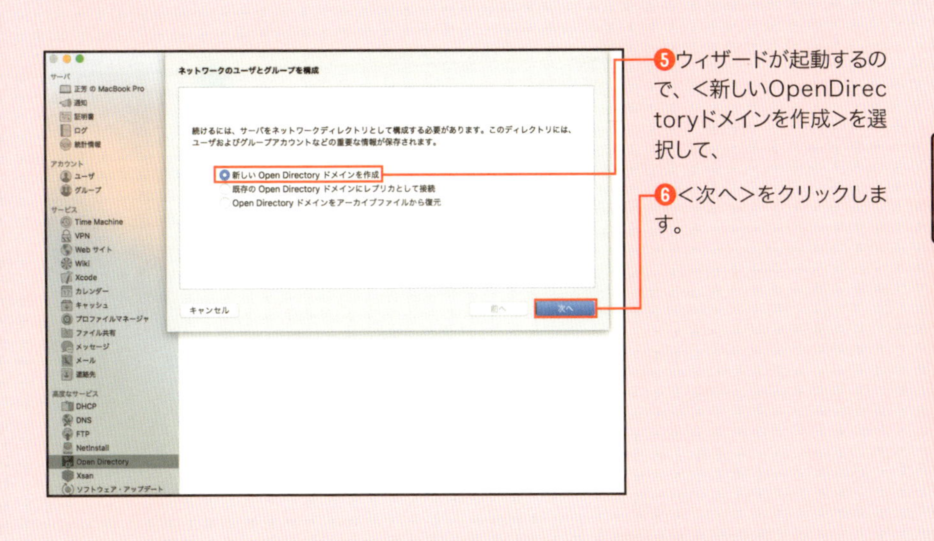

❺ウィザードが起動するので、<新しいOpenDirectoryドメインを作成>を選択して、

❻<次へ>をクリックします。

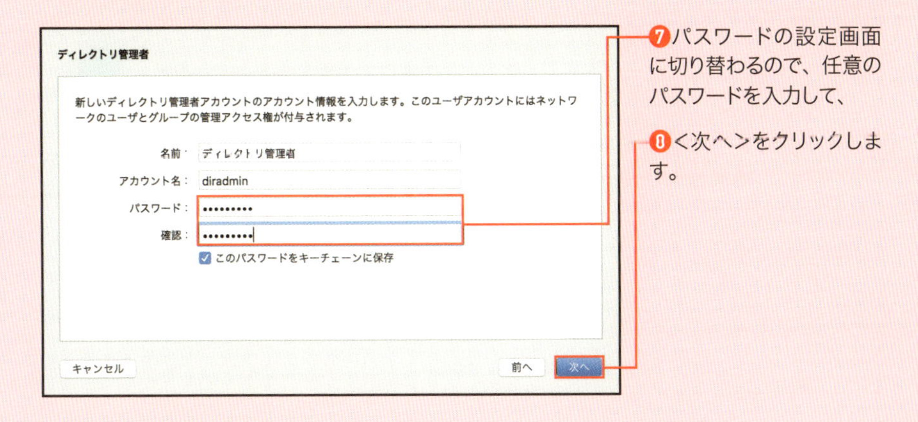

❼パスワードの設定画面に切り替わるので、任意のパスワードを入力して、

❽<次へ>をクリックします。

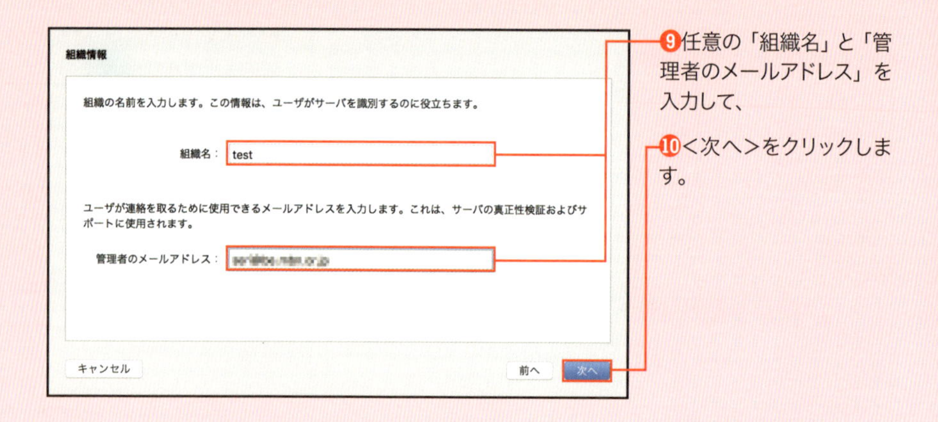

❾任意の「組織名」と「管理者のメールアドレス」を入力して、

❿<次へ>をクリックします。

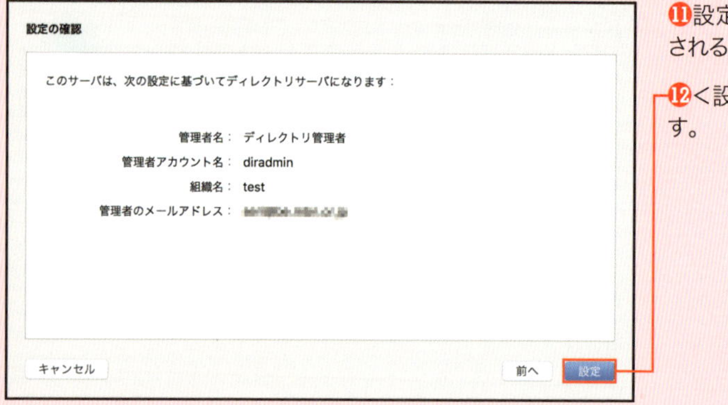

⓫設定の確認画面が表示されるので、

⓬<設定>をクリックします。

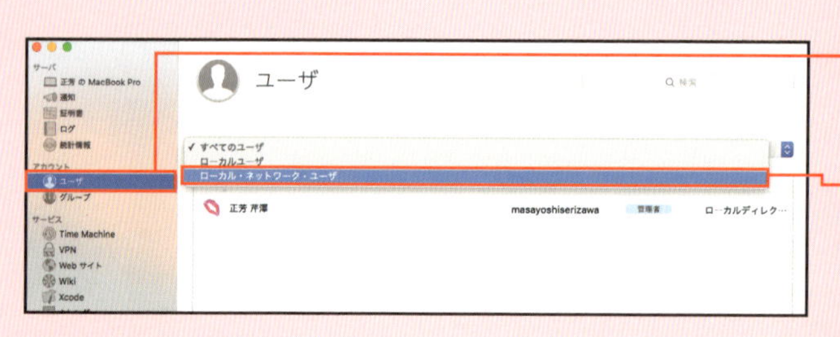

⓭左側のメニューで<ユーザ>をクリックして切り替え、

⓮上部のプルダウンメニューから、<ローカル・ネットワーク・ユーザ>を選択します。

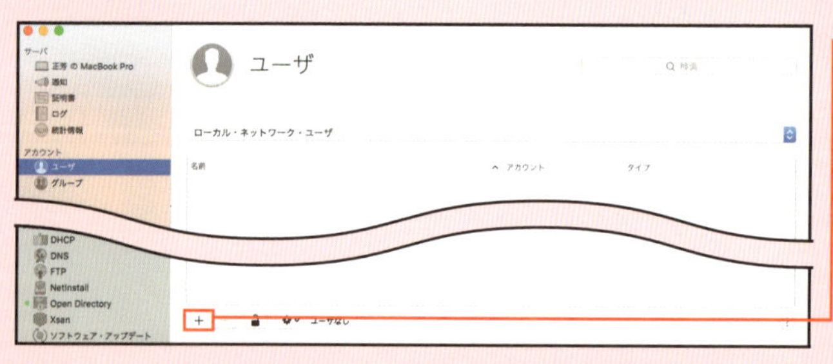

⓯新規ユーザを作成します。画面左下の＋をクリックし、

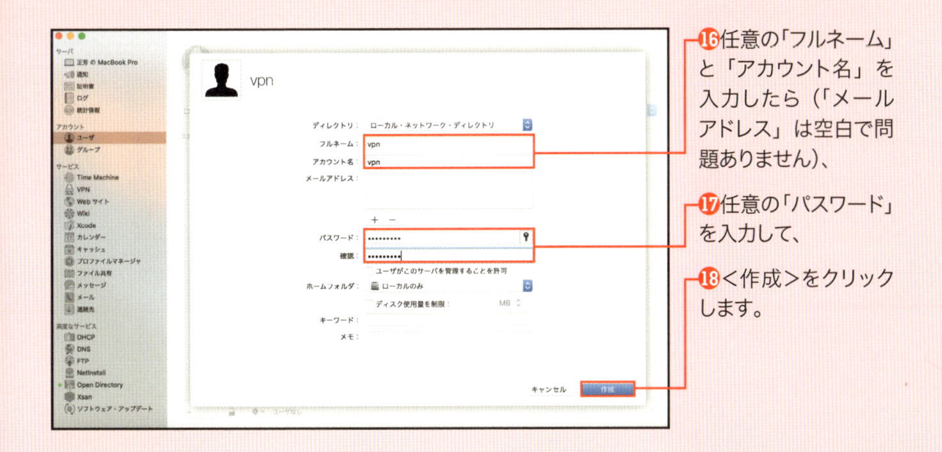

⑯任意の「フルネーム」と「アカウント名」を入力したら（「メールアドレス」は空白で問題ありません）、

⑰任意の「パスワード」を入力して、

⑱<作成>をクリックします。

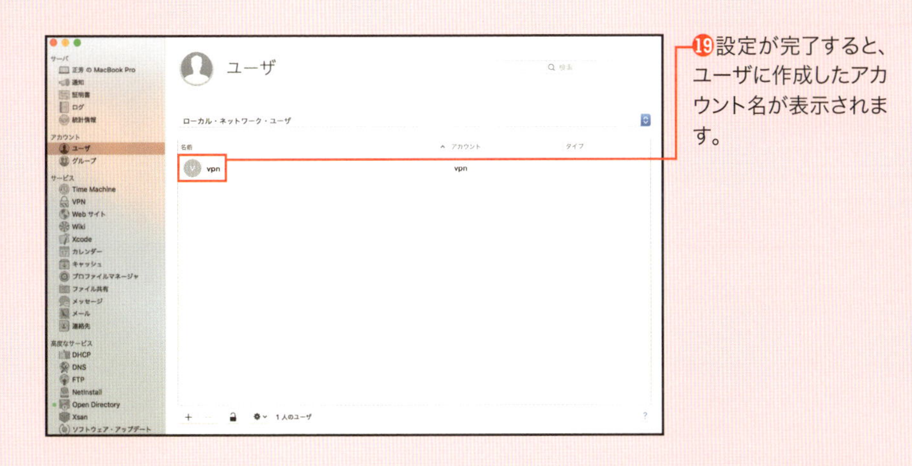

⑲設定が完了すると、ユーザに作成したアカウント名が表示されます。

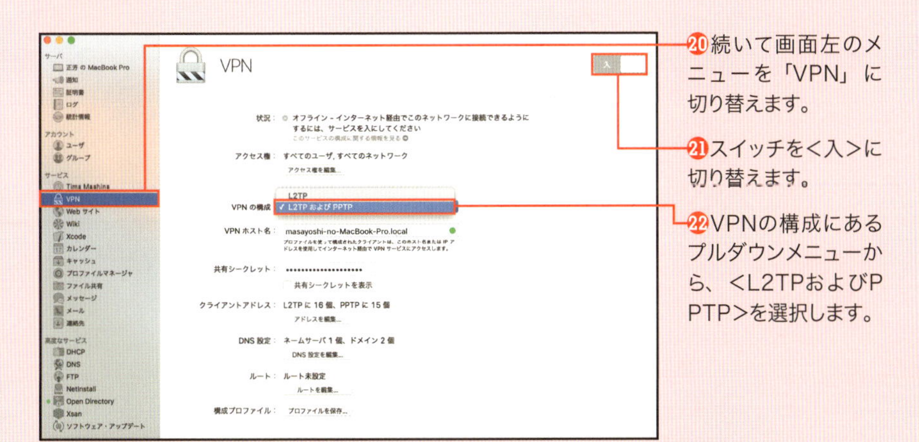

⑳続いて画面左のメニューを「VPN」に切り替えます。

㉑スイッチを<入>に切り替えます。

㉒VPNの構成にあるプルダウンメニューから、<L2TPおよびPPTP>を選択します。

㉓「VPNホスト名」の欄にダイナミックDNSサービスで登録した「○○○○○.dyndns.org」などのホスト名を入力し、

㉔最後に下段の<VPNを再起動>をクリックすれば、設定は完了です。

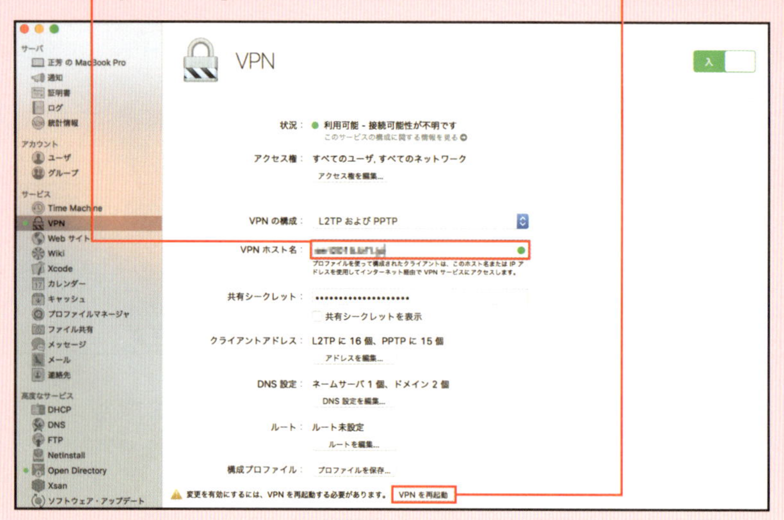

COLUMN

「どこでも My Mac」をオフにする

遠隔地にあるMacどうしのリモートデスクトップなどに便利なサービス「どこでも My Mac」ですがVPNサーバーを利用する際、使用するポートの関係上、接続できないトラブルが発生する可能性があります。VPNサーバーを構築する場合は無効にしておきましょう。

Windows 10パソコンから VPNで自宅にアクセスするには

ここまでVPNサーバーの構築手順を解説してきましたが、ここから自宅のVPNサーバーへと接続する側の設定を解説していきます。まずは、Windows 10からのアクセス手順を解説します。

Windows 10のVPNクライアントを利用する

Windows 10/8.1/7/Vistaの全エディションにはVPNサーバーへと接続するための「VPNクライアント（PPTPクライアント）」機能が標準で搭載されています。外出先のパソコンから、自宅のVPNサーバーを構築したパソコンへは、このVPNクライアントを利用して接続します。一度設定を行ってしまえば、かんたんに利用できるようになります。ちなみに、接続する先がルーターのVPNサーバー機能でもWindows上で構築したVPNサーバーでも設定の手順は基本的に同じです。

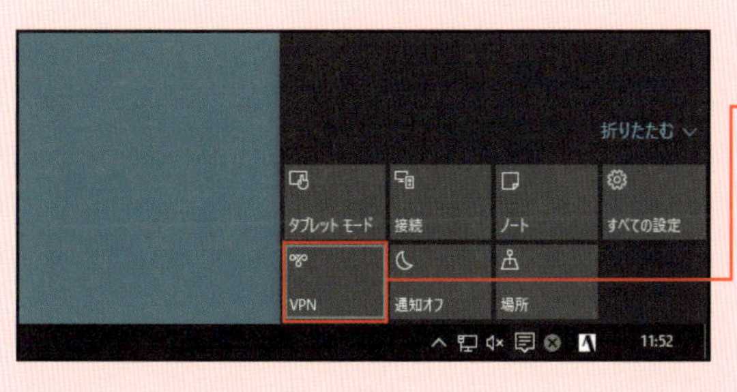

❶アクションセンターを開き、

❷画面の下にある<VPN>をクリックします。

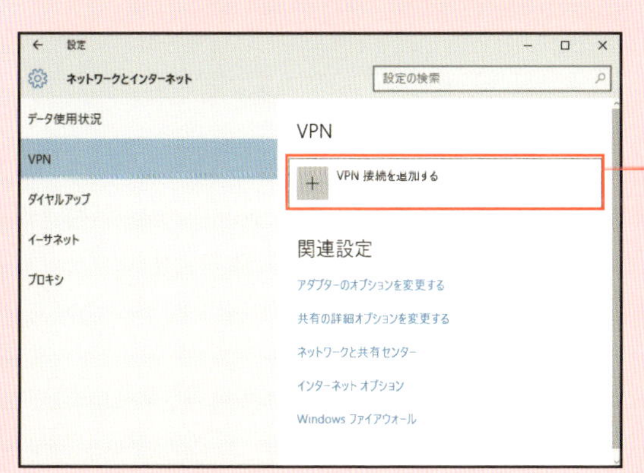

❸「ネットワークとインターネット」にあるVPNの設定画面が開くので、

❹<VPN接続を追加する>をクリックします。

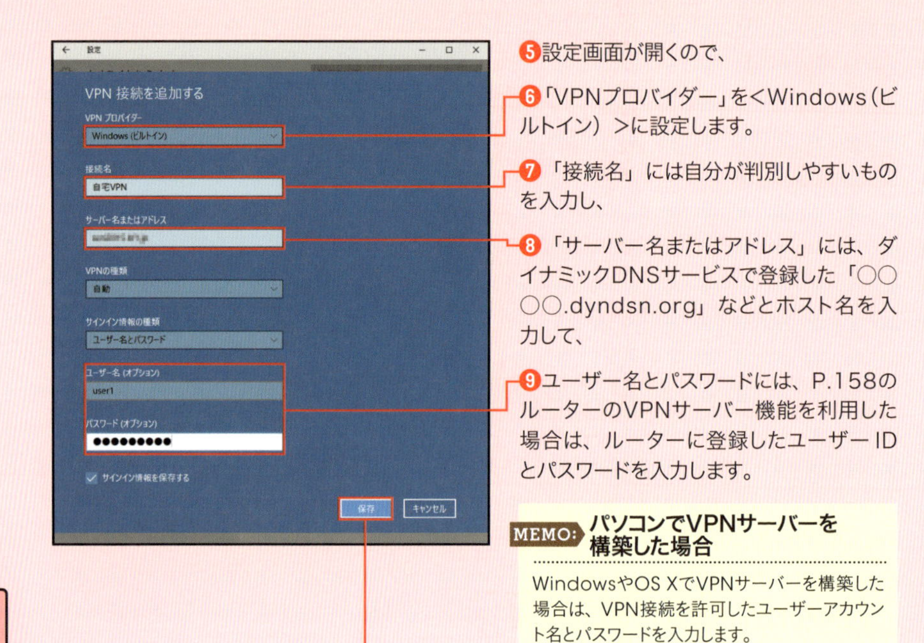

❺設定画面が開くので、

❻「VPNプロバイダー」を<Windows(ビルトイン)>に設定します。

❼「接続名」には自分が判別しやすいものを入力し、

❽「サーバー名またはアドレス」には、ダイナミックDNSサービスで登録した「○○○○.dyndsn.org」などとホスト名を入力して、

❾ユーザー名とパスワードには、P.158のルーターのVPNサーバー機能を利用した場合は、ルーターに登録したユーザーIDとパスワードを入力します。

MEMO: パソコンでVPNサーバーを構築した場合

WindowsやOS XでVPNサーバーを構築した場合は、VPN接続を許可したユーザーアカウント名とパスワードを入力します。

❿最後に<保存>をクリックします。

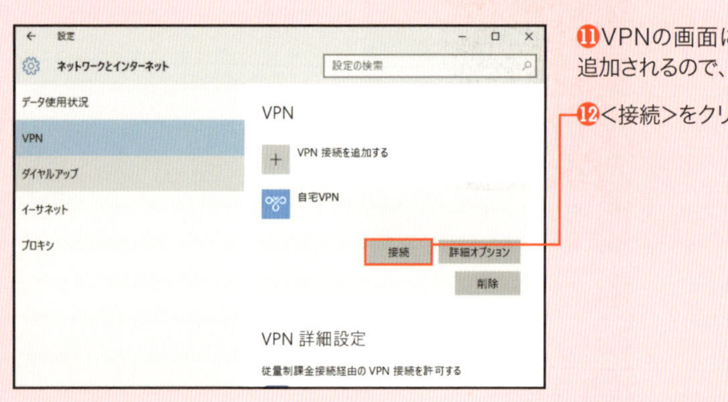

⓫VPNの画面に作成した設定が追加されるので、

⓬<接続>をクリックします。

⓭これで、VPNサーバーへの接続が開始されます。アクセスを終了させたい場合は、同じ画面の<切断>ボタンをクリックします。

SECTION 038 VPNクライアント

VPNサーバーに接続できない場合は

「PPPリンク制御プロトコルを終了しました。」など、エラーメッセージが表示されてVPNサーバーに接続できないことがあります。ここではそんな場合の対処方法を解説します。

暗号化やプロトコルの設定を確認する

VPNサーバーに接続できない場合は、多くのケースで暗号化やプロトコルの設定が間違っていることが原因です。VPNサーバーの認証方式を確認し、作成したVPN設定のプロパティからデータの暗号化や許可するプロトコルの種類を設定しましょう。

ここではバッファローの無線LANルーター「WXR-1750DHP」のVPNサーバー設定を例に、暗号化とプロトコルの設定を解説します。Windows 10で解説を行いますが、この設定手順はWindows 8.1/7でもほぼ同じです。

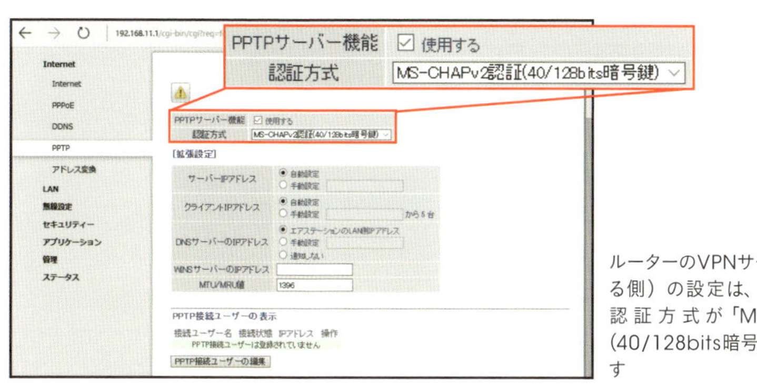

ルーターのVPNサーバー（接続される側）の設定は、種類が「PPTP」、認証方式が「MS-CHAPv2認証(40/128bits暗号鍵)」となっています

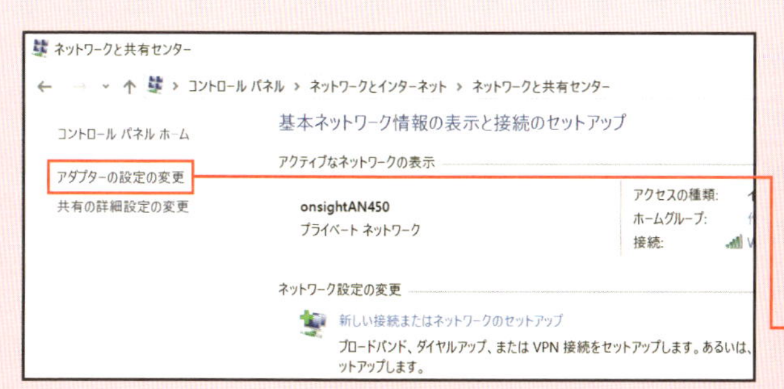

❶VPNクライアント（接続する側）の設定を変更するには、<コントロールパネル>→<ネットワークとインターネット>→<ネットワークと共有センター>の順にクリックし、

❷<アダプターの設定の変更>をクリックします。

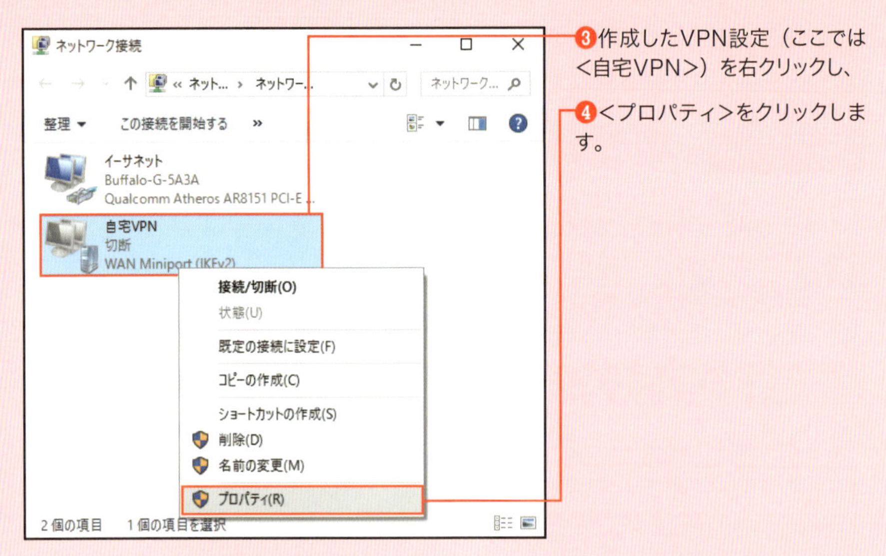

❸作成したVPN設定（ここでは<自宅VPN>）を右クリックし、

❹<プロパティ>をクリックします。

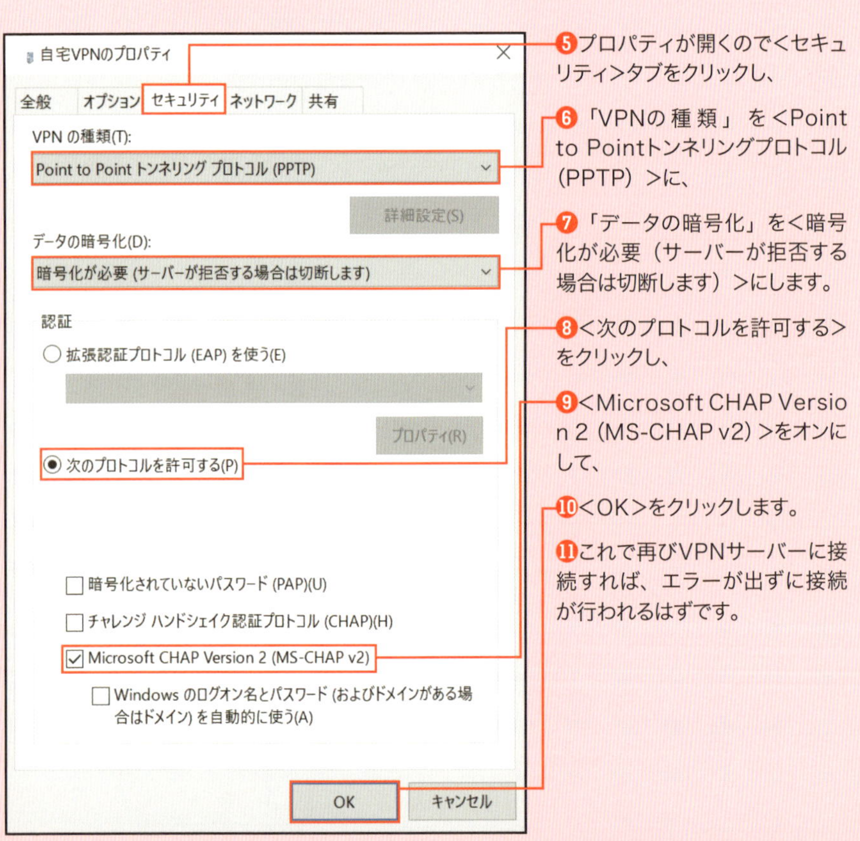

❺プロパティが開くので<セキュリティ>タブをクリックし、

❻「VPNの種類」を<Point to Pointトンネリングプロトコル（PPTP）>に、

❼「データの暗号化」を<暗号化が必要（サーバーが拒否する場合は切断します）>にします。

❽<次のプロトコルを許可する>をクリックし、

❾<Microsoft CHAP Version 2（MS-CHAP v2）>をオンにして、

❿<OK>をクリックします。

⓫これで再びVPNサーバーに接続すれば、エラーが出ずに接続が行われるはずです。

SECTION 039 VPNクライアント

Windows 8.1パソコンから VPNで自宅にアクセスするには

ここではWindows 8.1の「VPNクライアント」機能を利用し、VPNサーバーへと接続する手順を解説します。コントロールパネルから設定を呼び出す必要があるなど、Windows 10に比べると手順が増えています。

Windows 8.1のVPNクライアントを利用する

Windows 8.1の全エディションにはVPNサーバーへと接続するための「VPNクライアント（PPTPクライアント）」機能が搭載されています。ウィザード形式となっているため、設定はそれほど難しくはありません。

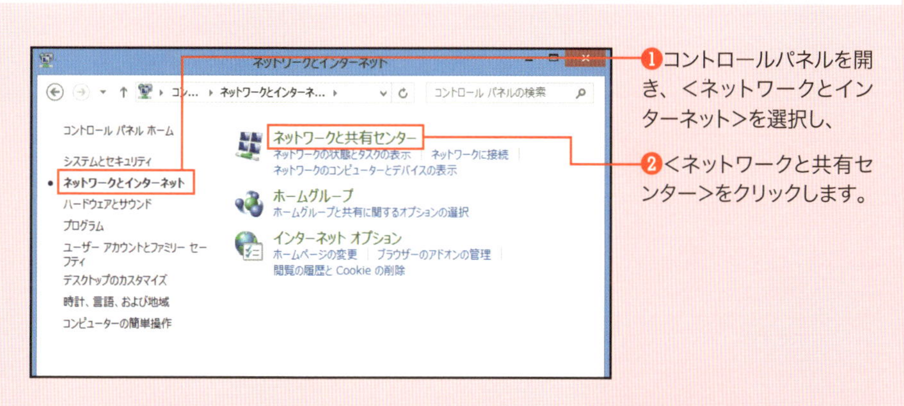

❶コントロールパネルを開き、<ネットワークとインターネット>を選択し、

❷<ネットワークと共有センター>をクリックします。

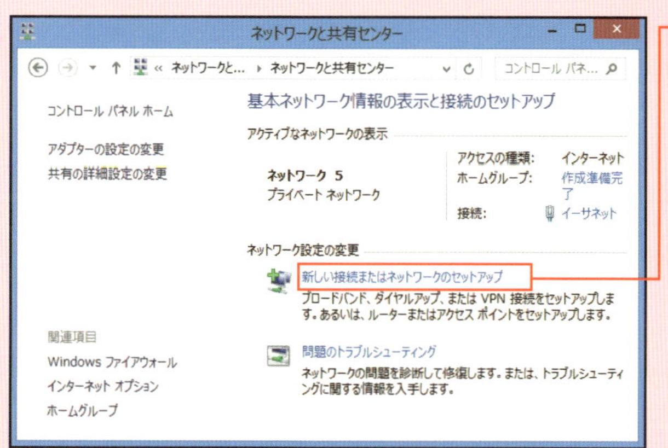

❸画面の下にある<新しい接続またはネットワークのセットアップ>をクリックします。

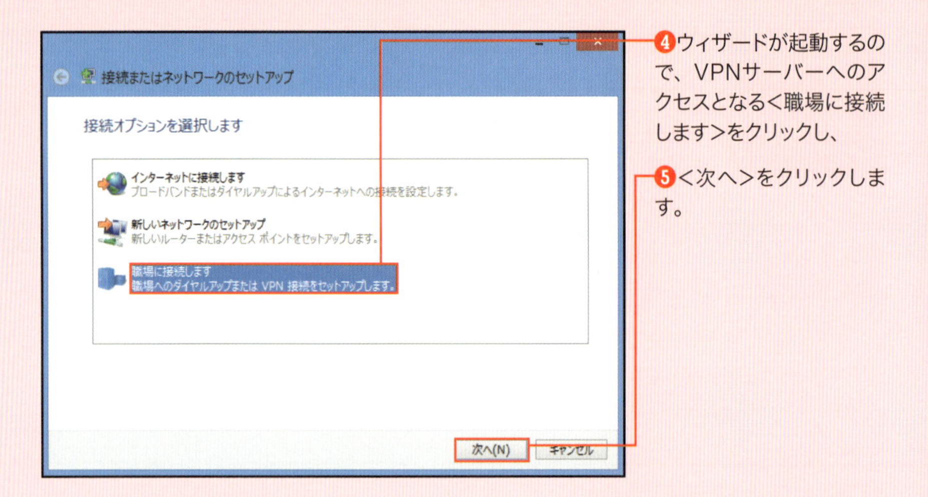

❹ウィザードが起動するので、VPNサーバーへのアクセスとなる＜職場に接続します＞をクリックし、

❺＜次へ＞をクリックします。

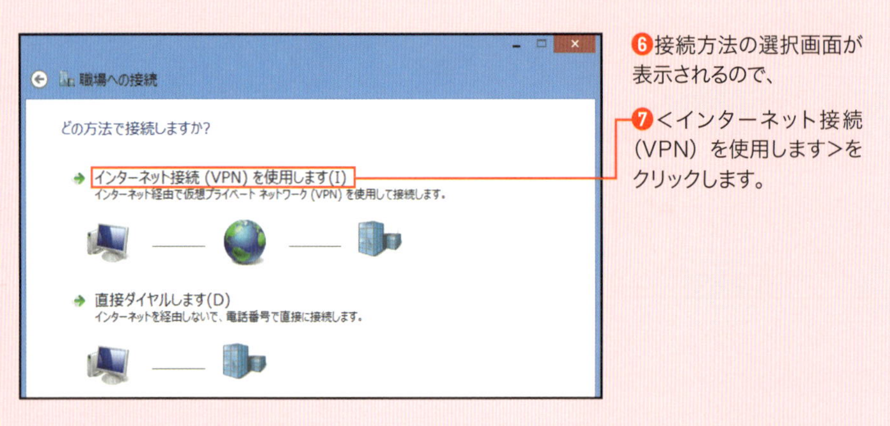

❻接続方法の選択画面が表示されるので、

❼＜インターネット接続（VPN）を使用します＞をクリックします。

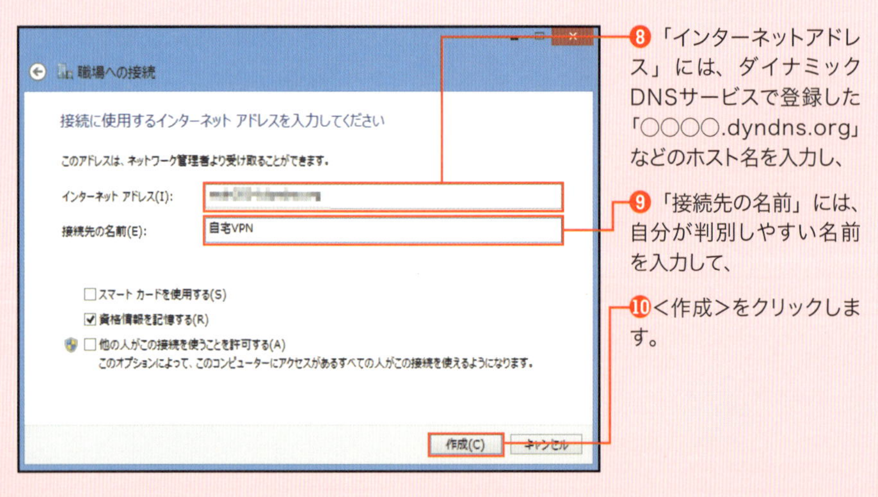

❽「インターネットアドレス」には、ダイナミックDNSサービスで登録した「○○○○.dyndns.org」などのホスト名を入力し、

❾「接続先の名前」には、自分が判別しやすい名前を入力して、

❿＜作成＞をクリックします。

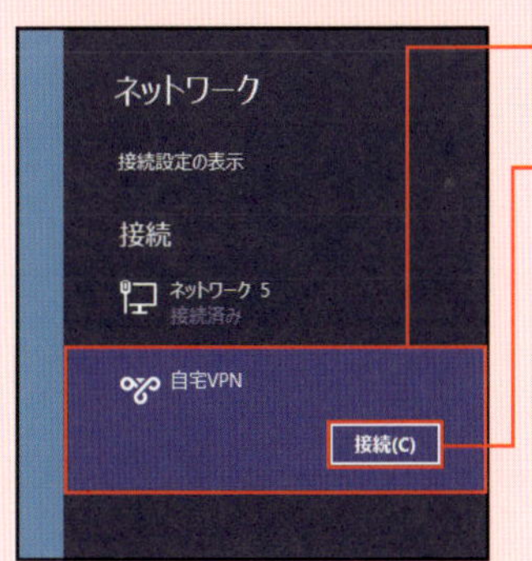

⓫作成が完了すると画面右側にネットワークが表示されます。作成したVPNの設定をクリックし、

⓬<接続>をクリックします。

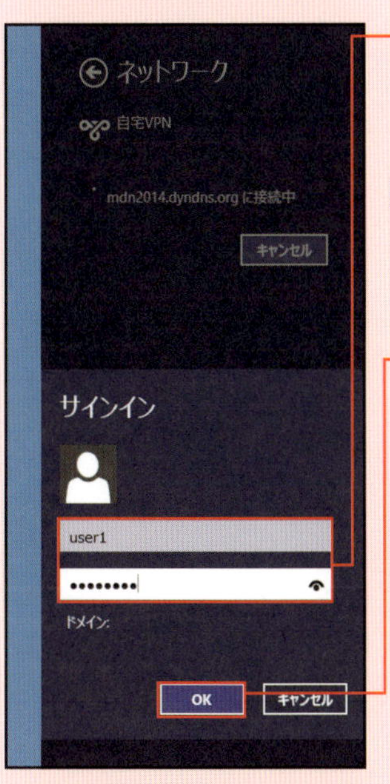

⓭サインインの画面が表示されます。P.158のルーターのVPNサーバー機能を利用した場合は、ルーターに登録したユーザー IDとパスワードを入力します。

MEMO: パソコンでVPNサーバーを構築した場合

WindowsやOS XでVPNサーバーを構築した場合は、VPNへの接続を許可したユーザーアカウント名とパスワードを入力します。

⓮最後に<OK>をクリックします。

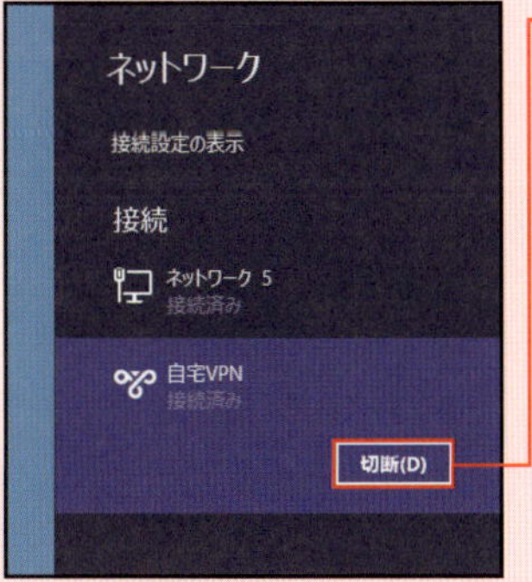

⓯これで、VPNサーバーへの接続が開始されます。もう一度、接続名をクリックすると「切断」が表示されるので、アクセスを終了させたい場合は、ここをクリックします。

MEMO: VPNサーバーに接続できない場合

VPNサーバーに接続できない場合は、P.177を参考に暗号化やプロトコルの設定を見直しましょう。

COLUMN

VPNの使い方

VPNを利用する最大のメリットは、外出先からでも自宅のネットワークにアクセスし、なんの制限も受けないことです。自宅のネットワーク上にあるパソコンの共有フォルダーにアクセスし、必要なファイルをコピーしたり、逆に外出先から必要なファイルを自宅にコピーしたりと自由に行えます。しかも、VPNは暗号化して通信を行うため、セキュリティ的にも安心です。
現在はOneDriveやDropboxなど数多くのクラウドサービスがあるため、ファイルの共有はしやすくなっていますが、個人情報などを含むファイルをクラウドサービスにアップロードするのには抵抗がある人もいるでしょう。そういった人にもVPNは便利です。

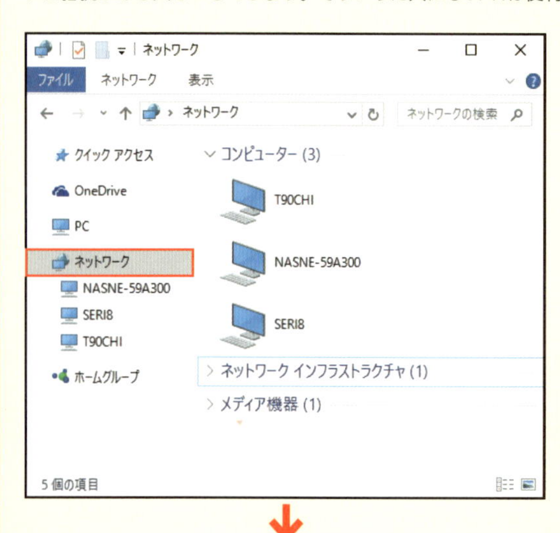

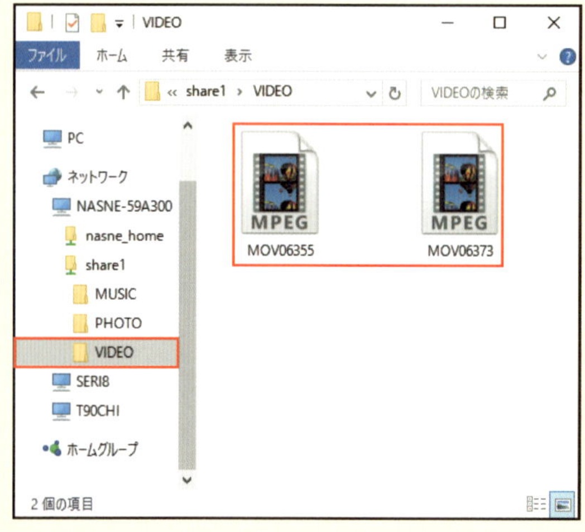

VPNを使って自宅のネットワークに接続したところです。自宅と同じようにNASやほかのパソコンにもアクセスできるのが魅力です。操作自体はWindowsのどのOSでも同じです。ファイルのコピーもかんたんに行えます

SECTION 040 VPNクライアント

Windows 7パソコンから VPNで自宅にアクセスするには

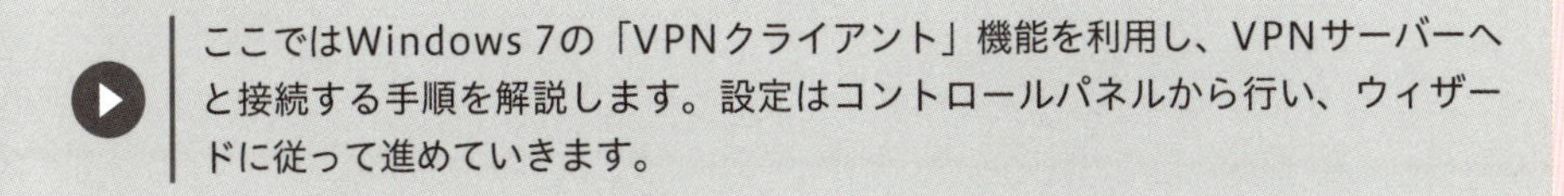

ここではWindows 7の「VPNクライアント」機能を利用し、VPNサーバーへと接続する手順を解説します。設定はコントロールパネルから行い、ウィザードに従って進めていきます。

Windows 7のVPNクライアントを利用する

Windows 7の全エディションには標準でVPNサーバーに接続するための「VPNクライアント（PPTPクライアント）」機能が搭載されています。ウィザードでかんたんに接続できて、切断も手軽に行えます。

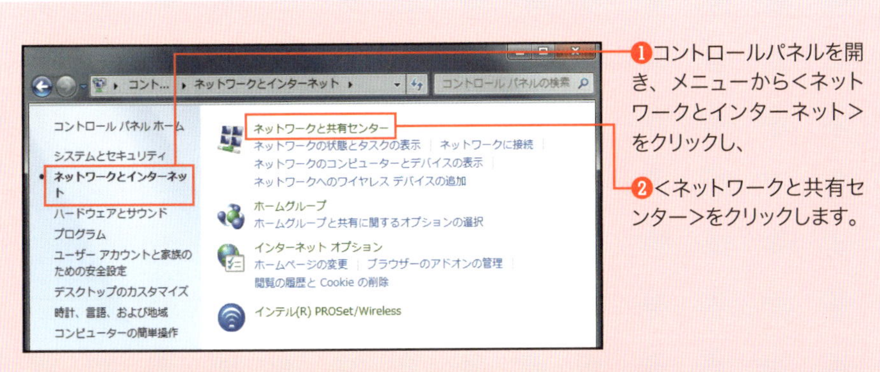

❶コントロールパネルを開き、メニューから＜ネットワークとインターネット＞をクリックし、

❷＜ネットワークと共有センター＞をクリックします。

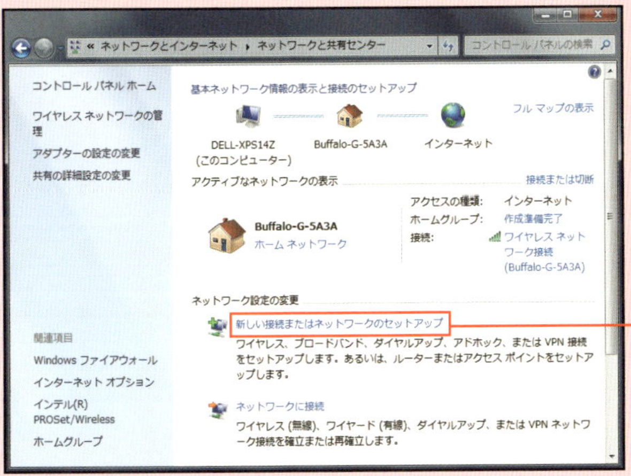

❸「ネットワークと共有センター」が開いたら、＜新しい接続またはネットワークのセットアップ＞をクリックします。

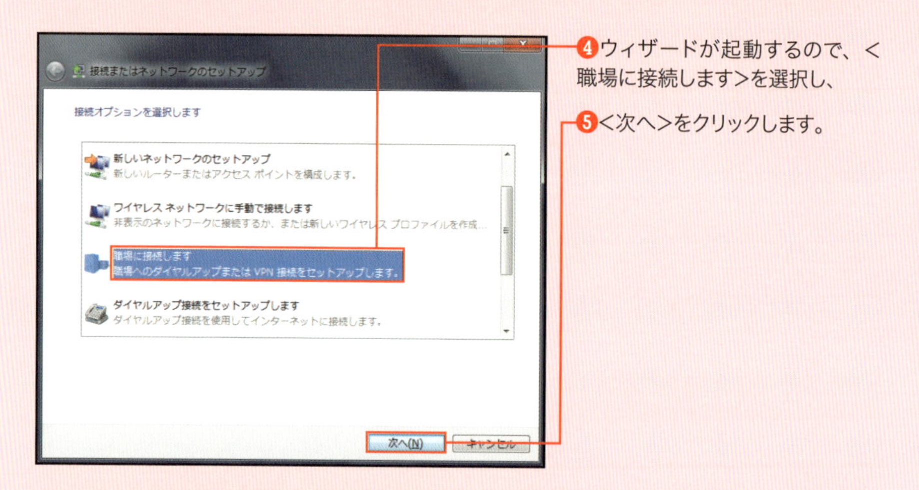

❹ウィザードが起動するので、<職場に接続します>を選択し、

❺<次へ>をクリックします。

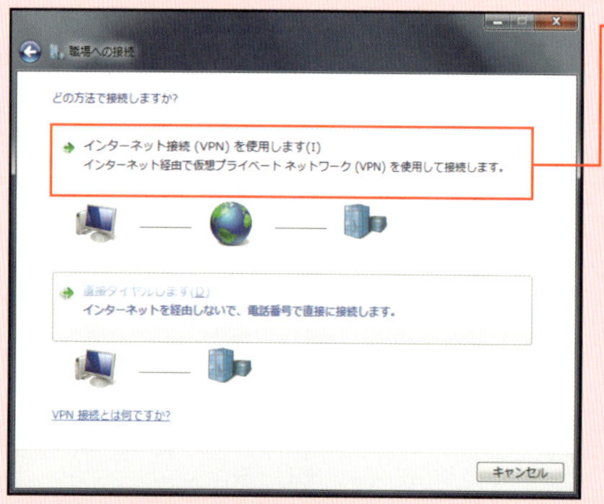

❻接続方法を確認する画面が表示されるので、<インターネット接続（VPN）を使用します>をクリックします。

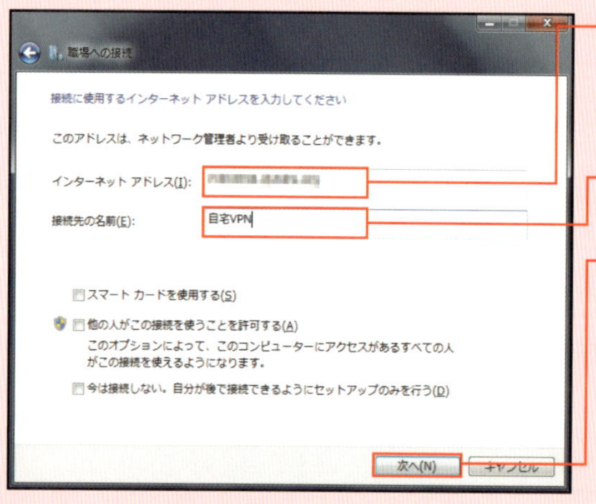

❼「インターネットアドレス」には、ダイナミックDNSサービスで登録した「○○○○.dyndns.org」などのホスト名を入力し、

❽「接続先の名前」には、自分が判別しやすい名前を入力して、

❾<次へ>をクリックします。

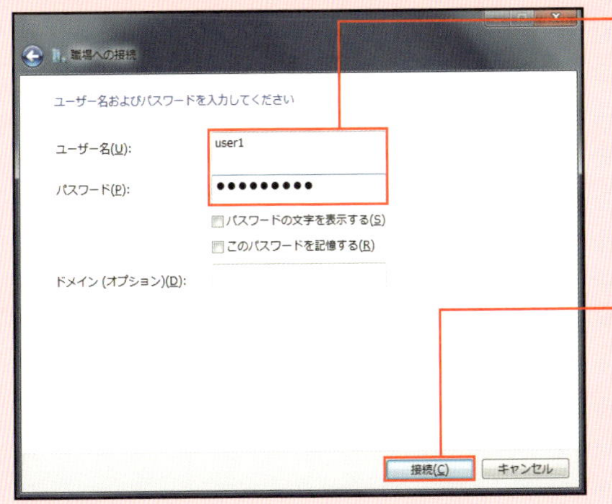

⑩P.158のルーターのVPNサーバー機能を利用した場合は、ルーターに登録したユーザーIDとパスワードを入力します。WindowsやOS XでVPNサーバーを構築した場合は、VPNへの接続を許可したユーザーアカウント名とパスワードを入力します。

⑪最後に<接続>をクリックします。

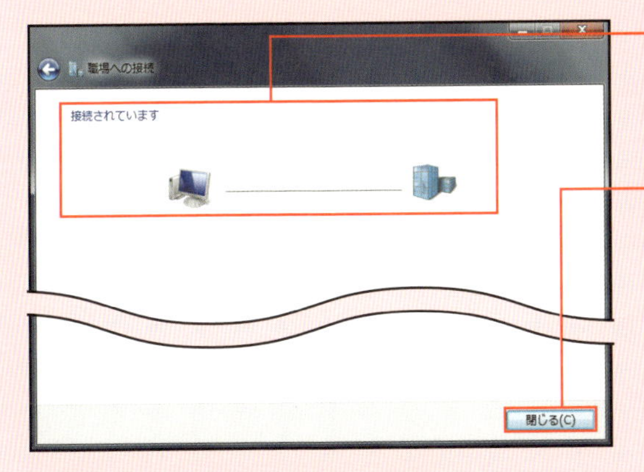

⑫これでVPNサーバーへの接続が開始されます。ユーザーIDとパスワードが認証されると接続が完了となります。

⑬<閉じる>をクリックして画面を閉じましょう。

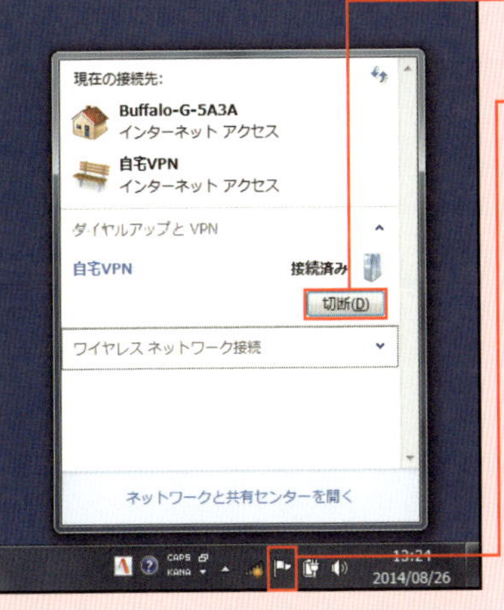

⑭VPN接続を終了するにはタスクトレイのネットワークアイコンをクリックし、

⑮接続しているVPN設定を開き、<切断>をクリックします。

MEMO: VPNサーバーに接続できない場合

VPNサーバーに接続できない場合は、P.177を参考に暗号化やプロトコルの設定を見直しましょう。

Windows VistaパソコンからVPNで自宅にアクセスするには

ここではWindows Vistaの「VPNクライアント」機能を利用し、VPNサーバーへと接続する手順を解説します。Windows 7と同様に設定はコントロールパネルから行います。

Windows VistaのVPNクライアントを利用する

Windows Vistaの全エディションにも標準でVPNサーバーに接続するための「VPNクライアント（PPTPクライアント）」機能が搭載されています。ウィザードでかんたんに接続できて、切断も手軽に行えます。

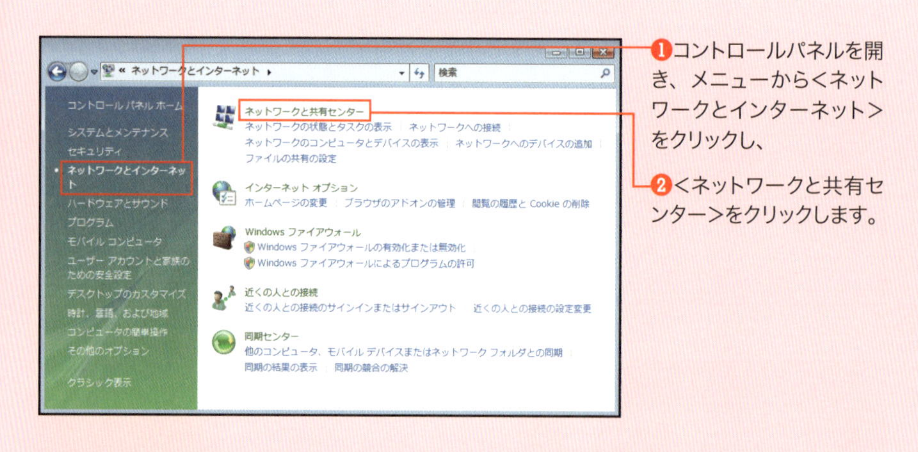

❶コントロールパネルを開き、メニューから＜ネットワークとインターネット＞をクリックし、

❷＜ネットワークと共有センター＞をクリックします。

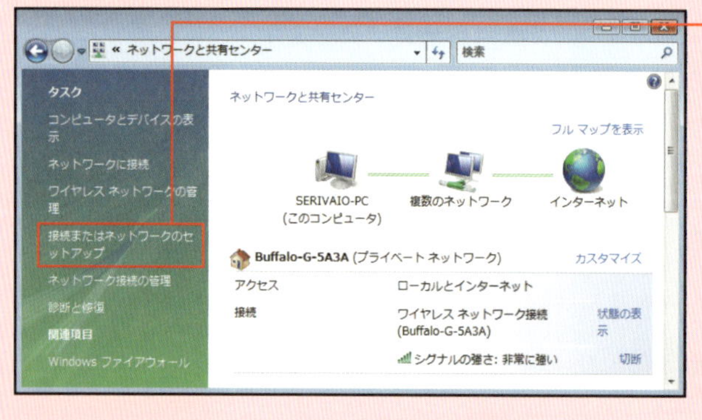

❸「ネットワークと共有センター」が開いたら、画面左の＜接続またはネットワークのセットアップ＞をクリックします。

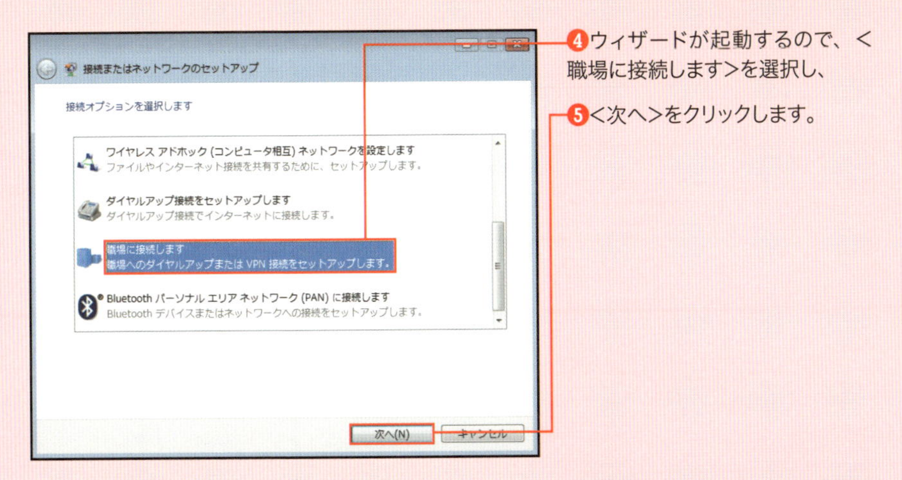

❹ウィザードが起動するので、<職場に接続します>を選択し、

❺<次へ>をクリックします。

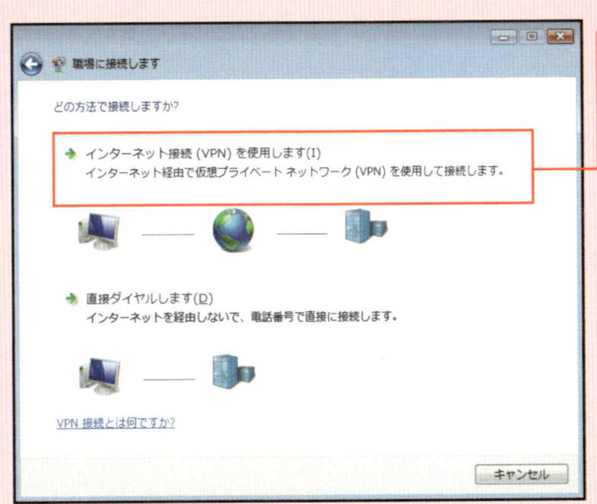

❻接続方法を確認する画面となるので、<インターネット接続 (VPN) を使用します>をクリックします。

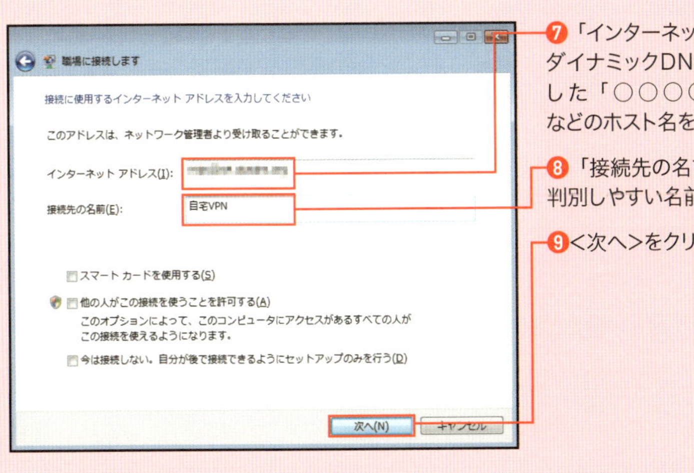

❼「インターネットアドレス」には、ダイナミックDNSサービスで登録した「○○○○.dyndns.org」などのホスト名を入力し、

❽「接続先の名前」には、自分が判別しやすい名前を入力して、

❾<次へ>をクリックします。

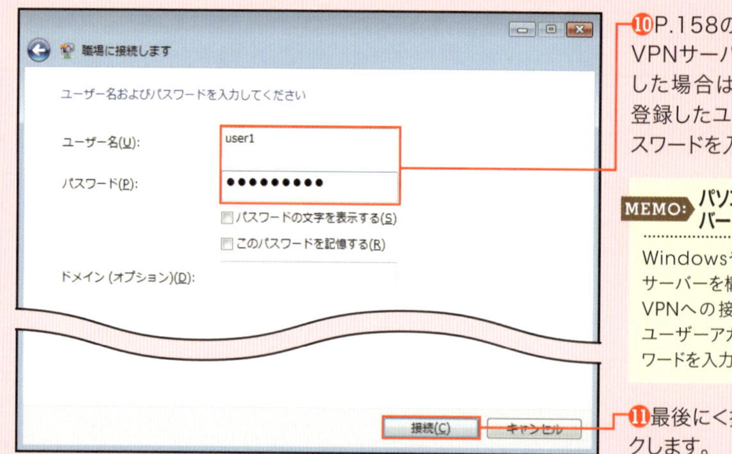

⑩P.158のルーターのVPNサーバー機能を利用した場合は、ルーターに登録したユーザーIDとパスワードを入力します。

MEMO: パソコンでVPNサーバーを構築した場合

WindowsやOS XでVPNサーバーを構築した場合は、VPNへの接続を許可したユーザーアカウント名とパスワードを入力します。

⑪最後に＜接続＞をクリックします。

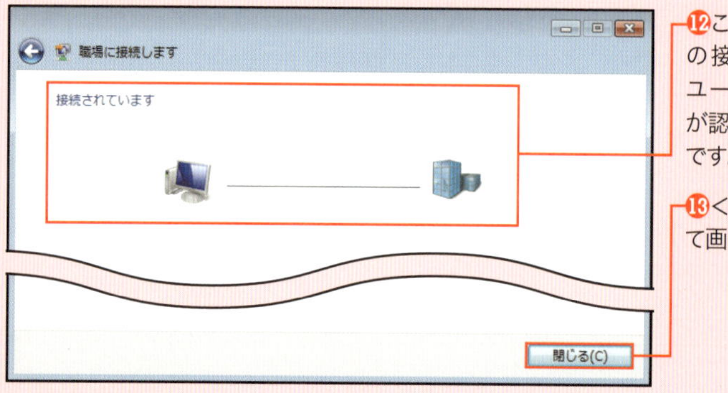

⑫これでVPNサーバーへの接続が開始されます。ユーザーIDとパスワードが認証されると接続が完了です。

⑬＜閉じる＞をクリックして画面を閉じましょう。

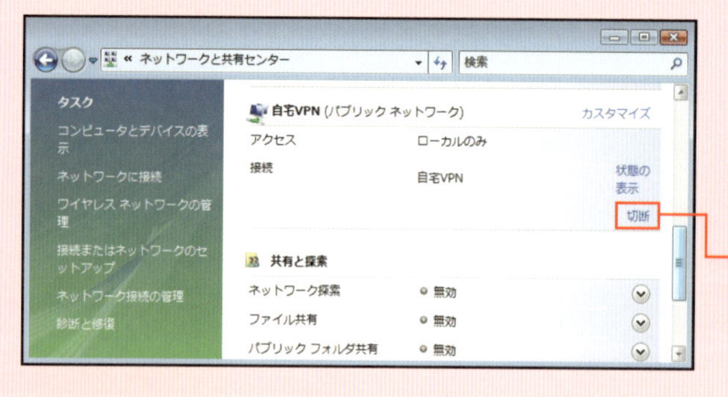

⑭VPN接続を終了するにはコントロールパネルから＜ネットワークとインターネット＞→＜ネットワークと共有センター＞の順にクリックし、

⑮接続しているVPN設定の＜切断＞をクリックします。

MEMO: VPNサーバーに接続できない場合

VPNサーバーに接続できない場合は、P.177を参考に暗号化やプロトコルの設定を見直しましょう。なお、Windows Vistaで作成したVPN設定を呼び出すためには、＜コントロールパネル＞→＜ネットワークとインターネット＞→＜ネットワークと共有センター＞→＜ネットワーク接続の管理＞の順にクリックします。

SECTION 042 VPNクライアント

OS XからVPNで自宅にアクセスするには

ここではOS Xの「VPNクライアント」機能を利用し、VPNサーバーへと接続する手順を解説します。OS Xではネットワークの設定からかんたんに接続が行えます。

OS XのVPNクライアントを利用する

OS Xには標準でVPNサーバーに接続するための「VPNクライアント(PPTPクライアント)」機能が搭載されています。ネットワークの設定からVPN接続の設定作成が可能となっており、メニューバーにVPNの接続状況を表示させることもできます。

❶ <Launchpad>をクリックして、<システム環境設定>をクリックします。

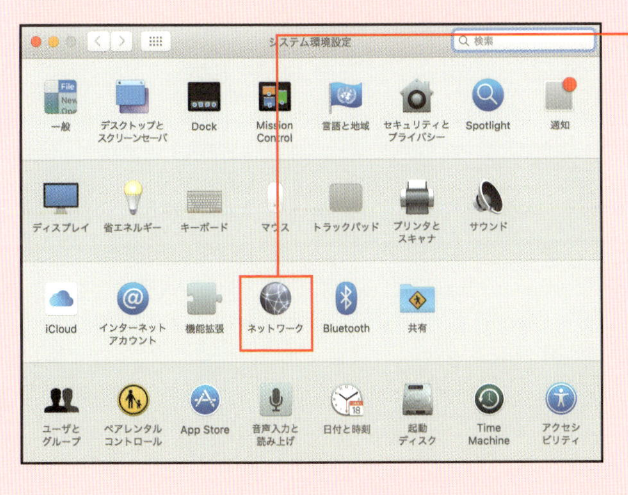

❷システム環境設定を開いたら、<ネットワーク>をクリックします。

❸「ネットワーク」画面が開くので、画面左下の＋をクリックします。

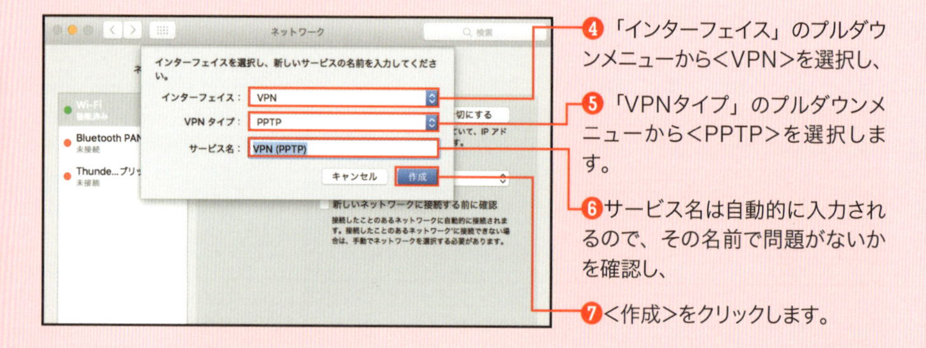

❹「インターフェイス」のプルダウンメニューから＜VPN＞を選択し、

❺「VPNタイプ」のプルダウンメニューから＜PPTP＞を選択します。

❻サービス名は自動的に入力されるので、その名前で問題がないかを確認し、

❼＜作成＞をクリックします。

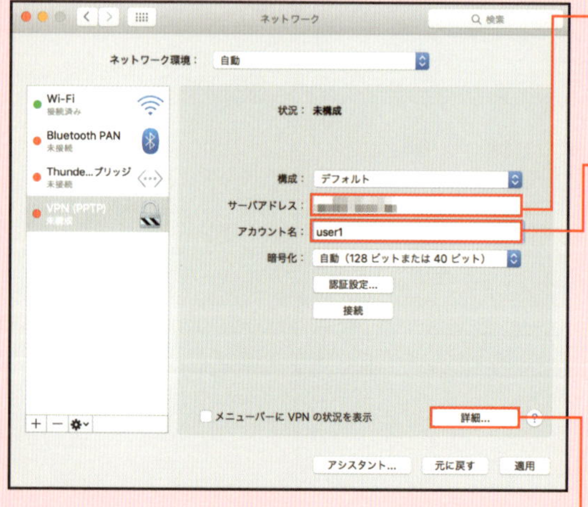

❽「サーバアドレス」の欄にダイナミックDNSサービスで登録した「○○○○.dyndns.org」などのアドレスを入力し、

❾アカウント名には、P.158のルーターのVPNサーバー機能を利用した場合は、ルーターに登録したユーザー IDを入力します。

MEMO: パソコンでVPNサーバーを構築した場合

WindowsやOS XでVPNサーバーを構築した場合は、VPNへの接続を許可したユーザーアカウント名を入力します。

❿＜詳細＞をクリックします。

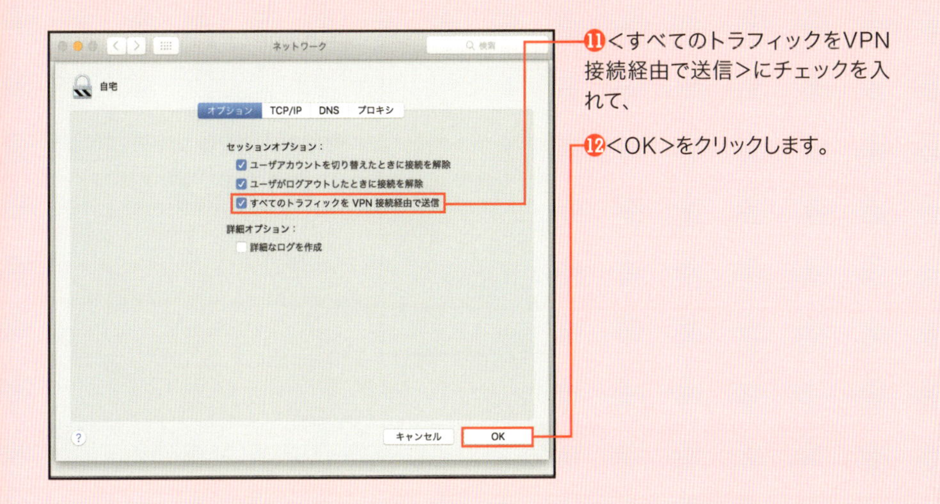

⓫<すべてのトラフィックをVPN接続経由で送信>にチェックを入れて、

⓬<OK>をクリックします。

⓭最後に<接続>をクリックします。

MEMO: ダイアログが表示されたら

「PPTPを使用すると、この接続で送受信されるパスワードやデータがご利用のインターネットプロバイダーに読み取られる恐れがあります。」と表示された場合は、その画面にある<構成を保存>をクリックします。

⓮ユーザー名とパスワードを入力する画面が表示されます。ユーザー名はすでに入力されているので、パスワードを入力して、

⓯<OK>をクリックします。

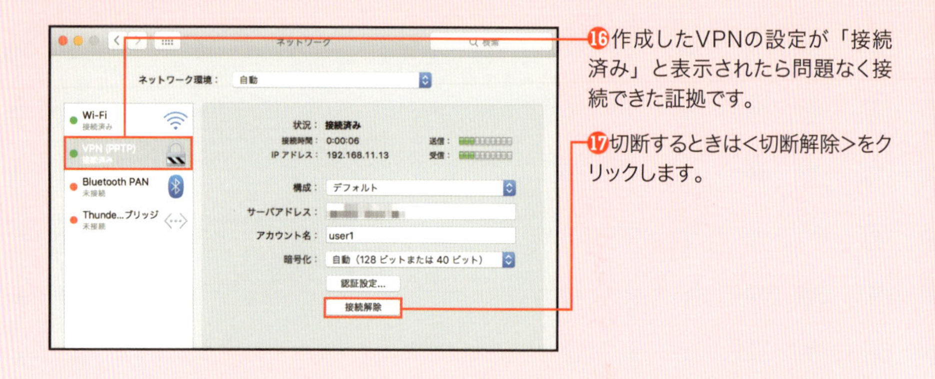

⓰作成したVPNの設定が「接続済み」と表示されたら問題なく接続できた証拠です。

⓱切断するときは<切断解除>をクリックします。

頻繁にVPNを使うならメニューバーに表示する

OS XのVPN設定は上部のメニューバーに接続や切断、通信の状態などを表示させることが可能です。頻繁にVPNを利用する場合はメニューバーの状況を表示させると使い勝手が向上します。

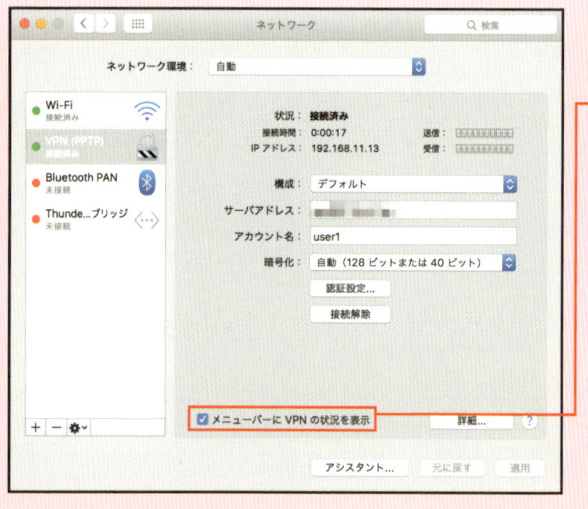

❶ネットワークに作成したVPN接続の設定を表示します。

❷画面の下部にある<メニューバーにVPNの状況を表示>をオンにします。

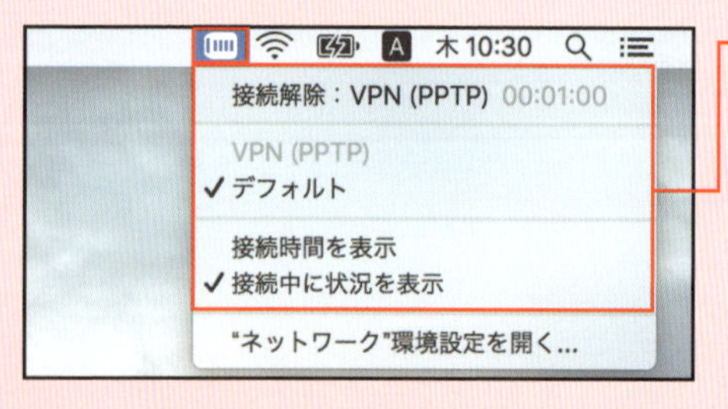

❸メニューバーからVPNの接続や切断、状況の表示が可能となります。

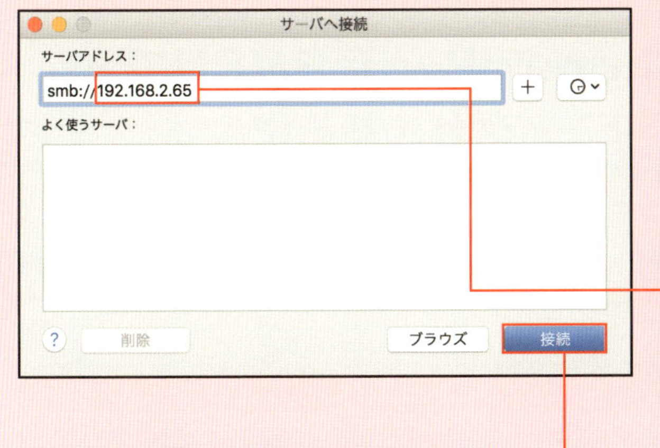

❹VPNに接続後は、自宅のネットワークと同じ状態になります。ここでは自宅にあるNASにアクセスしてみます。まずはP.96の手順を参考にFinderのメニューからサーバへの接続画面を呼び出します。

❺VPN接続の場合は、コンピューター名を使えないので「smb://」のあとにNASのローカルIPアドレスを入力し、

❻＜接続＞をクリックします。

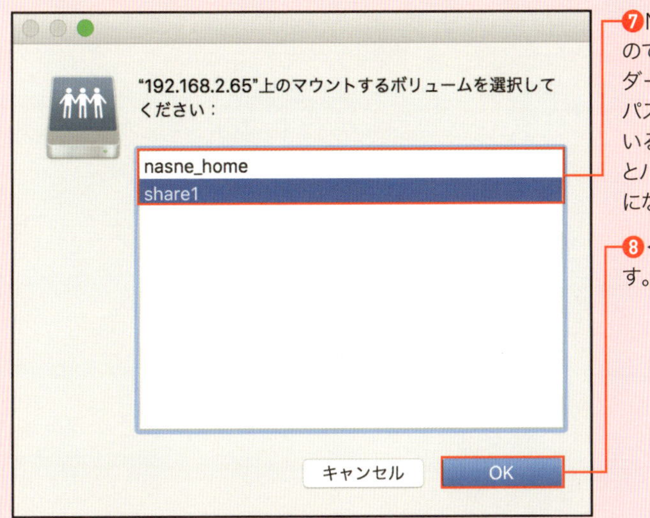

❼NASにアクセスできるので利用したい共有フォルダーを選択します。なお、パスワード認証を設定している場合は、ユーザー名とパスワードの入力が必要になることがあります。

❽＜OK＞をクリックします。

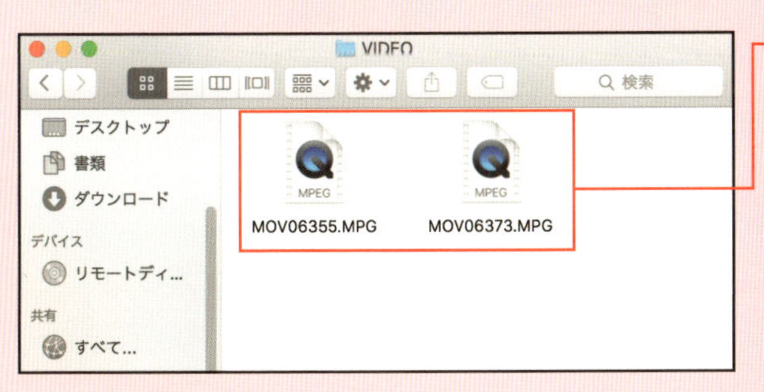

❾自宅にいるのと同じようにNAS内のファイルにアクセスできます。ファイルの形式や容量などの制限を受けずに、自宅と同じようにファイルのやり取りを行えるのがVPNの強みです。

SECTION 043 iOS

iPhone/iPadからVPNで自宅にアクセスするには

ここではiPhone/iPadなどに搭載されているOS「iOS 9」の「VPNクライアント」機能を利用し、VPNサーバーへと接続する手順を解説します。必要な情報を入力すればかんたんに利用できます。

iOS 9のVPNクライアントを利用する

iOS 9には標準でVPNサーバーに接続するための「VPNクライアント（PPTPクライアント）」機能が搭載されています。一般のメニューにVPNに関する設定を作成する機能が用意されています。その手順は非常にかんたんです。

圏外 23:42
設定　一般
言語と地域
iTunes Wi-Fi同期
VPN　未接続
プロファイル　2
認証
リセット

❶iOSの「設定」アイコンをタップし、表示されるメニューから<一般>をタップして、さらに<VPN>をタップします。

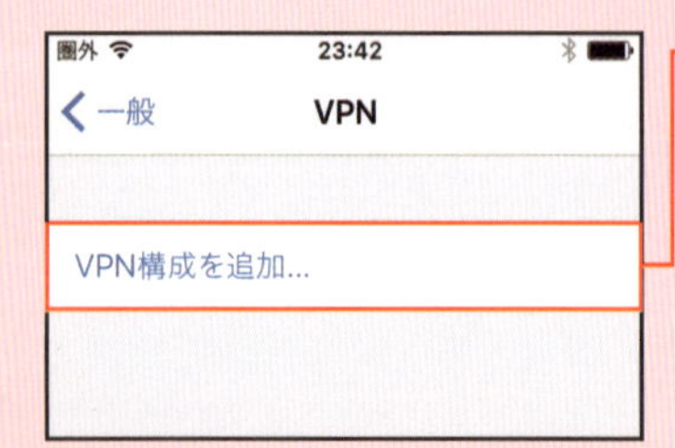

❷VPNの画面が表示されたら、画面下の<VPN構成を追加>をタップします。

❸「タイプ」で<PPTP>を選択し、

❹「説明」に任意の名前を入力して、

❺「サーバ」にはダイナミックDNSサービスで登録した「○○○○.dyndns.org」などのホスト名を入力します。

❻P.158のルーターのVPNサーバー機能を利用した場合は、「アカウント」にルーターに登録したユーザーIDを入力します。WindowsやOS XでVPNサーバーを構築した場合は、VPNへの接続を許可したユーザーアカウント名を入力します。

❼「パスワード」はセキュリティを考え、標準の「毎回確認」のままにしておきましょう。

MEMO: ダイアログが表示されたら

「PPTPを使用したVPNは安全でない場合があります」と表示された場合は、<保存>をタップします。

❽VPNの画面に戻るので、<状況>のスイッチをタップすると、

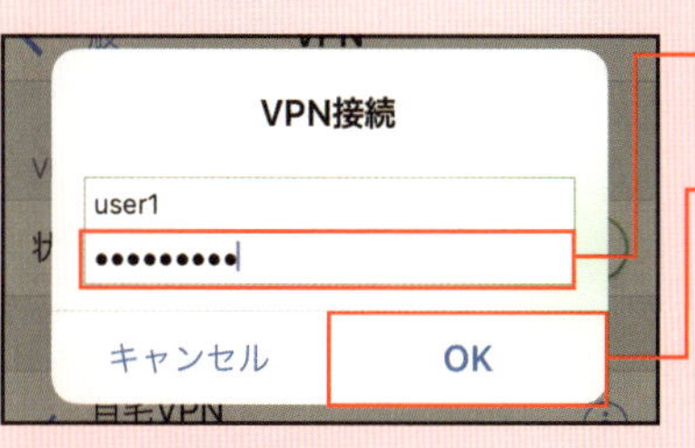

❾パスワードの入力画面となるので、アカウント名に対するパスワードを入力して、

❿<OK>をタップします。

⓫これでVPNへの接続が完了します。状況に「接続中」と表示されれば、問題なく接続された証拠です。

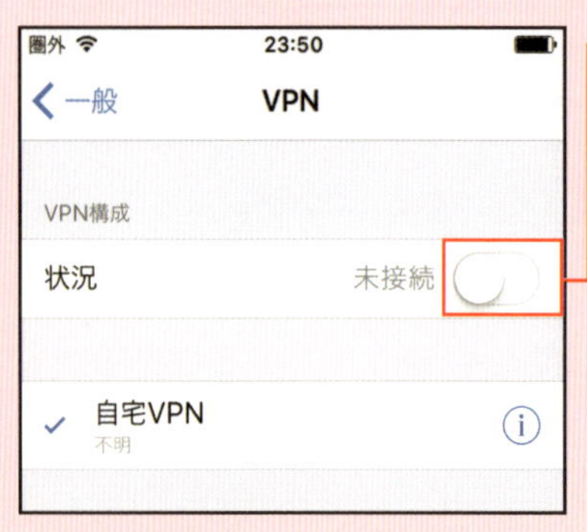

⓬VPNへの接続を切断するには、<状況>のスイッチをタップします。これで切断を完了できます。

MEMO: ファイル管理アプリを使う

VPN接続が完了すれば、自宅のネットワークにアクセスしているのと同じ状況です。FileExplorerなど、ファイル管理アプリをiPhoneにインストールすれば、自宅のNASにアクセスして、データを閲覧したり、アップロードしたりできるので便利です。また、セキュリティ上、不安のある無料のWi-Fiスポットを利用する場合、VPN接続ならば通信が暗号化されるので、安全性が高まるというメリットもあります。

COLUMN

2回目以降の接続

作成したVPNは、「設定」の画面に追加され、2回目以降はかんたんにVPNに接続できるようになります。

第4章 » iOS

044 Android
AndroidからVPNで自宅にアクセスするには

ここではAndroid搭載のスマートフォンやタブレットから「VPNクライアント」機能を利用し、VPNサーバーへと接続する手順を解説します。標準で搭載されている機能なのでかんたんに利用できます。

AndroidのVPNクライアントを利用する

Androidには標準でVPNサーバーに接続するための「VPNクライアント（PPTPクライアント）」機能が搭載されています。ここでは、そのVPNクライアントを利用したVPN接続の設定手順を解説します。OSはAndroid 6.0、端末はNexus 5を利用しています。

❶「設定」アイコンをタップし、無線とネットワークにある<もっと見る>をタップしたら、表示されるメニューから<VPN>をタップします。

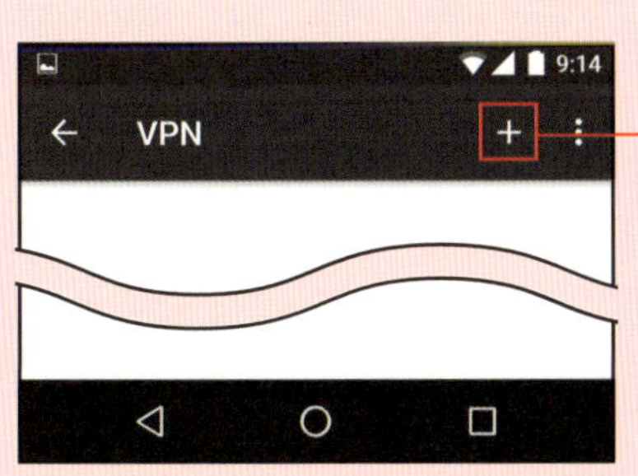

❷VPNの画面が表示されたら、

❸画面右上の＋をタップします。

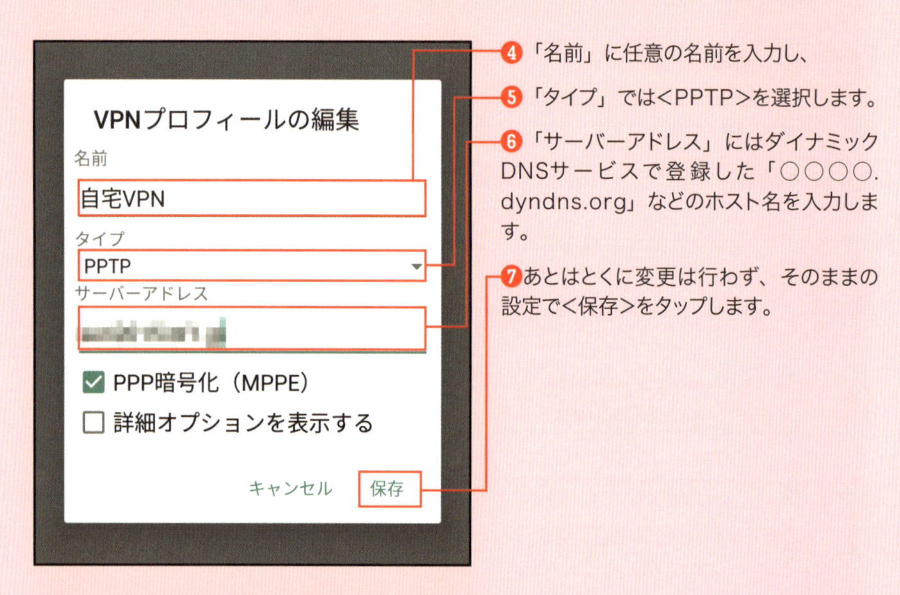

❹「名前」に任意の名前を入力し、

❺「タイプ」では＜PPTP＞を選択します。

❻「サーバーアドレス」にはダイナミックDNSサービスで登録した「○○○○.dyndns.org」などのホスト名を入力します。

❼あとはとくに変更は行わず、そのままの設定で＜保存＞をタップします。

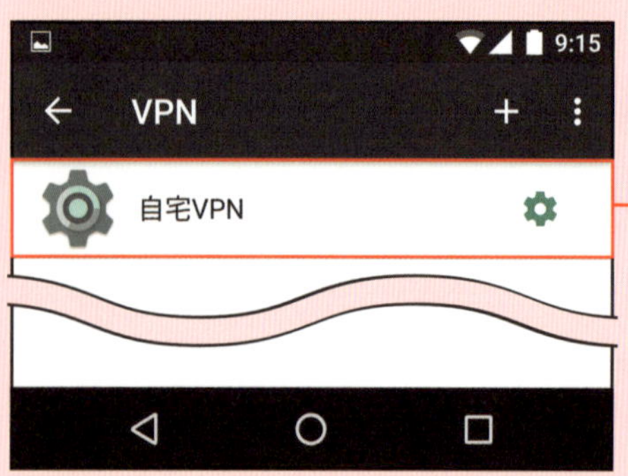

❽VPNの画面に作成したVPNの設定が表示されるので、その名前をタップします。

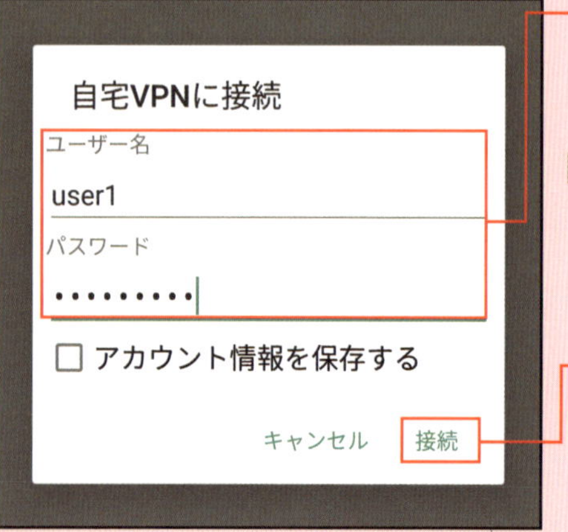

❾P.158のルーターのVPNサーバー機能を利用した場合は、ルーターに登録したユーザーIDとパスワードを入力します。

MEMO: パソコンでVPNサーバーを構築した場合

WindowsやOS XでVPNサーバーを構築した場合は、VPNへの接続を許可したユーザーアカウント名とパスワードを入力します。

❿最後に＜接続＞をタップします。

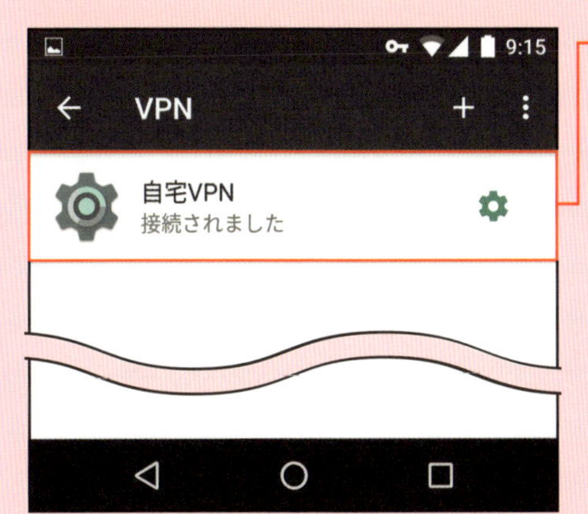

⑪作成したVPNに「接続されました」と表示されたら、無事に接続された証拠です。

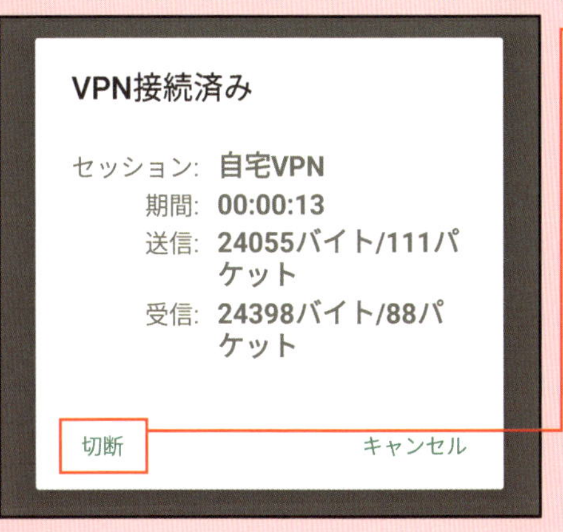

⑫作成したVPNの設定をタップすると、「VPN接続済み」画面が表示されるので、<切断>をタップすれば、VPNへの接続が終了します。

第4章 » Android

COLUMN

VPN切断の方法

VPNに接続すると、ステータスバーに鍵形アイコンが表示されます。ステータスバーを下方向へスワイプし、「ネットワークが監視されている可能性があります」という表示をタップすることでも切断の画面を呼び出せます。

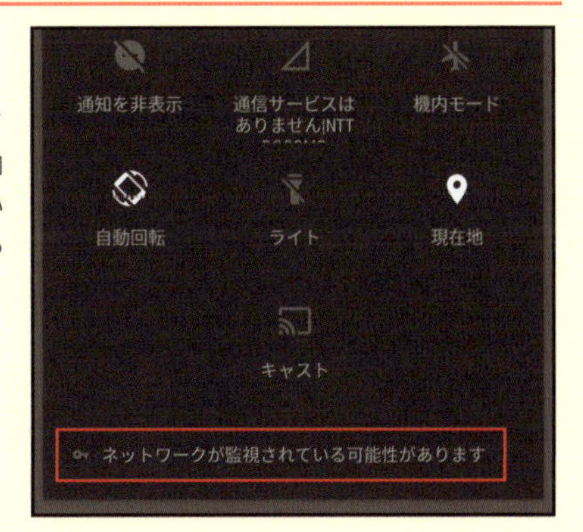

SoftEther VPNで VPN 環境を構築するには

SoftEther VPNはVPN構築向けのソフトウェアです。企業で導入されている事例も多いソフトだけに豊富な機能を持っているのが魅力です。ここでは、その設定手順を解説していきます。

SoftEther VPNとは

「SoftEther VPN」は、企業向けのVPN製品として5,000社以上の採用例を持つソフトイーサ社の「PacketiX VPN 4.0」に相当するフリーソフトです。筑波大学大学院の研究プロジェクトとして開発されているものですが、個人でもダウンロードして無料で利用することができます。

ここまで、ルーターやOSの機能を利用したVPN構築を解説してきましたが、SoftEther VPNの大きな魅力は「VPN Azure」という無料のクラウド型のVPNサービスを展開していることです。VPN Azureを使用したVPNサーバーには、Windowsしかアクセスできないという制限はありますが、ルーターやファイアウォールの設定が一切不要なので家庭環境や利用しているルーターのメーカーごとに異なるポートの設定などに悩まなくて済むのが大きな強みといえます。もちろん、iOSやAndroidを搭載したモバイル端末からVPN接続できるように設定することも可能です。ただし、その際はほかのVPN構築と同じくルーターでVPNパススルーなどの設定を行う必要があります。

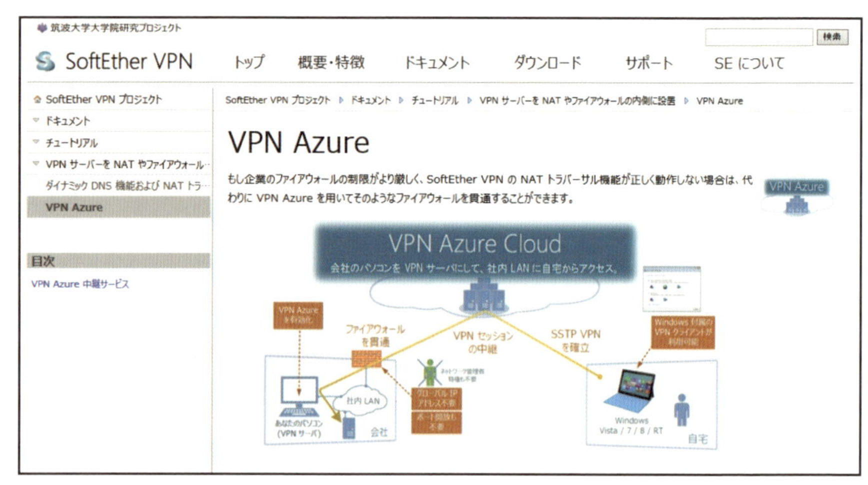

SoftEther VPNのWebサイト（https://ja.softether.org/）。VPN Azureについても詳しく解説されています

SoftEther VPNをインストール・設定する

SoftEther VPNは、VPNサーバーとして利用するパソコンにインストールして設定を行う必要があります。まずは、SoftEther VPNをダウンロードしてみましょう。ダウンロードはSoftEtherのダウンロードセンターから行います。インストール後の設定は、簡易セットアップから行えます。手順は多いですが、かんたんにVPN環境が構築できます。

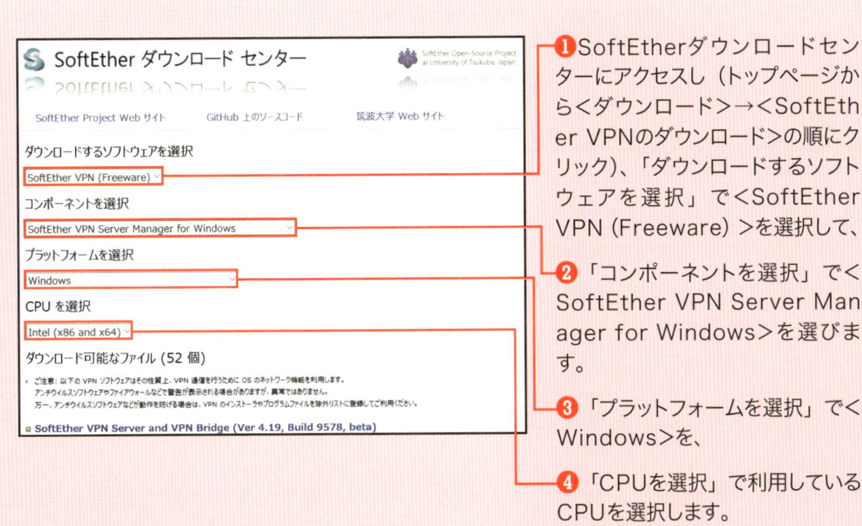

❶SoftEtherダウンロードセンターにアクセスし（トップページから<ダウンロード>→<SoftEther VPNのダウンロード>の順にクリック）、「ダウンロードするソフトウェアを選択」で<SoftEther VPN (Freeware) >を選択して、

❷「コンポーネントを選択」で<SoftEther VPN Server Manager for Windows>を選びます。

❸「プラットフォームを選択」で<Windows>を、

❹「CPUを選択」で利用しているCPUを選択します。

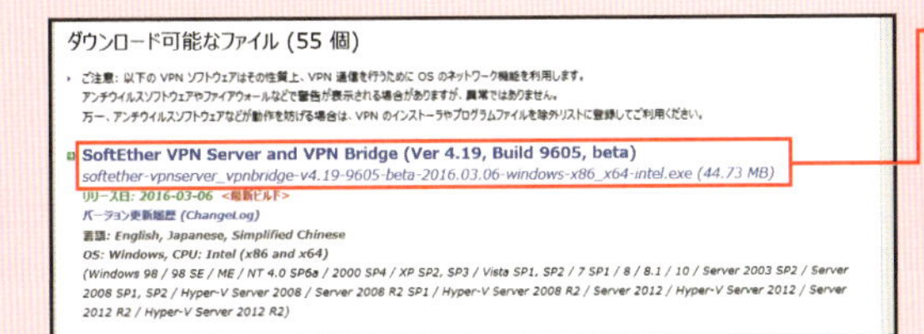

❺表示される「SoftEther VPN Server and VPN Bridge」の最新版をクリックして、ダウンロードを行います。

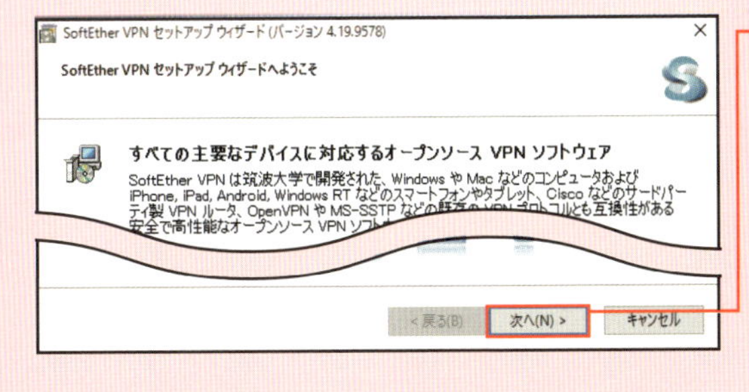

❻ダウンロードしたファイルを実行してインストールのウィザードを起動します。まずは<次へ>をクリックします。

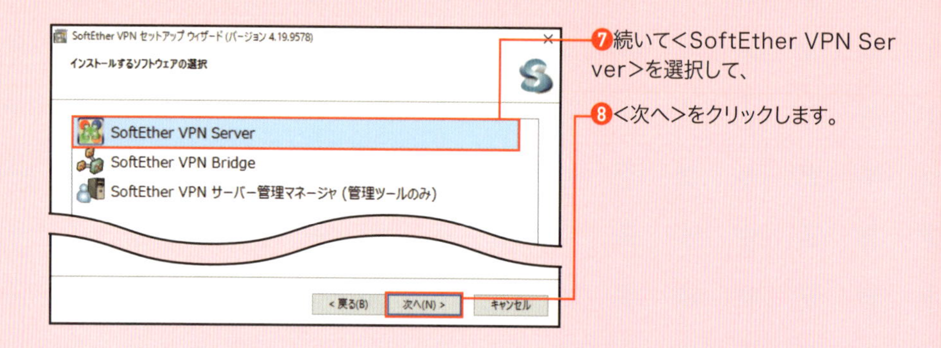

❼続いて<SoftEther VPN Server>を選択して、

❽<次へ>をクリックします。

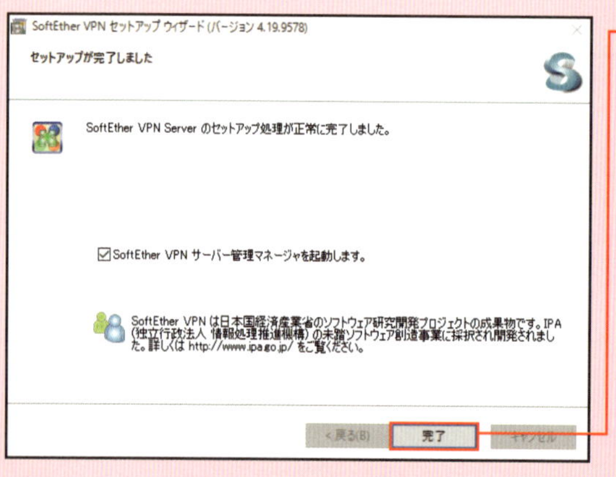

❾あとはウィザードに従ってインストールを進めます。最後に<完了>をクリックします。

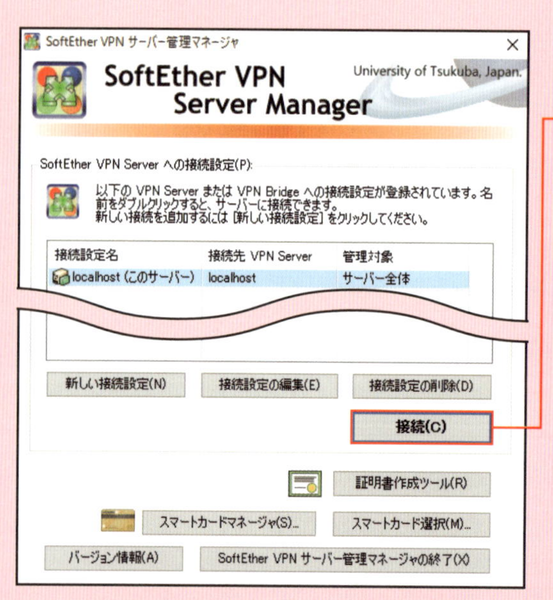

❿「SoftEther VPN サーバー管理マネージャ」が起動します。

⓫VPNサーバーを構築するには<接続>をクリックします。

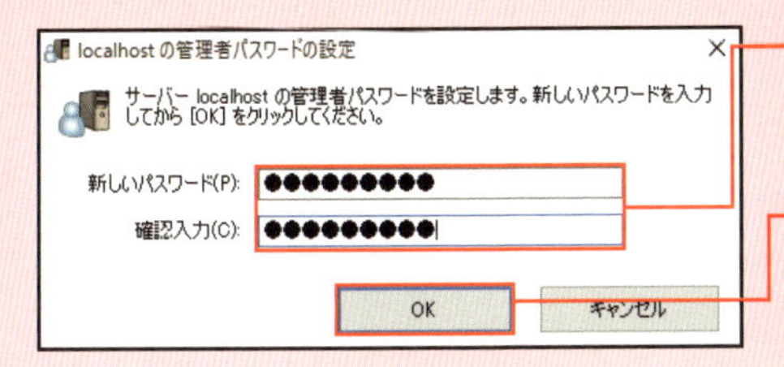

⑫初回起動時は管理者用のパスワードを設定する必要があります。任意のパスワードを入力し、

⑬<OK>をクリックします。なお、このパスワードはVPNサーバーにアクセスするときに利用するものとは異なるので注意してください。

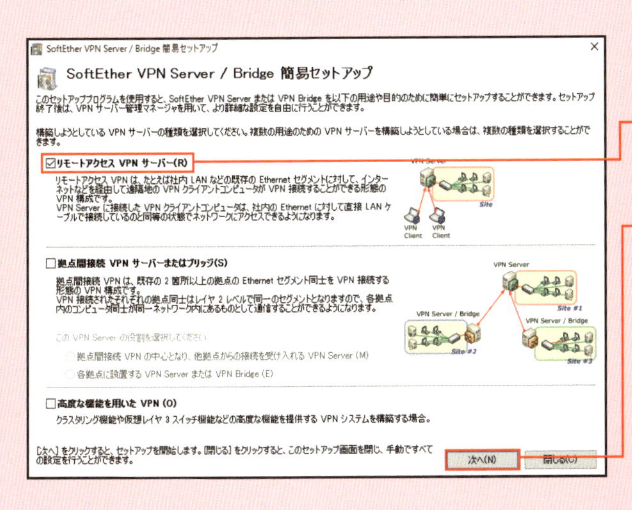

⑭簡易セットアップの画面が表示されるので、

⑮<リモートアクセスVPNサーバー>をオンにし、

⑯<次へ>をクリックします。

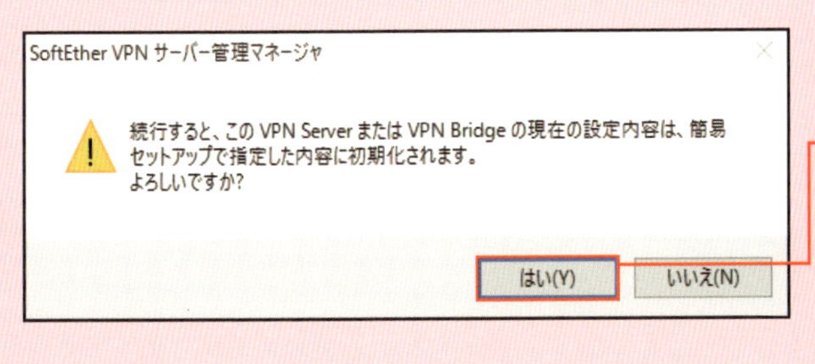

⑰管理マネージャの確認画面が表示されるので、

⑱<はい>をクリックします。

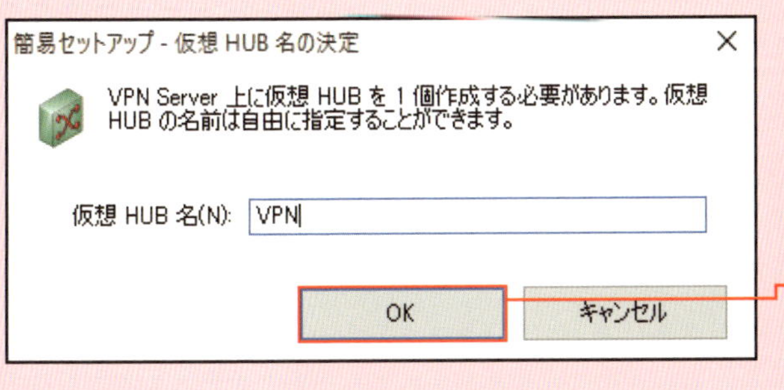

⑲「仮想HUB名」の入力画面が表示されますが、基本的にはとくに入力を行う必要はありません（もちろん、ここで任意の名前を付けることもできます）。

⑳<OK>をクリックします。

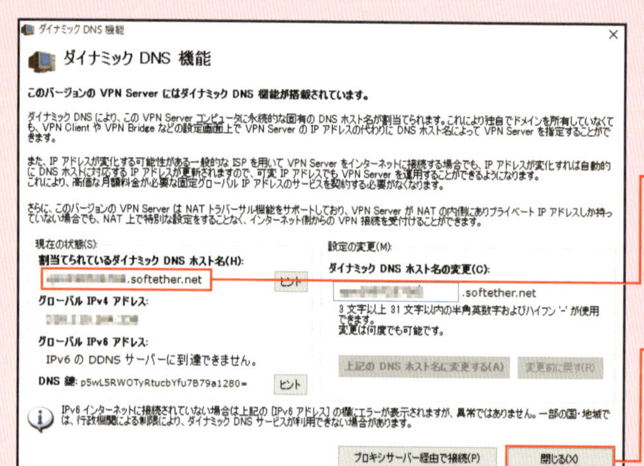

㉑SoftEther VPNが無料で提供している「ダイナミックDNS機能」の設定画面が表示されます。

㉒「○○○○.softether.net」というホスト名が自動的に発行されます。利用する場合はホスト名を覚えておきましょう。

㉓<閉じる>をクリックします。

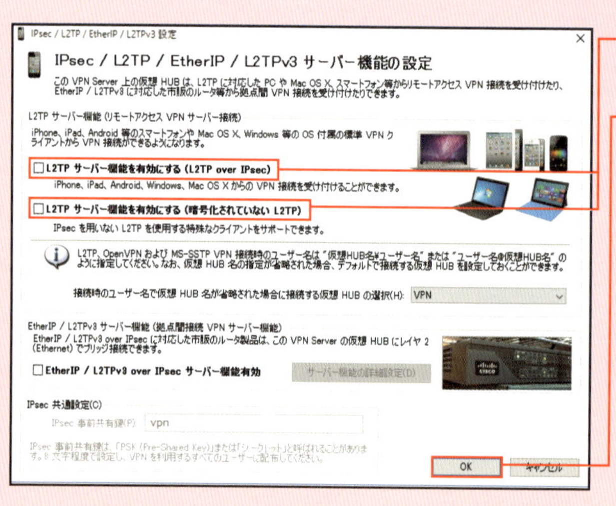

㉔有効にするサーバー機能を選択します。

㉕VPN Azureだけを利用する場合は、何もチェックを入れずに<OK>をクリックします。

MEMO: 端末からVPN接続する場合

OS X、iOS、Android端末からVPN接続したい場合は、上記手順㉔で<L2TPサーバーを有効にする（L2TP over IPsec）>のチェックをオンにします。ただし、L2TPサーバーを利用する場合は、ルーターのVPNパススルーやポート・フォワード機能を使用する必要があります（P.160参照）。

MEMO: LANカードの調べ方

LANカードの選択が次ページの手順㉚で必要になります。調べ方は次の通りです。「コントロールパネル」で<ネットワークとインターネット>→<ネットワークと共有センター>の順にクリックし、左側のメニューより<アダプターの設定の変更>をクリックします。現在使用しているイーサネットを右クリックしてメニューを開き、<プロパティ>を選択します。表示される画面の「接続の方法」に書かれているものが、LANカードの型番になります。

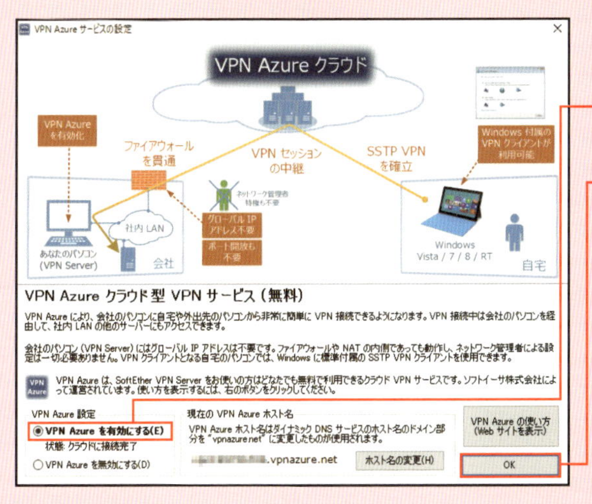

㉖「VPN Azureサービスの設定」画面に変わるので、

㉗<VPN Azureを有効にする>をオンにし、

㉘<OK>をクリックします。ここでVPN Azure用のホスト名も発行されます。

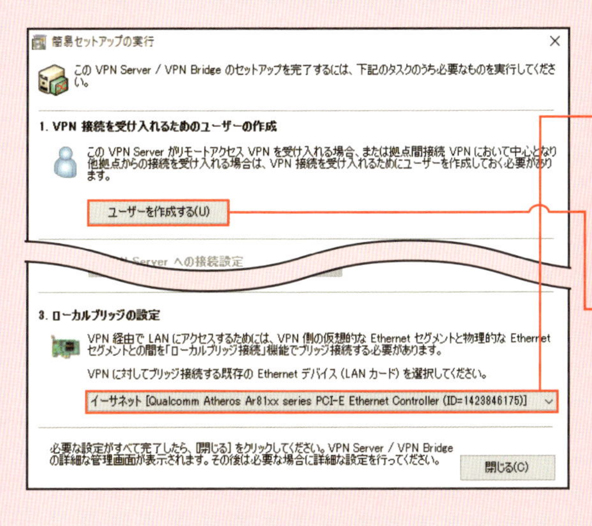

㉙簡易セットアップの実行画面が表示されます。

㉚「ローカルブリッジ設定」のプルダウンメニューを開き、使用しているパソコンの物理的なEthernetデバイス(LANカード)を選択します(前ページ下のMEMO参照)。

㉛<ユーザーを作成する>をクリックします。

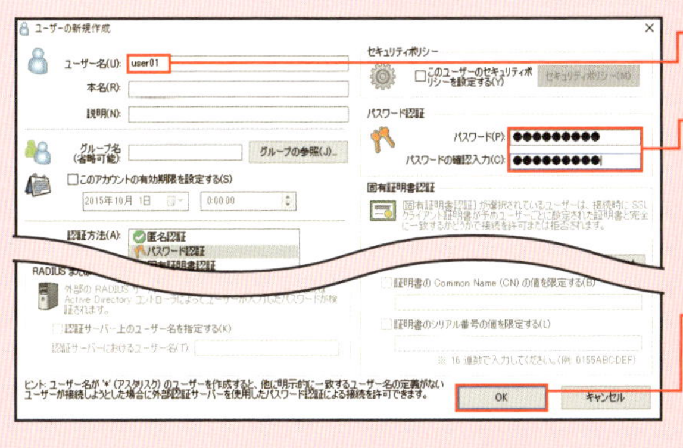

㉜「ユーザー名」に文字列を入力し、

㉝「パスワード認証」に任意の文字列を入力します。これは外部のパソコンがSoftEther VPNに接続する際に入力するものとなります。

㉞<OK>をクリックすると、でユーザーが作成されます。

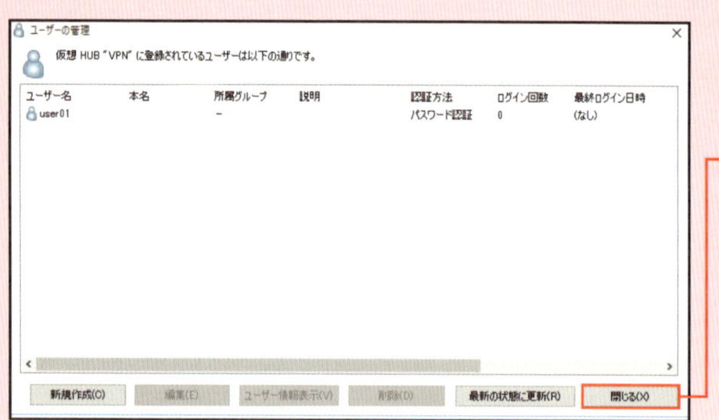

㉟ユーザーが作成されると「ユーザーの管理」画面が表示されます。

㊱<閉じる>をクリックすると、SoftEther VPNの設定は完了です。

COLUMN

Windowsから接続するには

VPN Azureサービスを利用したSoftEther VPNへの接続は、先述したようにWindows搭載パソコンからしか行えません。しかし、ルーターやファイアウォールの設定が不要なのが大きな魅力となっています。Windowsからの接続方法は、P.175で解説している手順と同じです。インターネットアドレスの欄にVPN Azureが発行した「○○○○.vpnazure.net」などの情報を入力すれば接続が可能となります。

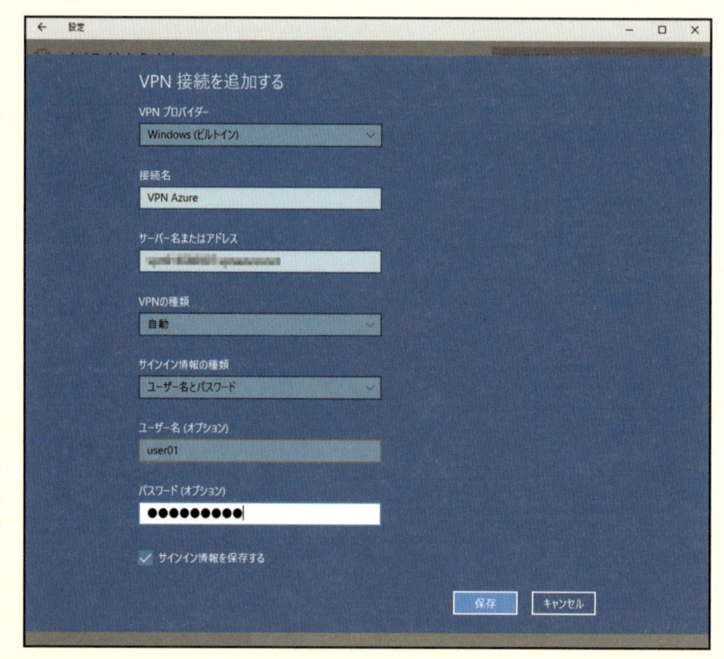

NAS内のファイルに外出先からアクセスするには

NASは基本的に家庭内LAN用のHDDですが、最近ではインターネット経由で外部からのアクセスに対応している製品も増えています。ここでは、その設定方法について説明します。

外出先からのアクセスに対応するNAS

NASは基本的に家庭内LANに接続された外付けHDDです。詳しくは、P.102で解説しています。しかし、最近のNASはDLNAに対応し、家電と連携するなど高機能化が進んでおり、インターネットを経由した外部からのアクセスに対応した製品も増えています。外部からファイルへのアクセスだけを考えた場合、パソコンよりも消費電力が少ないNASを利用した方が省エネにつながるといえます。

ここでは、バッファローの無線LANルーター「WXR-1750DHP」に搭載されたNAS機能へ、外部からアクセスするための設定方法を解説します。「WXR-1750DHP」では、USBメモリやUSB接続のHDDをNASとして利用できる機能を備え、その中のファイルへと外部のパソコンからWebブラウザーを利用してアクセスできる「Webアクセス」機能を備えています。ここでは、その機能を利用しています。

なお、NASに外部からのアクセス機能がない場合は、ここまで解説してきた「VPN接続」を利用する方法もあります。外部から家庭内LANへとVPN接続すれば、必然的にNASへのアクセスも可能になるためです。

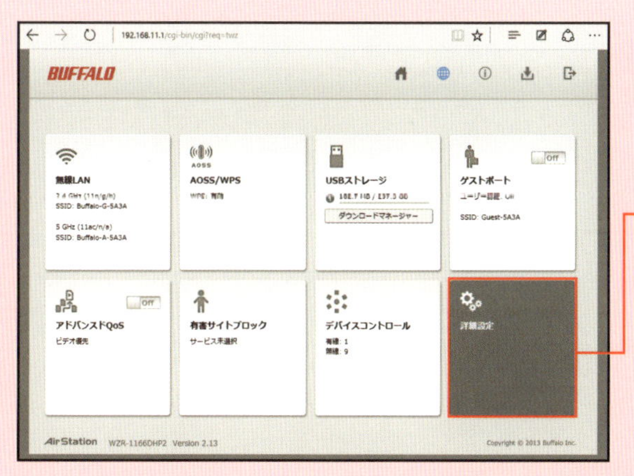

❶Webブラウザーで「WXR-1750DHP」の設定画面にアクセスします。標準では「192.168.11.1」のアドレスが割り当てられています。

❷<詳細設定>をクリックします。

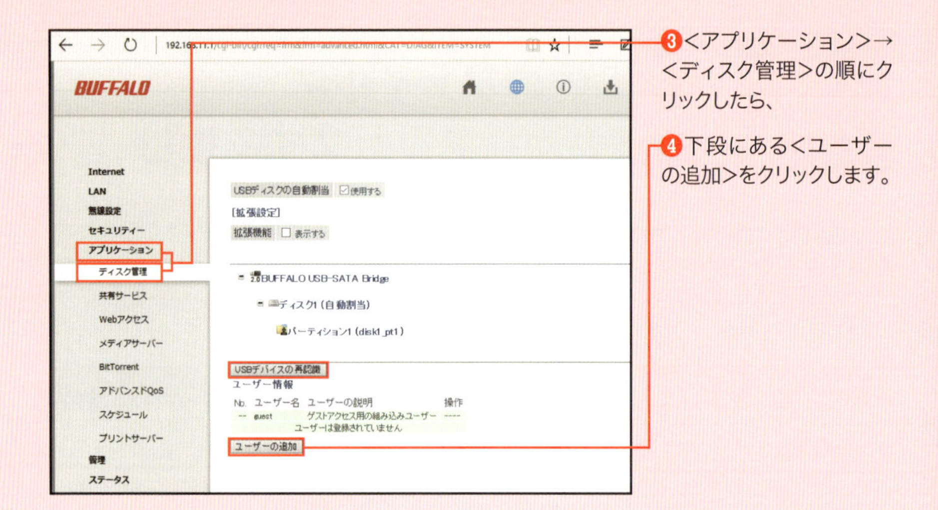
❸<アプリケーション>→<ディスク管理>の順にクリックしたら、
❹下段にある<ユーザーの追加>をクリックします。
BUFFALO
Internet
LAN
無線設定
セキュリティー
アプリケーション
ディスク管理
共有サービス
Webアクセス
メディアサーバー
BitTorrent
アドバンスドQoS
スケジュール
プリントサーバー
管理
ステータス
USBディスクの自動割当
使用する
[拡張設定]
拡張機能
表示する
BUFFALO USB-SATA Bridge
ディスク1 (自動割当)
パーティション1 (disk1_pt1)
USBデバイスの再認識
ユーザー情報
No. ユーザー名 ユーザーの説明 操作
-- guest ゲストアクセス用の組み込みユーザー ----
ユーザーは登録されていません
ユーザーの追加

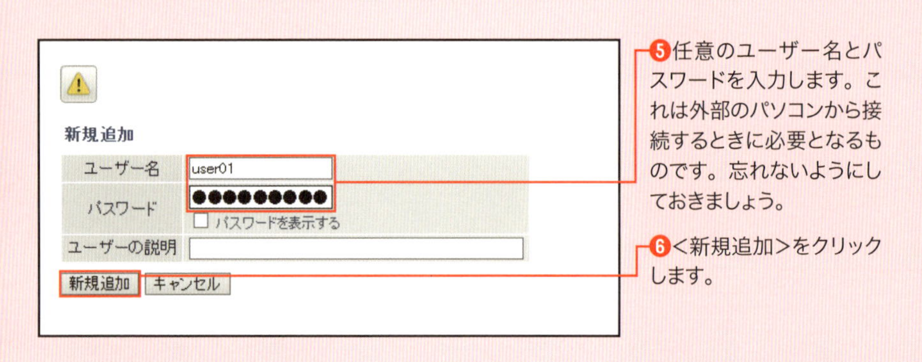
❺任意のユーザー名とパスワードを入力します。これは外部のパソコンから接続するときに必要となるものです。忘れないようにしておきましょう。
❻<新規追加>をクリックします。
新規追加
ユーザー名
user01
パスワード
パスワードを表示する
ユーザーの説明
新規追加
キャンセル

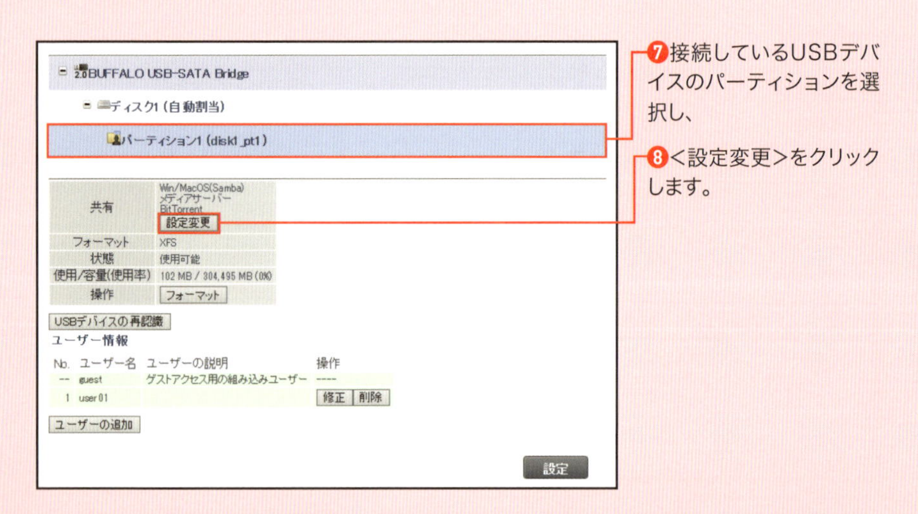
❼接続しているUSBデバイスのパーティションを選択し、
❽<設定変更>をクリックします。
BUFFALO USB-SATA Bridge
ディスク1 (自動割当)
パーティション1 (disk1_pt1)
共有
Win/MacOS(Samba)
メディアサーバー
BitTorrent
設定変更
フォーマット
XFS
状態
使用可能
使用/容量(使用率)
102 MB / 304,495 MB (0%)
操作
フォーマット
USBデバイスの再認識
ユーザー情報
No. ユーザー名 ユーザーの説明 操作
-- guest ゲストアクセス用の組み込みユーザー ----
1 user01
修正
削除
ユーザーの追加
設定

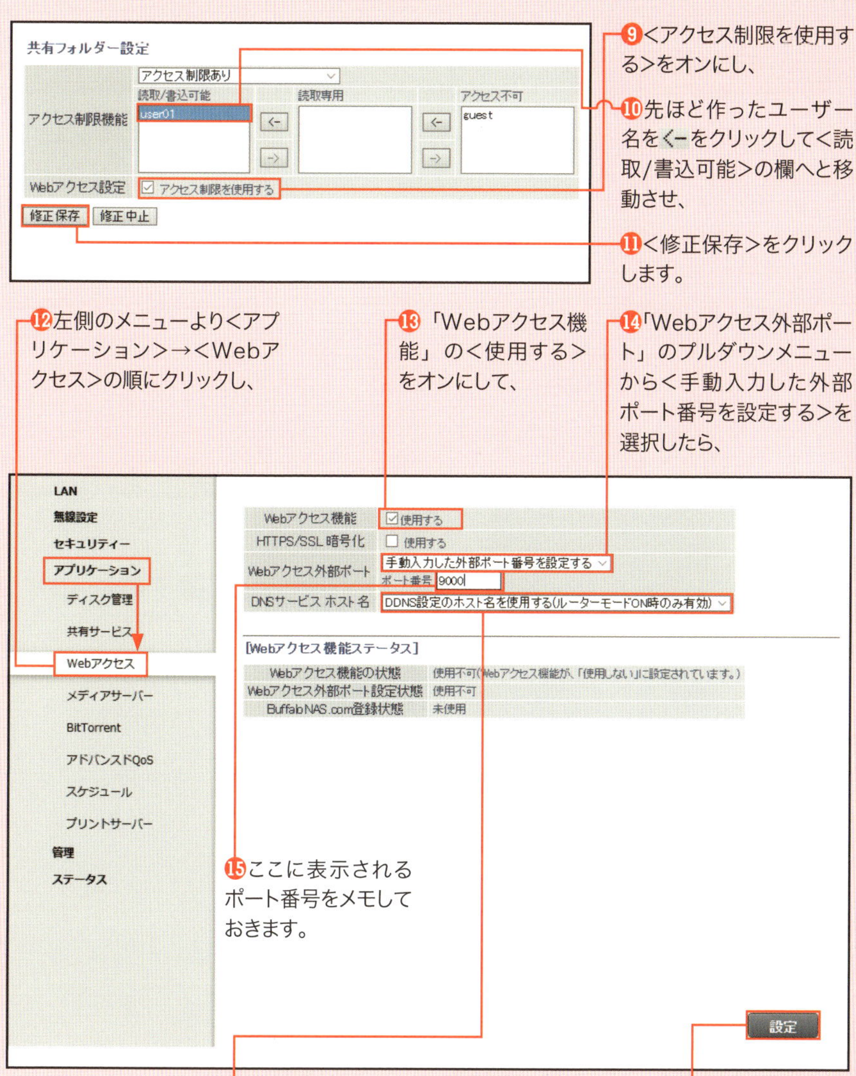

MEMO: DNSサービスのホスト

手順16で、バッファローのBuffaloNAS.comを使用することや、手動でダイナミックDNSサービスのホスト名を入力することも可能です。

外出先からNASにアクセスする

ここからは設定したNASへと外部のパソコンからアクセスする方法を解説します。Webブラウザーでかんたんにアクセスが可能です。

❶外部からアクセスにするには、Webブラウザーを起動し、アドレス欄に「設定したホスト名:設定した外部ポート番号」を入力します。たとえば「http://xxxx.dyndns.org:9000/」のように入力すればアクセスが開始されます。

MEMO: 外部ポート番号

手順❶の「9000」は前ページ手順⓯でメモした数値です。

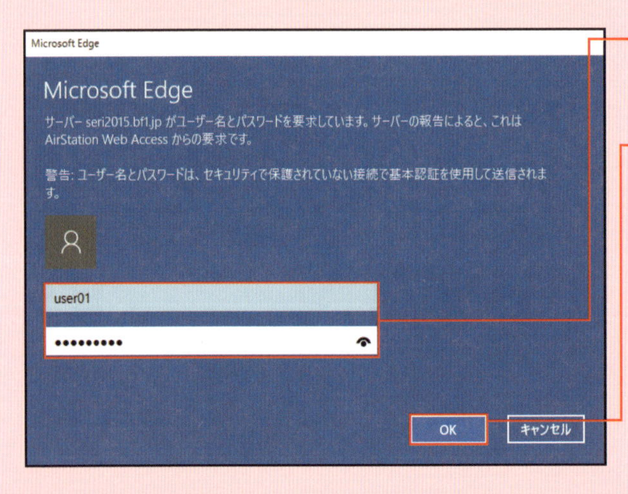

❷NASの設定時に作成したユーザー名とパスワードを入力し、

❸<OK>をクリックします。

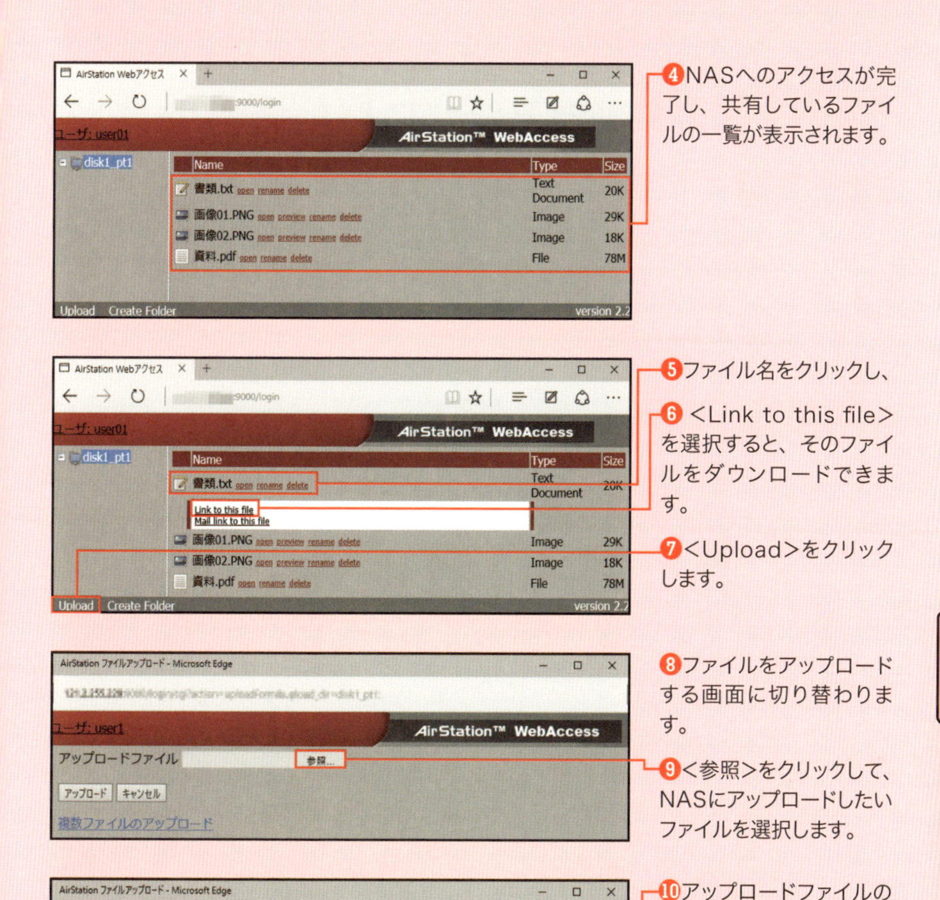

❹NASへのアクセスが完了し、共有しているファイルの一覧が表示されます。

❺ファイル名をクリックし、

❻<Link to this file>を選択すると、そのファイルをダウンロードできます。

❼<Upload>をクリックします。

❽ファイルをアップロードする画面に切り替わります。

❾<参照>をクリックして、NASにアップロードしたいファイルを選択します。

❿アップロードファイルの欄に選択したファイルが表示されるので、

⓫<アップロード>をクリックします。これでアップロードが行われます。

COLUMN

ポート番号とは

コンピューターが通信に使用するプログラムを識別するための番号です。URLやIPアドレスが住所とするならば、ポート番号は部屋番号となります。Webやメールなど主要なサービスは、利便性を高めるためポート番号が決められているため、普段は意識することはありません。外部からNASにアクセスする機能は標準化されているわけではないので、P.210手順❶ではURLに加えてポート番号の入力が必要となっています。

SECTION 047 名前解決

VPNでアクセスした場合の名前の解決を行うには

VPNは外部のパソコンからインターネットを経由して、自宅のLANにアクセスできる便利な技術ですが、ネットワークにコンピューター名が表示されないのが難点です。ここでは、その解決方法を解説します。

VPNではコンピューター名が見えない

VPNは、外出先から家庭内LANに接続し、データを共有できる便利な技術です。オンラインストレージなどと異なり、自宅のパソコンにアクセスできるため、アップロードの手間や容量を気にする必要がないという魅力があるのは、ここまで説明した通りです。

しかし、VPNにも問題はあります。その1つは、ネットワークにコンピューター名が表示されないということです。通常、ネットワークを表示するとLAN内のパソコンを自動的に検索し、共有フォルダーなどにアクセスできますが、外部からVPNを経由して家庭内のLANにアクセスした場合、アクセスしたいパソコンのローカルIPアドレスを入力しないと、そのパソコンが表示されません。これは、VPN経由だとコンピューター名を表示するための機能が働かないためです。これでは少々使い勝手が悪いので、ここでは簡易的ではありますが、コンピューター名を表示する方法を解説します。ただし、これはWindows 8.1/7で可能な方法です。Windows 10では名前解決できないことがあります。

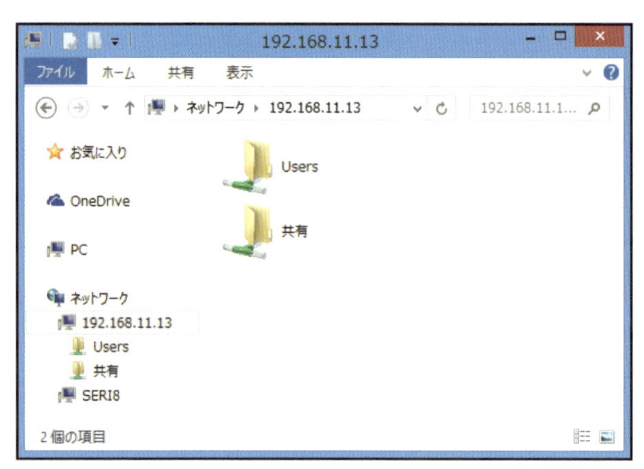

VPN接続では、ネットワーク内にあるパソコンを表示するには、目的のパソコンに割り当てられているローカルIPアドレスをエクスプローラーのアドレス欄に「¥¥192.168.11.13」など、¥を2つ付けた上で入力する必要があります。これを入力しないと、そのパソコンの共有フォルダーなどにアクセスできません

コンピューター名を表示する

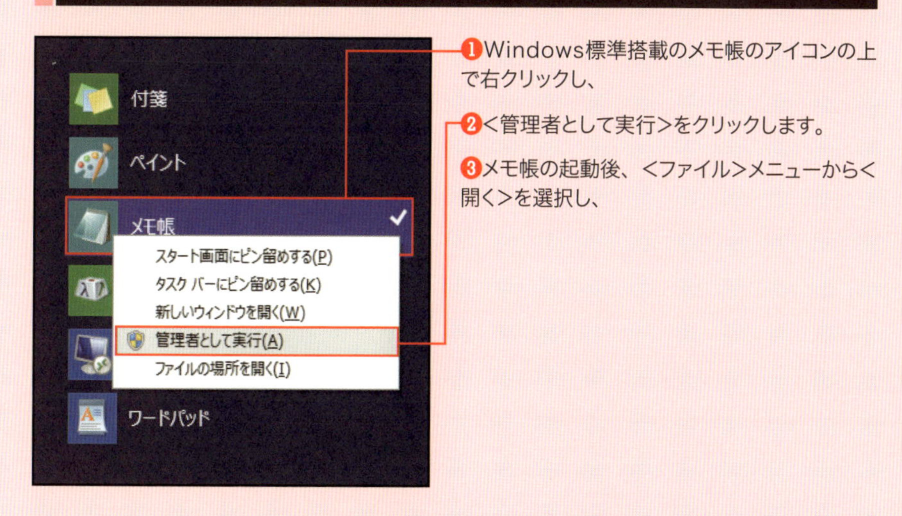

❶Windows標準搭載のメモ帳のアイコンの上で右クリックし、

❷<管理者として実行>をクリックします。

❸メモ帳の起動後、<ファイル>メニューから<開く>を選択し、

❹Windowsをインストールしてあるドライブ(通常はCドライブ)→<Windows>→<System32>→<drivers>→<etc>の順にフォルダーを表示し、

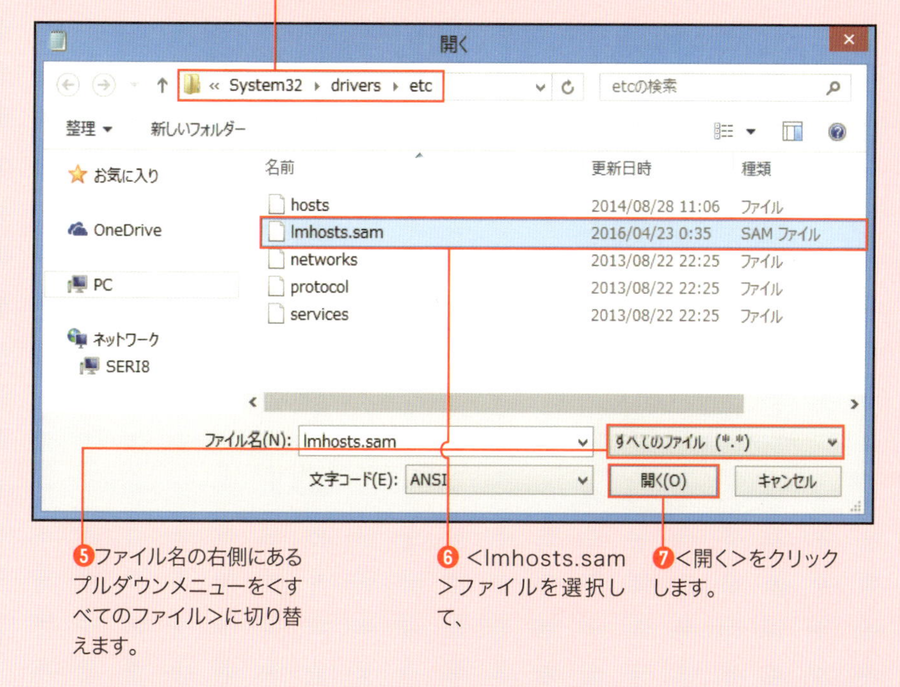

❺ファイル名の右側にあるプルダウンメニューを<すべてのファイル>に切り替えます。

❻<lmhosts.sam>ファイルを選択して、

❼<開く>をクリックします。

第4章 » 名前解決

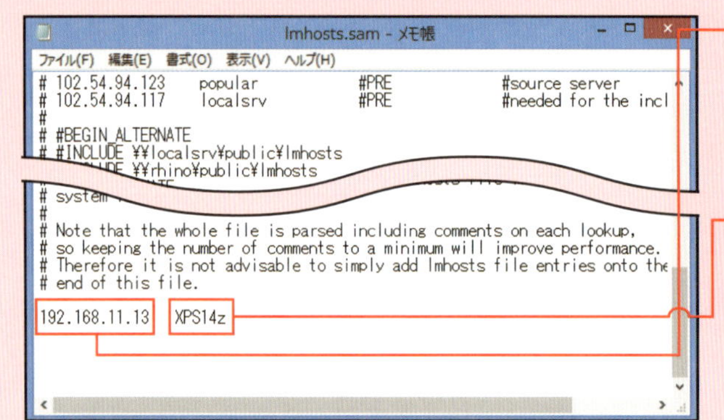

❽ファイルが開いたら、一番下の行に外部からアクセスしたいパソコンに割り当てられている「ローカルIPアドレス」を入力し、

❾続けて、スペースまたはTabを入れて、そのパソコンの「コンピューター名」を入力します。

❿入力後はファイルを保存します。

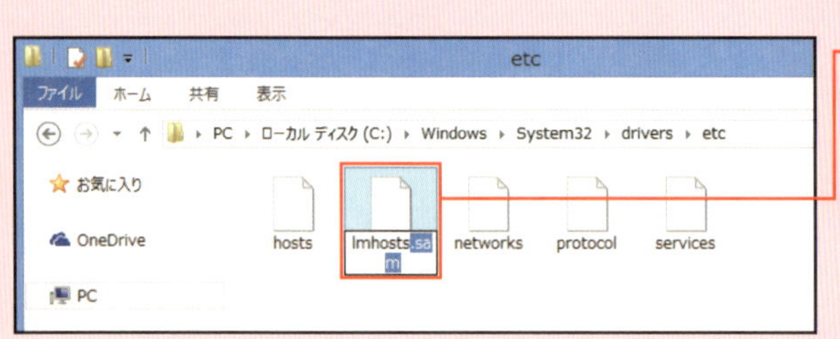

⓫「etc」フォルダーの「lmhosts.sam」ファイルのファイル名を選択し、「.sam」の部分を削除して、「lmhosts」だけにします。

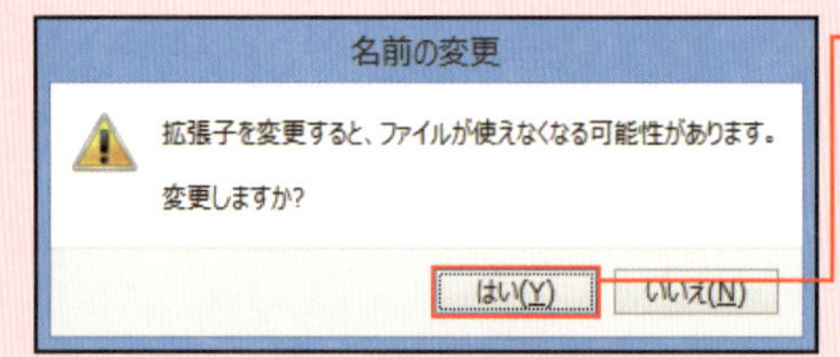

⓬拡張子を変更すると、ファイルが使えなくなる可能性がある旨のダイアログが表示されますが、<はい>をクリックします。

MEMO: 拒否画面が表示されたら

ファイルアクセスの拒否画面が表示された場合は、「続行」をクリックしてファイルの変更を確定しよう。

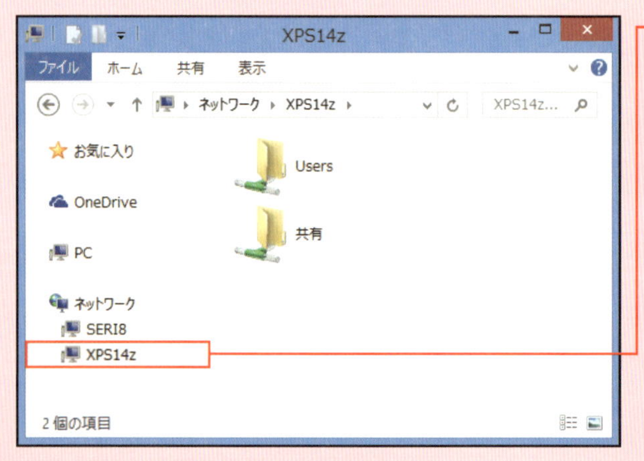

⓭パソコンを再起動し、再びVPNに接続すると外部のパソコンからも家庭内LANにあるパソコンをコンピューター名で表示が可能となります。

第5章

楽しく遠隔操作！

リモートデスクトップ

SECTION 048 概要

リモートデスクトップを使うには

インターネットを経由してパソコンを遠隔操作できるのが「リモートデスクトップ」です。現在ではソフトウェアが充実し、Windowsどうしだけではなく、MacやiPhone、Androidなどのタブレットからも利用できます。

Windowsパソコンのリモートデスクトップとは

Windowsのリモートデスクトップは、手元にあるパソコンからインターネットも含むネットワークで接続されている別のパソコンを遠隔操作する機能です。リモートデスクトップを利用すれば、外出先のパソコン（クライアント側）から自宅や会社のパソコン（サーバー側）を自由に操作できるのが大きな魅力です。自宅のパソコンで受信したメールを確認したい、自宅で作った文書ファイルを忘れてしまったといった場合にとても役立つ機能といえます。

なお、Windowsのリモートデスクトップの利用には、Windows 10 Pro/Enterprise、Windows 8.1 Pro/Enterprise、Windows 7 Professional/Ultimate、Windows Vista Business/Ultimateが必要です。これら以外のWindowsでは、リモートデスクトップの接続先となるサーバー側にはなれません。

一方でクライアント側にはWindowsのエディションによる制限はなく、Windows 10/8.1/7/Vistaの全エディションで利用できます。リモートデスクトップでは、「RDP」というプロトコルが利用されていますが、Windowsによってバージョンが異なります。Windows 10ならば「RDP

Windows 8.1のリモートデスクトップ。クライアントのデスクトップ画面がサーバー側のデスクトップに表示され、クライアント側から自由に操作が可能となります

10」、Windows 8.1ならば「RDP 8.1」、Windows 7ならば「RDP 7.1」が標準搭載となります。RDPは互換性があるので、クライアント側とサーバー側のWindowsのバージョンが異なってもリモートデスクトップを利用できますが、RDP 8.1だけに搭載されている機能など、一部機能が利用できなことがあるので注意しましょう。

Windowsパソコンでリモートデスクトップを利用できる環境とは

外出先など遠隔地にあるパソコンでインターネットを経由し、自宅のパソコンにリモートデスクトップで接続するには、いくつかの条件を満たす必要があります。

リモートデスクトップに対応したWindows、ダイナミックDNSサービスを利用するためのグローバルIPアドレス、ルーターのポート・フォワード機能の3つの条件が揃っていることです。手軽な環境構築方法は、自宅のパソコンとつながっているルーターのポート・フォワード機能を使用して、リモートデスクトップで使用するTCPポート「3389」に対してポート変換（開放）し、外部のパソコンから接続できるようにすることです。しかし、リモートデスクトップがTCPポート「3389」を使用することは広く知られているため、不正アクセスの標的にされやすいのが難点です。本書では、TCPポート「3389」を変更して、設定を行っています。

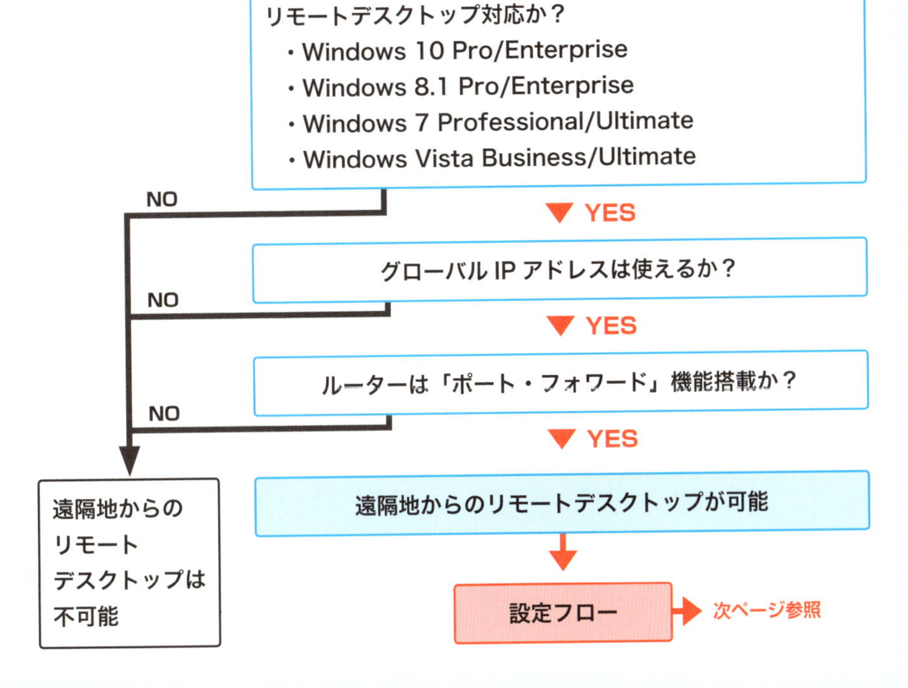

リモートデスクトップ設定フロー[操作される側のWindowsパソコン]

ダイナミックDNSサービスへの登録・設定 →P.153参照

もしくは

ルーターのダイナミックDNS機能を利用 →P.156参照

▼

操作される側のWindowsの設定

自宅パソコンを固定ローカルIPアドレスに設定 →P.150参照

▼

ポートの変更 →P.219参照

▼

Windowsの設定 →P.221参照

ルーターの設定

ルーターのポート・フォワード機能を利用したポートの変換(開放) →P.223参照

上記の設定を行えば、あとはクライアントパソコンやiPhone、Android端末など、操作する側の設定を行います。なお、ポート・フォワード機能を利用したポート変換に関しては、正しくはポート変換と呼びますが、ルーターメーカーであるバッファローやエレコムでは「ポート開放」「アドレス変換」などと呼んでいるため、本書では「変換(開放)」と記載しています。

リモートデスクトップ設定フロー[操作される側のMac]

操作される側のMacの設定については、Windowsのようにとくに複雑な設定は必要ありません。第4章で解説した内容も意識する必要はありません。「どこでもMy Mac」を利用して画面共有すれば、ルーターがNAT-PMPまたはUPnPに対応していればポートなどの設定は一切不要です(相当古いルーターでない限りNAT-PMPまたはUPnPに対応しています)。iCloudと「どこでもMy Mac」の設定さえ済ませれば、遠隔地からの画面共有はかんたんに行えます。

リモート操作を許可するWindowsパソコンを設定するには

ここではWindowsパソコンの操作される側（サーバー側）の設定方法を解説します。手順をしっかり追っていけば設定はそれほど難しくありません。まずは、TCPポート「3389」を変更することから始めます。

TCPポート「3389」を変更する

ルーターのポート・フォワード機能を使用し、TCPポート「3389」を変換（開放）すれば、リモートデスクトップはかんたんに利用できるようになります。しかし、TCPポート「3389」は利用者が多いため、不正アクセスに狙われやすいというデメリットが存在します。それでも手軽さから、ポート・フォワード機能を使用し、リモートデスクトップ接続を行いたい場合は、操作される側（パソコン）が使用するポートを変更しておきましょう。

ポート変換（開放）は不正アクセスの可能性を高めますが、それでもTCPポート「3389」をそのまま使うよりはずっと狙われにくくなるためです。なお、ポート変更はレジストリの変更が必要です。レジストリは誤った場所を削除や変更すると、最悪Windowsが起動しなくなります。慎重に作業しましょう。

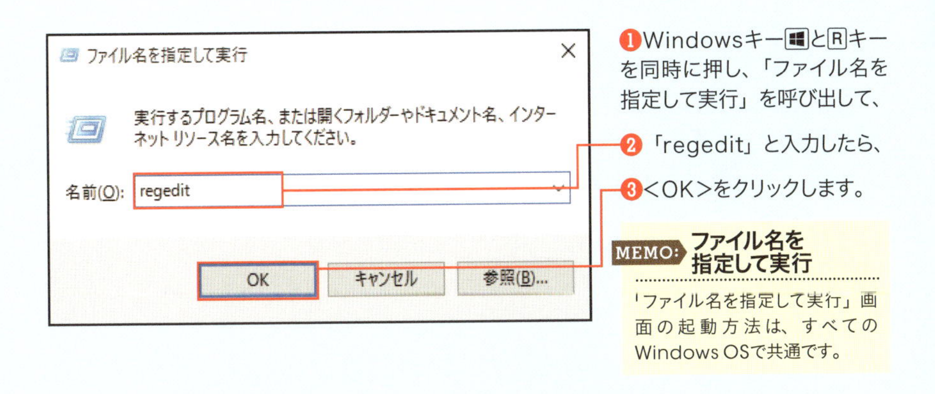

❶Windowsキー⊞とRキーを同時に押し、「ファイル名を指定して実行」を呼び出して、

❷「regedit」と入力したら、

❸<OK>をクリックします。

MEMO: ファイル名を指定して実行

「ファイル名を指定して実行」画面の起動方法は、すべてのWindows OSで共通です。

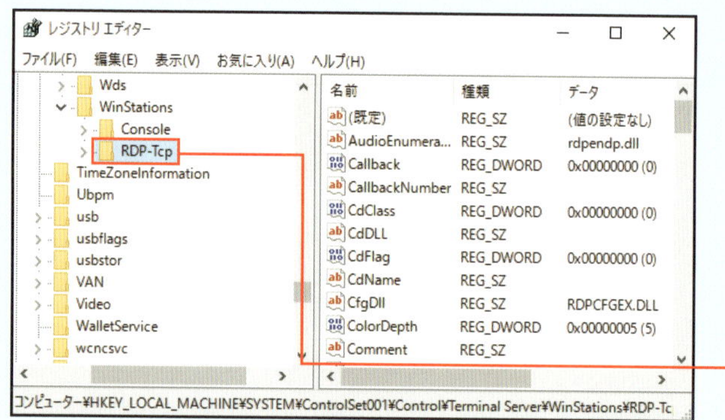

❹レジストリエディターが起動するので、＜HKEY_LOCAL_MACHINE＞→＜SYSTEM＞→＜CurrentControlSet＞→＜Control＞→＜Terminal Server＞→＜WinStations＞の順にアクセスし、

❺＜RDP-Tcp＞をクリックします。

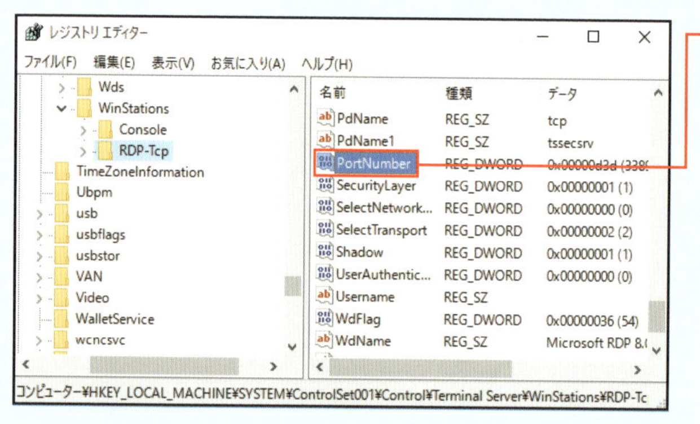

❻右側にキーの一覧が表示されます。そこから＜PortNumber＞を見つけ、ダブルクリックします。

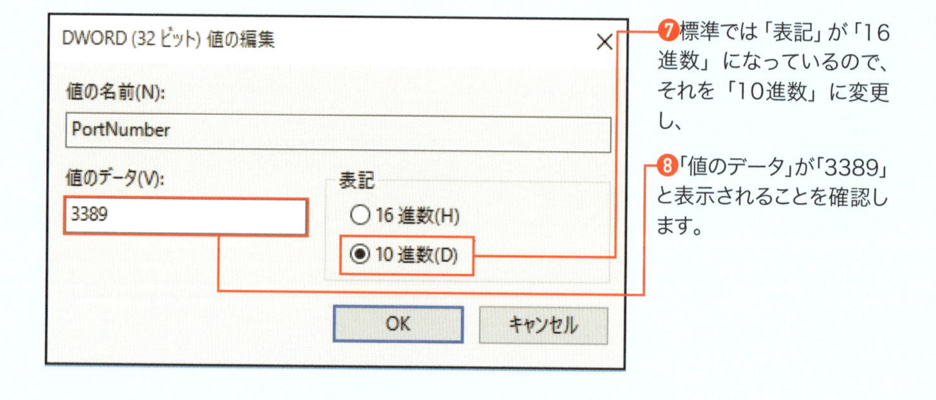

❼標準では「表記」が「16進数」になっているので、それを「10進数」に変更し、

❽「値のデータ」が「3389」と表示されることを確認します。

第5章 ≫ 設定（サーバー）

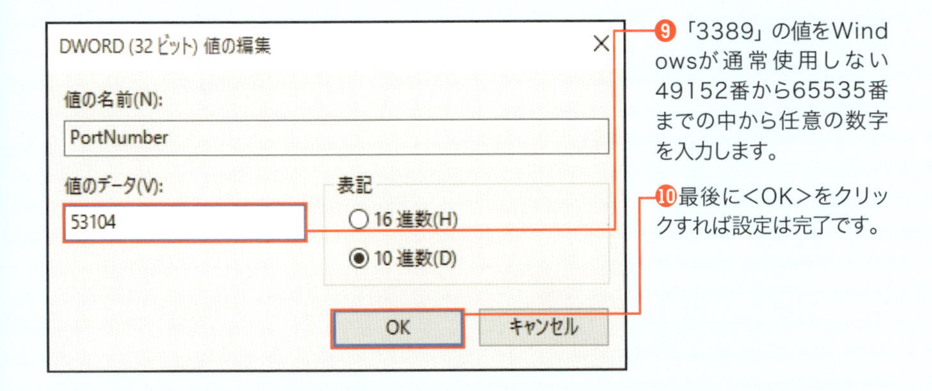

❾「3389」の値をWindowsが通常使用しない49152番から65535番までの中から任意の数字を入力します。

❿最後に<OK>をクリックすれば設定は完了です。

操作される側のパソコン（自宅）を設定する

リモートデスクトップは、遠隔操作されるパソコン（サーバー側）の設定を有効にする必要があります。有効になると、自動的にAdministratorグループに属するユーザーはすべて接続許可ユーザーに登録されます。ただし、接続を行うユーザーは、パスワードの設定が必要なるので注意してください。ここでは、Windows 10を例に解説しますが、Windows 8.1/7/Vistaでも手順はほぼ同じとなります。

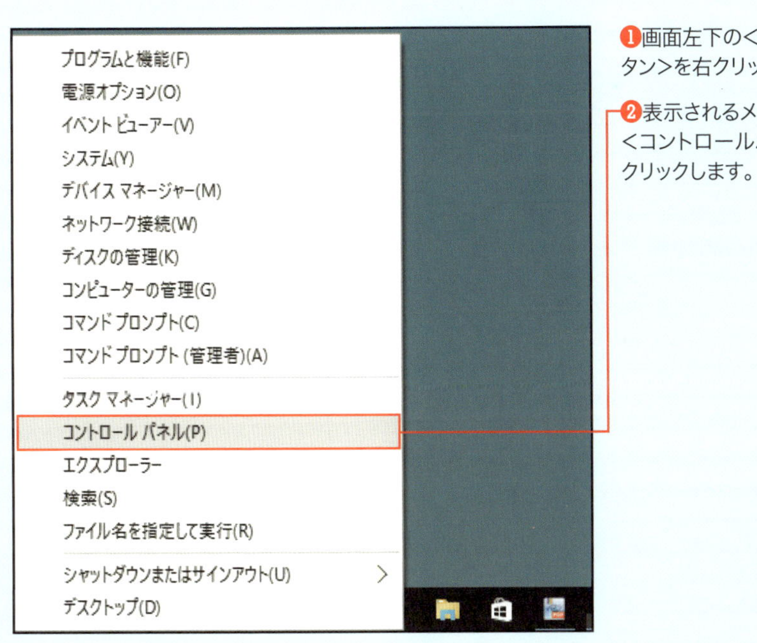

❶画面左下の<スタートボタン>を右クリックします。

❷表示されるメニューから<コントロールパネル>をクリックします。

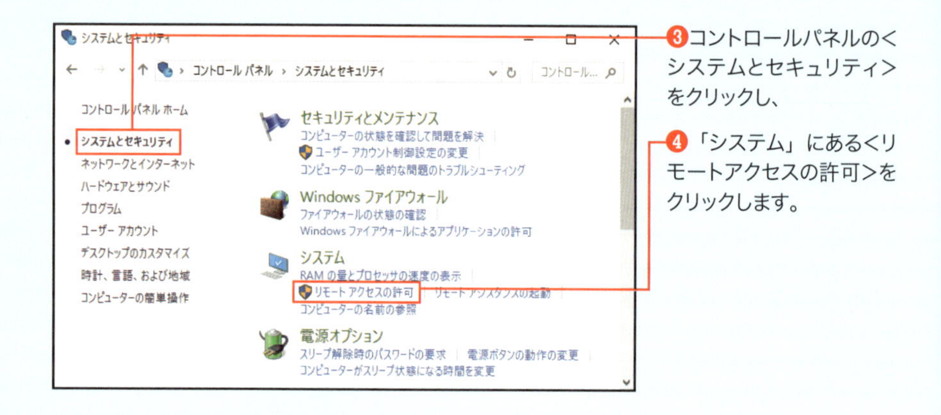

❸コントロールパネルの＜システムとセキュリティ＞をクリックし、

❹「システム」にある＜リモートアクセスの許可＞をクリックします。

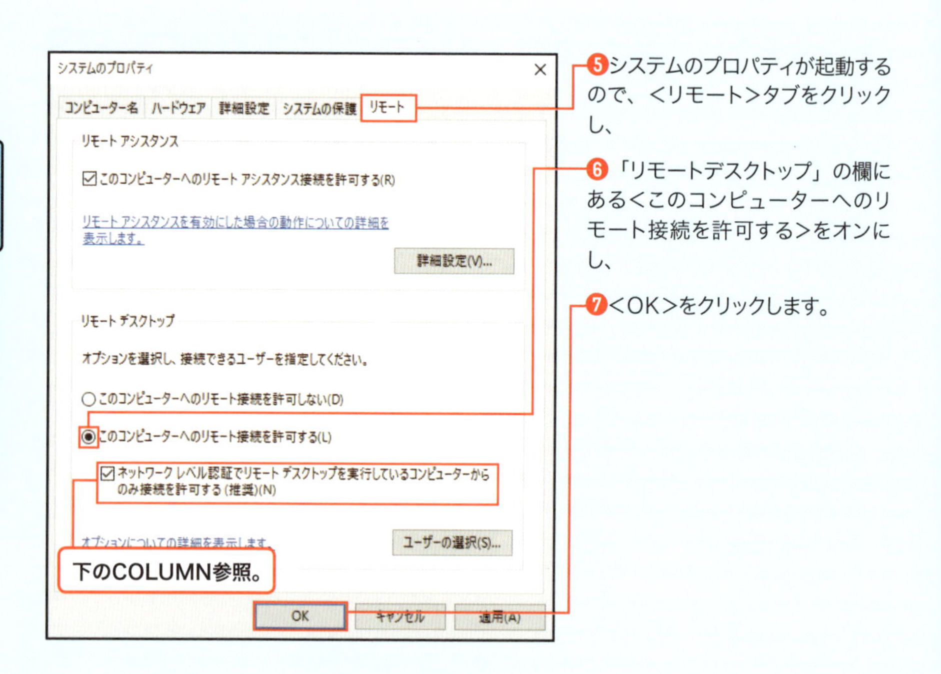

❺システムのプロパティが起動するので、＜リモート＞タブをクリックし、

❻「リモートデスクトップ」の欄にある＜このコンピューターへのリモート接続を許可する＞をオンにし、

❼＜OK＞をクリックします。

COLUMN

ネットワークレベル認証について

＜ネットワークレベル認証でリモートデスクトップを実行しているコンピューターからのみ接続を許可する＞については、ネットワークレベル認証に対応するクライアントが必要となります。Windows 10/8.1/7/Vistaは標準でネットワークレベル認証に対応しています。

ルーターの設定を行うには

前ページで変更したポートを、ルーターのポート・フォワード機能を利用して、ポート変換（開放）します。ここでは、バッファローのルーター「WXR-1750DHP」を例に設定方法を解説します。

ルーターのポート・フォワード機能を設定する

ルーターのポート・フォワード機能の設定方法は、Sec.34で解説した方法と基本的に変わりません。Sec.34のP.161の手順❻では、ポート番号に「1734」を設定しましたが、ここでは、その同じ設定項目でP.221のレジストリで設定した数値を入力します。また、P.162で「VPNパススルー」の設定を行っていますが、ここでは必要ありません。違いはそれだけですが、ここでは手順通りに解説します。

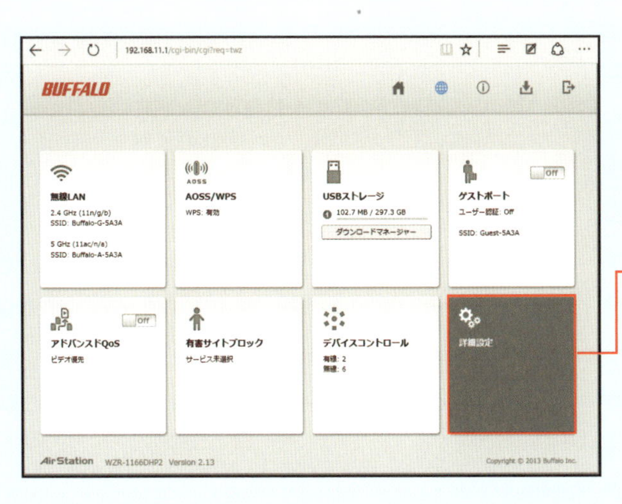

❶Webブラウザーを起動し、ルーターの設定画面にアクセスします。解説に使用しているバッファローの「WXR-1750DHP」は「192.168.11.1」です。

❷設定画面が表示されたら<詳細設定>をクリックします。

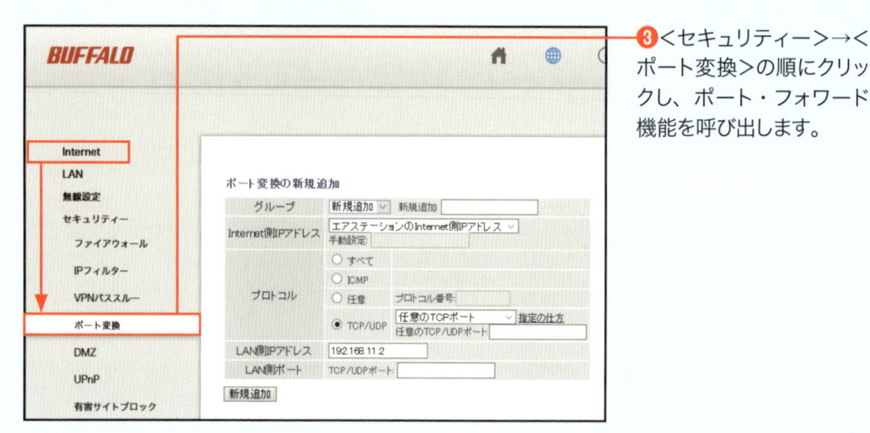

❸<セキュリティー>→<ポート変換>の順にクリックし、ポート・フォワード機能を呼び出します。

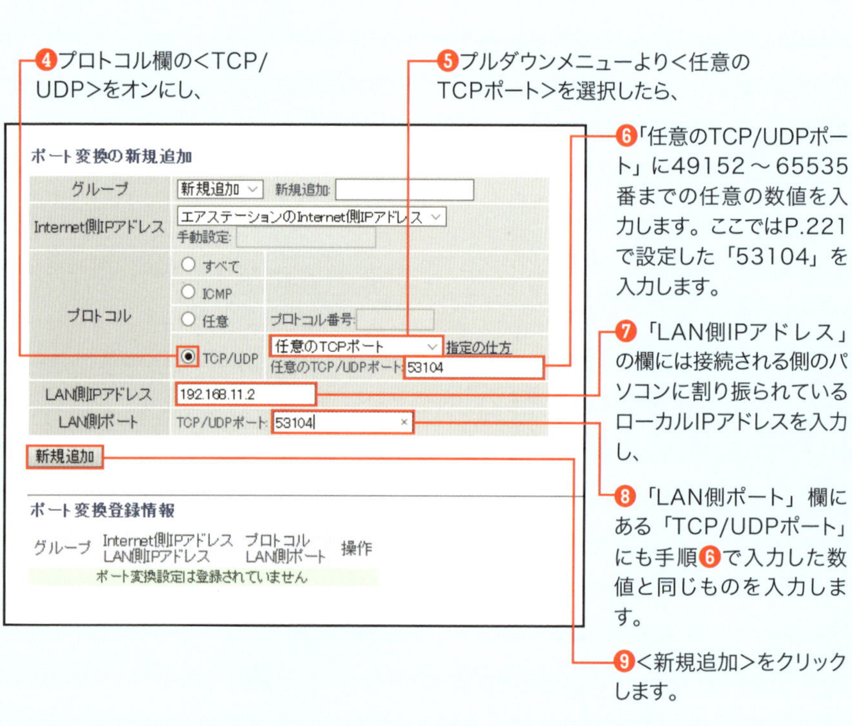

❹プロトコル欄の<TCP/UDP>をオンにし、

❺プルダウンメニューより<任意のTCPポート>を選択したら、

❻「任意のTCP/UDPポート」に49152～65535番までの任意の数値を入力します。ここではP.221で設定した「53104」を入力します。

❼「LAN側IPアドレス」の欄には接続される側のパソコンに割り振られているローカルIPアドレスを入力し、

❽「LAN側ポート」欄にある「TCP/UDPポート」にも手順❻で入力した数値と同じものを入力します。

❾<新規追加>をクリックします。

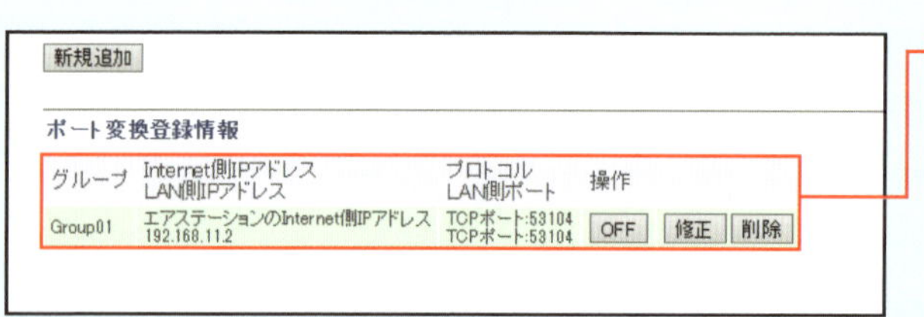

❿作成したポート変換の設定が画面下に表示されれば完了です。

SECTION 051 Windows

リモート操作を行うWindowsパソコンを設定するには

ここではWindowsパソコンの操作する側（クライアント側）の設定方法を解説します。ネットワークの設定をしっかりと済ませておけば、設定の手順はかんたんです。リモートデスクトップを快適に使うための操作方法も解説します。

外部から自宅パソコンを操作するときの設定

遠隔操作されるパソコン（サーバー側）の設定後は、外出先から操作する側（クライアント側）のパソコンを設定します。まず、ダイナミックDNS（P.153、156参照）やP.223のポート・フォワードの設定などを行い、外部から遠隔操作されるパソコン（サーバー側）に接続できる環境を作っておきます。そのあとは、リモートデスクトップに使用するクライアントソフトを起動し、接続を実行します。ここでは、Windows 10を使用した接続例を解説しますが、Windows 8.1/7/Vistaでも手順はほとんど同じです。

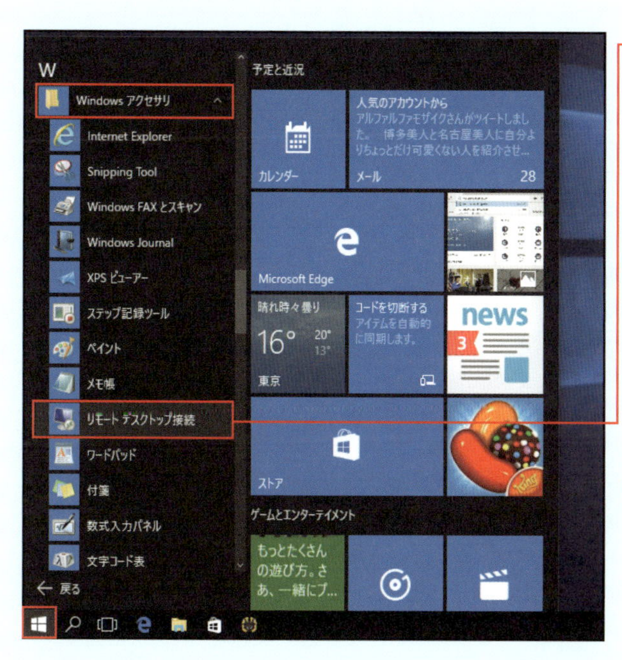

❶操作する側のパソコン（クライアント側）のスタートボタンをクリックし、＜すべてのアプリ＞から、＜Windows アクセサリ＞→＜リモートデスクトップ接続＞の順にクリックします（ほかのOSも＜Windows アクセサリ＞から＜リモートデスクトップ接続＞を選んでクリックします）。

MEMO: ショートカットを作成する

リモートデスクトップ接続を頻繁に利用する場合は、デスクトップにショートカットを作成しておくと便利です。

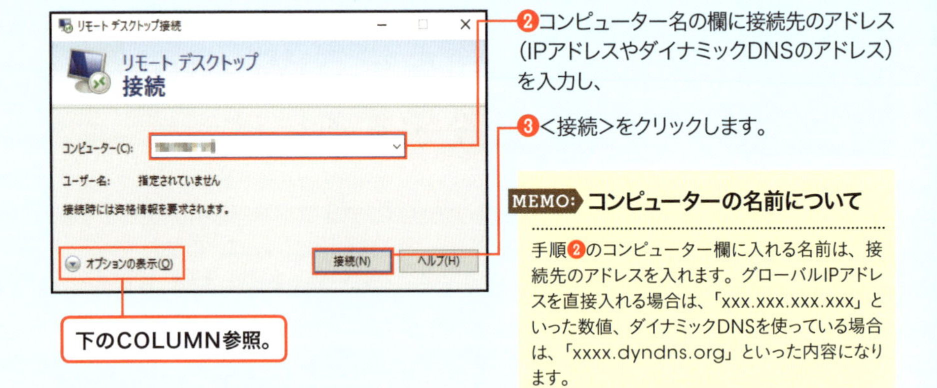

❷コンピューター名の欄に接続先のアドレス(IPアドレスやダイナミックDNSのアドレス)を入力し、

❸＜接続＞をクリックします。

MEMO: コンピューターの名前について

手順❷のコンピューター欄に入れる名前は、接続先のアドレスを入れます。グローバルIPアドレスを直接入れる場合は、「xxx.xxx.xxx.xxx」といった数値、ダイナミックDNSを使っている場合は、「xxxx.dyndns.org」といった内容になります。

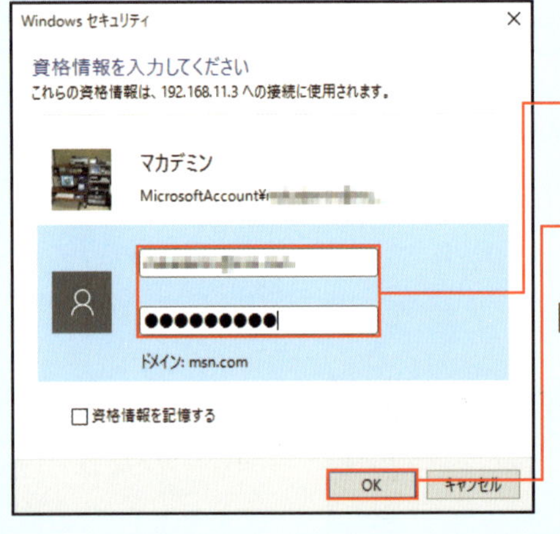

❹「Windowsセキュリティ」画面が表示されるので、

❺＜別のアカウントを使用＞をクリックし、遠隔操作するパソコン（サーバー側）の「ユーザー名」と「パスワード」を入力して、

❻＜OK＞をクリックします。

MEMO: Microsoft アカウントを利用している場合は

遠隔操作するパソコンがWindows 10/8.1でMicrosoft アカウントを利用している場合は、Microsoft アカウント名とパスワードを入力します。

第5章 ≫Windows

COLUMN

オプションでは解像度などを設定できる

「リモートデスクトップ接続」では、＜オプションの表示＞をクリックすると表示される画面で、解像度や色数など細かく設定できます。しかし、基本的には接続する回線の速度などに合わせて自動的にパフォーマンスを最適化するので、標準設定のままで問題はありません。動作が遅いなど、問題があった場合は設定を見直してみましょう。

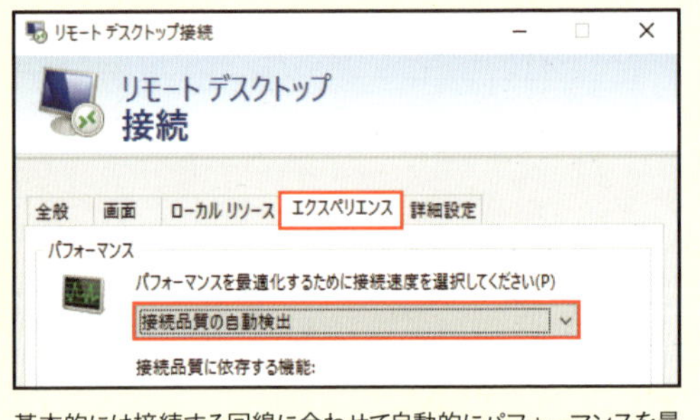

基本的には接続する回線に合わせて自動的にパフォーマンスを最適化します

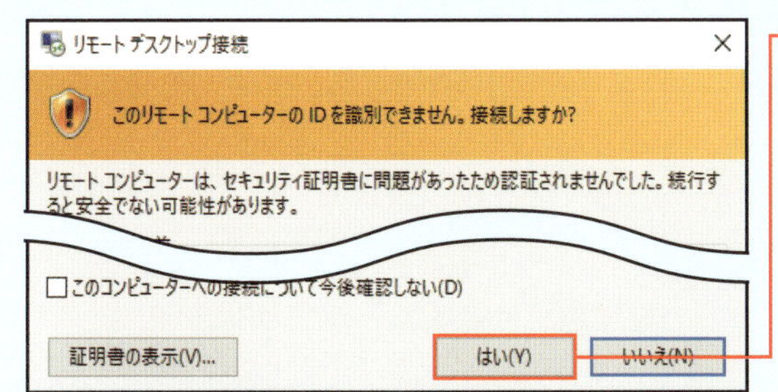

❼「このリモートコンピューターのIDを識別できません〜」という画面が表示された場合は、＜はい＞をクリックします。

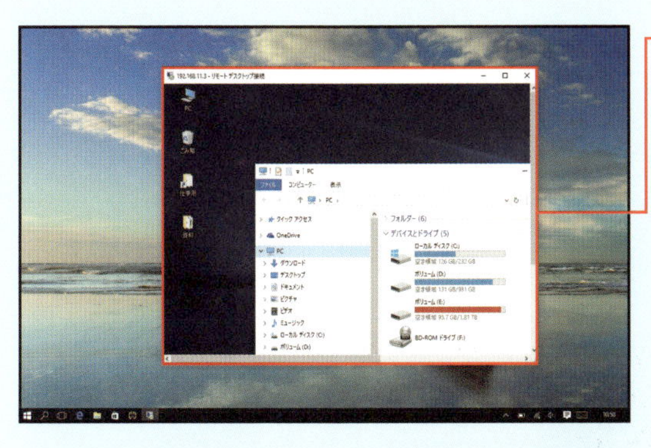

❽「リモートデスクトップ接続」のウィンドウが表示され、その中に遠隔操作される側（サーバー側）のデスクトップ画面が表示されます。

❾マウスもキーボードもそのまま利用できるので、いつもと同じ感覚で遠隔地にあるパソコンの操作が可能となります。

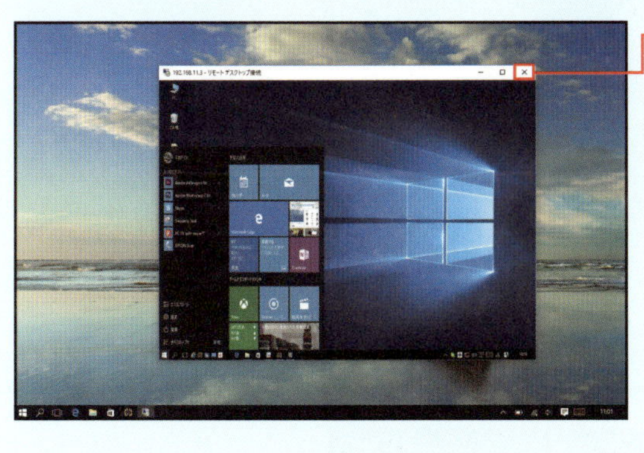

❿画面右上の×をクリックすれば、リモートデスクトップは終了します。

MEMO: 全画面表示の場合

全画面表示の場合は、マウスカーソルを上部に移動させると接続バーが表示されるので、一番右の×をクリックします。

ファイルのコピーを行う

Windowsのリモートデスクトップ接続では、遠隔地のパソコン(サーバー側)のファイルを、操作する側のパソコン（クライアント側）へと、コピーもかんたんに行えます。基本的には遠隔地のパソコンにあるファイルを選択してコピーを実行し、今度は操作する側のパソコンのデスクトップを表示し、貼り付けるだけです。必要なファイルを取り出したいときに便利です。

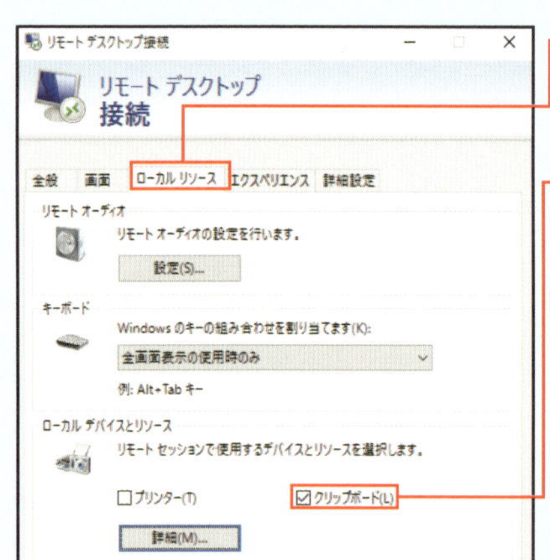

❶リモートデスクトップ接続のオプション(P.226COLUMN参照)にある＜ローカルリソース＞タブをクリックし、

❷＜クリップボード＞のチェックがオンになっているか確認します。

MEMO: ファイルコピーの設定について

ファイルコピーの設定は接続している状態では行えません。接続中の場合はリモートデスクトップを終了し、P.225の手順❶を参考に「リモートデスクトップ接続」のダイアログを表示させてください。

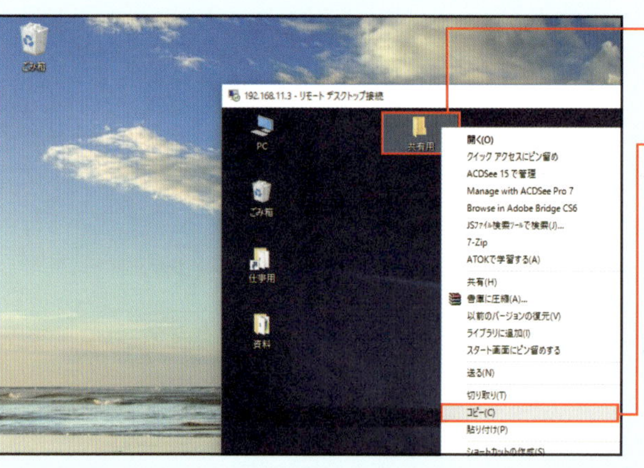

❸遠隔地のパソコン（サーバー側）にあるファイルを選択して右クリックし、

❹表示されるメニューから＜コピー＞をクリックします。

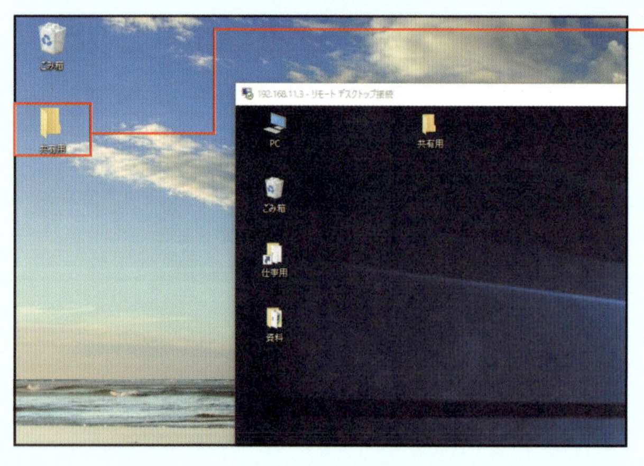

❺操作する側（クライアント側）のパソコンに貼り付けます。文字のコピー＆ペーストも行えます。

第5章 » Windows

SECTION 052 Mac

MacでWindowsパソコンをリモート操作するには

OS XからWindowsをリモートで利用する方法はかんたんです。マイクロソフトが提供しているOS X向けの無料アプリ「Microsoft Remote Desktop」を利用することでリモート操作が可能になります。

リモートデスクトップアプリを提供

OS XとWindowsはまったく異なるOSです。そのためOS XからWindowsを遠隔操作するのは難しいように思えますが、マイクロソフトから公式アプリとしてOS X用のリモートデスクトップアプリが無料で提供されています。

操作される側（サーバー側）のWindowsパソコンがDDNSやVPNなどで外部からリモートデスクトップ接続を受け付けられる状態になっていれば、外部のMacは操作する側（クライアント側）として接続が可能です。

ただし、OS Xは操作される側（サーバー側）にはなれません。ここで紹介する「Microsoft Remote Desktop」は、あくまで、Windowsパソコンを遠隔操作できるアプリとなるので注意しましょう。ここでは、OS X El Capitanの環境から、Windows 10搭載パソコンへリモートデスクトップ接続する手順を解説していきます。なお、Microsoft Remote DesktopはOS X 10.9以降で利用できるアプリです。

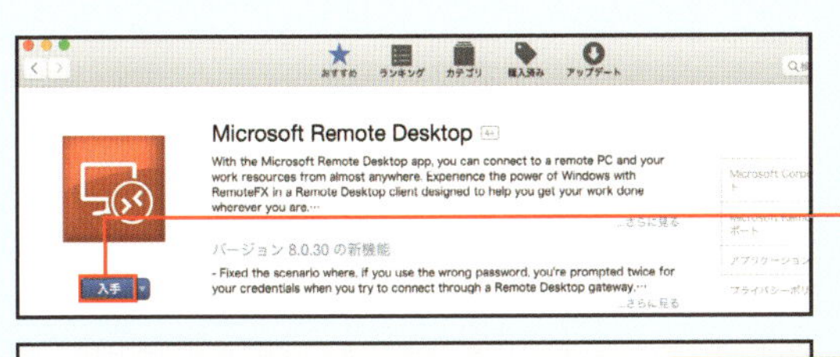

❶Mac App Storeにアクセスし、「Microsoft Remote Desktop」と検索し、ページを表示します。

❷＜入手＞をクリックし、インストールを開始します。

App Store からダウンロードするにはサインインしてください。
Apple ID をお持ちの場合は、ここでサインインしてください。iTunes Store や iCloud を利用したことがある場合は、Apple ID をすでにお持ちです。Apple ID をお持ちでない場合は、"Apple ID を作成"をクリックしてください。
Apple ID　パスワード　お忘れですか？
Apple ID を作成　キャンセル　サインイン

❸Apple IDの入力を求める画面が表示された場合は、IDとパスワードを入力し、

❹＜サインイン＞をクリックします。

MEMO: Apple ID

Apple IDを持っていない場合は＜Apple ID を作成＞をクリックすることで、無料で作成することができます。

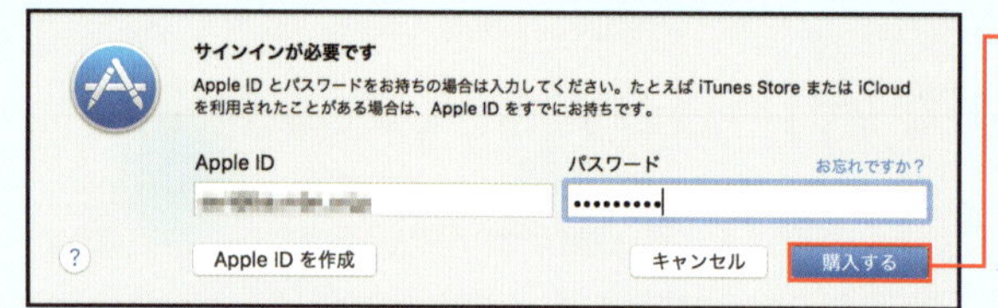

❺<購入する>をクリックします。

❻アプリに加わった<Microsoft Remote Desktop>をクリックして起動します。

MEMO: アプリの呼び出し方

画面下にあるDockから「Launchpad」を起動すると表示できます。

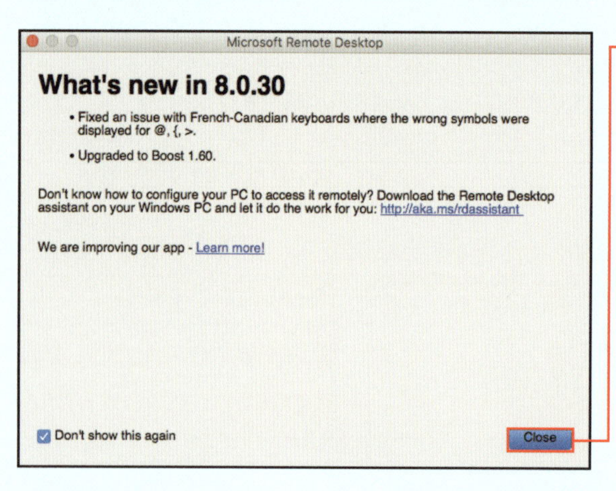

❼バージョンを示す画面が表示されるので、<Close>をクリックして閉じます。

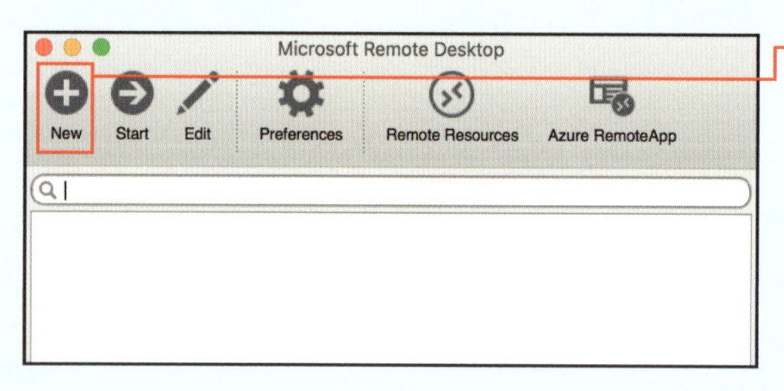

❽Microsoft Remote Desktopが起動するので、左上の<New>をクリックします。

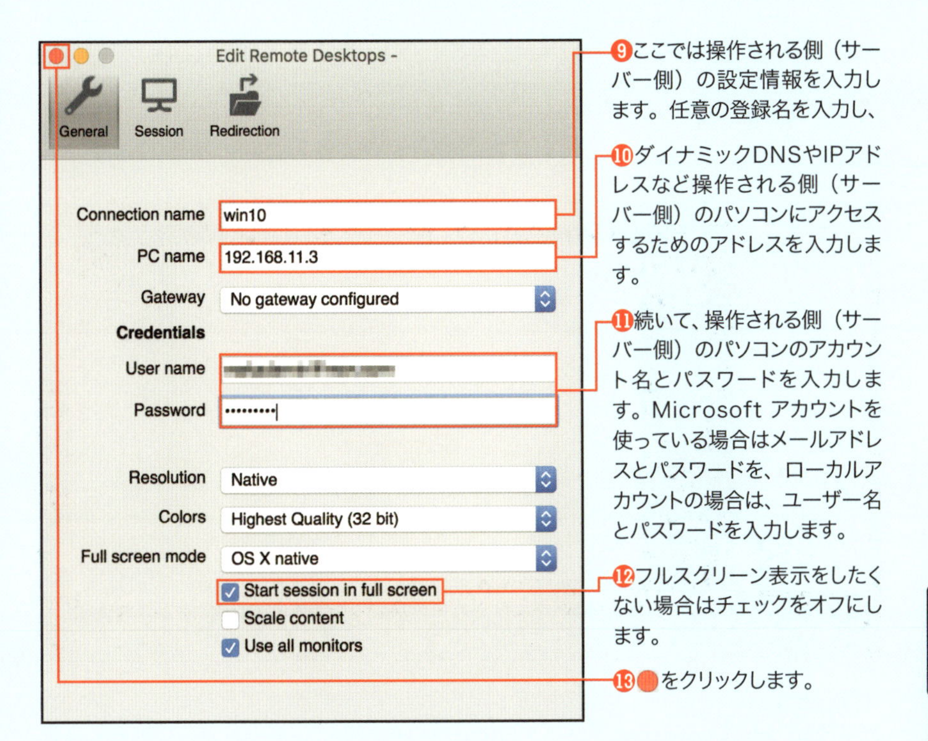

Edit Remote Desktops -
General
Session
Redirection
Connection name
win10
PC name
192.168.11.3
Gateway
No gateway configured
Credentials
User name
Password
Resolution
Native
Colors
Highest Quality (32 bit)
Full screen mode
OS X native
Start session in full screen
Scale content
Use all monitors
❾ここでは操作される側（サーバー側）の設定情報を入力します。任意の登録名を入力し、
❿ダイナミックDNSやIPアドレスなど操作される側（サーバー側）のパソコンにアクセスするためのアドレスを入力します。
⓫続いて、操作される側（サーバー側）のパソコンのアカウント名とパスワードを入力します。Microsoft アカウントを使っている場合はメールアドレスとパスワードを、ローカルアカウントの場合は、ユーザー名とパスワードを入力します。
⓬フルスクリーン表示をしたくない場合はチェックをオフにします。
⓭●をクリックします。

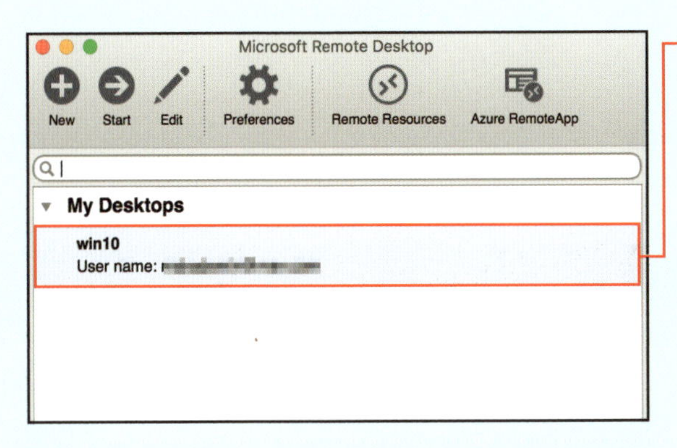

⓮作成した設定をダブルクリックすると、操作される側（サーバー側）へのアクセスがスタートします。

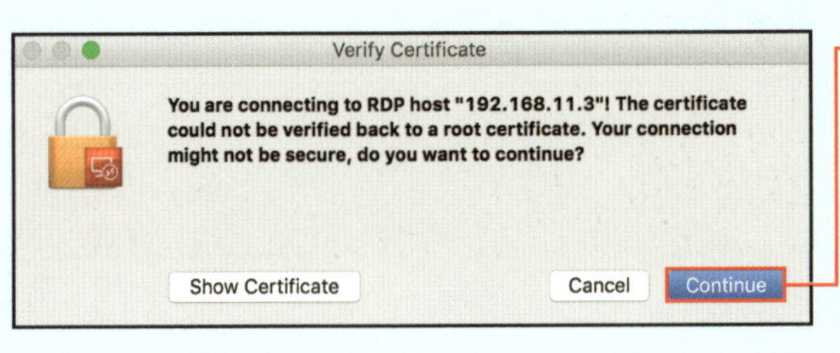

⓯「Verify Certificate（証明書を検証）」という画面が表示されるので、<Continue>をクリックします。

⑯これでWindowsのデスクトップが表示されます。マウスやキーボードはそのまま利用できるので、スムーズに操作できます。

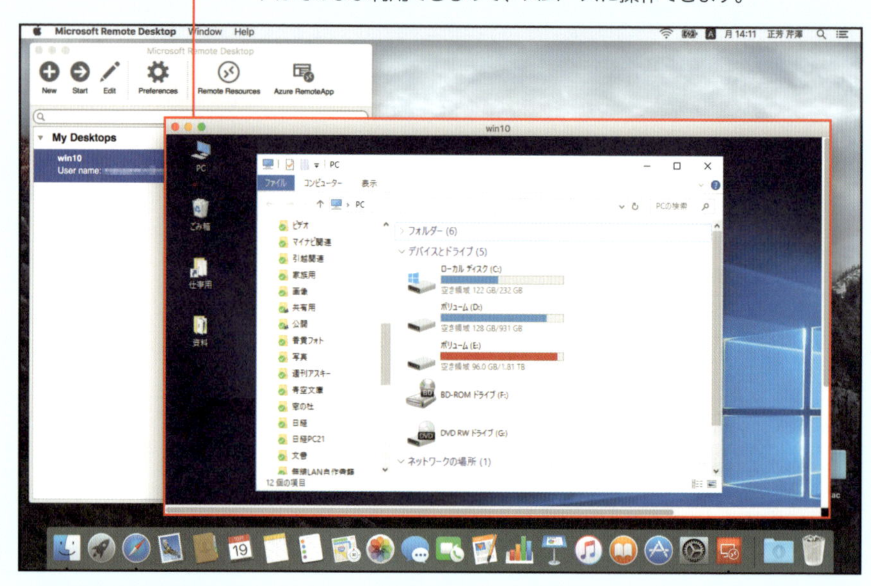

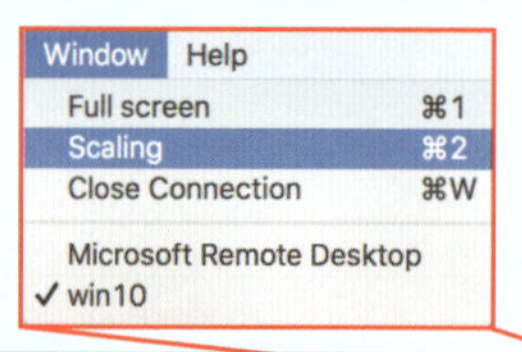

⑰上部の「Windows」メニューから<Scaling>を選択すると、ウィンドウサイズに合わせてデスクトップを縮小表示するようになり、デスクトップ全体を表示させたいときに便利です。

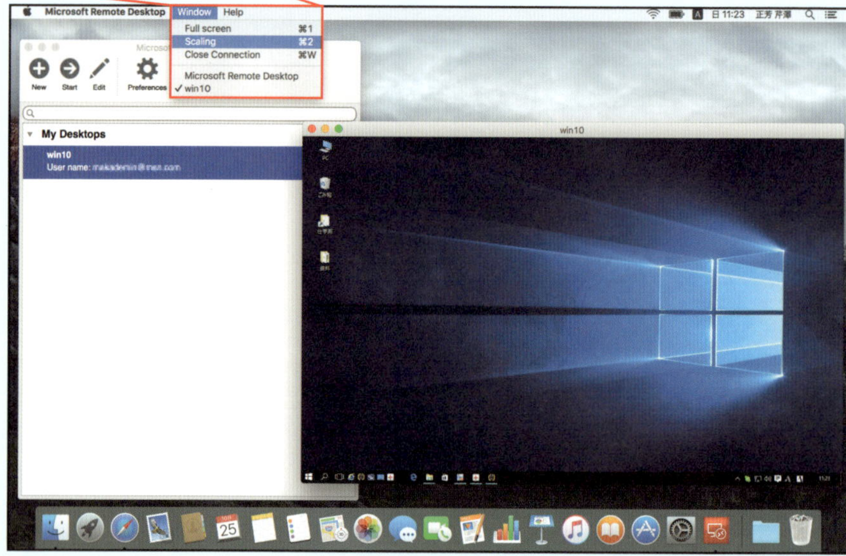

ファイルの共有を行う

OS X版のMicrosoft Remote Desktopには、ドラッグ&ドロップで直接ファイルをコピーすることはできませんが、共有フォルダーを作ることでファイルのやり取りを可能にしています。

OS X内の任意のフォルダーを指定すると、Windows側でそのフォルダーが共有フォルダーとして表示されます。そこにファイルをコピーすることで、ファイルのやり取りを行えます。

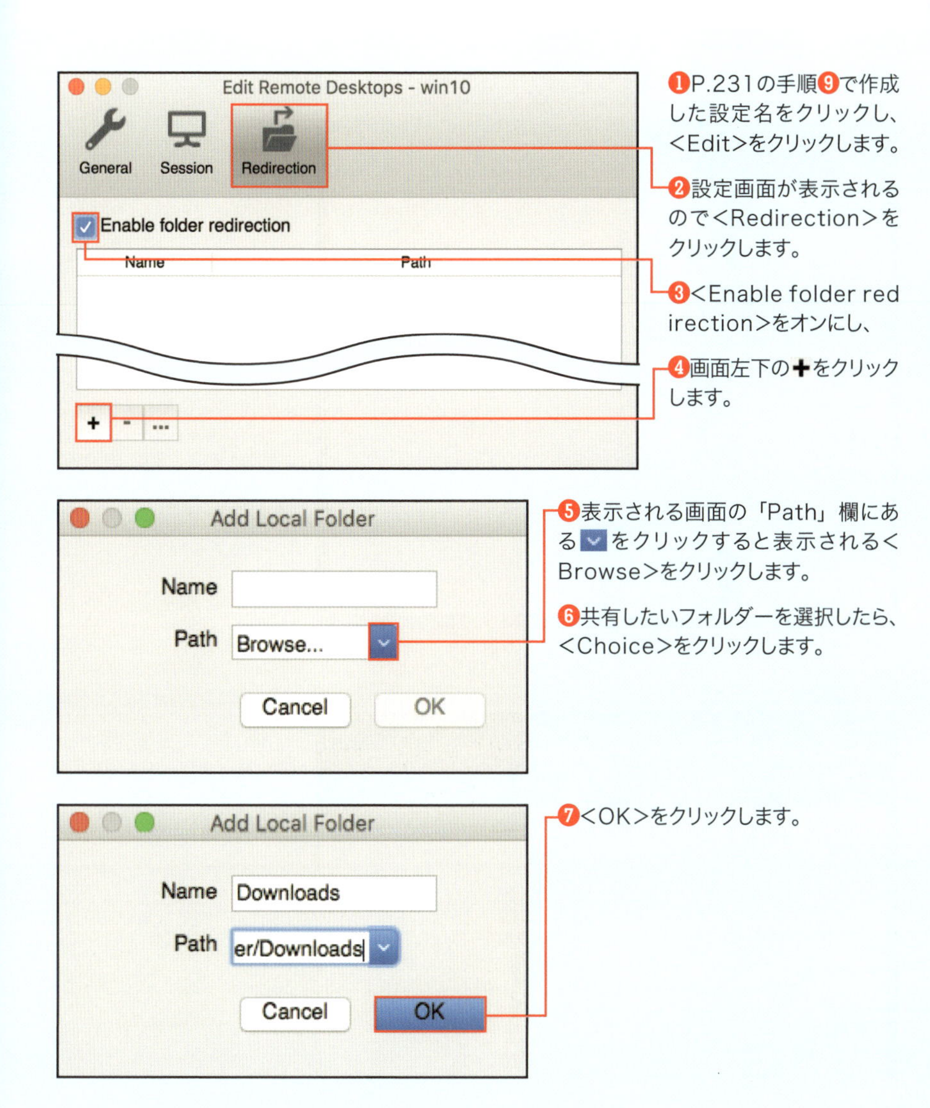

❶P.231の手順❾で作成した設定名をクリックし、<Edit>をクリックします。

❷設定画面が表示されるので<Redirection>をクリックします。

❸<Enable folder redirection>をオンにし、

❹画面左下の✚をクリックします。

❺表示される画面の「Path」欄にある をクリックすると表示される<Browse>をクリックします。

❻共有したいフォルダーを選択したら、<Choice>をクリックします。

❼<OK>をクリックします。

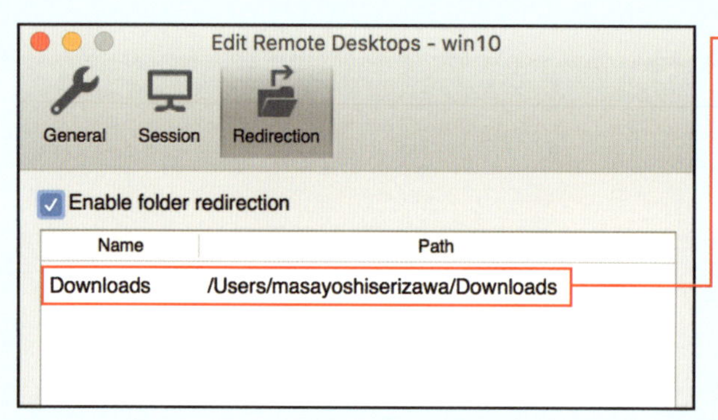

❽選択したフォルダーが表示されます。

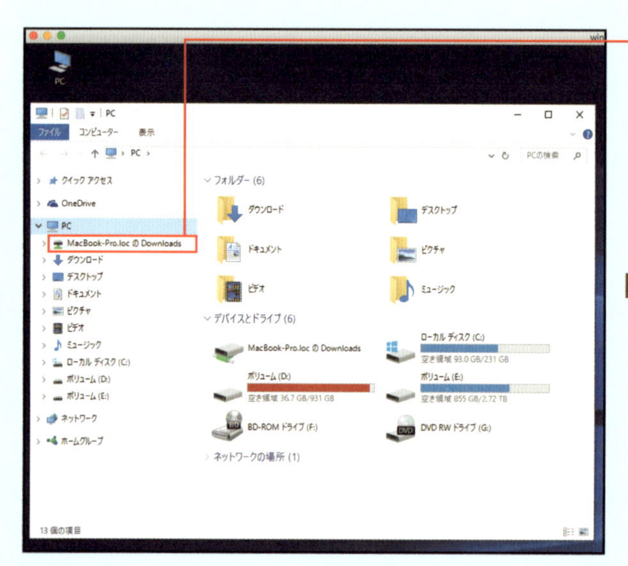

❾指定したフォルダーはMicrosoft Remote Desktopを利用して接続したWindows側に「PC」として表示されます。「ネットワーク」には表示されないので注意しましょう。

MEMO: 表示には時間がかかる

共有用に設定したフォルダーが表示されるには時間がかかります。また、共有される側がサインインしている必要があります。

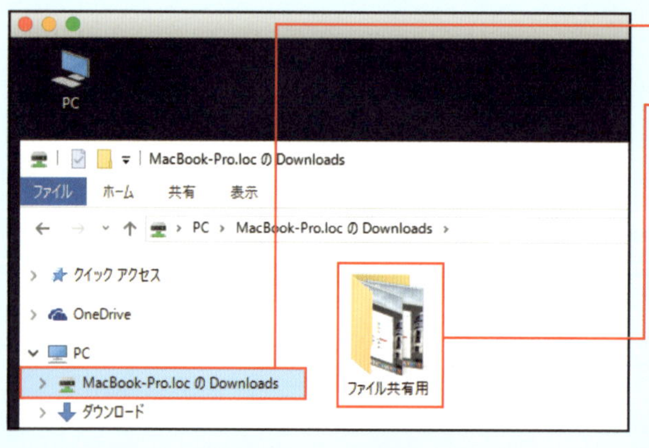

❿共有したフォルダーをクリックすると、

⓫フォルダー内が表示されます。

第5章 » Mac

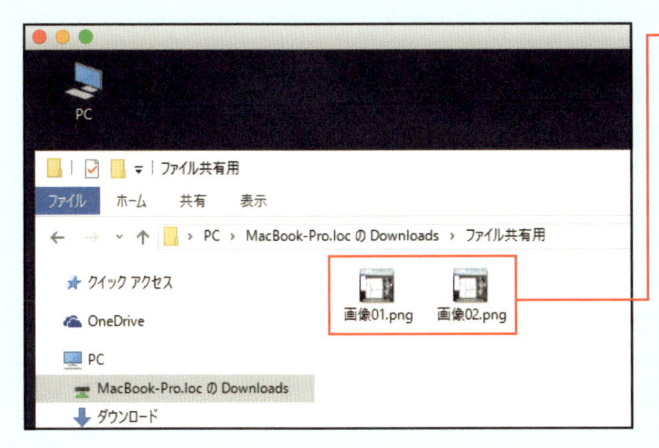

⑫フォルダー内のファイルも表示できるので、ここを通じてMac側とWindows側でファイルのやり取りを行えます。

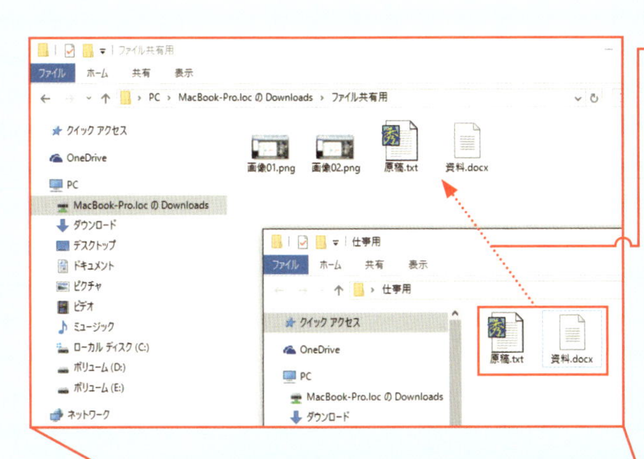

⑬Windows側からコピーしたファイルもしっかりとMac側のフォルダーに保存されます。

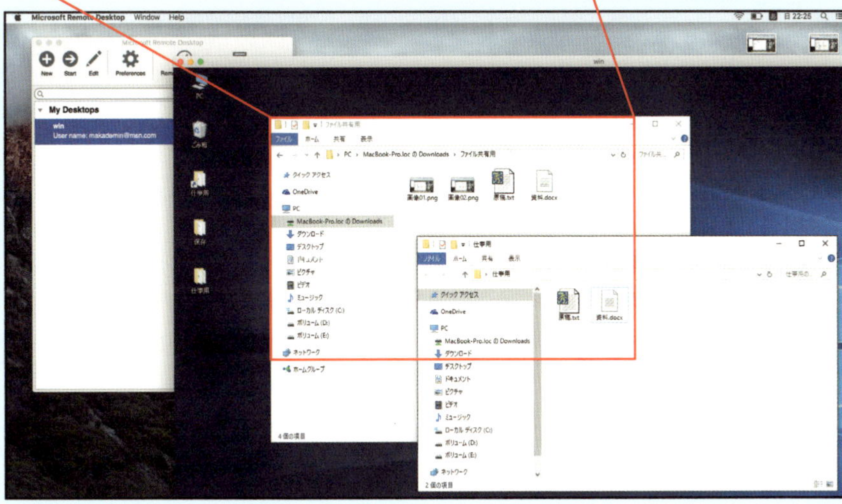

第5章 » Mac

SECTION 053 iPhone/iPad

iPhone/iPadでリモート操作を行うには

Windowsのリモートデスクトップ接続には、マイクロソフトからiOS端末向けの純正のアプリが無料で配信されています。iPhoneやiPadからもWindowsを手軽に遠隔操作することが可能です。

Microsoft リモート デスクトップをダウンロード

マイクロソフトはiOS端末向けのリモートデスクトップ接続アプリ「Microsoft リモート デスクトップ」をリリースしています。これは、遠隔地にあるWindowsパソコン（サーバー側）を操作できるアプリです。iPhoneやiPadといったiOS端末をクライアント側として利用できるのが大きな魅力となっています。外出先から自宅にあるWindowsパソコンを操作できるので非常に便利です。

マウスをタッチ操作で再現するため、操作には少々慣れが必要ですが、Windows 8以降ならばタッチ操作に最適化されているスタート画面などのインターフェイスをそのまま利用できます。操作される側（サーバー側）のパソコンは、Sec.51の「リモート操作を行うWindowsパソコンを設定するには」を済ませておきましょう。

❶iPhoneやiPadでApp Storeにアクセスし、「Microsoft リモート デスクトップ」と検索して、表示されるアプリをインストールします。

Microsoft リモート デスクトップ

何もありません。

使用を開始するには、このデバイスを使用して接続するリモート　デスクトップを追加してください。管理者がセットアップしたアプリやデスクトップと連携する、リモート リソースを追加することもできます。

❷Microsoft リモート デスクトップのインストールが完了すると、iOS端末のホーム画面に「RD Client」というアイコンが作成されます。それをタップして起動させると、

❸接続先のパソコンを登録する画面が表示されます。右上にある＋をタップします。

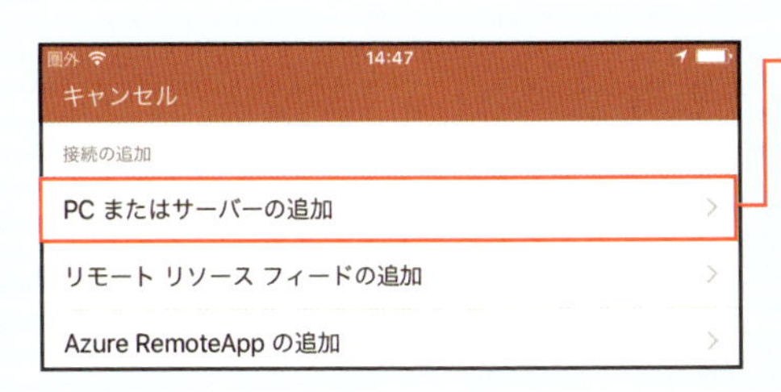

❹設定を追加するための3つのメニューが表示されるので、ここでは<PCまたはサーバーの追加>をタップします。

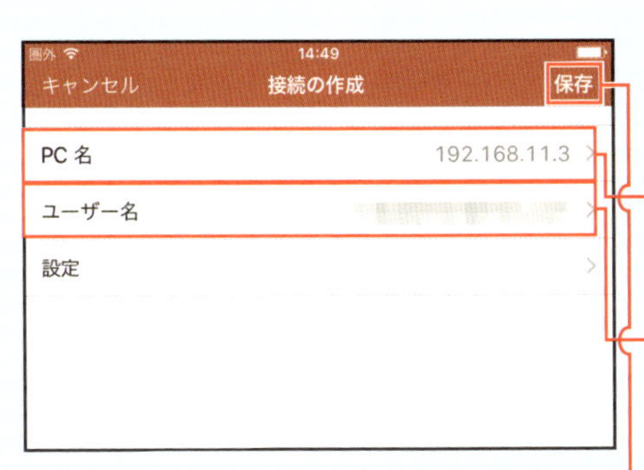

❺操作される側（サーバー側）のWindowsパソコンを登録する画面が表示されます。

❻ダイナミックDNSやIPアドレスなど、操作される側（サーバー側）のパソコンにアクセスするためのアドレスを入力します。

❼続いて、操作される側（サーバー側）のパソコンのアカウント名とパスワードを入力します。Microsoft アカウントを使っている場合はメールアドレスとパスワード、ローカルアカウントではコンピューター名/ユーザー名（例:win8pc/user1）とパスワードを入力します。

❽<保存>をタップして、登録を完了します。

❾パソコンの登録が終わるとメニュー画面に登録したPC名が表示されます。このPC名をタップすると操作される側（サーバー側）のパソコンへの接続がすぐにスタートします。

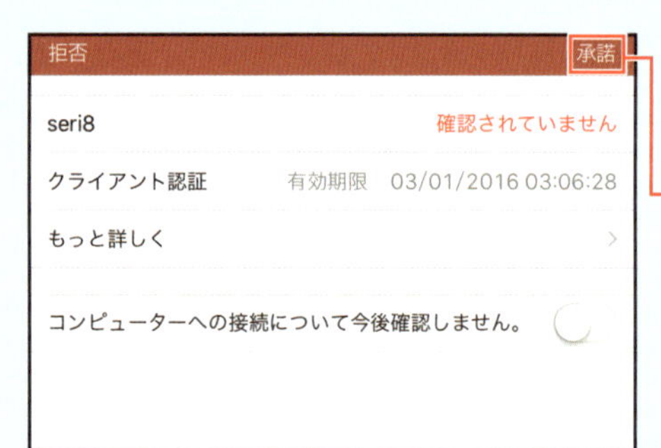

❿パソコンへの接続を開始するとサーバー証明書を確認するための画面が表示されます。

⓫<承諾>をタップします。

MEMO: 次回の接続

<コンピューターへの接続について今後確認しません。>をタップして有効にすると、次回の接続時よりこの画面は表示されなくなります。

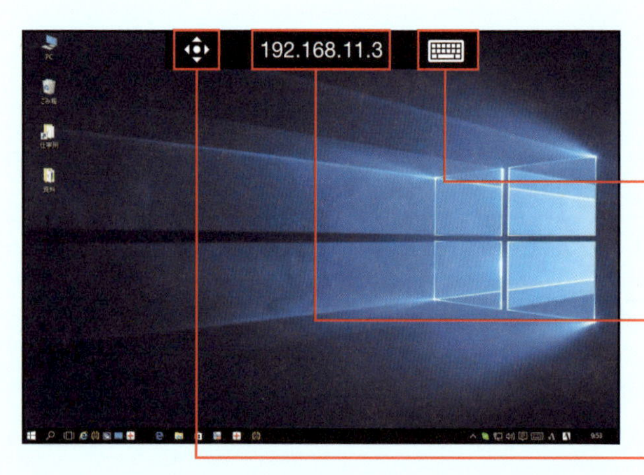

⓬接続が成功すると操作される側（サーバー側）のデスクトップ画面が表示されます。

⓭キーボードのアイコンをタップするとソフトウェアキーボードを呼び出せます。

⓮PC名（サーバー側のアドレス）をタップすると切断などのメニューを呼び出せます。

⓯この部分をタップすると拡大表示のオン／オフを切り替えられます。

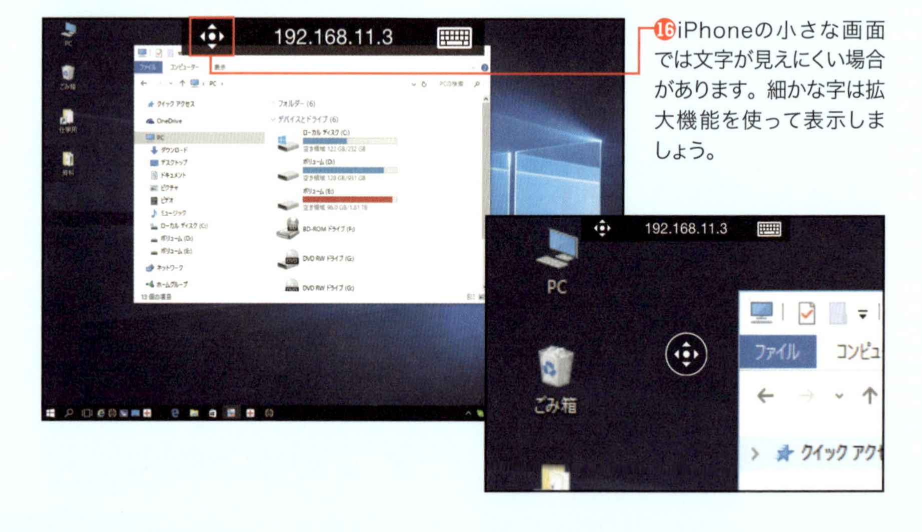

⓰iPhoneの小さな画面では文字が見えにくい場合があります。細かな字は拡大機能を使って表示しましょう。

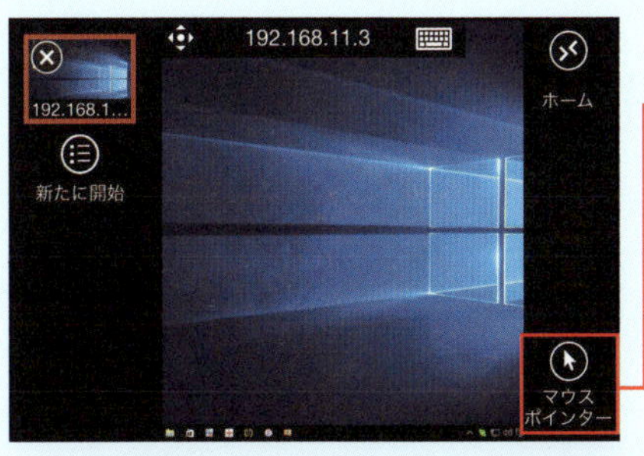

⑰前ページ手順⑭のPC名をタップし、

⑱表示されるメニューの一番右下にある<マウスポインター>をタップすると、マウス操作モードに切り替えられます。標準では、画面をタップすることでそのままアイコンの選択や移動ができる「ダイレクトタッチモード」です。

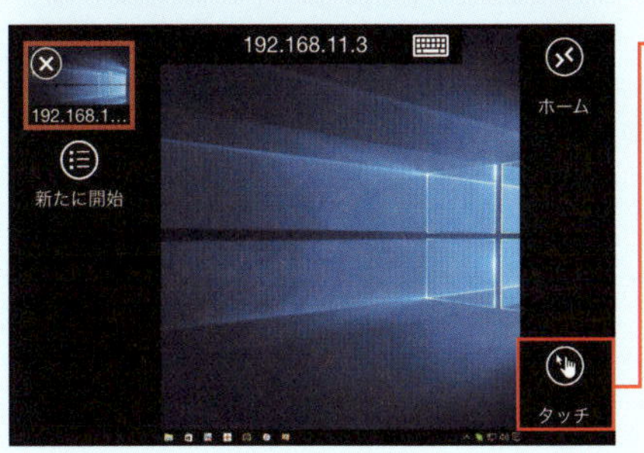

⑲もう一度メニューを呼び出し、このアイコンをタッチすると再び「ダイレクトタッチモード」に戻せます。

COLUMN

2つの操作モードの特徴

ダイレクトタッチモードは、その名の通り直接画面に指を置いて操作を行います。スマートフォンやタブレットを利用する際の一般的な操作と同じです。一方、マウスポインターモードは、直接画面に触れるという点ではダイレクトタッチモードと同じですが、マウスポインター上で操作を行います。また､ピンチイン/ピンチアウトの操作で画面を拡大/縮小できます（ダイレクトタッチモードはアプリによります）。主な違いは以下の通りです。

マウス操作	ダイレクトタッチモードでの操作方法	マウスポインターモードでの操作方法
マウスカーソルの移動	−	1本指でタップしたままドラッグ
左クリック	1本指でタップ	マウスカーソルを対象に合わせ、1本指でタップ
左ダブルクリック	1本指で2回続けてタップ	マウスカーソルを対象に合わせ、1本指で2回タップ
左クリックしてドラッグ	1本指でタップしたままドラッグ	マウスカーソルを対象に合わせ、1本指で2回タップしてドラッグ
右クリック	1本指でタップしたまま長押しをして、四角いマークが表示されたら離す	マウスカーソルを対象に合わせ、2本指でタップ
右クリックしてドラッグ	1本指でタップしたまま長押しをしてからドラッグ	マウスカーソルを対象に合わせ、2本指で2回タップしてドラッグ
マウスホイールによるスクロール	Windows 8以降ならばウィンドウをタップして上下にスワイプ	2本指でタップして上下にドラッグ

SECTION 054 Android

Android端末でリモート操作を行うには

Windowsのリモートデスクトップ接続には、マイクロソフトからAndroid端末向けの純正のアプリが配信されています。スマートフォンやタブレットで手軽に遠隔地にあるWindowsパソコンを操作できるのが魅力です。

Microsoft Remote Desktopをダウンロードする

マイクロソフトはAndroid端末向けのリモートデスクトップ接続アプリ「Microsoft Remote Desktop」をリリースしています。これは、遠隔地にあるWindowsパソコン（サーバー側）を操作できるアプリです。Android端末をクライアント側として利用できるのが大きな魅力です。通信機能を備えたスマートフォンやタブレットを使えば、いつでもどこでも手軽に自宅にあるWindowsパソコンを操作できるのが強みといえるでしょう。

マウスをタッチ操作で再現するため、操作には少々慣れが必要です。また、Windows 8以降ならばタッチ操作に最適化されているスタート画面などのインターフェイスをそのまま利用できます。操作される側（サーバー側）のパソコンは、Sec.51の「リモート操作を行うWindowsパソコンを設定するには」を済ませておきましょう。

❶リモートデスクトップを利用するスマートフォンやタブレットでPlayストアにアクセスし、「Microsoft Remote Desktop」を検索して、Android版の「Microsoft Remote Desktop」をインストールします。

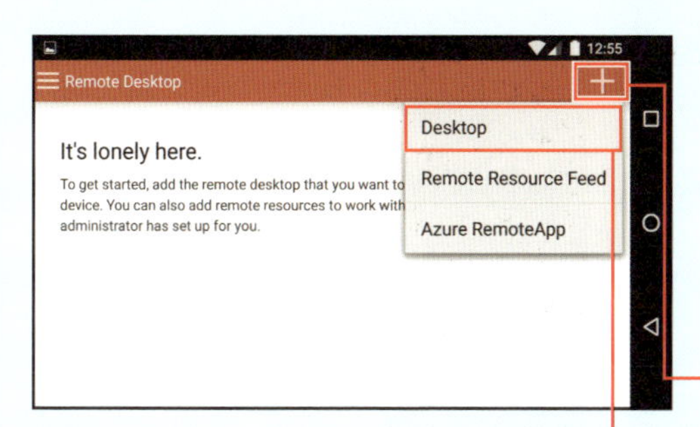

❷Microsoft Remote Desktopのインストールが完了すると、Android端末のホーム画面に「RD Client」というアイコンが作成されます。

❸そのアイコンをタップして起動すると、接続先のパソコンを登録する画面が表示されます。

❹画面右上にある＋をタップして、

❺表示されるメニューから<Desktop>をタップします。

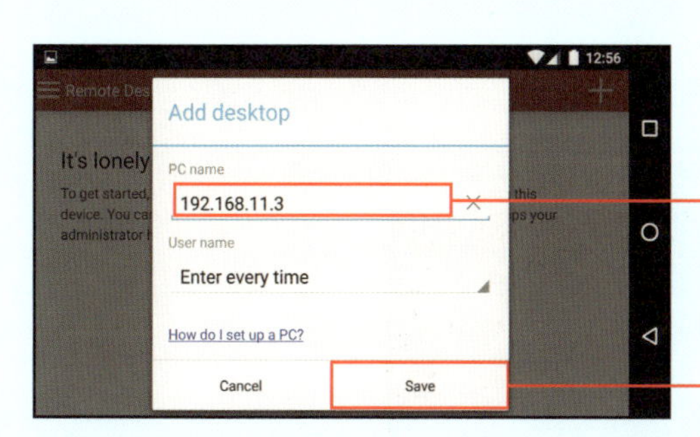

❻操作される側（サーバー側）のWindowsパソコンを登録する画面が表示されます。

❼ダイナミックDNSやIPアドレスなど操作される側（サーバー側）のパソコンにアクセスするためのアドレスを入力します。

❽<Save>をタップすると登録が完了します。

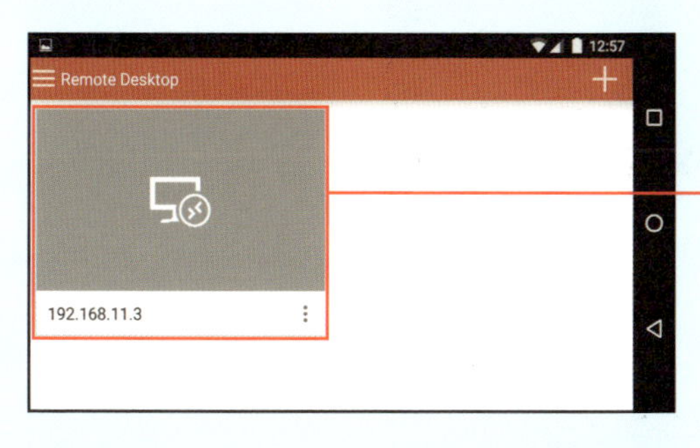

❾パソコンの登録が終わるとメニュー画面に入力したアドレスが表示されます。

❿このアドレス部分をタップすると、操作される側（サーバー側）のパソコンへの接続がすぐにスタートします。

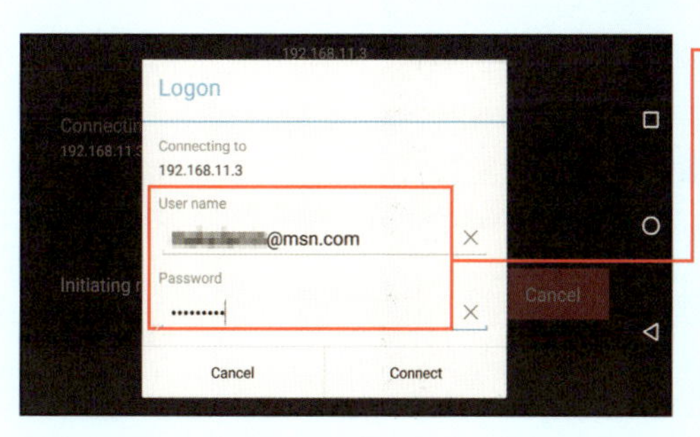

⓫操作される側（サーバー側）のパソコンのアカウント名とパスワードを入力します。Microsoft アカウントを使っている場合はメールアドレスとパスワード、ローカルアカウントでは、コンピューター名/ユーザー名（例：win8pc/user1）とパスワードを入力します。

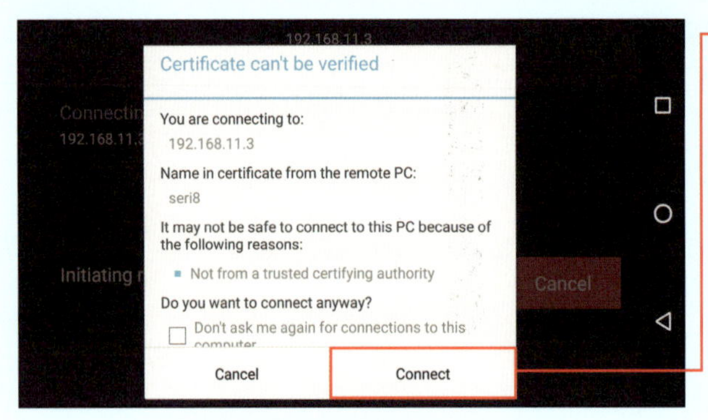

⑫接続先を確認する画面が表示されるので<Connect>をタップします。

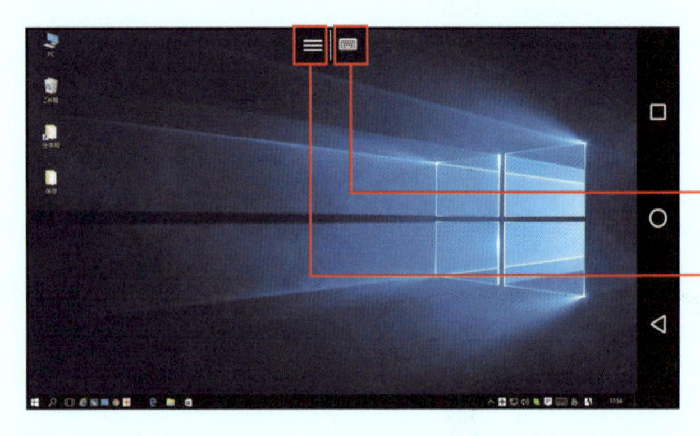

⑬接続が成功すると操作される側（サーバー側）のデスクトップ画面が表示されます。

⑭ソフトウェアキーボードを呼び出せます。

⑮タップすると両側面にメニューが表示されます。

⑯ソフトウェアキーボードには[Windows]キーや[Alt]キーなどを用意され、特定のキーは押しっぱなしにすることも可能なので、[Ctrl]＋[Alt]＋[Delete]キーの同時押しといった動作も可能です。

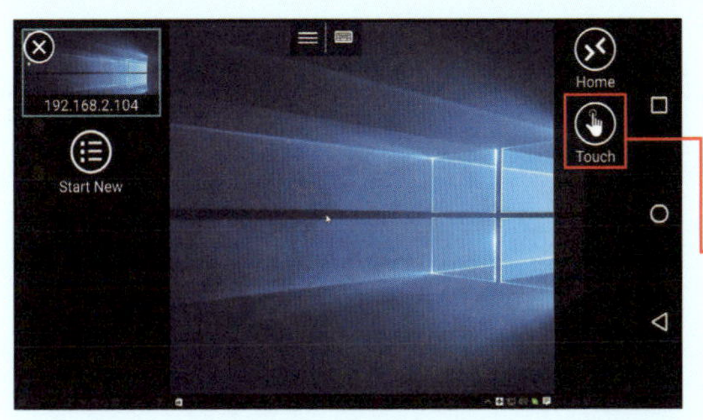

⑰標準では、画面をタッチすることでマウスポインターを操作できる「マウスポインターモード」ですが、画面上のメニューボタンを押してメニューを表示し、

⑱<Touch>をタップすると、

⑲「ダイレクトタッチモード」になります。操作モードについては、P.239の「2つの操作モードの特徴」の表と同じです。

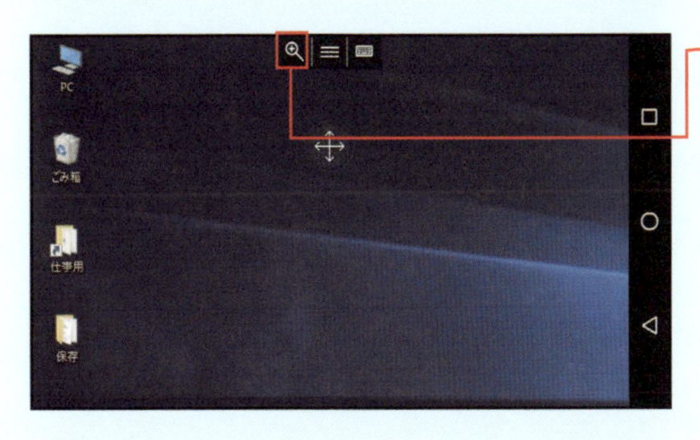

⑳ダイレクトタッチモードでは、🔍をタッチすることで画面の拡大が可能です。文字が見にくい、文字の内容をしっかり確認したいという場合は、拡大機能を利用しましょう。

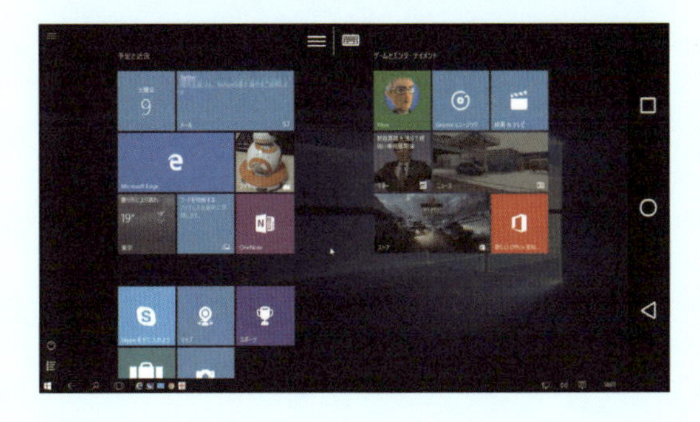

㉑スマートフォンやタブレットならば、Windows 8以降のタッチ操作に最適化したインターフェイスをそのまま利用できます。リモートデスクトップなら、Windows 10タブレットのように使えるのも魅力です。

リモート操作を許可するMacを設定するには

ここではOS X El Capitanの操作される側の設定方法を解説します。Macでは「画面共有」という名前で、Windowsのリモートデスクトップに相当する機能が提供されています。

操作される側(自宅パソコン)を設定する

OS X El Capitanでは、「画面共有」という名前でリモートデスクトップ機能を標準で搭載しています。この画面共有は、基本的に同一のネットワーク内（家庭内LAN）でしか利用できない機能ですが、Appleのクラウドサービス「iCloud」の「どこでも My Mac」を利用することで、遠隔地にあるMacからでも画面共有を利用できるようになります。まずは、操作される側の設定を解説していきます。

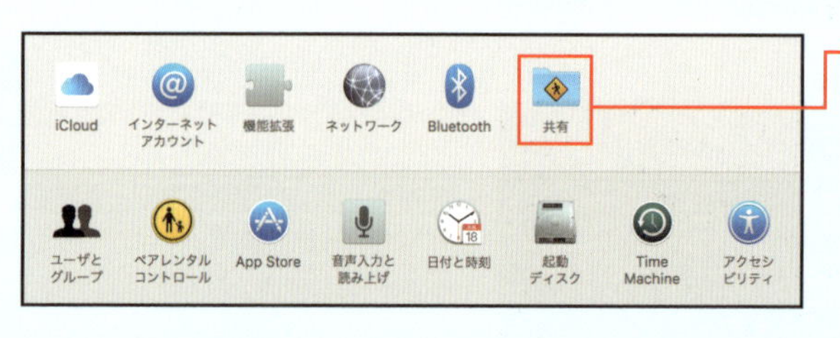

❶システム環境設定を開き、<共有>をクリックします。

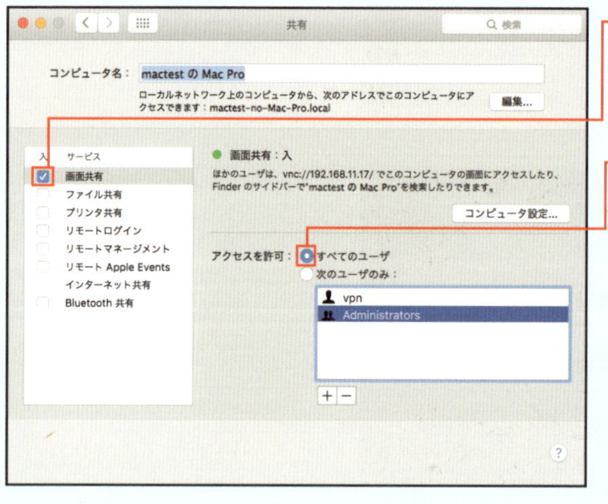

❷「共有」画面に切り替わるので、その左側にあるメニューの<画面共有>をオンにします。

❸<すべてのユーザ>をクリックします。

❹システム環境設定に戻ります。

❺遠隔地からの操作を受け付けるにはiCloudの「どこでも My Mac」を有効にする必要があります。＜iCloud＞をクリックします。すでにサインインしている場合は、手順❿に進みます。

❻Apple IDのアドレスとパスワードを入力し、

❼＜サインイン＞をクリックします。

MEMO: Apple IDを作成していない場合

Apple IDを取得していない場合は、＜Apple ID を作成＞をクリックします。無料で作成できます。

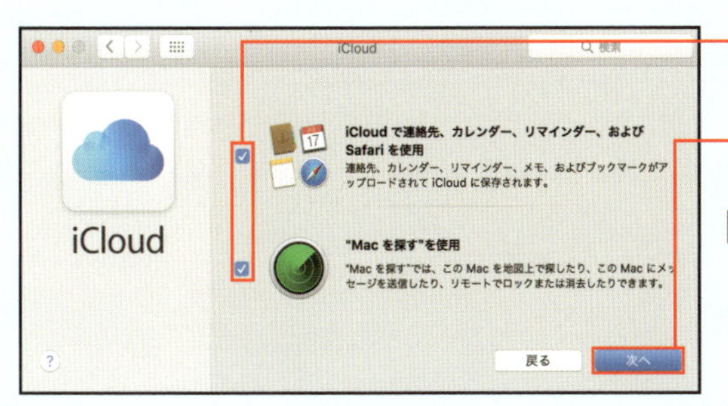

❽iCloudで利用するサービスに応じてチェックをオンにし、

❾＜次へ＞をクリックします。

MEMO: 表示される画面は異なる

iCloudキーチェーンを使用している場合はコードの入力が必要となります。iCloudキーチェーンの設定を求められた場合は、画面の指示に従って任意で進めてください。また、位置情報の使用許可を求められた場合は、＜許可＞をクリックします。

❿使用するサービスを選ぶ画面に切り替わるので、

⓫＜どこでも My Mac＞をオンにします。これで操作される側の設定は完了です。

SECTION 056
画面共有(Mac)

リモート操作を行うMacを設定するには

ここではOS X El Capitanにアクセスする側の設定方法を解説します。OSのバージョンに制限はありますが、「どこでも My Mac」を利用すれば、かんたんに外出先からも遠隔操作が可能です。

操作する側を設定する

OS X El Capitanでは、画面共有という名前でリモートデスクトップ機能を標準で搭載しています。操作される側のMacが「画面共有」と、Appleのクラウドサービス「iCloud」の「どこでも My Mac」を有効にしていれば、インターネットを経由して、外出先のMacからかんたんに遠隔操作が可能です。

操作される側と操作する側のファイルをドラッグ&ドロップでかんたんにコピーできるなど使いやすいのも大きな魅力です。

なお、「どこでも My Mac」が利用できるのは、OS X 10.7.5以上で同じiCloudのアカウントを使っていることが条件となります。

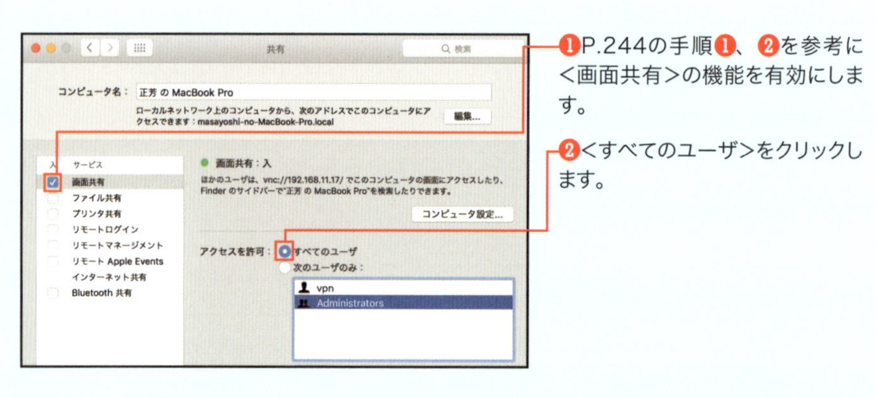

❶P.244の手順❶、❷を参考に<画面共有>の機能を有効にします。

❷<すべてのユーザ>をクリックします。

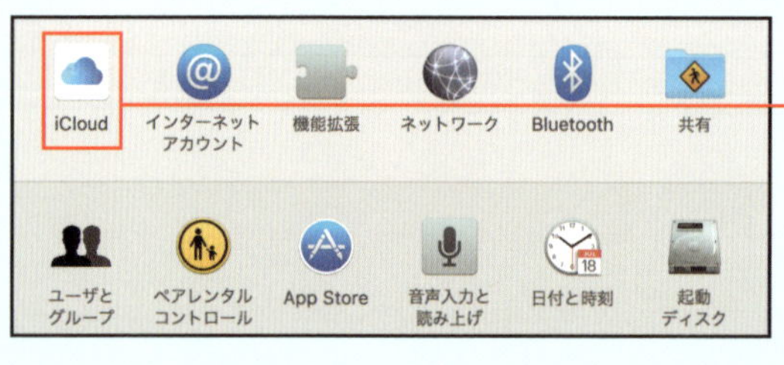

❸システム環境設定に戻り、<iCloud>をクリックします。

❹続いてiCloudを起動し、操作される側と同じApple IDでサインインします。

❺iCloudの起動後は、<どこでもMy Mac>をオンにして有効化します。

MEMO: 表示される画面は異なる

iCloudキーチェーンを使用している場合はコードの入力が必要となります。iCloudキーチェーンの設定を求められた場合は、画面の指示に従って任意で進めてください。また、位置情報の使用許可を求められた場合は、<許可>をクリックします。

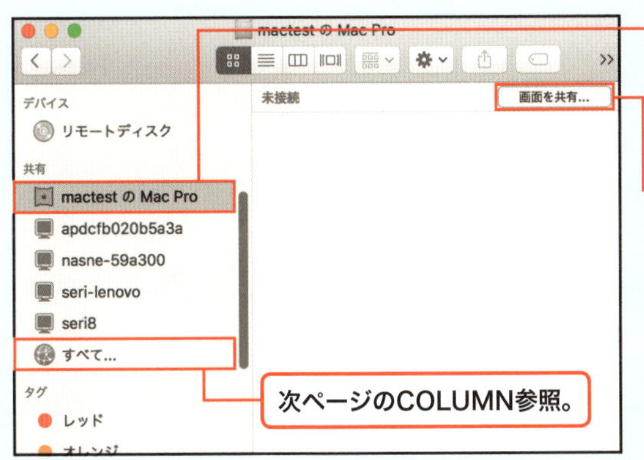

❻設定が完了するとFinderの左側のメニューに操作される側のMacが表示されるようになります。これをクリックし、

❼<画面を共有>をクリックします。

MEMO: リモート操作が行われる側の設定

この手順❼の操作を終えたところで、リモート操作される側のMacで共有を許可するかどうかの画面が表示された場合は、<共有>をクリックします。

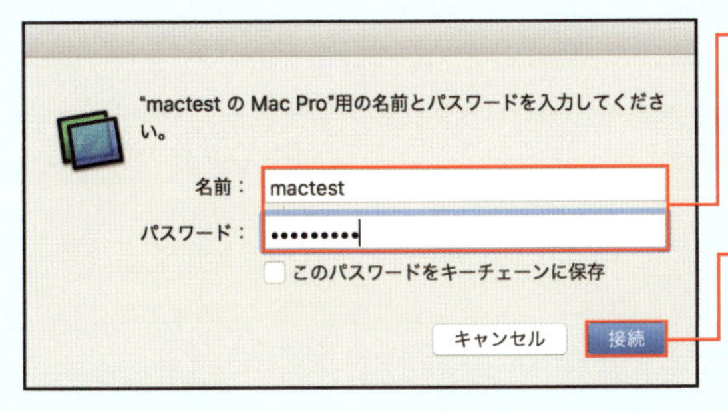

❽ログインアカウントの入力が求められるので、Macにログインする「名前」と「パスワード」を入力します。iCloudのアカウントではありません。

❾<接続>をクリックします。

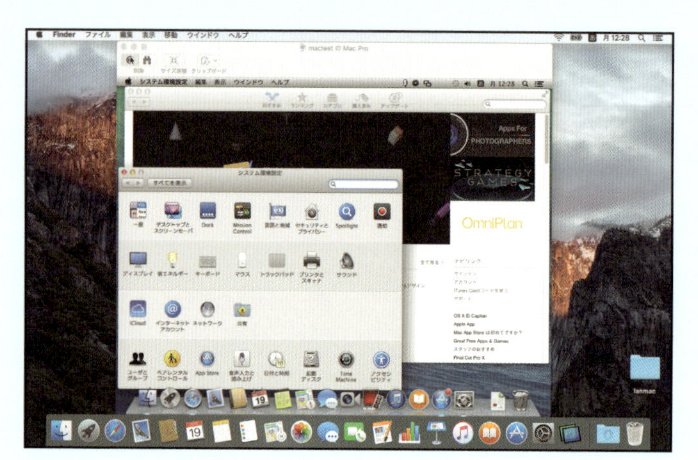

❿操作される側のMacのデスクトップが表示されます。マウスやキーボードによる操作だけではなく、操作される側と操作する側、どちらのファイルもドラッグ＆ドロップが行えます。

COLUMN

接続できない場合は

接続できない場合は、いくつかの原因が考えられます。以下の内容を参考に確認してください。

① 操作する側も操作される側も同じiCloudのアカウントでサインインし、同じように共有設定を行っている必要があります。iCloudのアカウントが同じかどうか再度確認してください。

② 操作される側のMacにセキュリティソフトが導入されており、ファイアウォールが有効になっていると接続できない場合があります。「どこでもMy Mac」はとくにネットワーク設定などを行わなくても利用できる機能だけに、もし接続できない場合は、セキュリティソフトを確認してみましょう。

③ 前ページの手順❼のMEMOでも解説していますが、共有許可の画面は、ほかのユーザーが画面操作の権限を要求する設定になっている場合に表示されることがあります。この設定はデフォルトではオフですが、オフのままでかまいません。もしもオンになっていた場合はオフにしてください。確認方法は、P.246の手順❶の画面で、<コンピュータ設定>をクリックします。

④ 前ページの手順❻でリモート操作を行いたいMacがFinderに表示されなかった場合は、共有の欄にある<すべて>をクリックしてください。目的のMacが表示されたら、これをダブルクリックします。また、表示には時間がかかることもあります。

⑤ VPN機能を有効にしている、UPnP（ユニバーサルプラグアンドプレイ）がオフになっているなど、ルーターの設定によっては接続できない場合もあります。接続できない場合は確認してみましょう。

P.246の手順❶の画面で<コンピュータ設定>をクリックすると表示される画面。<ほかのユーザが画面操作の権限を要求することを許可>がオンになっている場合は、クリックしてオフにします

SECTION 057 Chrome

Chromeリモートデスクトップでリモート操作を行うには

Googleが作ったWebブラウザーとして知られる「Google Chrome」。高速動作が魅力ですが、さまざまなアプリが提供されており、パソコンの遠隔操作に対応するアプリも存在しています。ここでは、その設定方法を解説します。

Google Chromeで遠隔操作を実現

Google開発のWebブラウザー「Google Chrome」のアプリとして、リモートデスクトップ機能が提供されています。Windows標準のリモートデスクトップに比べ、Google Chromeやアプリの導入といった手間はあるのものの、TCPポートの変換（開放）が不要なので、ネットワーク設定の面では手軽です。Windowsだけではなく、OS XやLinux、Androidからも遠隔操作が可能で、幅広いOSに対応しています。

導入の手順もそれほど難しくはありません。すべて無料で利用できるので、お試し感覚で導入してみるのもよいでしょう。

接続される側を設定する

❶Google Chromeを導入していない場合は、まずChromeのページ（https://www.google.co.jp/chrome/browser/）にアクセスして、

❷<Chromeをダウンロード>をクリックします。

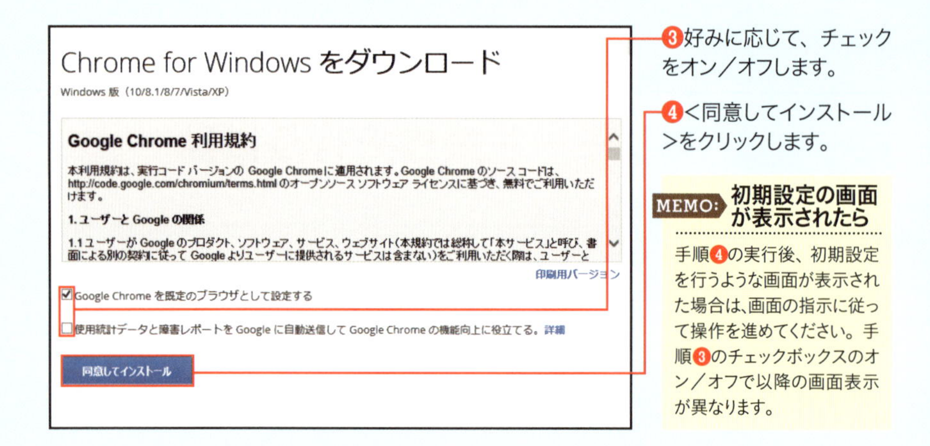

❸好みに応じて、チェックをオン／オフします。

❹<同意してインストール>をクリックします。

MEMO: 初期設定の画面が表示されたら

手順❹の実行後、初期設定を行うような画面が表示された場合は､画面の指示に従って操作を進めてください。手順❸のチェックボックスのオン／オフで以降の画面表示が異なります。

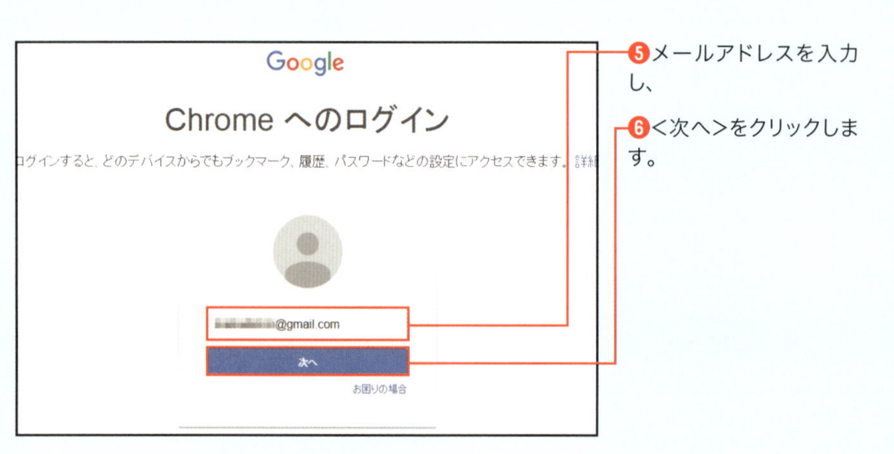

❺メールアドレスを入力し、

❻<次へ>をクリックします。

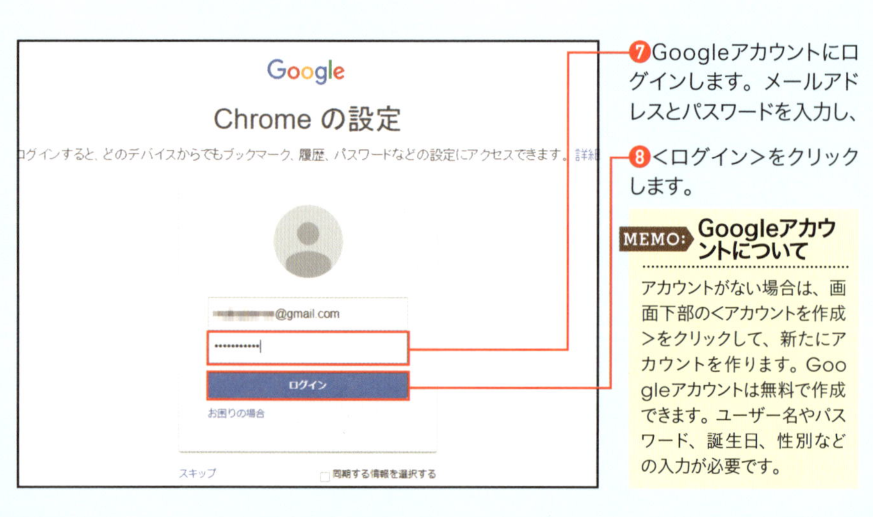

❼Googleアカウントにログインします。メールアドレスとパスワードを入力し、

❽<ログイン>をクリックします。

MEMO: Googleアカウントについて

アカウントがない場合は、画面下部の<アカウントを作成>をクリックして、新たにアカウントを作ります。Googleアカウントは無料で作成できます。ユーザー名やパスワード、誕生日、性別などの入力が必要です。

❾Chromeウェブストア（https://chrome.google.com/webstore/category/apps）にアクセスし、Chromeリモートデスクトップのページにアクセスします。

❿右上の<+CHROMEに追加>をクリックしてインストールを行います。

⓫「アプリの追加を確認する」ウィンドウが表示されるので、<追加>をクリックします。

⓬<アプリを追加>をクリックします。

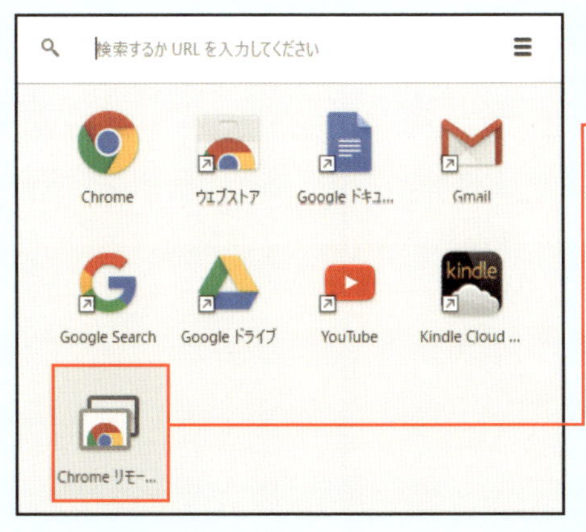

⓭Chromeのアプリ一覧が表示されるので、

⓮<Chromeリモート…>のアイコンをクリックします。

承認

続行するには、このパソコンに拡張アクセス許可を付与する必要があります。この作業は 1 回だけ必要です。

続行

⑮承認を求める画面が表示されるので、<続行>をクリックします。

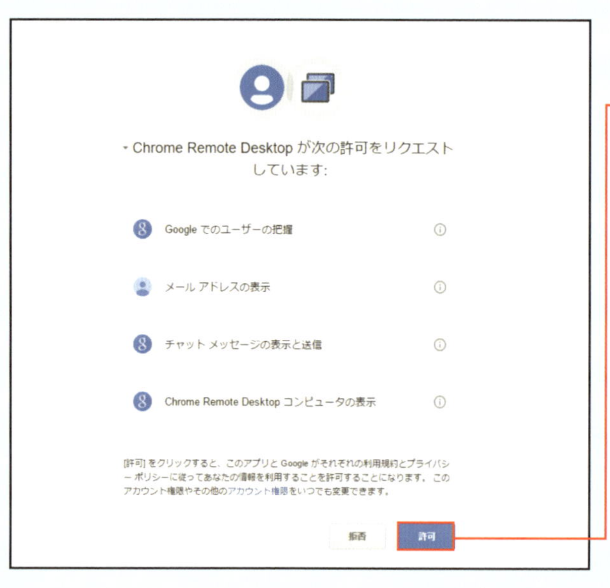

⑯さらに許可のリクエストが画面が表示されるので、

⑰<許可>をクリックします。

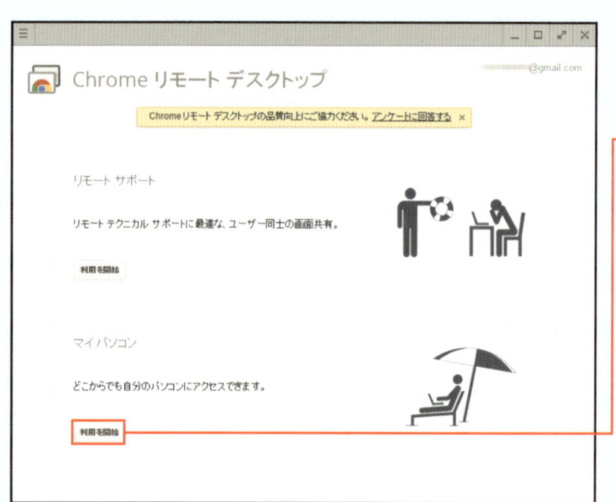

⑱Chromeリモートデスクトップの開始画面となります。

⑲通常のリモートデスクトップを利用するときは、マイパソコンの欄にある<利用を開始>をクリックします。

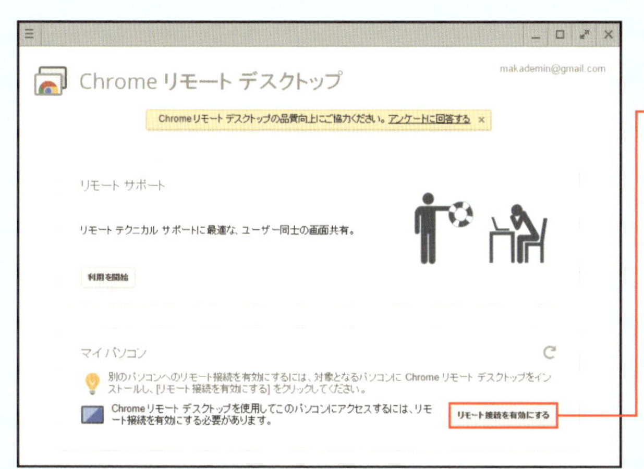

⑳「マイ パソコン」の欄の表示が切り替わるので、

㉑<リモート接続を有効にする>をクリックします。

㉒Chromeリモートデスクトップホストインストーラのダウンロードが開始されます。

㉓ダウンロードした<chromeremotedesktophost>をダブルクリックし、インストールを完了させます。

㉔ダウンロードされたファイルを実行してインストールを完了させ、<OK>をクリックします。なお、この手順は環境によっては発生しないこともあります。

㉕PINとは接続する側が認証のために入力するセキュリティコードのことです。6桁以上の数値を設定し、

㉖<OK>をクリックします。

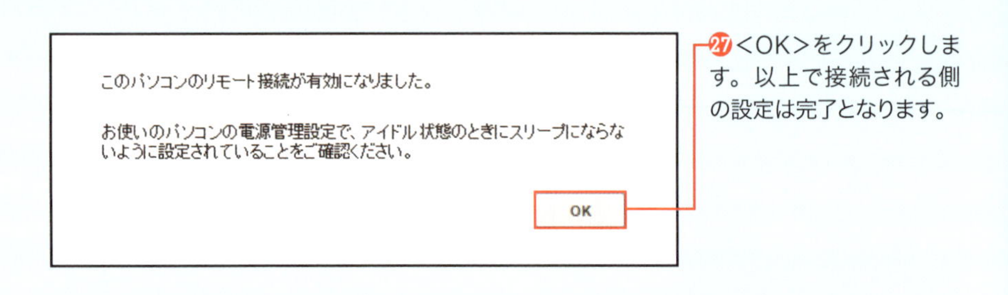

㉗<OK>をクリックします。以上で接続される側の設定は完了となります。

接続する側を設定する

ここからは接続する側の設定手順となります。接続される側と同じく、まずは、①「Google ChromeおよびChromeリモートデスクトップのインストール」と、②「接続される側と同じアカウントによるログイン」を行っておきます。Google ChromeとChromeリモートデスクトップのアプリさえ導入すれば、OSの種類やバージョンに関係なく、遠隔操作を実現できるのが大きな強みといえます。ここでは、①、②の事前準備がすべて整っていることを前提に解説を進めます。

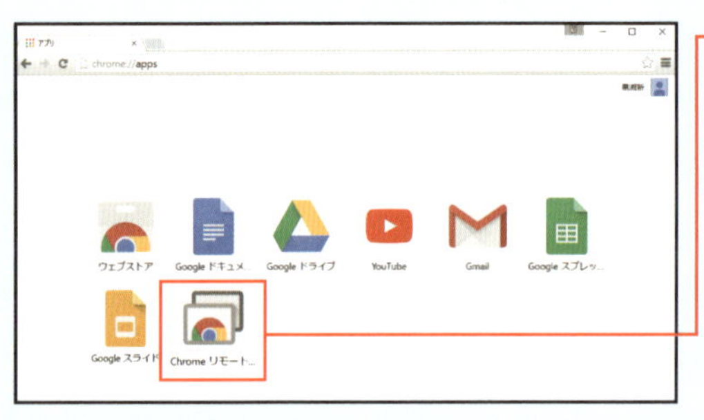

❶Google Chromeを起動し、画面左上の<アプリ>→<Chromeリモートデスクトップ>の順にクリックして、Chromeリモートデスクトップを起動します。

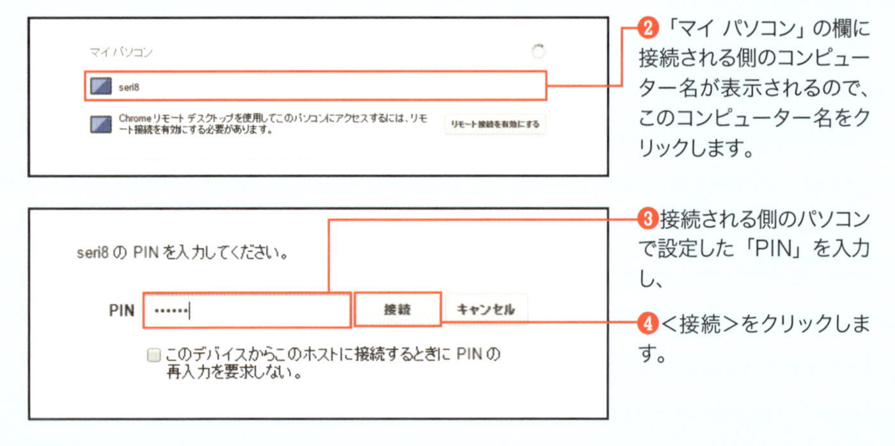

❷「マイ パソコン」の欄に接続される側のコンピューター名が表示されるので、このコンピューター名をクリックします。

❸接続される側のパソコンで設定した「PIN」を入力し、

❹<接続>をクリックします。

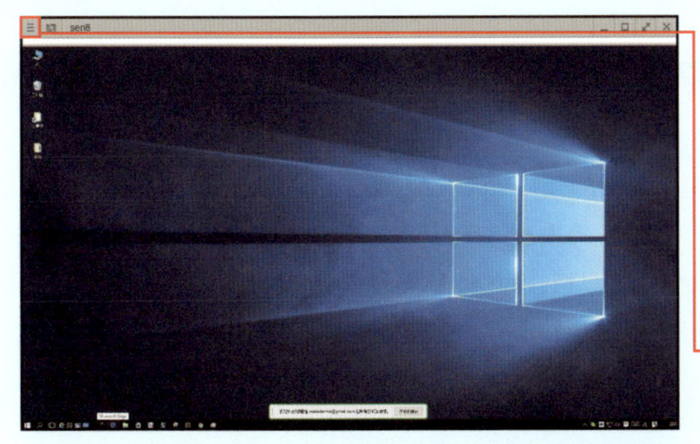

❺接続される側のデスクトップ画面がGoogle Chromeに表示されます。マウスによる操作もキーボードの入力もそのまま行えます。基本的にデスクトップ全体がGoogle Chromeのサイズに合わせて縮小表示されます。

❻左上部にある☰をクリックするとメニューを呼び出せます。

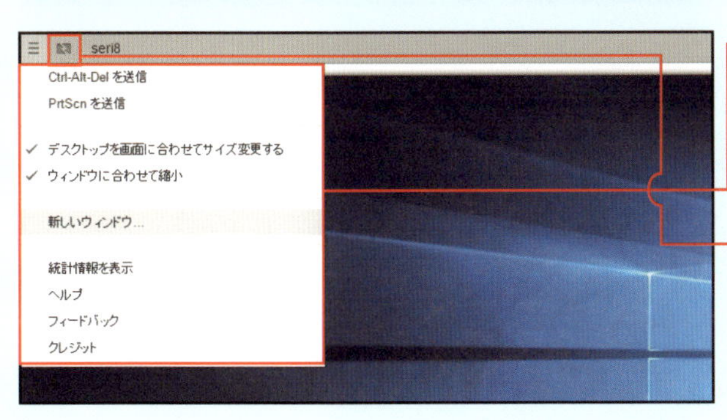

❼Ctrl＋Alt＋Deleteキーの同時押しや、PrtScnキーを接続される側に送信することも可能です。縮小表示をオフにもできます。

❽ここをクリックすると切断できます。

COLUMN

Android版も提供されている

ChromeリモートデスクトップはAndroid版も提供されています。アプリを起動して、接続する側のコンピューター名を選び、PINを入力して接続するという設定の流れはAndroid版でもほぼ同じです。iOS版も提供されています。

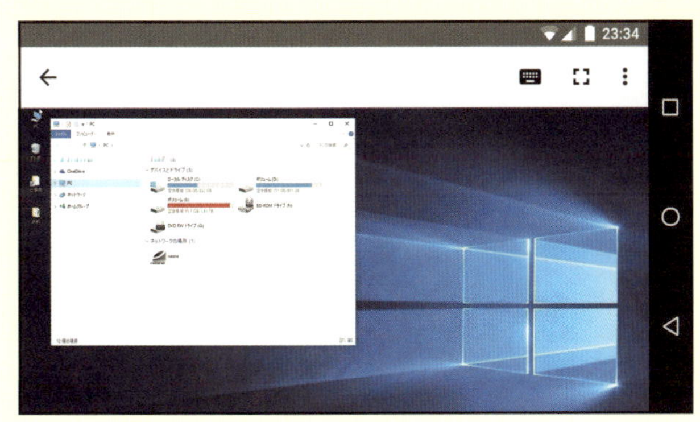

スマートフォンやタブレットからも手軽にリモートデスクトップが利用できます

スマートフォン(iOS/Android)からリモートデスクトップを行うには

iOSやAndroidなどスマートフォンやタブレットからパソコンを遠隔操作したい場合には、専用のアプリを導入するのも1つの手段です。TeamViewerというアプリは個人利用ならば無料、しかも対応OSが幅広いのが魅力です。

対応OSの幅広さが魅力のTeamViewer

毎日持ち歩くスマートフォンを使って、外出先から手軽に自宅のパソコンを遠隔操作できたら……というニーズは多いことでしょう。そこで便利なのが「TeamViewer」というアプリです。その魅力は対応OSの幅広さと設定の手軽さ、そして豊富な機能です。

操作される側は、Windows、OS X、Linuxに対応し、操作する側はそれに加えて、iOS、Android、Windows Phone 8、Windows 10/RTと各種のモバイルデバイスにも対応しています。 また、TCPポートの変換(開放)といったネットワーク設定を必要とせず、アプリを導入するだけで使えるようになります。また、相互にファイル転送もできるため、自宅のパソコンにファイルを忘れた、といったトラブルの解決にも役立ちます。企業での導入事例も多く、起動ごとにパスワードが変更されるなどセキュリティの高さも魅力です。また、個人ならば無料で利用が可能です。

接続される側を設定する

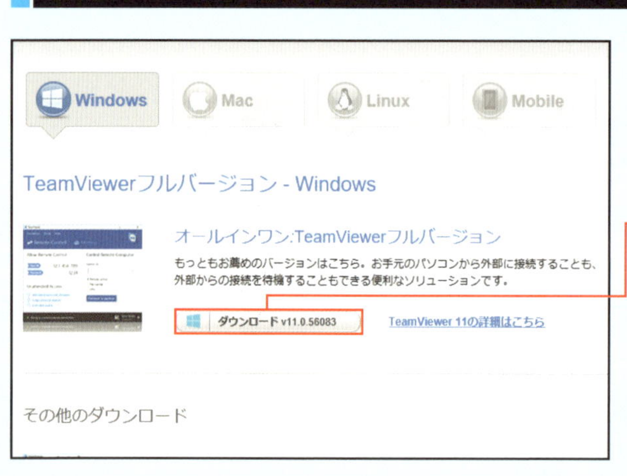

❶TeamViewerのサイト(http://www.teamviewer.com/ja/download/windows.aspx)にアクセスし、

❷TeamViewerのフルバージョンをダウンロードします。ここではWindows版を利用して解説します。

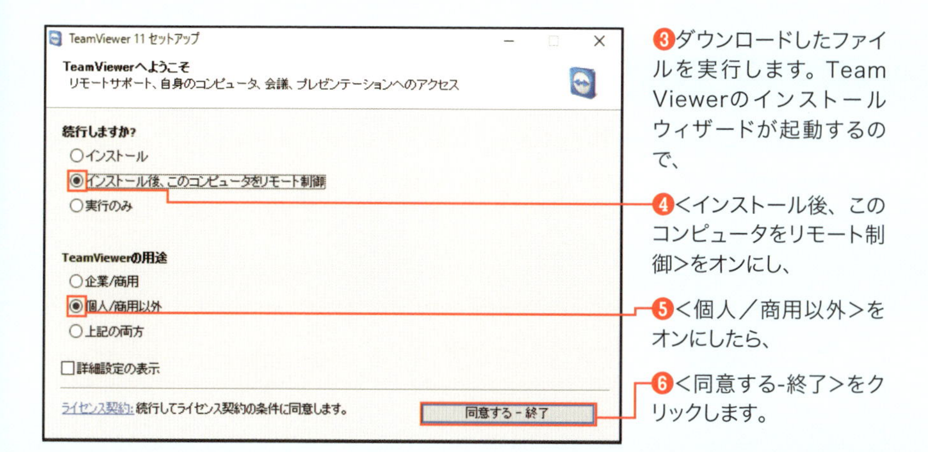

❸ダウンロードしたファイルを実行します。TeamViewerのインストールウィザードが起動するので、

❹＜インストール後、このコンピュータをリモート制御＞をオンにし、

❺＜個人／商用以外＞をオンにしたら、

❻＜同意する-終了＞をクリックします。

❼無人アクセスのセットアップが表示されますが、

❽＜キャンセル＞をクリックしても問題ありません。

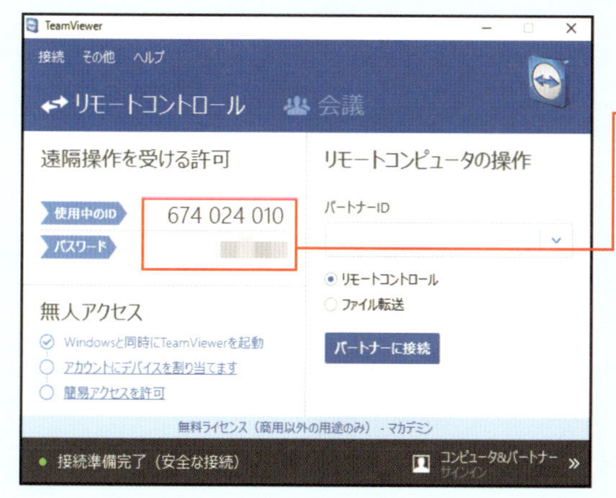

❾TeamViewerのメイン画面が表示されたら、

❿「使用中のID」と「パスワード」をメモします。このIDとパスワードはスマートフォンやタブレットで接続する際に必要となります。

接続する側を設定する

ここからは接続する側の設定になります。TeamViewerは、iOS、Android、Windows Phoneなど各種モバイルデバイス向けのアプリが用意されています。ここでは、Android版を利用してパソコンを遠隔操作する手順を解説します。基本的な設定手順はiOS版やWindows Phone版も同様です。

❶PlayストアからTeamViewerのAndroid版を検索、ダウンロードして、インストールを行います。

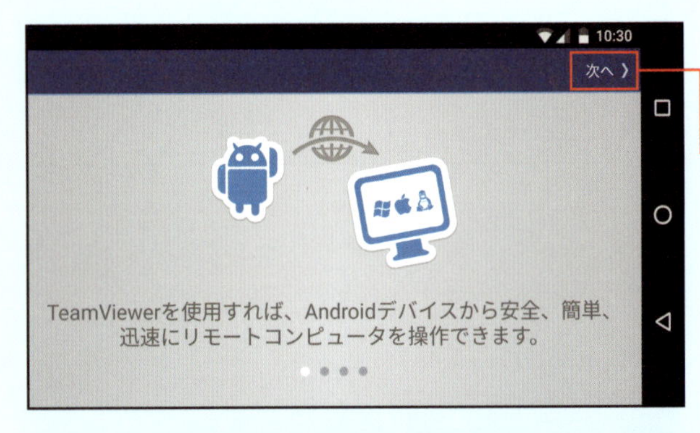

❷インストールの完了後はTeamViewerのアイコンをタップして起動します。

❸起動後は<次へ>をタップしてウィザードを先に進めて、最後に<完了>をクリックします。

❹TeamViwer IDと表示されている欄に、接続される側のTeamViewerに表示されたID（P.257手順❿参照）を入力します。

MEMO: 接続できない場合は

IDの入力だけで接続できない場合は<リモートコントロール>をタップします。

第5章 スマートフォン

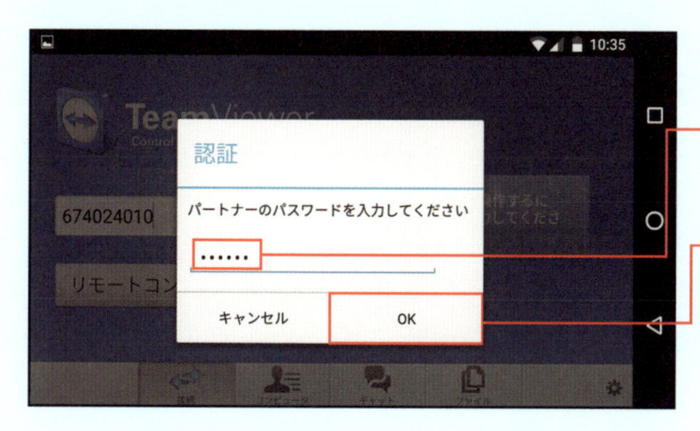

❺「認証」画面が表示されるので、

❻同じく接続される側のTeamViewerに表示されたパスワードを入力し、

❼<OK>をタップします。

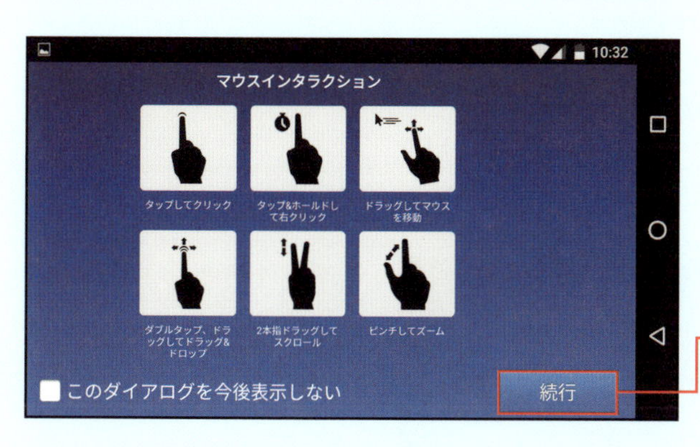

❽パスワードの入力後は、タッチでマウス操作を行う方法が表示されます。タップで左クリック、タップしたあとしばらく押し続けると右クリック、ドラッグでカーソル移動などの操作が行えます。

❾<続行>をタップすると遠隔操作がスタートします。

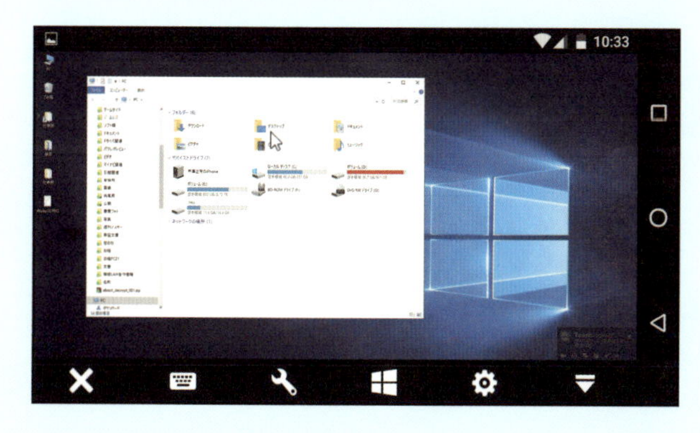

❿接続される側のパソコンのデスクトップ画面が表示されます。タッチでマウスカーソルの操作が可能です。画面のタップがマウスの左クリックと同じ操作になります。

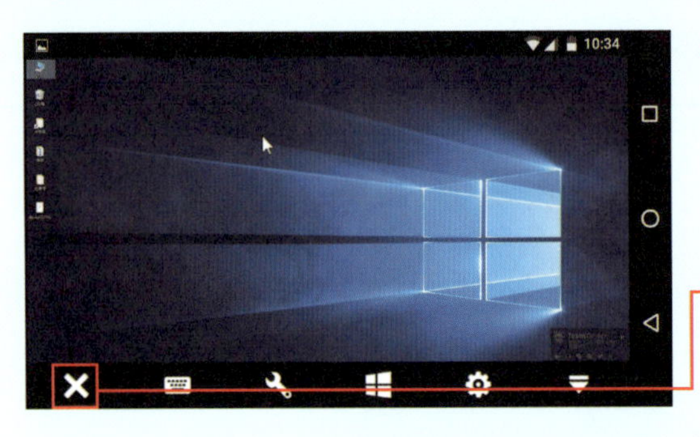

⓫画面下の各メニューからはキーボードを呼び出したり、Ctrl＋Alt＋Deleteキーの同時押し、コンピューターのロックや再起動、スタート画面などの呼び出しが可能です。

⓬左下の✖をタップすると接続を終了できます。

ファイルを送受信する

TeamViewerは接続される側のパソコンと接続する側のスマートフォンやタブレット同時でファイルの送受信ができるのも魅力です。遠隔操作と同じく設定はかんたんにできます。ここでは接続される側のパソコンにあるファイルをAndroid端末にコピーする手順を解説します。なお、ここでの操作は、上記手順⓬を参考に接続を終了してから行ってください。

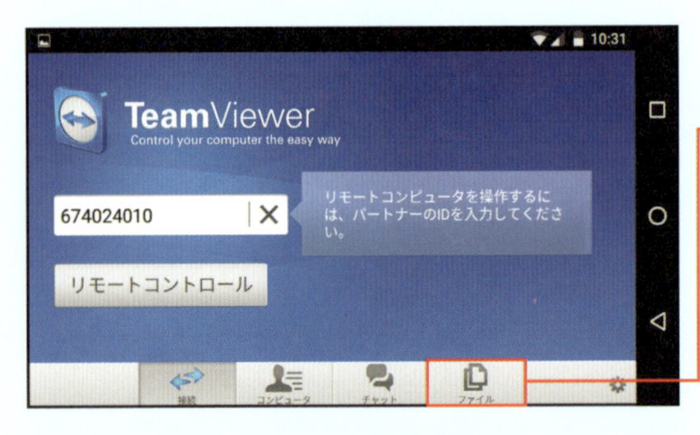

❶Android端末のTeamViewerのアイコンをタップします。

❷メニュー画面から<ファイル>をタップして画面を切り替えます。

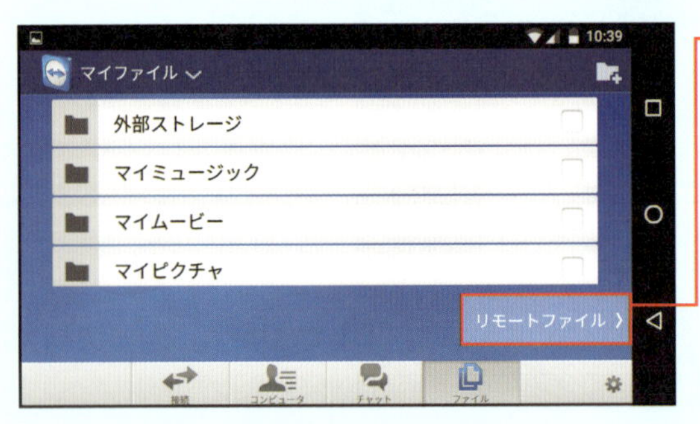

❸画面が切り替わったら<リモートファイル>をタップします。

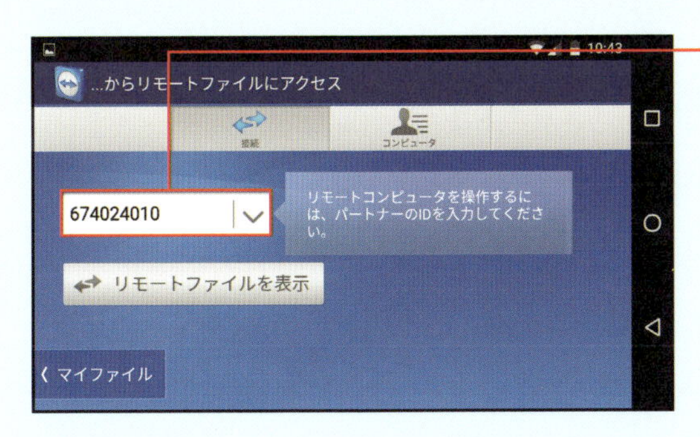

❹接続される側のパソコンで表示されたIDとパスワードを入力して、接続される側のパソコンにアクセスします。

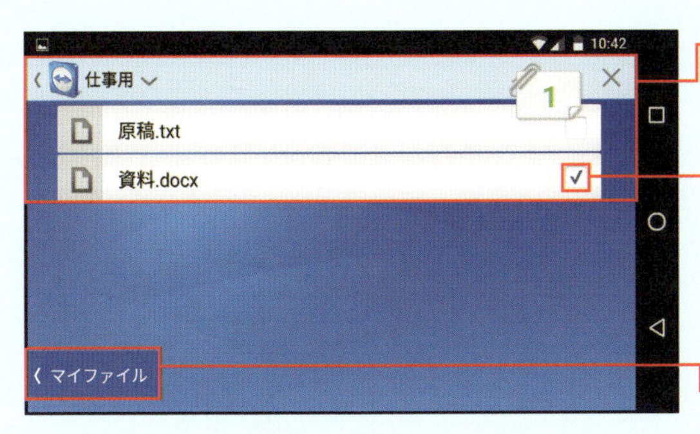

❺接続される側のパソコン内にあるフォルダーとファイルが一覧表示されます。

❻Android端末にコピーしたいファイルのチェックをオンにすると、コピーする準備が自動的に完了します。複数のファイルを一度に選択することもできます。

❼ファイルの選択後は<マイファイル>をタップします。

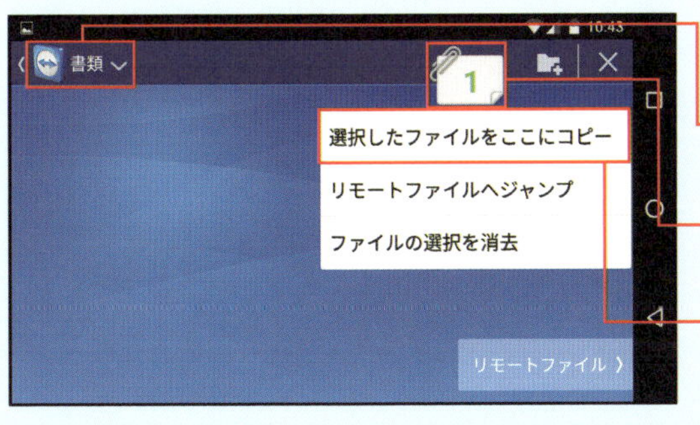

❽Android端末側のフォルダーとファイル一覧が表示されます。

❾ファイルを保存するフォルダーを選び、

❿右上にあるクリップの付いたアイコンをタップしてメニューを開き、

⓫<選択したファイルをここにコピー>をタップします。これで接続される側のパソコンからAndroid端末にファイルのコピーが行われます。

SECTION 059
WOL

WOLでPCの電源をリモート操作するには

ネットワーク経由でパソコンの電源をオンにできるのが「Wake On LAN」です。実現するにはいくつかのハードルがあります。ここでは、その設定方法を解説していきます。

遠隔操作で電源をオンにできる「Wake On LAN」

リモートデスクトップなど、パソコンを遠隔操作する際に一番の悩みといえるのが操作される側のパソコンの電源がオンになっている必要があることです。パソコンの電源をずっとオンにしておくのは電気代がかさむことにもつながり、できれば避けたいと考えている人もいるでしょう。そこで便利なのがネットワーク経由でパソコンの電源をオンにできる「Wake On LAN」（以下WOL）という機能です。

これは家庭内LANに接続されているパソコンに特定のパケットを送信して、電源を投入するというものです。これを利用すれば、遠隔地からもインターネット経由でパソコンの電源をオンにできるため、無駄な電力を消費しなくて済むようになります。しかし、実現するためにはいくつかのハードルがあります。

まず、パソコン、ルーターがWOLに対応していることです。最近では、ほとんどのパソコンもルーターもWOLに対応しているので、あまり意識する必要はないでしょう。ただし、パソコンもルーターもWOLを利用するには、それぞれ設定が必要な場合があります。取り扱い説明書などで確認しておきましょう。なお、VPNサーバーをパソコンで構築する場合は、結局そのパソコンの電源をずっと入れておく必要があるため、WOLの構築に向いているとはいえません。省エネ実現のために、WOLを利用する場合は、ダイナミックDNS、VPNサーバー、WOLのすべてに対応したルーターを導入するのが確実です。ルーター単体で外部からの接続を完結できる状態にすれば、WOLによる電源の投入もかんたんにできるからです。

ここでは、ダイナミックDNS、VPNサーバー、WOLに対応したバッファローの無線LANルーター「WXR-1750DHP」を例に、WOLの環境構築手順を解説していきます。

パソコン側のWOLに関する設定

WOLを利用するには、まずパソコンのネットワーク機器とOSの設定をWOLが利用できる状態に変更します。Windows 10/8.1の場合は、電源ボタンの定義の変更も必要なので注意しましょう。また、遠隔地からパソコンの電源をオンにできても、サインインのパスワード入力画面で止まってしまっては意味がありません。遠隔地からはパスワードを入力する手段がないためです。そこでパソコンの起動時には、パスワードを自動的に入力してサインインするようにあらかじめ設定しておく必要があります。ここでは、WOLを利用するための設定から、自動サインインまでの手順を解説していきます。

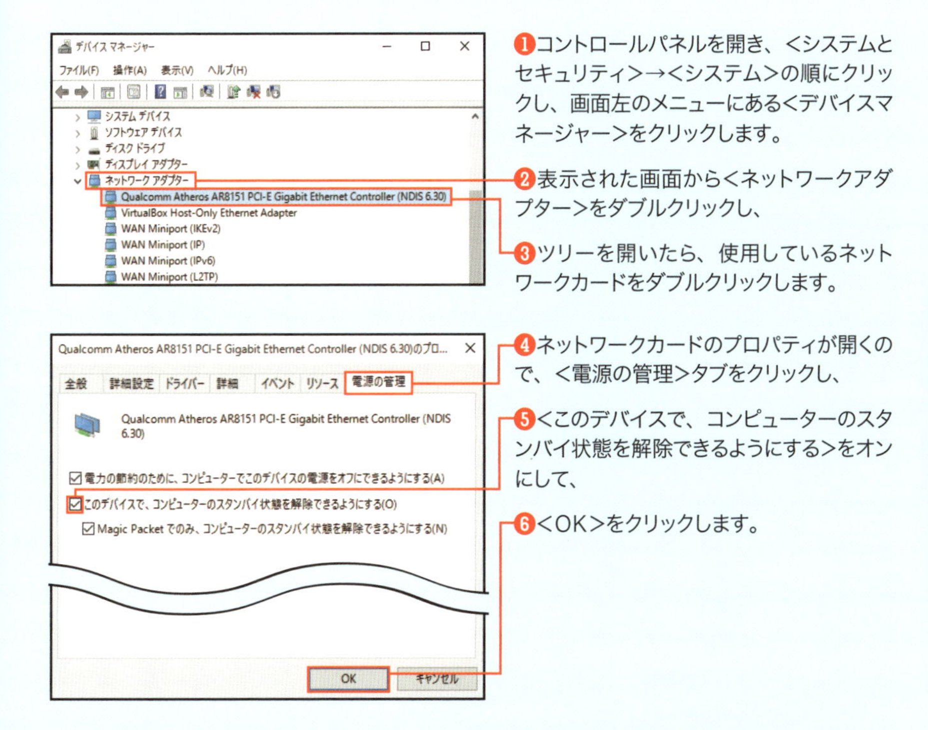

❶コントロールパネルを開き、＜システムとセキュリティ＞→＜システム＞の順にクリックし、画面左のメニューにある＜デバイスマネージャー＞をクリックします。

❷表示された画面から＜ネットワークアダプター＞をダブルクリックし、

❸ツリーを開いたら、使用しているネットワークカードをダブルクリックします。

❹ネットワークカードのプロパティが開くので、＜電源の管理＞タブをクリックし、

❺＜このデバイスで、コンピューターのスタンバイ状態を解除できるようにする＞をオンにして、

❻＜OK＞をクリックします。

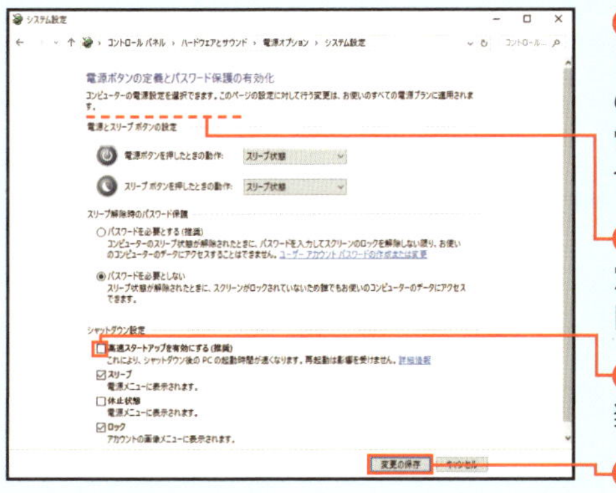

❼再びコントロールパネルを開き、＜ハードウェアとサウンド＞→＜電源オプション＞の順にクリックし、画面左のメニューから＜電源ボタンの動作の選択＞をクリックします。

❽画面上部の＜現在利用可能ではない設定を変更します＞をクリックすると、この項目が消えるので、

❾＜高速スタートアップを有効にする（推奨）＞をオフにし、

❿＜変更の保存＞をクリックします。

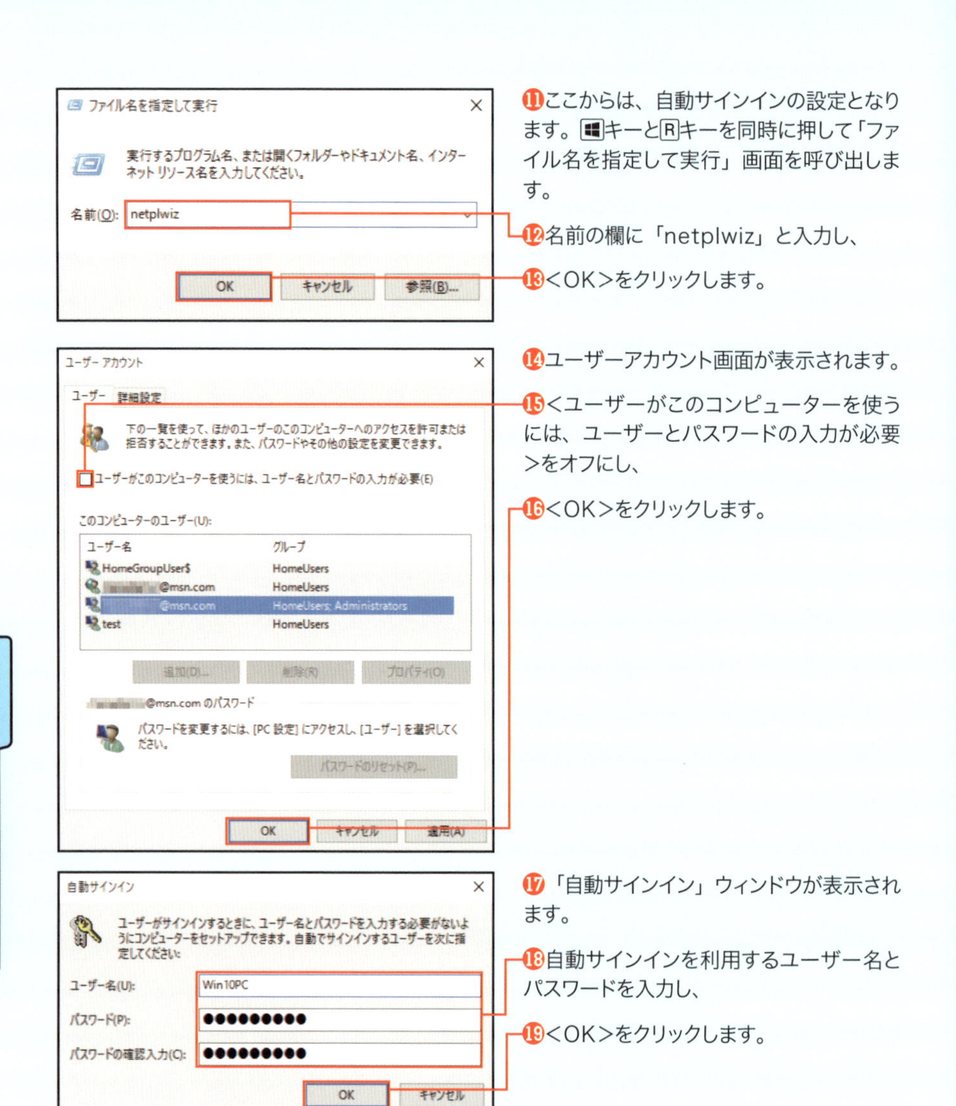

⑪ここからは、自動サインインの設定となります。⊞キーとRキーを同時に押して「ファイル名を指定して実行」画面を呼び出します。

⑫名前の欄に「netplwiz」と入力し、

⑬<OK>をクリックします。

⑭ユーザーアカウント画面が表示されます。

⑮<ユーザーがこのコンピューターを使うには、ユーザーとパスワードの入力が必要>をオフにし、

⑯<OK>をクリックします。

⑰「自動サインイン」ウィンドウが表示されます。

⑱自動サインインを利用するユーザー名とパスワードを入力し、

⑲<OK>をクリックします。

BIOS/UEFIの設定

パソコンによっては、BIOS/UEFIのメニューからWOLを有効にする必要があります。多くの場合、電源管理のメニューにWOLに関する設定が用意されています。ただし、メニューの名前は「Power Management Setup」や「APM Configuration」などパソコンやマザーボードによって大きく異なります。どれがWOLに関する設定なのかは、取り扱い説明書などで確認しておきましょう。

● ASUSTeKのマザーボードの場合

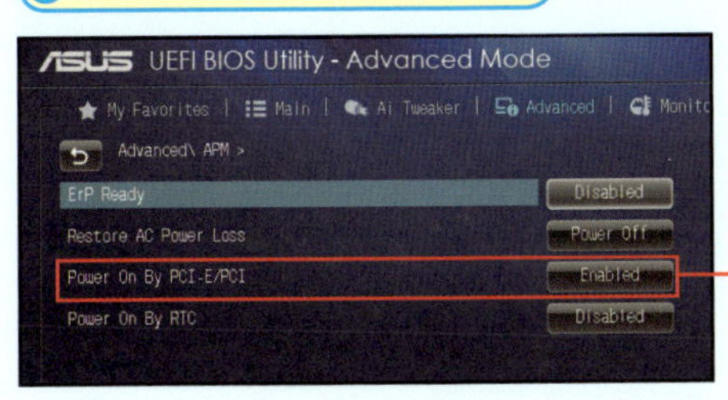

❶パソコン起動時にDeleteキーを押し、BIOS/UEFIを表示します。

❷<Advance>→<APM>とメニューを開き、<Power On By PCI-E/PCI>を<Enabled>に変更することでWOLが有効になります。なお、設定が不要なマザーボードもあるので、詳細は取り扱い説明書で確認してください。

MEMO: BIOS/UEFIの表示について

ここではASUSTeKのマザーボードで解説を行っているため、手順❶でDeleteキーを押しています。BIOS/UEFIの表示方法はパソコン（マザーボード）によって異なります（起動時にF12キーを押すなどがあります）。詳細は取り扱い説明書で確認してください。

ルーターの設定

ここからはルーターの設定になります。ここで使用しているバッファローの「WXR-1750DHP」は、ダイナミックDNS、VPNサーバー、WOLに対応しているので、ダイナミックDNSとVPNサーバーの設定を行えば、外部のパソコンからインターネット経由でアクセスを行い、WOLによって家庭内LANにあるパソコンを起動させることが可能となります。これは多機能ルーターならではの強みといえます。

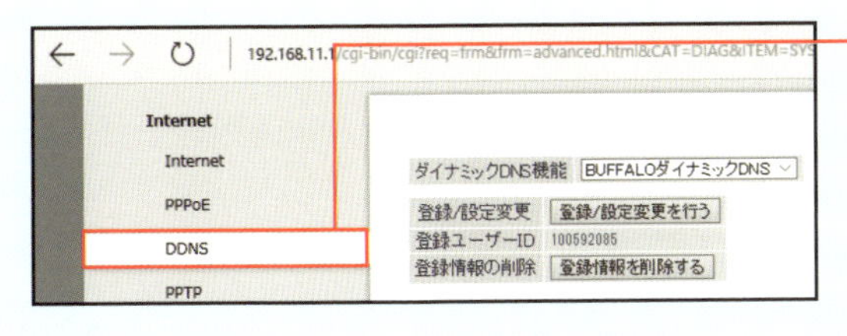

❶ルーターでダイナミックDNSサービスを利用できるように設定します（P.156参照）。

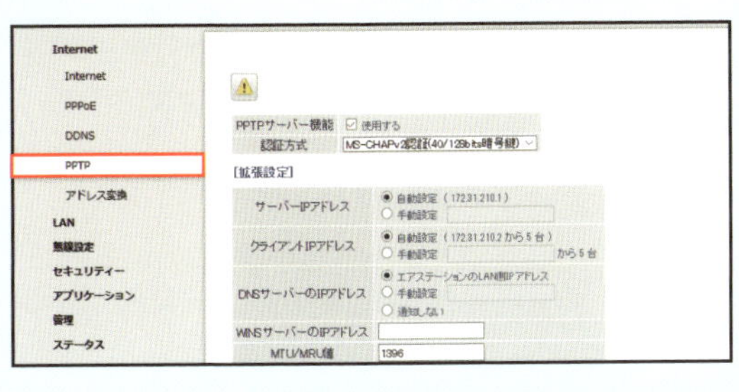

❷続いてVPNサーバーの設定を行い、外部のパソコンからインターネット経由でVPN接続できるようにします(P.160参照)。これでルーターの接続されているパソコンはWOLで起動できるようになります。

遠隔地のパソコンから電源を入れる

ここからは、遠隔地のパソコンから電源を入れる方法を解説します。バッファローの「WXR-1750DHP」は、ルーターの機能としてWOLが備わっているので、非常にかんたんです。

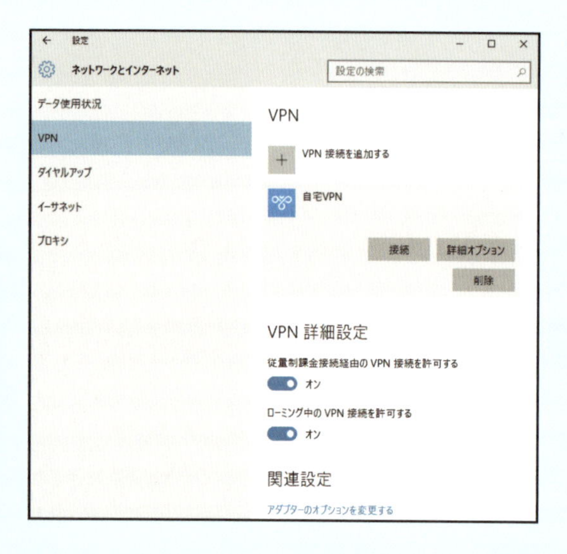

❶遠隔地のパソコンから自宅の家庭内LANにアクセスするには、まずVPN接続を行います（P.176参照）。

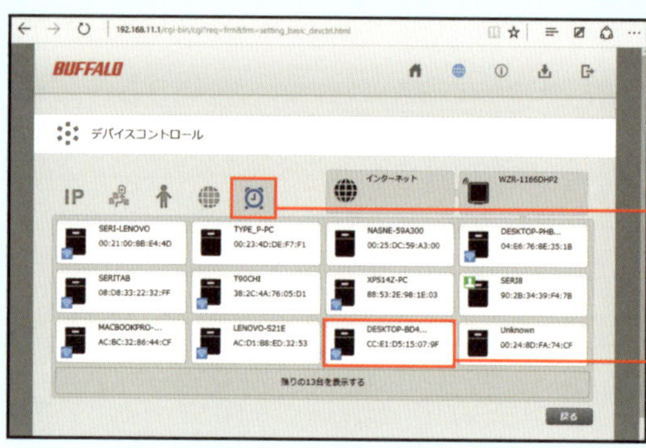

❷VPN接続が完了したら、Webブラウザーの URL欄に「192.168.11.1」と入力します（「WXR-1750DHP」の場合）。

❸ルーターの設定画面から<デバイスコントロール>を選択し、

❹⏰をクリックし、

❺電源をオンにしたいパソコン（コンピューター名）をクリックします。これで遠隔地からも自宅のパソコンの電源をオンにできます。

MEMO: 電源をオフにするには

電源をオフにするには、リモートデスクトップで自宅のパソコンにアクセスし、シャットダウンさせましょう。

第6章

モバイルで快適アクセス！
クラウド

SECTION 060 OneDrive

OneDriveでオンラインストレージを利用するには

OneDriveはマイクロソフトが提供するオンラインストレージです。ここでは、このOneDriveの基本的な利用方法のほか、パソコン間や知人などとのファイル共有などを含めた便利な使い方を解説します。

OneDriveの利用にはMicrosoft アカウントが必要

オンラインストレージとは、インターネット上で画像や文書などを保管するディスクスペースを貸し出してくれるサービスです。このサービスを提供するOneDriveを利用するためには、Microsoft アカウントが必要になります。

Microsoft アカウントとは、HotmailやOutlook.com、Office Web Appsなどのマイクロソフトのインターネットサービスを利用するための、メールアドレスとパスワードのことです。これまでこれらのサービスを利用したことがある方なら、手持ちのアカウントを使ってOneDriveを利用することができます。

Windows 8以降のOSを利用しているユーザーは、OSインストール時に作成し、知らないうちに使っているかもしれません。しかし、OSインストール時にネットワークに接続されていなかったり、自作パソコンを使っていたりする場合は、ほとんどがローカルアカウントと呼ばれるアカウントになっているので、新規でMicrosoft アカウントを作成することになります。

なお、Windows 8以降のOSでは、このMicrosoft アカウントでサインインすることを前提として作られている機能が数多くあります。ローカルアカウントでもWindowsを利用できますが、Windowsの機能をフルに活用できるMicrosoft アカウントでサインインしておくと利便性が増します。

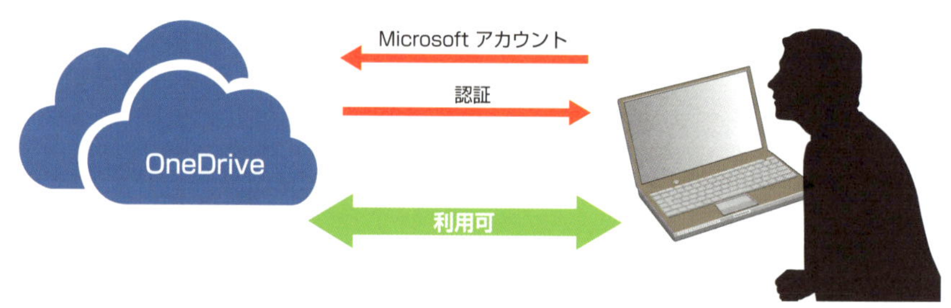

ローカルアカウントではOneDriveを利用できません。最初からMicrosoft アカウントでサインインしておくとスムーズに利用できます

Microsoft アカウントの取得とアカウントの切り替え

Microsoft アカウントを新規で作りたい場合は、https://signup.live.com/ にアクセスします。ここではアカウントの作成画面が用意されているので、必要な情報を入力していきます。

Windows 10/8.1の場合には、このあとアカウントの設定を行います。Windows 10では、スタートメニューを表示して<設定>→<アカウント>と進み、ローカルアカウントでサインインしている場合には、<Microsoft アカウントでのサインインに切り替える>という項目をクリックします。このあと、指示に従って取得したMicrosoft アカウントとパスワードを入力し、現在サインインしているローカルアカウントのパスワードを入力します。

Windows 8.1では、画面の右下にマウスカーソルを移動させると表示されるチャームの<設定>をクリックし、その一番下の<PC設定の変更>をクリックします。左に表示される<アカウント>→<お使いのアカウント>と進んだら、<Microsoft アカウントに関連付ける>をクリックしてください。次に表示された画面に先ほど作成したアカウントとパスワードを入力して次に進みます。その後パソコンの情報保護のため、SMSや電話によるチェックを行いますが、こちらはとくに行わなくても問題はありません。

Microsoft
アカウントの作成
お好きなメール アドレスを新しい Microsoft アカウントのユーザー名として利用できます。Outlook.com、Yahoo!、Gmail などのアドレス
Windows PC、Windows タブレット、Windows Phone、Xbox Live、Outlook.com、OneDrive のいずれかにサインインしたことがある
でサインインしてください。
名前
姓
名
ユーザー名
someone@example.com
新しいメール アドレスを作成する
パスワードの作成
8 文字以上、大文字と小文字の区別があります
パスワードの再入力
国/地域
日本

❶画面の指示に従って入力を行えば、とくに難しいところもなくアカウントの作成が終了します。

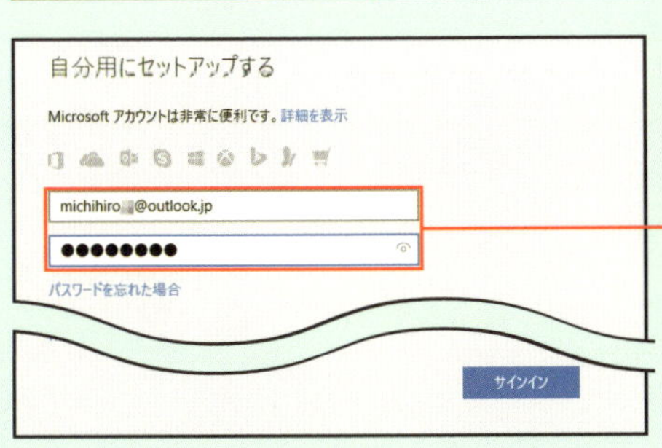

❷ローカルアカウントでサインインしている場合、Microsoft アカウントの切り替えを行います。この切り替えを行っておくとMicrosoft アカウントを自動的に使用してOneDriveなどのサービスを利用できます。

OneDriveの契約プランと特徴

OneDriveは基本的に無料で利用できますが、容量には制限があります。友人を紹介することで容量を増やすこともできますが、一気にストレージの容量を増やしたい場合には有料のプランを利用するとよいでしょう。下表は、各プランの価格についてまとめたものです。

OneDriveのプラン

	5GBプラン	50GBプラン	Office 365+1TBプラン
利用できる容量	5GB	50GB	1TB
料金	無料	170円／月	1,274円／月
備考	旧プランでは15GBが無料で利用でき、上記以外にも利用プランがありました。旧プランを利用していて、容量を超えている場合は、読み込みとダウンロードのみに利用が制限され、一定期間の猶予を経て、アクセスできなくなる可能性があるので注意が必要です（2016年3月末現在）。		

プランは無料で使えるストレージをベースに、オプションの有料プランを選択することで、容量を追加できるシステムを採っています。ユーザーは利用目的に合わせて容量を追加することができるので、5GBで十分なら無料で使えばよいでしょう。また、50GBで不足する場合は、Office 365を契約することで1TBの利用が可能になります。利用状況に応じてプランを選択してください。

さて、OneDriveの特徴の1つに、Office Onlineと呼ばれるアプリがあります。これはWebブラウザーでOneDriveを利用する場合（P.275参照）に、OneDriveのフォルダー内にある対応ファイルを開くと、Webブラウザー版のOfficeが利用できるというものです。Officeは普及率の高いビジネススイートですが、個人で購入するには少しばかり価格が高いと感じる方も多いでしょう。そのような方でも無料でWordやExcelの内容を見たり編集したりすることができるのは大きなアドバンテージといえます。

OneDriveの利用方法を知る

OneDriveの利用方法は大きく3つに分かれます。OneDriveアプリを利用する方法、エクスプローラーを利用する方法、Webブラウザーを利用する方法の3つです。Windows 7/Vistaを利用している場合は、ソフトウェアをインストールすることで、エクスプローラーでの利用が可能になります（Webブラウザー利用は、どのWindows OSでも可能）。

なお、OneDriveの操作方法自体は、通常のファイル操作と変わりません。フォルダーの作成やコピー、移動、削除方法などは、ここではとくに説明していません。

①Windows 10でOneDriveを利用する

Windows 10では、OneDriveの機能がエクスプローラーに統合されています。エクスプローラーの左のカラムを見るとOneDriveという項目があるので、こちらをクリックします。初めて利用する場合にはかんたんな初期設定がありますが、すぐに利用できるようになります。

エクスプローラーでOneDriveアイコンをクリックし、OneDrive内を表示します

②Windows 8.1でOneDriveを利用する

Windows 8.1ではOneDriveがOSに統合され、標準でOneDriveアプリが利用でき、エクスプローラーからも利用できます。OneDriveアプリは、スタート画面で「OneDrive」をクリックすれば起動できます。エクスプローラーを利用する場合は、エクスプローラーを開き、OneDriveのアイコンをクリックすれば、OneDrive内のフォルダーやファイルを操作することができます。

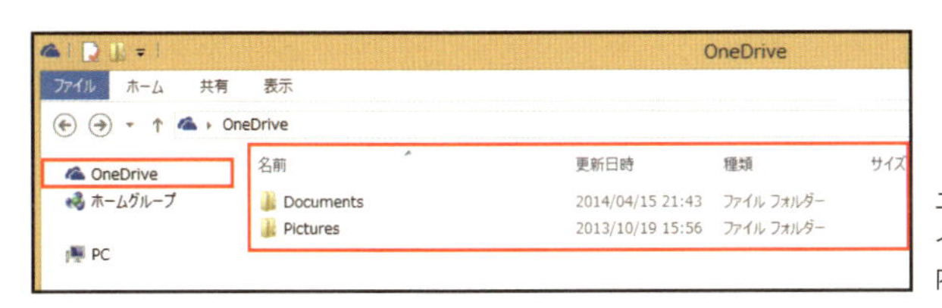

エクスプローラーでOneDriveアイコンをクリックし、OneDrive内を表示します

③Windows 7/Vistaにソフトウェアを導入してOneDriveを利用する

Windows 7/Vistaを利用している場合は、ソフトウェアをインストールすることで、エクスプローラーからOneDriveの利用が可能になります。ちなみにWindows OS以外にもAppleのOS X、iPhoneなどで採用されているiOS、Android、Windows PhoneなどでもOneDriveを利用するためのアプリが用意されています。使用デバイスに左右されにくい幅広い動作環境を備えていることもOneDriveの魅力の1つです。ここでは、Windows 7を例に解説します。

まず、OneDrive用のソフトウェアは、OneDriveのWebサイトからダウンロードします。なお、ここではInternet Explorerを使ってダウンロード手順を解説しています。別のブラウザー、あるいは一度このWebサイトにアクセスしたことがある場合などは、表示およびダウンロード手順が異なる場合があります。Webサイトにアクセスしたら、<ダウンロード>をクリックしてソフトウェアのダウンロード／インストールを実行してください。
　インストール後、エクスプローラーを開けば、OneDriveのフォルダーが新しく作成されていることを確認できます。以降は、Windows 8.1と同じように、ファイルを操作することができます。アプリ導入の操作手順は以下の通りです。

❶OneDriveのWebサイト(https://onedrive.live.com/about/ja-jp/download/) にアクセスしたら、

❷<ダウンロード>をクリックします。ここでは、OneDrive for Businessではなく、通常のOneDriveのダウンロードを選択してください。

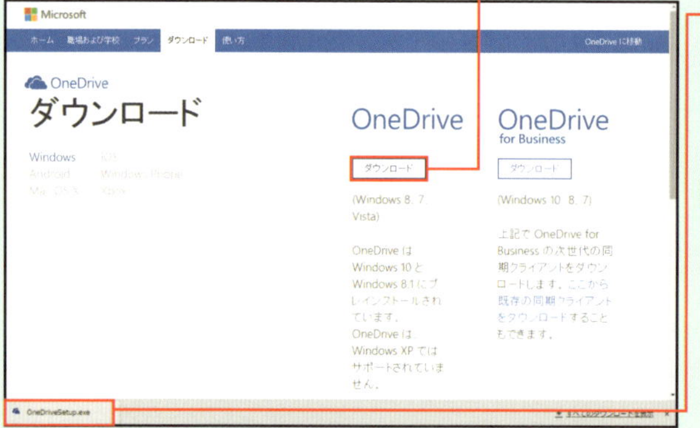

❸表示される<OneDriveSetup.exe>をクリックすると、ダウンロードが開始されます。

MEMO: ダウンロードの開始

「OneDriveSetup.exe」が表示されず、ダウンロードが始まった場合は、ダウンロード終了後、ダウンロードフォルダーを開いて、<OneDriveSetup.exe>をダブルクリックしてください。

❹「このファイルを実行しますか?」ダイアログボックスが表示された場合は、<実行>を、続いて「ユーザーアカウント制御」ダイアログボックスが表示されたら、<はい>をクリックします。

❺OneDriveのソフトウェアのインストールが始まります。

❻サインインを求められるので、Microsoft アカウントを入力し、

❼<サインイン>をクリックします。

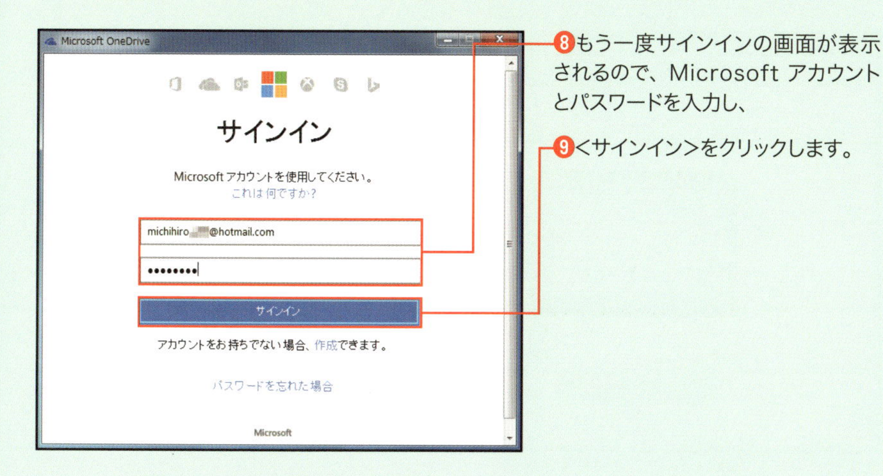

❽もう一度サインインの画面が表示されるので、Microsoft アカウントとパスワードを入力し、

❾<サインイン>をクリックします。

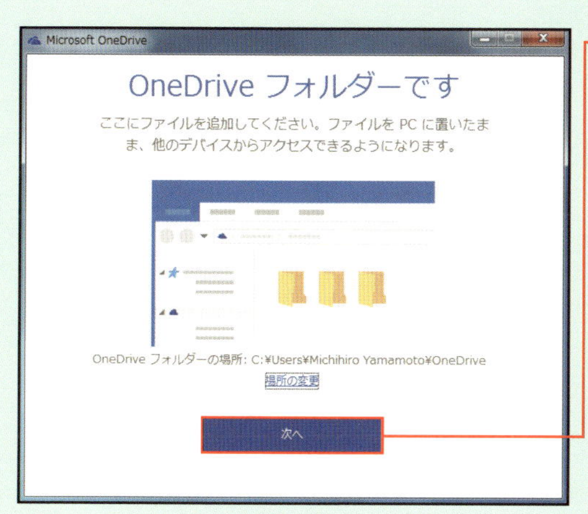

❿OneDriveで使用するローカルフォルダーの場所を指定します。ここでは<次へ>をクリックします。

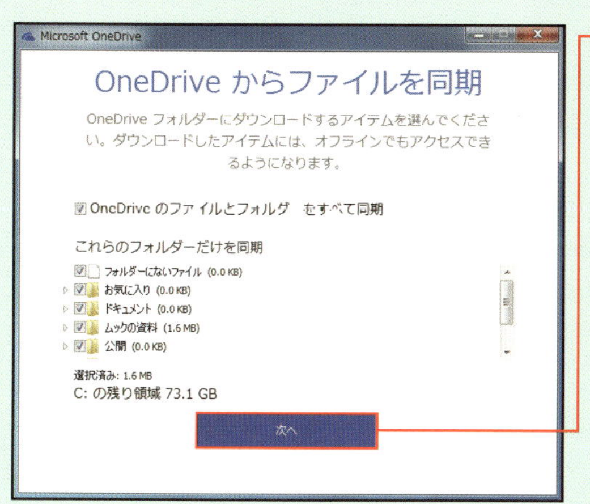

⓫クラウドサービスのOneDriveに保存してあるフォルダーから、どのフォルダーをローカルファイルとして利用するかを選択します。特別な利用方法をしない限り、<OneDriveのファイルとフォルダーをすべて同期>のチェックを入れたまま<次へ>をクリックします。

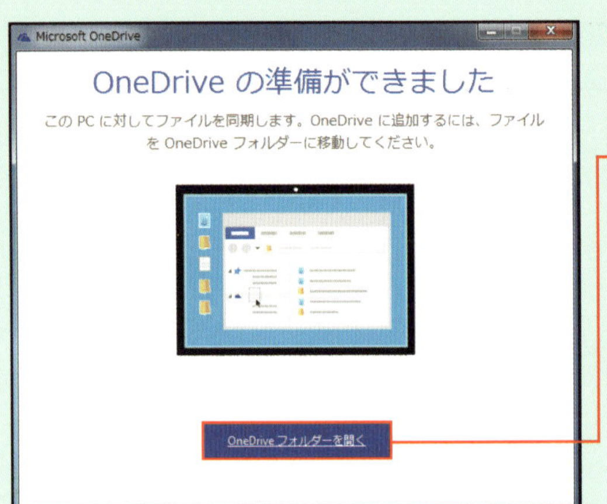

⓬これでWindows 7用のOneDriveのソフトウェアのインストールと設定が終わりました。

⓭＜OneDriveフォルダーを開く＞をクリックします。

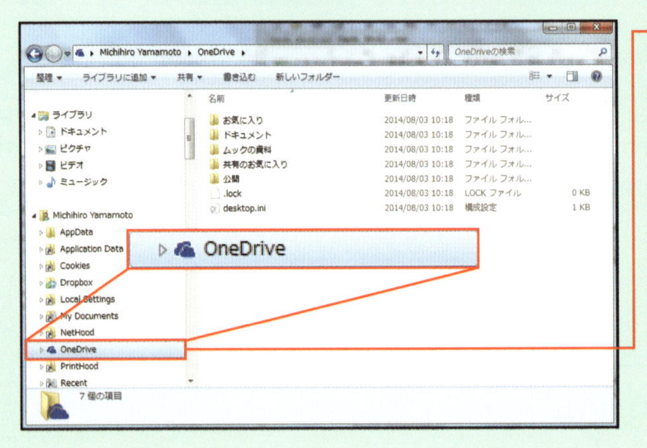

⓮Windows 7のエクスプローラーが開きます。OneDriveのフォルダーが確認できます。

COLUMN

Webブラウザーを使ってOneDriveを利用している場合のアプリのダウンロード

すでにWebブラウザーを使ってOneDriveを利用している場合(P.275参照)には、OneDriveのWebサイトでサインインしていると左下に表示される＜OneDriveアプリの入手＞をクリックすることで、ダウンロードができるWebサイトに移動できます。

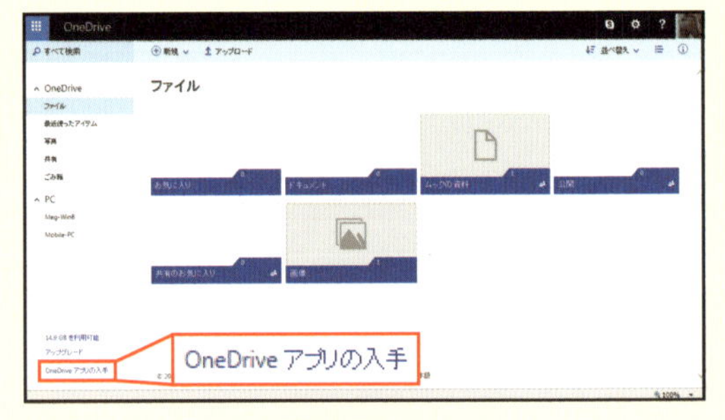

＜OneDriveアプリの入手＞からダウンロードページへ移動できます

④Webブラウザーを使って OneDriveを利用する

最後にWebブラウザーを使ってOneDriveを利用する方法を解説しましょう。OneDriveのWebサイト（https://onedrive.live.com/）をWebブラウザーを使って開き、Microsoft アカウントでサインインします。エクスプローラーほど便利ではありませんが、職場のパソコンがWindows 10やWindows 8.1ではなく、アプリケーションのインストールも制限されている場合に重宝します。複数のファイルやフォルダーをまとめてダウンロードする場合には、自動的に圧縮ファイルをOneDriveが作成してくれる機能もあります。

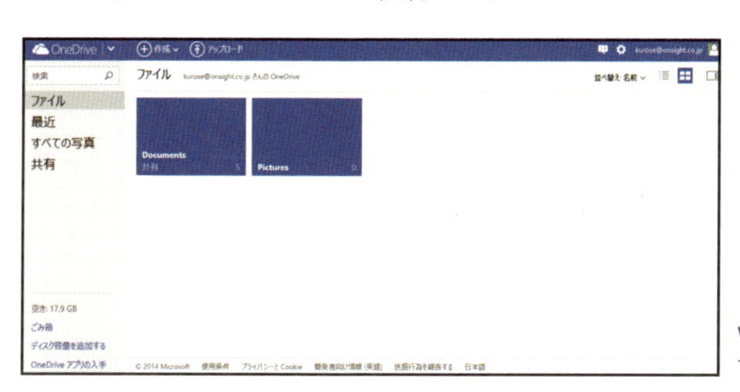

Webブラウザーからも利用できます

OneDriveでパソコン間の同期を行う

複数のパソコンで同じOneDriveを利用するには、同じMicrosoft アカウントを使ってOneDriveにアクセスします。同期処理は自動で行われるため、とくに意識する必要はありませんが、初めて同期を行う際には少し時間がかかる場合があります。また、大きな容量のファイルの場合も同期に時間がかかることを覚えておきましょう。なお、インターネットを介したストレージサービスなので、インターネット環境がなければ同期は行われません。

同期するフォルダーの場所を変更する

パソコン上でOneDriveを同期している場合、同期に利用されるパソコン内のフォルダーは「OneDriveフォルダー」として、通常システムドライブに設定されます。初期設定のままでも問題ありませんが、システムドライブが容量的に不安がある場合や、ほかのドライブに設定したい場合は同期フォルダーの場所を変更することもできます。

なお、ここで行うのは、「OneDriveフォルダー」の場所を変更するという設定です。同期するのはあくまでも「OneDriveフォルダー」であり、別の場所にある別のフォルダーを同期させるわけではありません。ここで行う設定では、たとえば「A」というフォルダーに場所を変更すると、自動的に「A」フォルダーの中に「OneDriveフォルダー」が作成され、その「OneDriveフォルダー」が同期の対象になります。

①同期フォルダーの変更［Windows 10の場合］

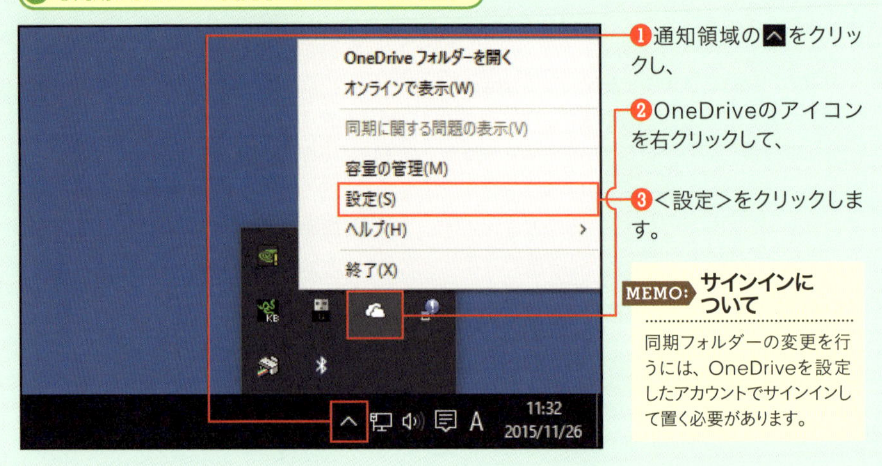

❶通知領域の をクリックし、

❷OneDriveのアイコンを右クリックして、

❸<設定>をクリックします。

MEMO: サインインについて

同期フォルダーの変更を行うには、OneDriveを設定したアカウントでサインインして置く必要があります。

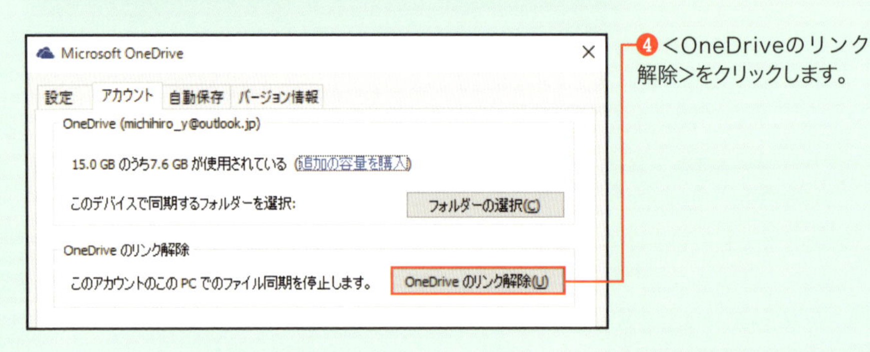

❹<OneDriveのリンク解除>をクリックします。

❺OneDriveの設定が開始されるので、

❻<サインイン>をクリックします。

❼利用しているMicrosoft アカウントを入力して設定を進めていきます。

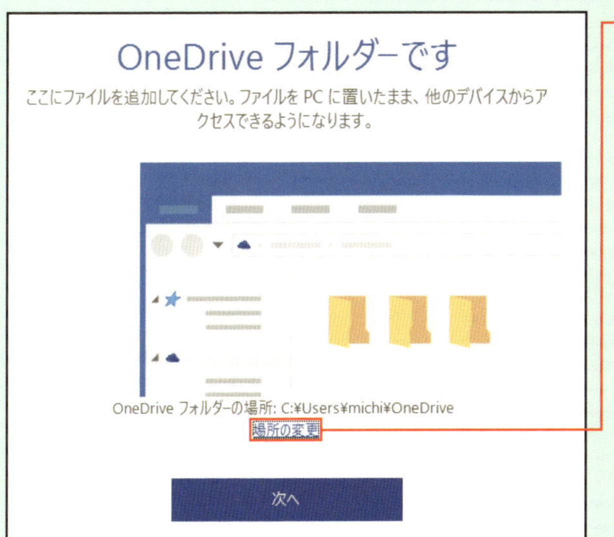

❽この画面が表示されたら、<場所の変更>をクリックします。

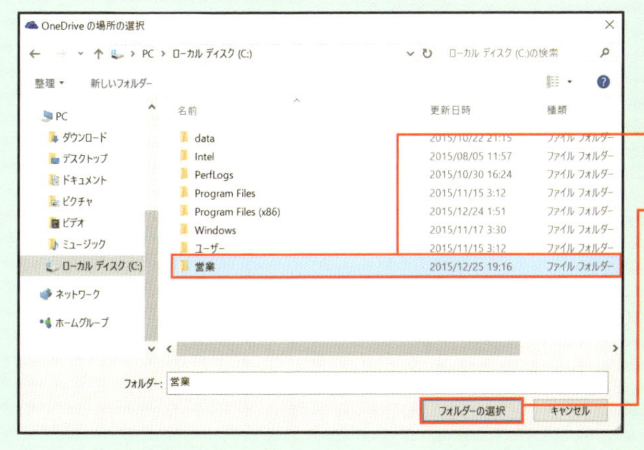

❾OneDriveの同期フォルダーの選択画面が表示されるので、

❿任意のフォルダーを選んで、

⓫<フォルダーの選択>をクリックします。

⓬その後は、初回設定時と同じように、<次へ>をクリックし、OneDriveからダウンロードするアイテムを選び、<次へ>をクリックして設定を終えます。

COLUMN

OneDriveフォルダーの場所の変更について

ここでは手順❿で、営業フォルダーを選択しているので、営業フォルダーの中にOneDriveフォルダーが作成されます。この手順❿の状態では、OneDriveフォルダーの中には何もファイルやフォルダーは作られていません。そこで、手順⓫以降で画面に従って操作を進めていくと、フォルダーを指定することができます。具体的には手順❿のあとで、上記の手順❽の画面が表示され、<次へ>をクリックすると、P.273の手順⓫の画面が表示されます。この画面でフォルダーを選択します。

②同期フォルダーの変更［Windows 8.1の場合］

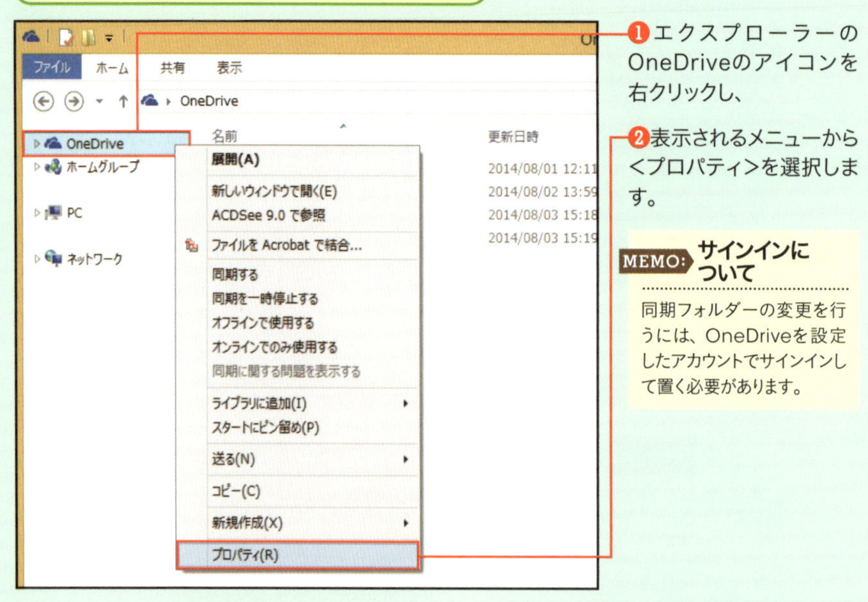

❶エクスプローラーのOneDriveのアイコンを右クリックし、

❷表示されるメニューから<プロパティ>を選択します。

MEMO: サインインについて

同期フォルダーの変更を行うには、OneDriveを設定したアカウントでサインインして置く必要があります。

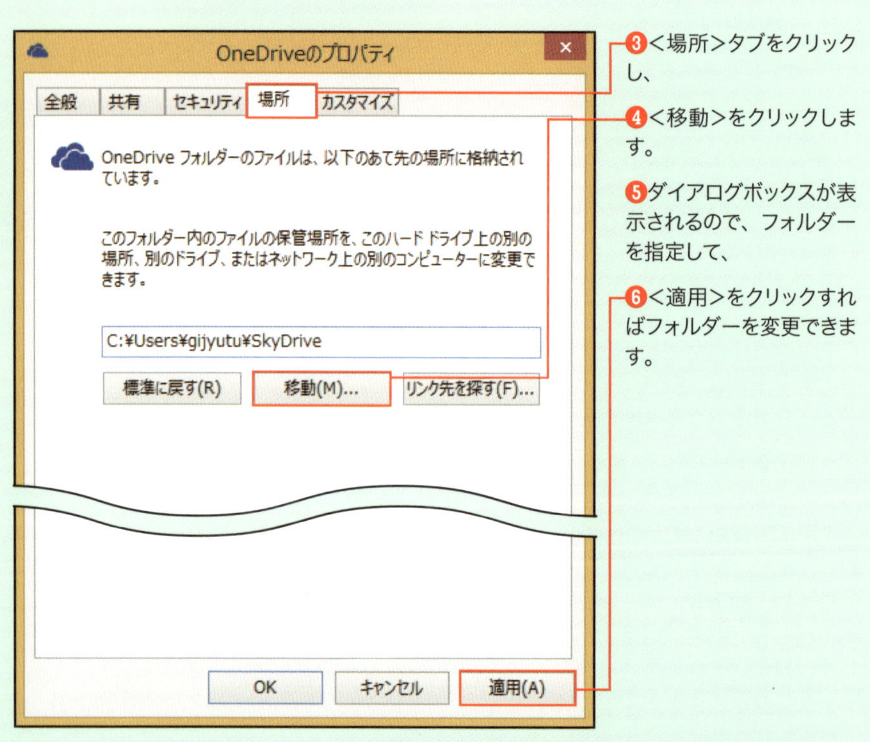

❸<場所>タブをクリックし、

❹<移動>をクリックします。

❺ダイアログボックスが表示されるので、フォルダーを指定して、

❻<適用>をクリックすればフォルダーを変更できます。

③同期フォルダーの変更 [Windows 7/Vistaの場合]

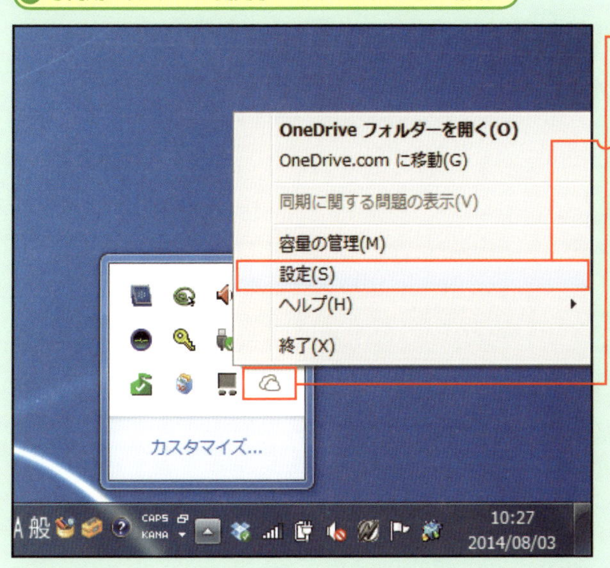

❶タスクトレイにあるOneDriveのアイコンを右クリックし、

❷<設定>を選択します。

MEMO: サインインについて

同期フォルダーの変更を行うには、OneDriveを設定したアカウントでサインインしておく必要があります。

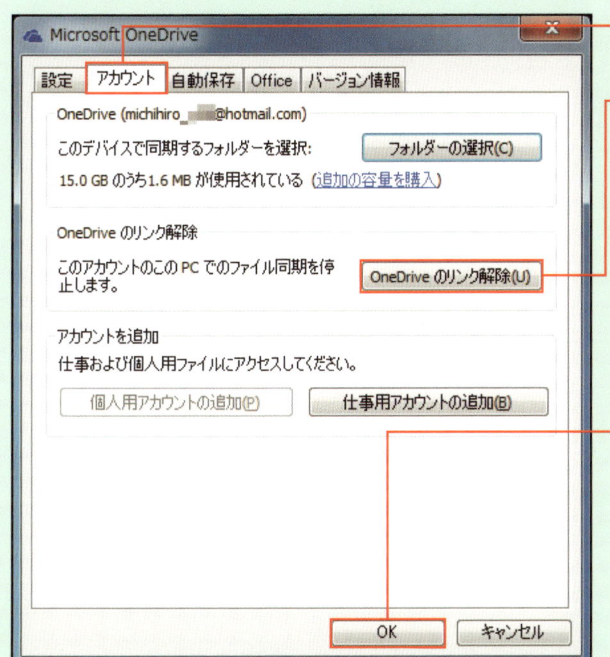

❸「アカウント」タブをクリックし、

❹<OneDriveのリンク解除>をクリックします。

❺P.273を参考に最初から設定をやり直します。この際、「OneDriveフォルダーです」という画面で<場所の変更>をクリックすると、同期するフォルダーの場所を変更することができます。

❻最後に<OK>をクリックします。

SECTION 061 OneDrive

OneDriveでファイルやフォルダーを共有するには

OneDriveのファイルを第三者と共有することで、一歩進んだOneDriveの活用が可能になります。友人や取引先、会社のチーム内などと同じファイルを閲覧あるいは操作する環境を作れば、常に最新の情報で作業を進められます。

ファイルの共有にはいくつかの方法がある

ファイルの共有には「リンクの取得」と「ユーザーの招待」の2種類があります。どちらもURLを共有相手に伝えるという意味では変わりません。「リンクの取得」は、言葉の通り、Webブラウザーに表示されたURL（リンク）を取得して、そのURLをメールなどにコピーして相手に伝えます。「ユーザーの招待」は、メールアドレスを指定して共有するユーザーを招待するというものです。「リンクの取得」と比べて、URLをメールなどにコピーするといった手間が省けます。

OneDriveの操作は、Webブラウザーやエクスプローラー、Windows 8.1だけに用意されているアプリなどから行うことができますが、それぞれできることが違うので注意が必要です。下の表を参考に、使える機能と使えない機能を把握しておきましょう。

利用してみればわかりますが、OneDriveでのファイル操作はエクスプローラーが一番楽に行うことができます。しかし、Windows 10/7/Vistaのエクスプローラーでは「ユーザーの招待」はショートカットが用意されているだけで、実際にはWebブラウザーが起動し、Web上で行うことになります。

Windows 8.1のエクスプローラーの場合、「リンクの取得」や「ユーザーの招待」をしたいときには、ファイルを右クリックして表示されるサブメニューから<共有>→<OneDrive>と選択します。しかし、こちらもWebブラウザーが開き、そこで操作を行うようになっていて意外と不便に感じます。ただ、Windows 8.1には専用のアプリが用意されており、そちらではリンクの取得やユーザーの招待を行うことが可能です。

おすすめの使い方としては、普段のファ

OneDriveの利用制限

	リンクの取得	ユーザーの招待
Webブラウザー	○	○
Windows 10/7/Vistaのエクスプローラー	○	△（※）
Windows 8.1のエクスプローラー	△（※）	△（※）
Windows 8.1のアプリ	○	○

※ショートカットはあるが、実際の操作はWebブラウザーで行うことになります

イル操作はすべてのWindowsでエクスプローラーを使って行います。Windows 10/7/Vistaで「リンクの取得」を行いたいときは、エクスプローラーを使い、「ユーザーの招待」を行いたい場合にはWebブラウザーを使いましょう。Windows 8.1で「リンクの取得」と「ユーザーの招待」を行いたい場合には、専用アプリかWebブラウザーを使います。

Windows 10/7/Vistaで共有を行う

　Windows 10で「リンクの取得」を行うには、エクスプローラーでOneDriveの共有したいファイル／フォルダーを右クリックして＜OneDrive リンクの共有＞を選択するだけです。この操作を行うと、クリップボードにURLがコピーされるので、メールなどで共有を行いたい相手にその情報を送ることができます。

　「ユーザーの招待」を行いたい場合には、＜その他のOneDrive共有オプション＞を選択してください。Webブラウザーでの操作に切り替わります。

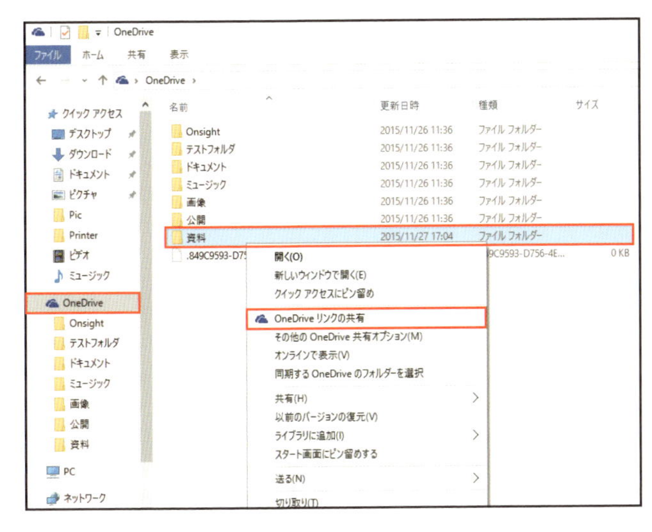

OneDrive内にある共有したいフォルダーを右クリックして、＜OneDriveリンクの共有＞を選択します

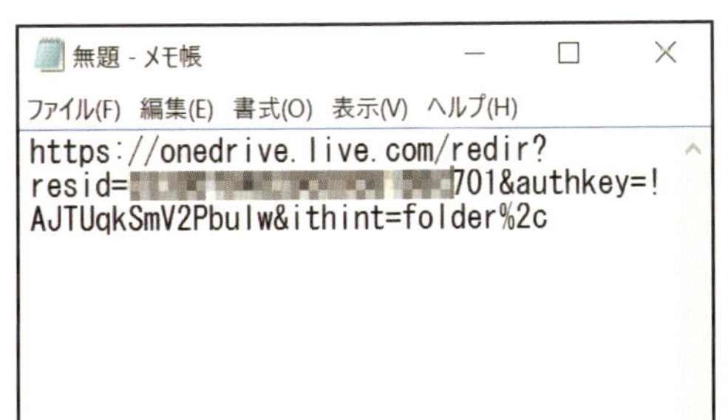

メモ帳を開き、クリップボードにコピーされたURLを貼り付けたもの。この情報をメールなどで送信すれば、受け取ったユーザーが任意のフォルダーを共有して利用することができます

Webブラウザーから「ユーザーの招待」を行う

P.280で説明した通り、エクスプローラーから「ユーザーの招待」を行おうとした場合、実際にはWebブラウザーが起動し、Web上で共有の操作を行うことになります。Windows 10/7/Vistaのエクスプローラーでは、「ユーザーの招待」を行いたいファイル／フォルダーを右クリックして表示されるメニューから<その他のOneDrive共有オプション>をクリックすると、Webブラウザーが起動します。Windows 8.1では、同じく「ユーザーの招待」を行いたいファイル／フォルダーを右クリックして表示されるメニューから<共有>→<OneDrive>の順にクリックすると、Webブラウザーが起動します。

ここでは、Webブラウザーが起動したところから、「ユーザーの招待」を利用して共有する方法を解説します。

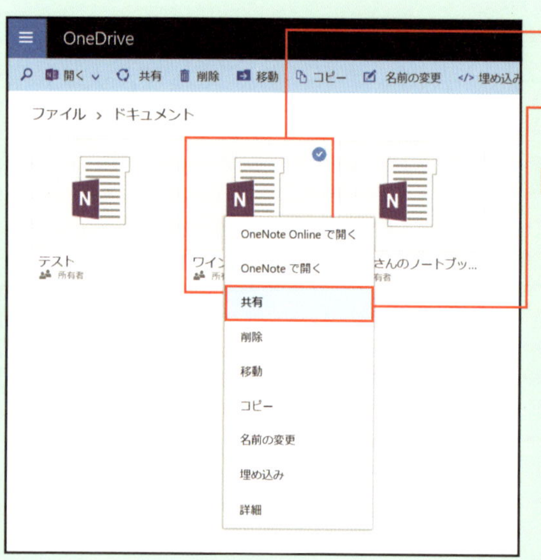

❶共有したいファイルを右クリックし、

❷<共有>をクリックします。

MEMO: ファイルが表示されたら

ファイルが表示された状態でWebブラウザーが起動したら、Webブラウザーの<戻る>ボタンをクリックしてください。

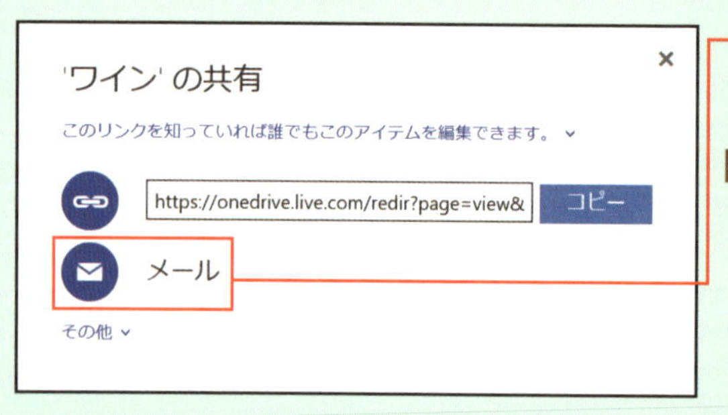

❸<メール>をクリックします。

MEMO: SNSで共有する

<その他>をクリックすると、FacebookやTwitterなどのSNSのボタンが表示され、このボタンをクリックすることで、リンクを共有するための画面が表示されます。

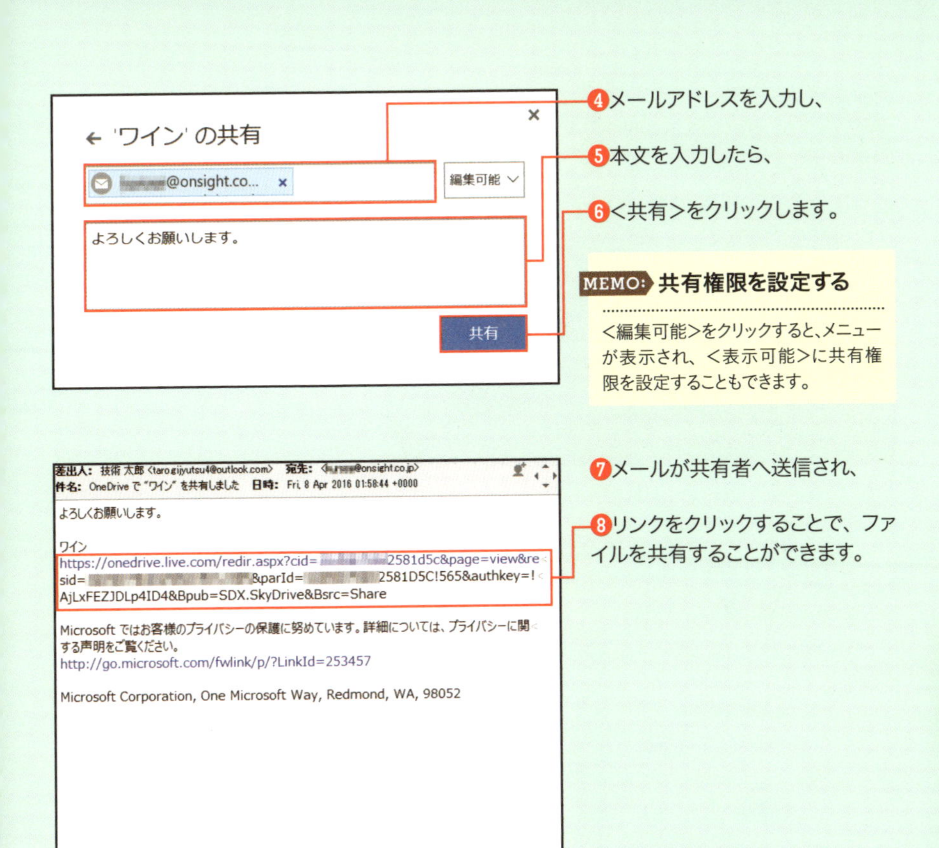

'ワイン' の共有
@onsight.co...
編集可能
よろしくお願いします。
共有
❹メールアドレスを入力し、
❺本文を入力したら、
❻<共有>をクリックします。
MEMO 共有権限を設定する
<編集可能>をクリックすると、メニューが表示され、<表示可能>に共有権限を設定することもできます。
差出人: 技術 太郎 <taro.gijyutsu4@outlook.com> 宛先:
件名: OneDrive で "ワイン" を共有しました 日時: Fri, 8 Apr 2016 01:58:44 +0000
よろしくお願いします。
ワイン
Microsoft ではお客様のプライバシーの保護に努めています。詳細については、プライバシーに関する声明をご覧ください。
http://go.microsoft.com/fwlink/p/?LinkId=253457
Microsoft Corporation, One Microsoft Way, Redmond, WA, 98052
❼メールが共有者へ送信され、
❽リンクをクリックすることで、ファイルを共有することができます。

Windows 8.1で共有を行う

ここではWindows 8.1のアプリを使って共有を行います。スタート画面からOneDriveを起動してください。表示されたフィルダーやファイルで共有を行いたいものを右クリックすると画面下部にアプリバーが表示され、<共有>のボタンが表示されます。このボタンをクリックすると共有の設定画面が表示されます。

続けて実際にファイルを共有する設定を進めていきます。<共有>をクリックすると「リンクの取得」と「ユーザーの招待」の2項目が表示されますが、いずれを選択しても、共有者にメールでURLを送信し、その共有者がメールを受け取って記載されたURLをクリックすることで共有が可能です。ここでは「リンクの取得」を行ってみましょう。

❶スタートボタンをクリックし、

❷OneDriveのタイルをクリックします。

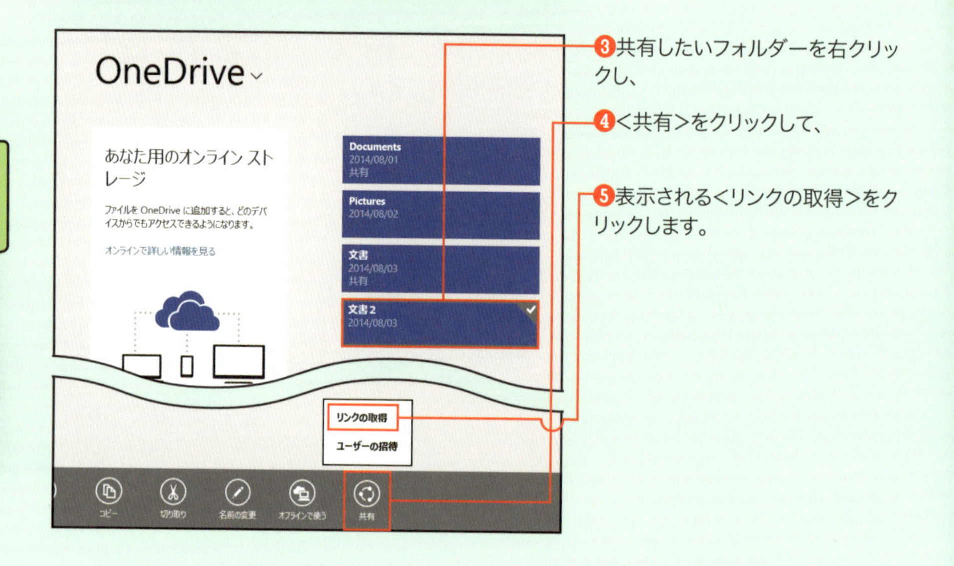

❸共有したいフォルダーを右クリックし、

❹<共有>をクリックして、

❺表示される<リンクの取得>をクリックします。

“文書２”へのリンクを取得

リンクをクリップボードに保存します。その後、リンクを貼り付けたり他のアプリと共有したりできます。このリンクを知っている人はだれでも、“文書２”を表示できます。

表示のみ

リンクの作成　閉じる

❻<リンクの作成>をクリックします。

MEMO: 共有権限の設定とリンクのコピー

「表示のみ」の⌄をクリックすると、ファイルの編集ができたり、閲覧のみにしたりといった共有の権限を設定することができます（P.286参照）。また、<リンクの作成>をクリックした時点で、クリップボードにURLがコピーされるので、テキストエディター上などで Ctrl + V キーを実行すれば、URLをペーストすることができます。

第6章 » OneDrive

リンクを貼り付ける準備ができました。
メッセージや投稿に貼り付けたり、[共有] をタップして共有先のアプリを選んだりできます。
共有　閉じる

❼<共有>をクリックします。

共有
文書2
他のユーザーは、このリンクを使ってこの項…
メール: @yahoo…
メール
メール: @yahoo.co.…
メール
メール: @onsight.co.jp…
メール
メール
メールを送る
People
ソーシャル ネットワークに投稿
ミュージック
プレイリストを作成
リーディング リスト
ブックマークを設定する

❽画面右に共有するためのアイテムが表示されるので、<メール>をクリックします。共有を行っていると、上部に履歴が表示されます。

MEMO: あらかじめアプリの設定を行っておく

共有のメールを利用する場合には、あらかじめ「メール」アプリの設定を行っておく必要があります。そのほかのアプリを利用する場合も、それぞれ設定が必要です。

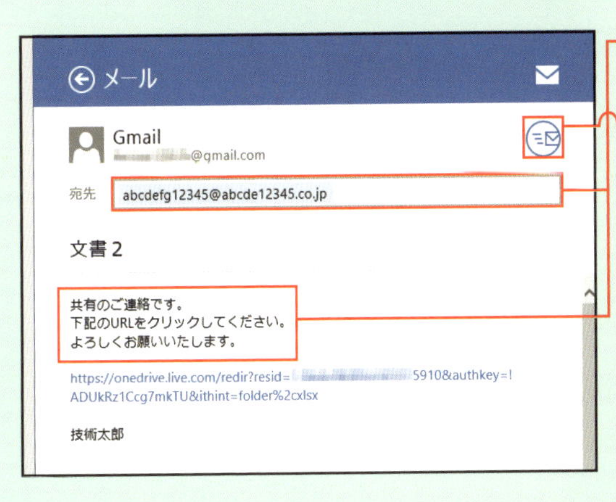

❾共有したいメールアドレスとコメントを入力したら、

❿ をクリックして、相手にURLを送信します。メールを受け取った相手はこのURLをクリックするだけで共有が可能になります。

そのほかの共有方法について

P.284の手順❺では、<リンクの取得>を選択して、共有者へメールを送信しましたが、基本的には<ユーザーの招待>を選択しても、手順自体は大きく変わりません。<ユーザーの招待>を選択した場合は、Microsoft アカウントでのサインインを求めることができるので、より強固なセキュリティの中で共有が可能になります。なお、<リンクの取得>を選んだ場合、送信者に対して3つの権限を選択することができます。また、<ユーザーの招待>を選択した場合は、送信者に対して4通りの権限を選択することができます。

リンクの取得

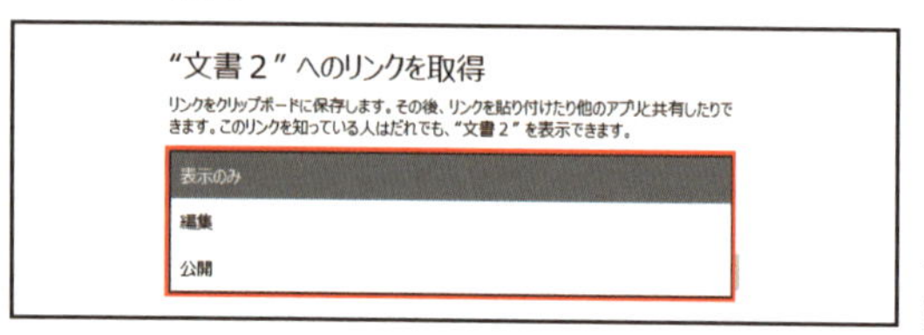

<リンクの取得>を選ぶと、3つの権限を選択できます

ユーザーの招待

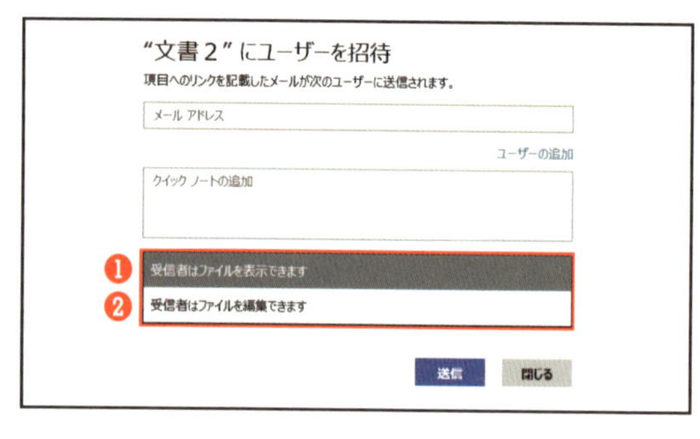

リンクの取得やユーザーの招待で表示されるリストはコンボボックスになっているため、選択肢を表示するためには、<受信者はファイルを表示できます>をクリックする必要があります

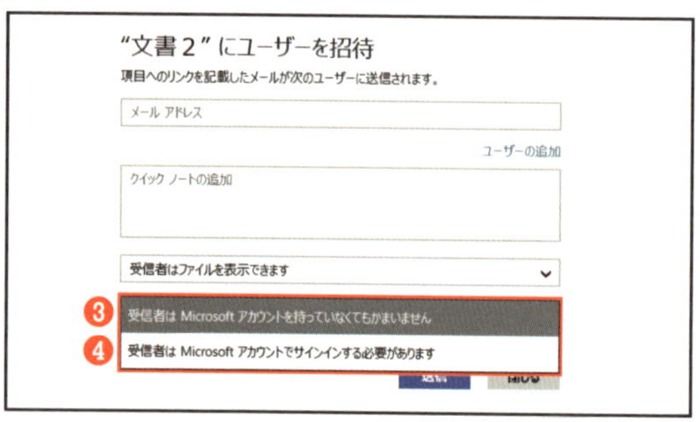

<ユーザーの招待>を選ぶと、「❶と❸」「❶と❹」「❷と❸」「❷と❹」の組み合わせで4通りの権限を設定できます

共有設定の解除

共有設定の解除はOneDriveアプリからは行えません。共有設定を解除する場合にはWebブラウザーでOneDriveのWebサイト（https://www.onedrive.live.com）にアクセスし、サインインして操作を行います。

❶<共有>をクリックすると、

❷共有しているファイル／フォルダーの一覧が表示されるので、共有を解除したいファイル／フォルダーを右クリックします。

❸<詳細>をクリックすると、

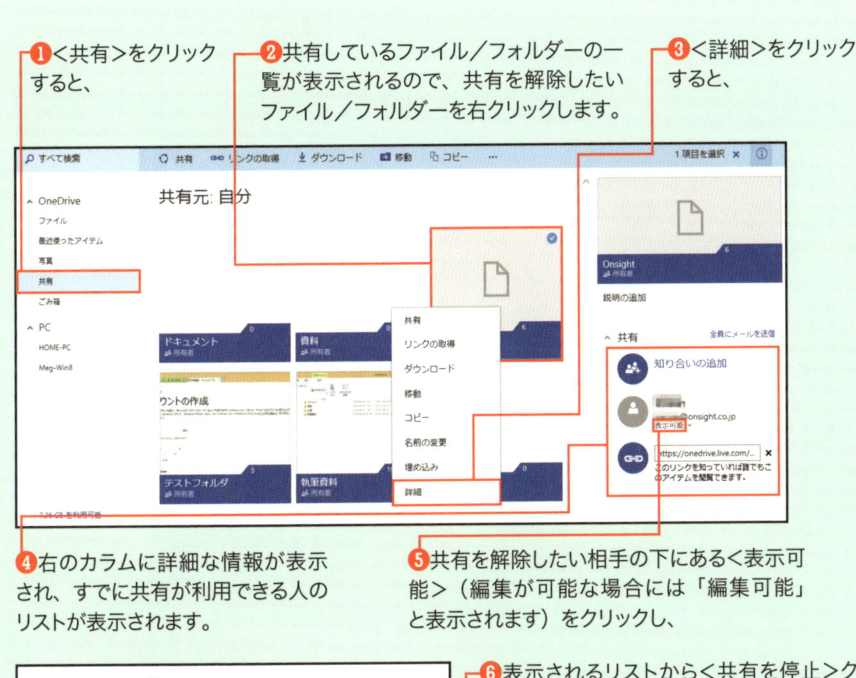

❹右のカラムに詳細な情報が表示され、すでに共有が利用できる人のリストが表示されます。

❺共有を解除したい相手の下にある<表示可能>（編集が可能な場合には「編集可能」と表示されます）をクリックし、

❻表示されるリストから<共有を停止>クリックします。

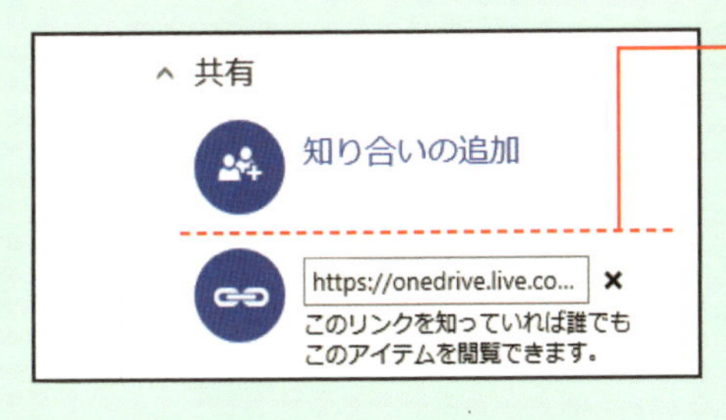

❼共有相手がリストから消えて、共有者を解除することができました。

SECTION 062 Dropbox

Dropboxでオンラインストレージを利用するには

Dropboxは米国のDropboxが提供するオンラインストレージサービスで、無料プランも用意されています。複数のパソコン間のファイル同期や、友人などとファイルのやり取りを行うことができます。

Dropboxの契約プランと特徴

DropboxはOneDriveと同様に、パソコン間のファイル同期や、他社のオンラインストレージとファイル共有を行うことのできるサービスです。利用するにはアカウントの設定が必要ですが、2GBまでのオンラインストレージを無料で利用できます。

2016年3月時点での料金体系は以下の通りになります。

	Basic	Pro	Business
利用できる容量	2GB～16GB	1TB	必要に応じて追加可能
料金※	無料	1,200円／月 12,000円／年	1,500円／月（一人） 15,000円／年
備考	知人を紹介することで容量の拡張が可能		最少5人で利用可能。容量の追加もできる

Dropboxの提供するサービスプラン（※税別）

表の通り、2GBのオンラインストレージを無料のBasicプランで利用することができます。また、友人などを招待することにより、16GBまで容量をプラスすることもできるため、比較的小容量で済む場合には、無料でBasicプランを利用するのがよいでしょう。

2GBでも結構な容量ですが、画像や動画などのデータをオンラインストレージに置く場合には容量が足りなくなってきます。それ以上の容量を利用したい場合には、月額1,200円、年間12,000円（いずれも税別）で1TBの容量を利用することが可能です。料金は1年利用の一括払いにすることでお得になるのでこちらを検討するのもよいでしょう。また、有料プランに付随するサービスとして削除したファイルの復元やバージョン履歴を無制限で提供する「Packrat」機能も追加料金なしで利用することができます。

Businessプランは5人から利用できるサービスで、最低条件の5人で利用しても一人1,500円×5人で7,500円の料金がかかります。しかし、1人1TBで最初から5TBの容量を利用できます。必要に応じて追加可能でこちらはBusinessという名称ですが、個人で契約することもできます。Proでは容量が足りない場合には、Busin essを検討してみるとよいかもしれません。

Dropboxの特徴は、OneDriveと同じく、エクスプローラーでファイル管理を行うことができ、さらに同期機能を持っている点です。多くのオンラインストレージがWebブラウザー上でファイルのダウンロードやアップロードを使用しなければならないのに対し、エクスプローラーを利用できるのは、使い勝手も向上するため大きなメリットといえます。また、共有フォルダーの同期機能も見逃せません。これは、OneDriveにはない機能です。

また、ファイルの復元機能も用意されています。誤ってファイルを消してしまったとしても、削除してから30日以内であれば復元を行うことができます。この機能は無料プランでも利用でき、Businessプランであれば30日の復元期限が無制限になります。さらに、Office 365との連携機能も用意されており、Microsoftと契約をしている場合には、ぜひ使ってみてほしい便利な機能です。

ここでは、Basicプランを利用したファイルの保存、パソコン間の同期、他者とのファイルの共有方法を解説します。

Dropboxの導入

Dropboxのアカウント取得方法とクライアントのインストールを順を追って解説していきます。ここでは、Windows 10で解説を行っていますが、ほかのOSでも基本的な操作は変わりません。

Dropboxに新規アカウントの登録を行う

❶DropboxのWebサイト(https://www.dropbox.com/) にアクセスします。

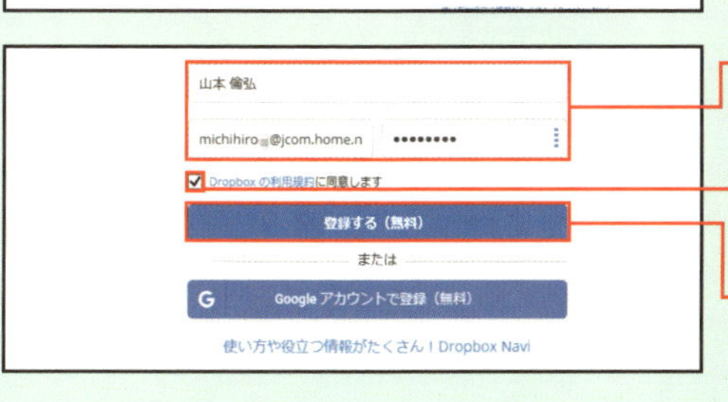

❷氏名とメールアドレス、パスワードを入力します。

❸<Dropboxの利用規約に同意します>をクリックしてオンにし、

❹<登録する（無料）>をクリックします。

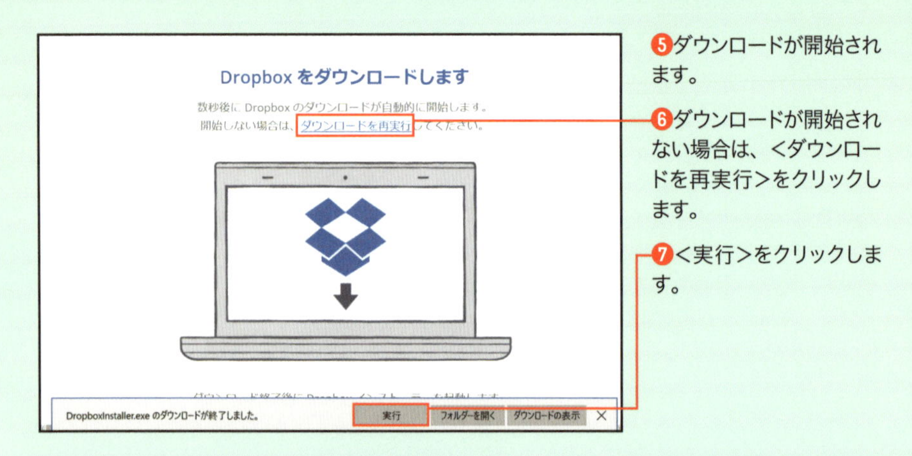

❺ダウンロードが開始されます。

❻ダウンロードが開始されない場合は、<ダウンロードを再実行>をクリックします。

❼<実行>をクリックします。

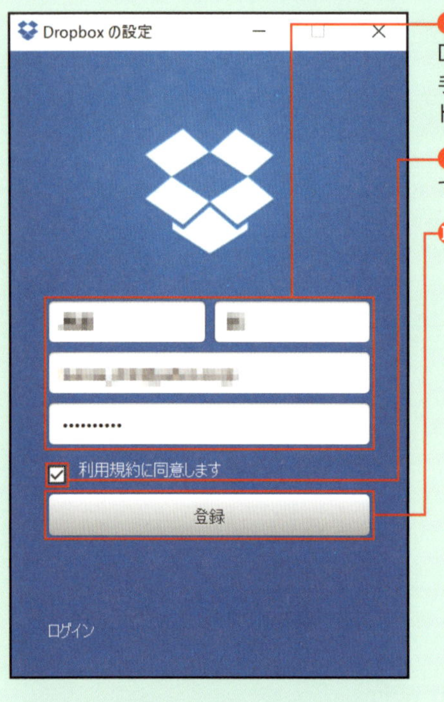

❽クライアントのインストールが終わると、Dropboxの設定画面が表示されます。P.289手順❷で入力した氏名、アカウント（メールアドレス）、パスワードを入力し、

❾<利用規約に同意します>にチェックが入っていることを確認し、

❿<登録>をクリックします。

⓫<自分のDropboxを開く>をクリックします。

⓬「Dropboxにようこそ」画面が表示されます。<スタートガイド>をクリックして、一連のツアーを終えると、

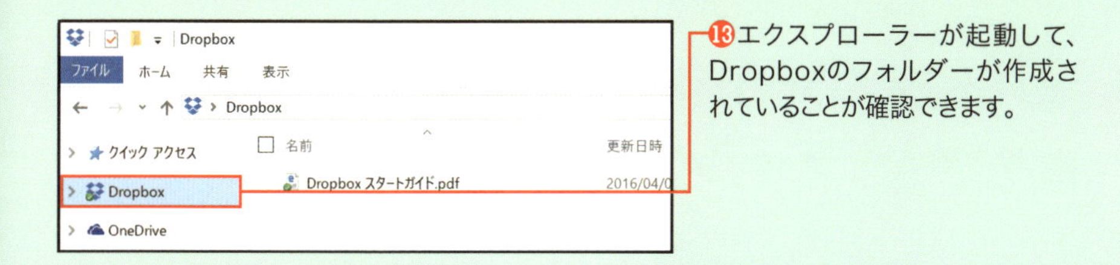

⑬エクスプローラーが起動して、Dropboxのフォルダーが作成されていることが確認できます。

Dropboxにログインする

❶DropboxのWebサイト（https://www.dropbox.com/） にアクセスします。

❷<ログイン>をクリックします。

❸登録したメールアカウント、パスワードを入力し、

❹<ログイン>をクリックします。

❺Dropboxの自分のページが開きます。

SECTION 063 Dropbox

Dropboxでファイルやフォルダーを共有するには

Dropboxで共有機能を利用する方法は、OneDriveと同様いくつかあります。ただし、設定はWebブラウザーで行うことになるため、ここではWebブラウザーでの共有の方法を解説します。

知人とファイルを共有する

Dropboxの共有は、リンクを取得してそのWebサイトのアドレスをユーザーに伝える方法と、Dropboxのアカウントを指定してユーザーと共有する方法の2つがあります。

リンクを使った共有では、リンクを教えてもらったユーザーは、ファイルをダウンロードすることしかできず、新規ファイルの追加や上書き、削除などを行うことはできません。また、このリンクを知っていれば、誰でも共有フォルダーを利用することが可能になるため、注意が必要です。

Dropboxのアカウントを指定した共有は、先方がDropboxのアカウントを持っている必要があるため、よりセキュリティを重視した方法といえます。Dropboxのアカウントを持っていないユーザーに対して共有を行った場合、先方が共有を受けたフォルダーを開こうとすると、Dropboxのアカウントを作成する画面が表示されます。

また、このアカウントを指定する方法では、共有先のユーザーが、新たに共有するユーザーを追加できるかどうかの権限を、共有時にチェックボックスのオン／オフで設定することができます。勝手に共有フォルダーを使えるユーザーが増やされては困る場合には、共有の設定をする際に、このチェックをオフにしてください。

それでは実際の画面を見ながら、リンクを共有する方法を解説していきます。また、アカウントを指定した共有の方法も解説します。

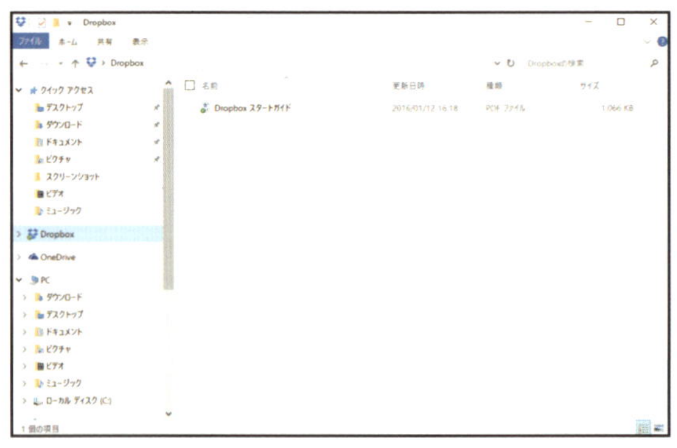

共有機能はエクスプローラーでは行えないため、Webブラウザーで行うことになります

①リンクを使った共有

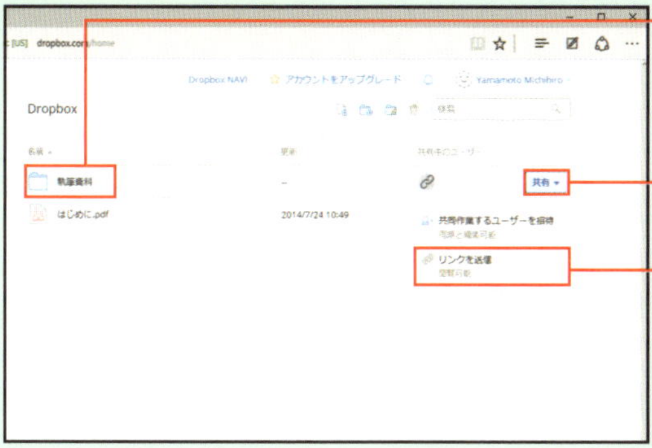

❶Webブラウザーでdropboxにサインインし、共有したいフォルダーを表示したら、そのフォルダーにカーソルを合わせます。

❷フォルダーの右に共有のボタンが表示されるので、＜共有＞をクリックして、

❸＜リンクを送信＞をクリックします。

MEMO: ファイルを共有する

フォルダーではなくファイルの場合は、手順❷の操作を行うと、次の手順❹の画面が表示されます。

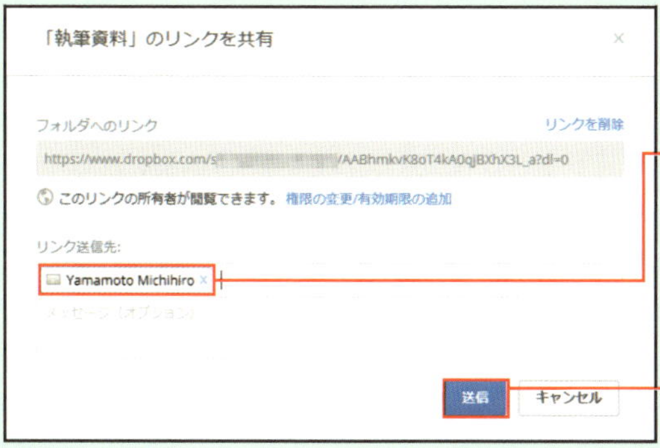

❹共有したいユーザーのメールアドレス（アカウント）を入力し、

❺＜送信＞をクリックすれば、相手にメールが通知されます。

COLUMN

メールアドレスを確認する

Dropboxでメールを利用するには、あらかじめP.291手順❺の画面で、＜メールアドレスを確認＞をクリックし、メールアドレスを確認しておきます。この＜メールアドレスを確認＞をクリックすると、Dropboxに登録したメールアドレスにメールが送信されます。受信したメールで＜メールアドレスを確認する＞をクリックすると、Dropboxでのメール送信が可能になります。

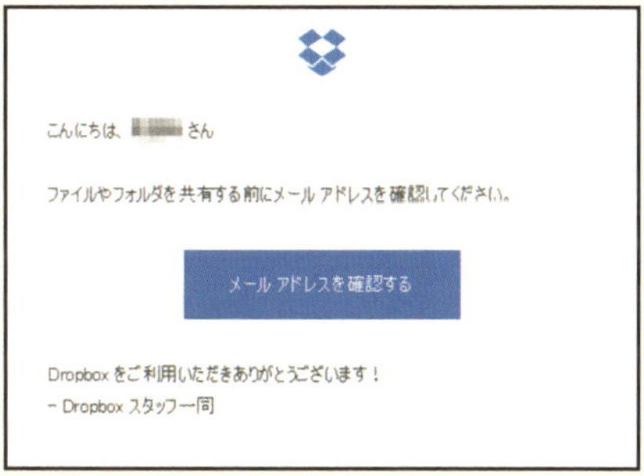

受信したメールで＜メールアドレスを確認する＞をクリックします

②アカウントを使った共有

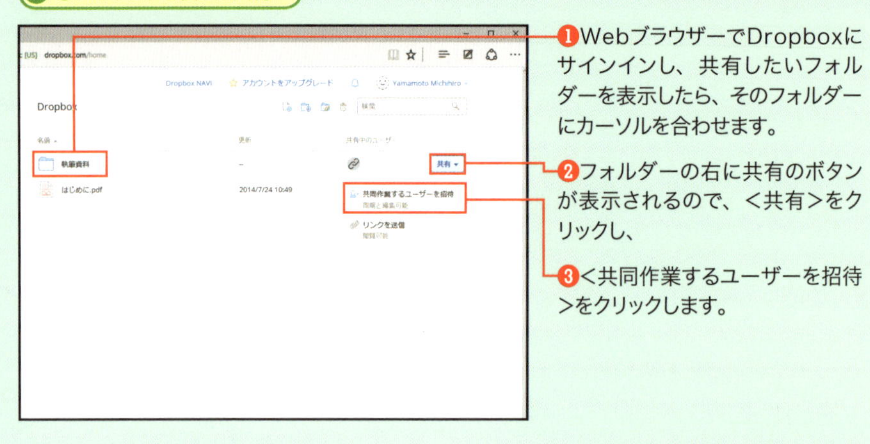

❶WebブラウザーでDropboxにサインインし、共有したいフォルダーを表示したら、そのフォルダーにカーソルを合わせます。

❷フォルダーの右に共有のボタンが表示されるので、<共有>をクリックし、

❸<共同作業するユーザーを招待>をクリックします。

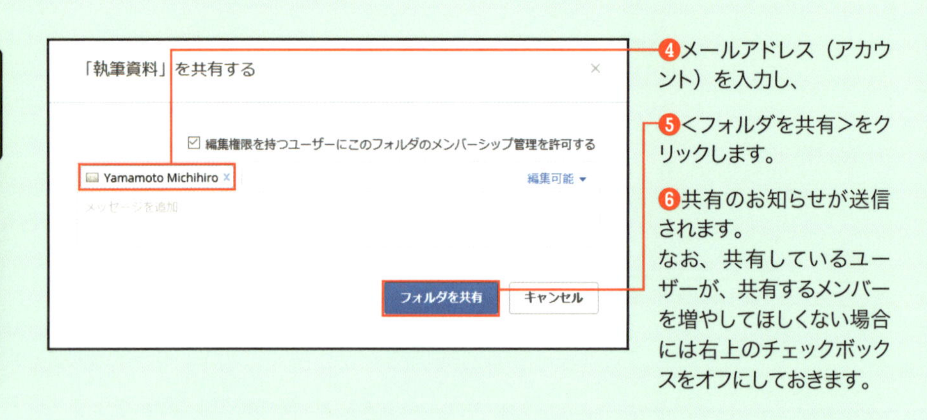

❹メールアドレス（アカウント）を入力し、

❺<フォルダを共有>をクリックします。

❻共有のお知らせが送信されます。
なお、共有しているユーザーが、共有するメンバーを増やしてほしくない場合には右上のチェックボックスをオフにしておきます。

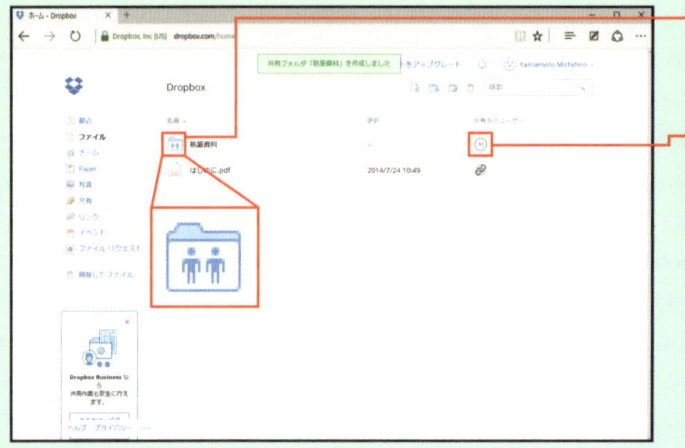

❼共有を開始されたフォルダはアイコンの表示が変わります。

❽ここの表示で共有の状態を確認できます。色が薄ければ未承認で、承認されると黒文字に変わります。また、ここをクリックすることで「共有フォルダのオプション」を表示することができます。

❾「共有フォルダのオプション」画面です。

❿ここでは、共有を申請した相手がまだ参加していない状況です。相手がメールをチェックし、フォルダーを開けば共有に参加した状態になります。

COLUMN

メールを受け取ったら

メールが送られてきたユーザーがDropboxのアカウントを持っている場合、とくに難しい操作を行うことなく、画面の指示に従って操作を進めていくことで、共有が可能です。アカウントがない場合には、新規でアカウントを取得する必要があるので注意しましょう。

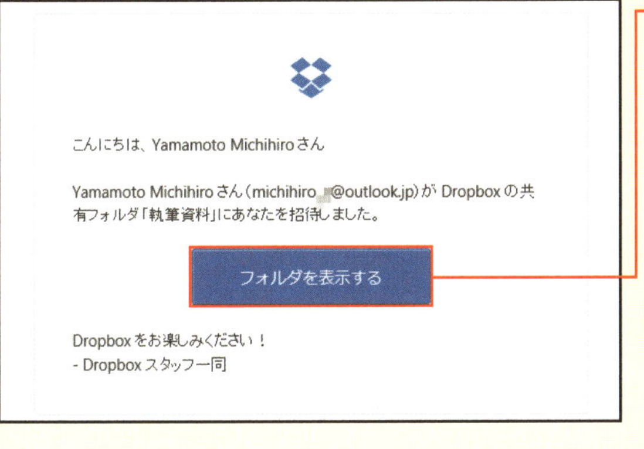

❶メールを受け取ったら、まずは画面にある<フォルダを表示する>をクリックします（なお、ここではHTMLメールで表示しています）。

❷さらに同じような画面が表示されるので、続けて<フォルダを表示>をクリックします。

❸続けて<承認>をクリックすれば、フォルダーが表示されます。

第6章 » Dropbox

iPhoneをモバイルルーターの代わりに使うには

外出時でもノートパソコンでインターネットが使えるよう、通信会社と契約してモバイルルーターを持ち歩いている方もいるでしょう。しかし、「テザリング」を利用すれば、モバイルルーターが不要になります。

テザリングとは

テザリングとは、端末自身をモバイルルーターのように用いて、ノートパソコンやタブレットをインターネットに接続することです。インターネット環境がない外出先などで便利に利用することができます。

テザリングはどんな端末でも利用できるというわけではなく、通常、キャリアではテザリングオプションに加入している必要があります。また、通信容量についても制限があり、必ずしもメジャーなサービスとはいい切れない側面もありますが、その利便性は非常に高いものです。

Wi-Fi テザリング

親機

iPhone

Bluetooth テザリング

Bluetooth

USB テザリング

親機

iPhone

USB

iPhoneやiPadでは3種類のテザリングを利用することができます。また、iPhone/iPadがルーターの役割を持つため、iPhone/iPadは親機、実際にインターネットを利用するノートパソコンなどは子機という位置付けになります

また、こうした端末を利用するテザリングには、「Wi-Fiテザリング」「Bluetoothテザリング」「USBテザリング」の3種類の方法があります。iPhone 5以降に発売された機種（以下、iPhone）では、この3つのテザリングを利用することができます。

3種類のテザリングの特徴

下表でも示している通り、Bluetoothでの接続は高いセキュリティを持つため、筆者はBluetoothテザリングをおすすめします。Bluetoothテザリングでは、ペアリングという作業で親機に子機を登録するため、自分の意図しない機器との接続の心配がありません。Wi-Fiテザリングでは、Wi-Fiの接続先として公開されるiPhoneのアクセスポイント名（SSID）を非表示にすることはできません。そのため接続用のパスワードが他人に知られてしまうと、情報が漏洩してしまう可能性があります。子機がBluetooth機能を持っている場合は、できるだけBluetoothテザリングを行うようにしてください。

	特徴	注意点
Wi-Fi テザリング	現在のノートパソコンなどはすべてにWi-Fiが搭載されているので利用環境はもっとも整っている	パスワードがわかってしまえば誰でもテザリングしている親機を利用できてしまう。電池の消耗が激しい
Bluetooth テザリング	セキュリティが高く電池の消耗が少ない	テザリングで接続する機器がBluetoothの機能を有していなければならない
USB テザリング	ファイルコピーに関しては、親機と子機の通信速度が非常に速い	ケーブルの取り回しが面倒。インターネットへの接続では、接続速度がボトルネックとなってしまい、高速な通信ができない

3種類のテザリングの特徴と注意点

テザリングの設定方法

テザリングの方法はとてもかんたんです。前述した3種類のどの方法であっても、まず行うことは、iPhoneの「設定」にある、「インターネット共有」の<インターネット共有>をオンにします。あとの操作はそれぞれで異なりますが、次ページ以降を参考に設定を行ってください。ここでは「Wi-Fiテザリング」「Bluetoothテザリング」「USBテザリング」の設定方法を、親機となるiPhoneではiOS 9、子機となるノートパソコンではWindows 10で解説します。Wi-Fiテザリングの場合、WindowsはどのOSであっても基本的にネットワークの設定画面を開き、アクセスポイントを設定するという方法は変わりません。

Wi-Fiテザリング［iPhone=親機の設定］

❶ホーム画面にある<設定>をタップして、設定画面を開きます。

❷<インターネット共有>をタップします。

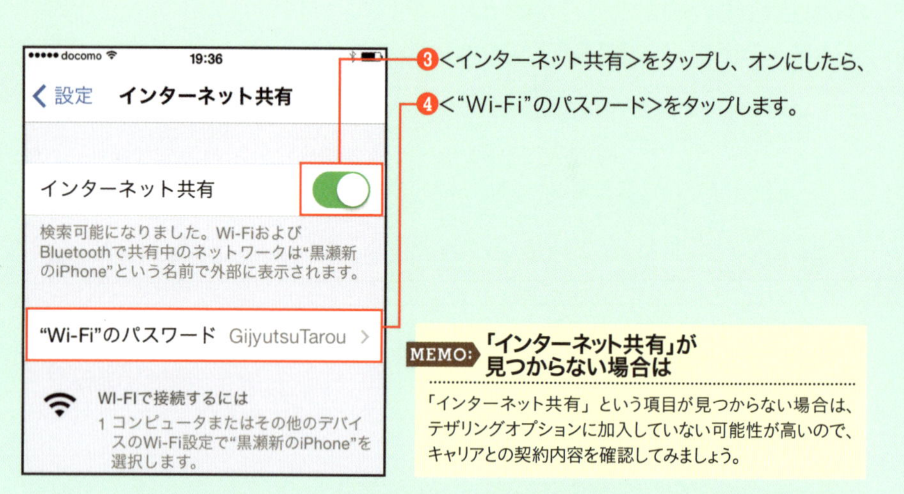

❸<インターネット共有>をタップし、オンにしたら、

❹<"Wi-Fi"のパスワード>をタップします。

MEMO: 「インターネット共有」が見つからない場合は

「インターネット共有」という項目が見つからない場合は、テザリングオプションに加入していない可能性が高いので、キャリアとの契約内容を確認してみましょう。

❺表示されるパスワードを書き留めておきます。

❻パスワードを変更することもできます。変更した場合は<完了>をタップします。

Wi-Fiテザリング［ノートパソコン＝子機の設定］

❶デスクトップの通知領域にあるをクリックし、アクセスポイントを表示したら、

❷設定したiPhoneの端末名（アクセスポイント）をクリックし、

❸＜接続＞をクリックします。

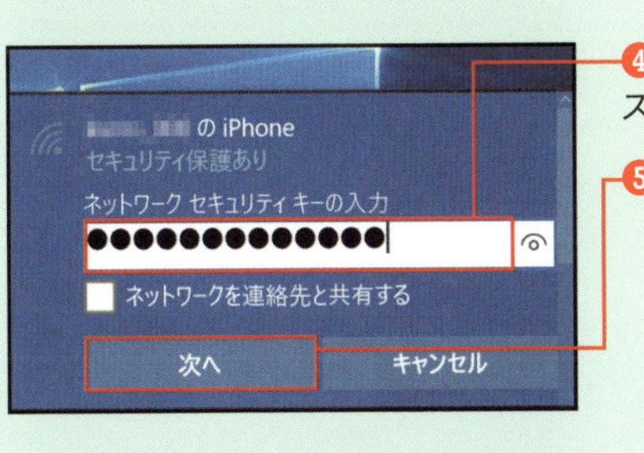

❹P.298の手順❺～❻で確認あるいは変更したパスワードを入力し、

❺＜次へ＞をクリックします。

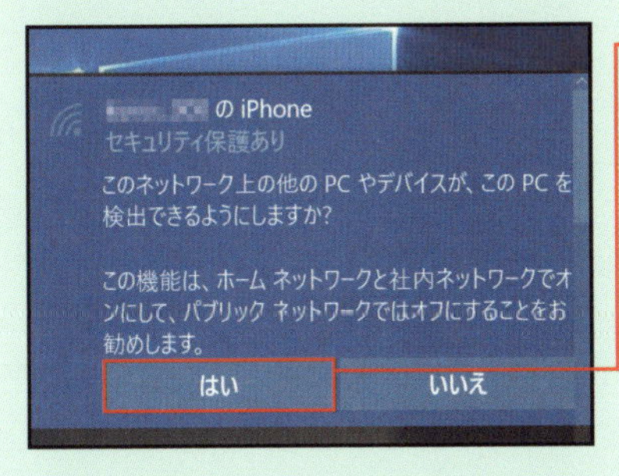

❻ネットワーク上のデバイスが検出するかどうかといった確認画面が表示されたら、＜はい＞をクリックします。

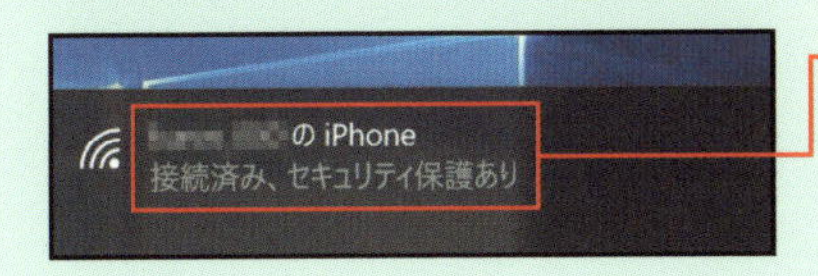

❼接続されると「接続済み」と表示されます。

Bluetoothテザリング［iPhone=親機の設定］

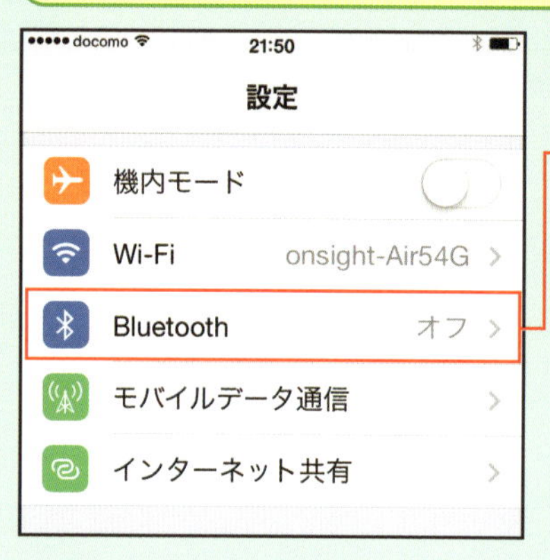

❶P.298の手順❶から❸までを参考に、<インターネット共有>をオンにしておきます。

❷ホーム画面にある<設定>をタップして、設定画面を開いたら、<Bluetooth>をタップします。

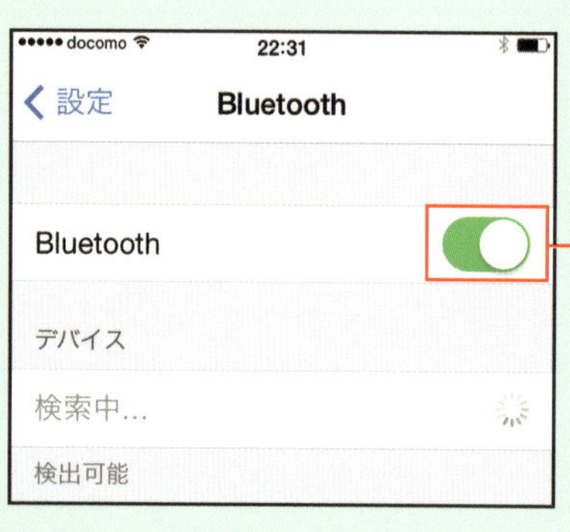

❸<Bluetooth>をタップして、設定をオンにします。以上で親機としてのiPhoneの設定は終了します。

Bluetoothテザリング［ノートパソコン=子機の設定］

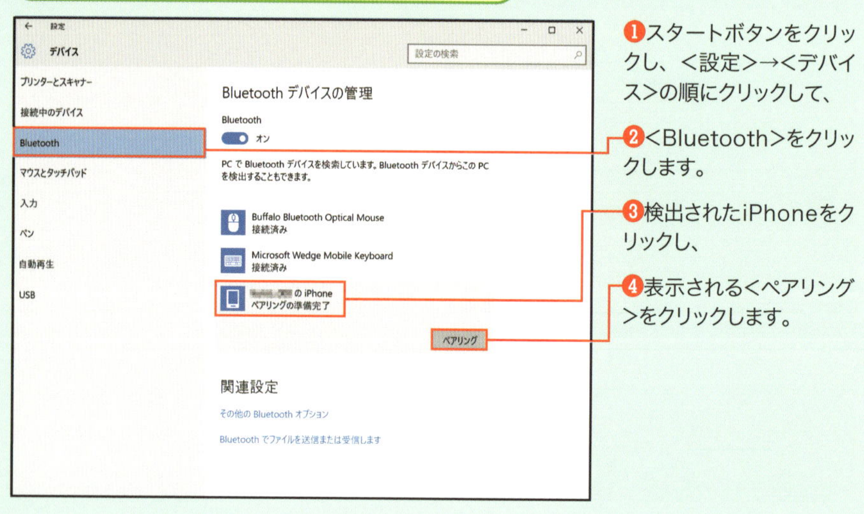

❶スタートボタンをクリックし、<設定>→<デバイス>の順にクリックして、

❷<Bluetooth>をクリックします。

❸検出されたiPhoneをクリックし、

❹表示される<ペアリング>をクリックします。

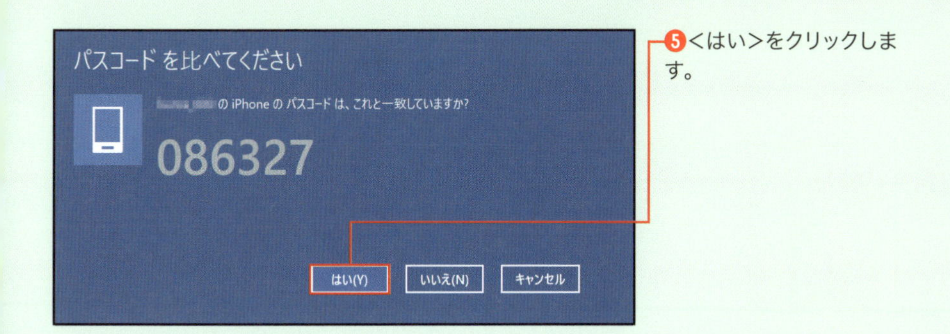

❺<はい>をクリックします。

❻親機の側であるiPhoneでも確認を求められるので、<ペアリング>をタップします。以上でペアリングの設定は終了です。

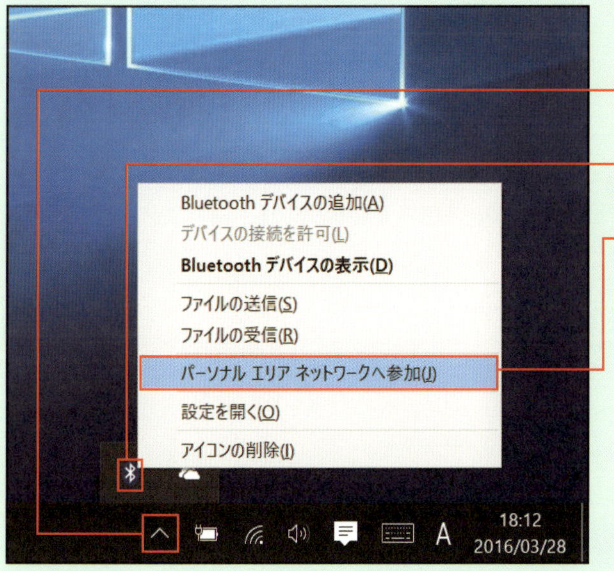

❼パソコン操作に戻ります。

❽通知領域の∧をクリックし、

❾Bluetoothアイコンのをを右クリックして、

❿<パーソナルエリアネットワークへ参加>をクリックします。

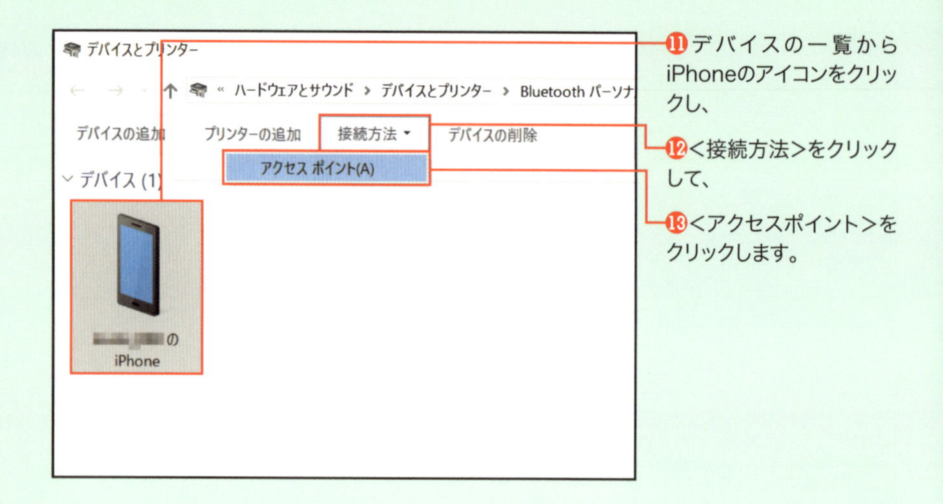

⓫デバイスの一覧からiPhoneのアイコンをクリックし、

⓬<接続方法>をクリックして、

⓭<アクセスポイント>をクリックします。

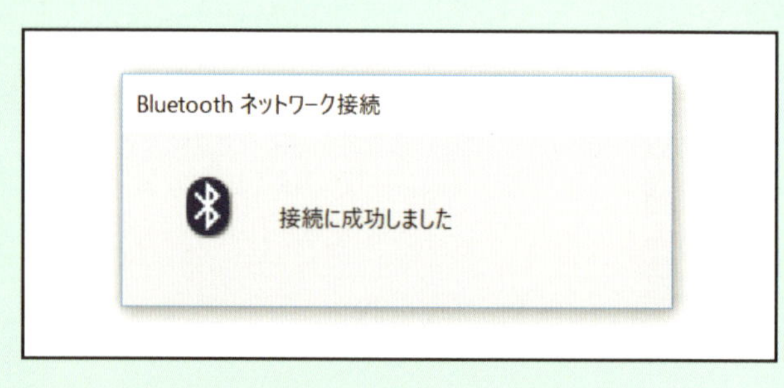

⓮「接続に成功しました」と表示され、Bluetoothテザリングが開始されます。

USBテザリング[iPhone=親機の設定]

❶パソコンとiPhoneをUSBケーブルでつなぎます。

❷P.298の手順❶から❸までを参考に、<インターネット共有>をオンにします。

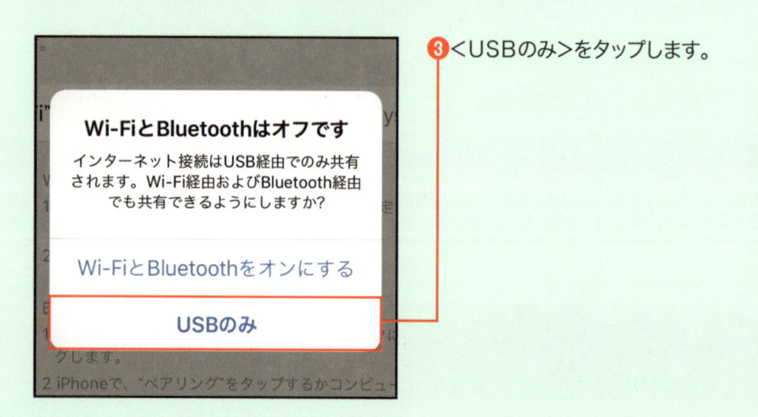

❸<USBのみ>をタップします。

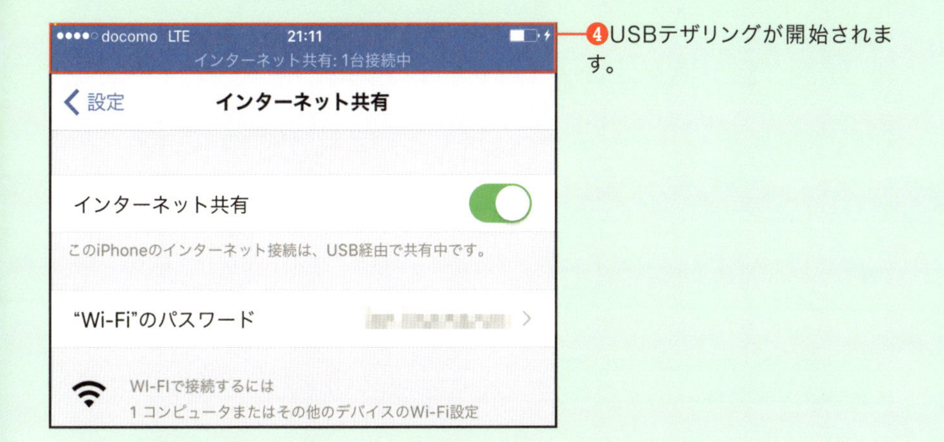

❹USBテザリングが開始されます。

テザリングの解除

テザリングの解除は、Wi-Fi／Bluetooth／USBテザリングとも解除方法は同じです。親機であるiPhoneの「インターネット共有」画面で、オンになっている<インターネット共有>をタップしてオフにします。

<インターネット共有>をタップして、オフにします。画面はWi-Fiテザリング時のものです

Android端末をモバイルルーターの代わりに使うには

前項で紹介したiPhone同様、Android端末においても、ここ数年前から販売されているほとんどの機種でテザリングを行うことができます。Wi-Fi、Bluetooth、USBの各テザリングが可能なので、ここで設定方法をマスターしておきましょう。

Android端末でテザリングを利用する

ここではAndroid端末のテザリングについて一連の設定方法を解説していきます。

ここでは実際のテザリングの設定をソニーモバイルコミュニケーションズのXperia Z SO-02E（以下、Xperia Z）を使用して解説します。テザリングを行うためにはオプションの契約が必要になるので、契約の内容などを確認してから行ってください。

なお、テザリングとはどのようなものかについては、P.296のiPhoneでテザリングを行うための設定方法の前に解説していますので、そちらを参照してください。

テザリングの設定方法

ここからはWi-Fi、Bluetooth、USBによるテザリングの方法をそれぞれ説明していきます。設定後の子機の接続方法は、各接続方法、それぞれがiPhone端末の場合と同じです。子機の接続方法の詳細に関しては、都度ページを示しますので、そちらを参照してください。

Wi-Fiテザリング［Xperia Z=親機の設定］

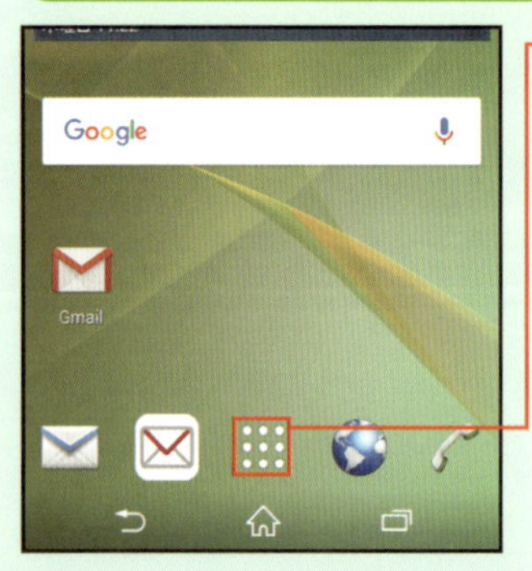

❶ホーム画面で<アプリケーションボタン>をタップし、

❷続けて<設定>ボタンをタップして、「設定メニュー」を表示します。

❸「設定」画面で<その他の設定>をタップします。

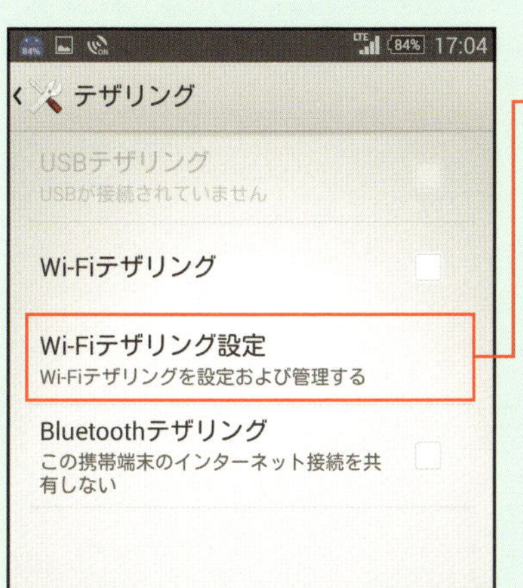

❹表示される画面で<テザリング>をタップすると、

❺「テザリング」画面が表示されるので、続けて<Wi-Fiテザリング設定>をタップします。

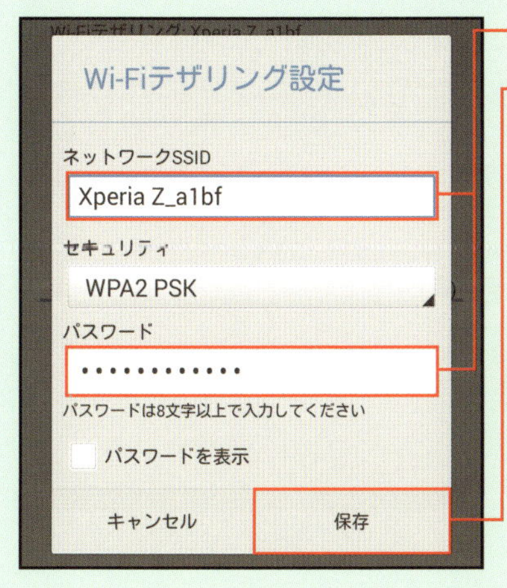

❻「ネットワークSSID」と「パスワード」を入力し、

❼<保存>をタップします。

❽注意事項の画面が表示されたら<OK>をタップします。すると手順❹の画面に戻るので、<Wi-Fiテザリング>のチェックを入れれば設定完了です。

MEMO: ネットワークSSID

ネットワークSSIDの初期状態は「Xperia Z_××××」が設定されています。アクセスポイント名は誰もが見られる環境にあるため、機種名などを表示したくない場合は、変更しておくとよいでしょう。

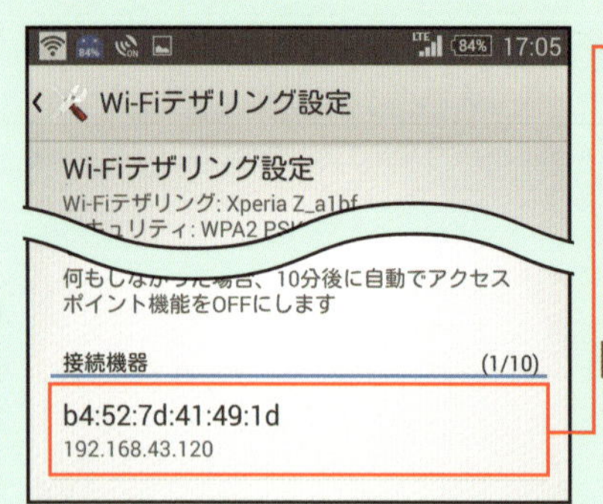

❾Wi-Fiテザリングの子機側の接続方法はP.299で説明しています。Wi-Fiテザリングでは、Android端末がアクセスポイントとなっているため、通常の無線LANの接続手順を踏めば、Android端末やiPhoneなど、Windows以外のOSや端末で利用することが可能です。

MEMO: Wi-Fiテザリングの解除

Wi-Fiテザリングを解除する場合は、「テザリング」の画面で<Wi-Fiテザリング>のチェックを外します。

Bluetoothテザリング［Xperia Z=親機の設定］

Bluetoothでの接続の場合、子機側が親機とペアリングしている必要があります。Bluetoothの設定はデフォルトでは機器として検出されないようになっているため、まずはペアリング設定を行い、その後Bluetoothテザリングの設定をします。

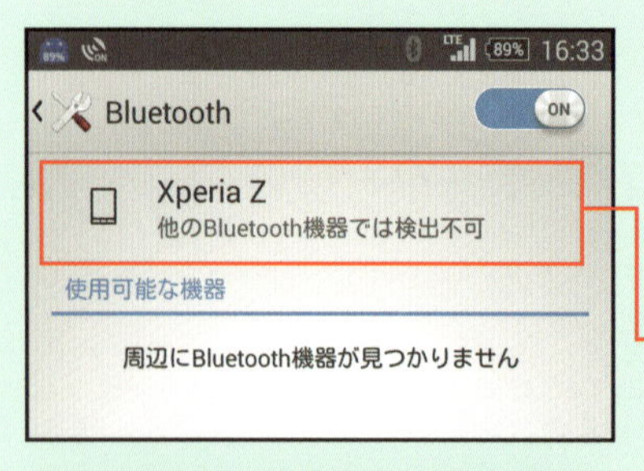

❶まずはP.305を参考に同じ設定メニューを表示します。Bluetoothの項目があるので、それをタップしてください。

❷Bluetoothの項目をタップしたら、スライドスイッチを<ON>にします。

❸Bluetoothがオンになると左の画面の状態になります。この状態では、ほかのBluetooth搭載機器からXperia Zを見つけることができないので、「Xperia Z」の部分をタップします。

❹Xperia Zが検出可能な状態になりました。この間に子機側ではiPhoneと同じようにP.300の操作を行ってください。

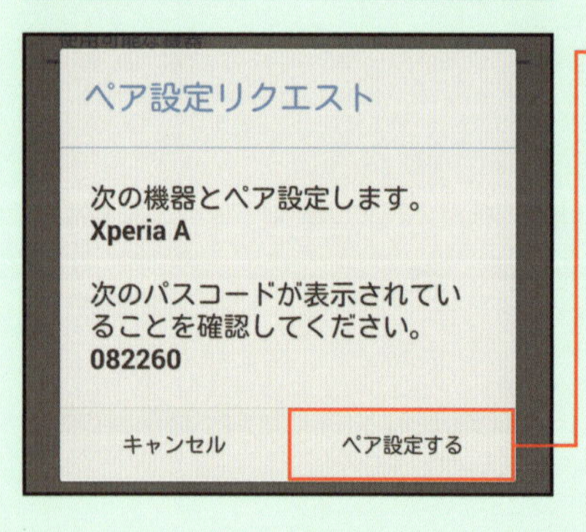

❺画面は同じAndroid端末のXperia Aと接続したところです。パスコードの確認画面が表示されるので、親機、子機で同じように<ペア設定する>をタップして、ペアリングを行ってください。

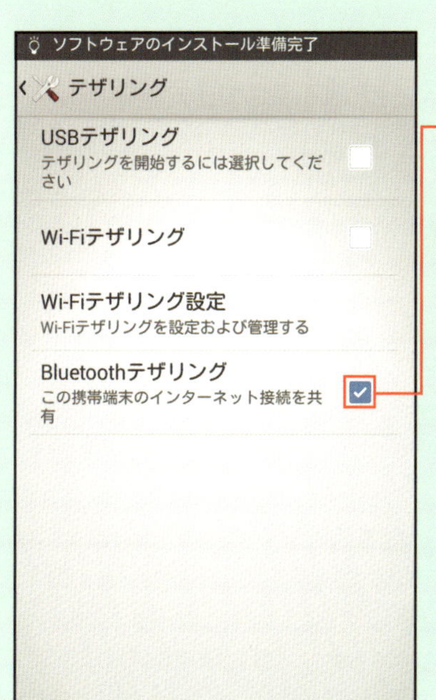

❻「設定メニュー」から<その他の設定>→<テザリング>の順にタップします。

❼<Bluetoothテザリング>をタップしてチェックを入れれば設定は完了です。

MEMO: Bluetoothテザリングの解除

Bluetoothテザリングを解除するには、手順❼でチェックを入れた<Bluetoothテザリング>のチェックを外します。

USBテザリング［Xperia Z=親機の設定］

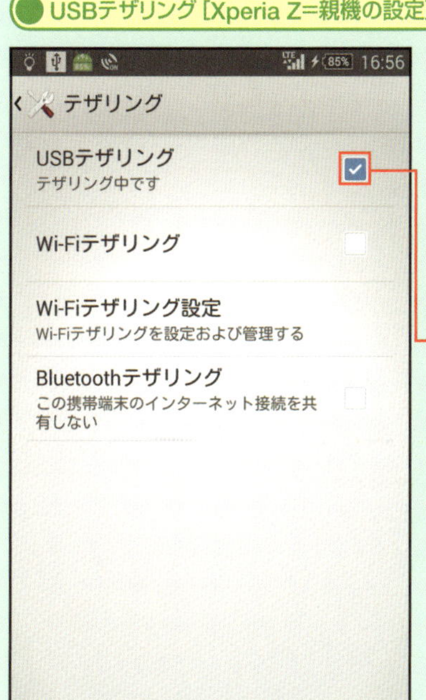

❶Android端末をUSBケーブルでパソコンと接続します。

❷パソコンと接続するとドライバーなどが自動的にインストールされるので、インストールが完了するまで待ちます。

❸「設定メニュー」から<その他の設定>→<テザリング>の順にタップします。

❹<USBテザリング>にチェックを入れます。これでUSBテザリングの設定は完了です。接続しているパソコンからインターネットに接続できる状態になりました。

MEMO: USBテザリングの解除

USBテザリングを解除するには、手順❹でチェックを入れた<USBテザリング>のチェックを外します。

066 外出先からテレビ番組の録画予約を行うには

テレビ録画予約

外出先からテレビの録画予約を行うことができたら便利です。ここでは、「東芝REGZA 40J7」と、Androidのアプリ「撮ってREGZA」、番組表サイトのiEPG情報ファイルを使って、メールによる録画予約を解説します。

録画予約をするための準備と録画方法の概要

録画予約は、メールを録画機能付きテレビ（以下、テレビ）に送信し、それをテレビが読み取ってテレビが録画予約を設定するというしくみで行われます。そのため録画予約にはメールアドレスが必要になりますが、専用のものである必要はありません。外出先からの録画予約は、以下のような流れで行います。

①予約に利用するメールアドレスを用意する

②テレビにメールのサーバーの設定をする

③Android端末に対応アプリ「撮ってREGZA」をインストールして設定を行う

④Android端末でテレビ番組表からiEPG情報ファイルをダウンロードする

⑤iEPG情報ファイルを開き、メールで予約情報を送信する

ここで注意しておきたいのは、メールを受け取る側のテレビがどのようなメールサーバーに対応しているかという点です。機器によっては、POP3対応などの条件があります。また、録画予約のメールをテレビが受け取った場合、テレビによっては自動的に確認のメールを送信者へ返信するという機能を持っています。その際、テレビがSMTPのSSL認証を行う機能を持っていない場合、そして使っているメールのSMTPサーバーではSSL認証が必要になっていると、予約確認のメール返信機能は使えないといった事態に陥ってしまいます。すべての機能を使いたい場合は事前にテレビのメール機能については取り扱い説明書で確認し、現在使っている自分のメール環境も確認しておきましょう。

ちなみにここで検証しているJ-COMのメールサービスは、メール送信用のSMTPサーバーではSSL認証が必要になっており、「REGZA 40J7」にはSMTPのSSL認証を行う機能がありません。したがって予約確認のメール送信機能は使えませんが、予約は可能です。

テレビにメールのサーバーの設定をする

「REGZA 40J7」にメールでの録画予約に必要な情報を入力していきます。POP3などのメール受信サーバーの情報が必要になるので、事前にプロバイダーとの契約情報を準備しておきます。

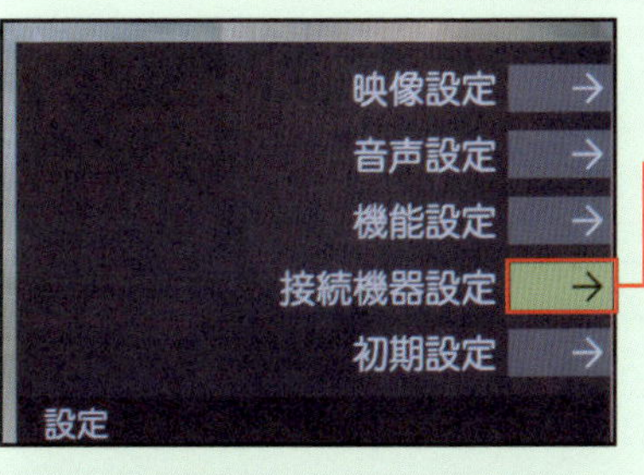

❶リモコンの<設定>ボタンを押すとメニューが表示されるので、

❷リモコンの上下のカーソルキーと決定ボタンを使いながら<接続機器設定>を選択して、続けて<録画再生設定>→<Eメール録画予約設定>→<基本設定>の順に選択します。

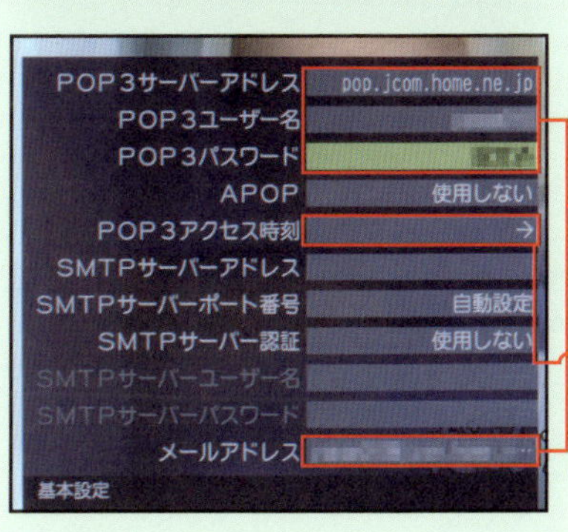

❸基本設定の画面が表示されるので、予約情報の入ったメールをテレビが受け取るためのメールアドレスの設定を行います。

❹<POP3サーバーアドレス>、<POP3ユーザー名>、<POP3パスワード>、<メールアドレス>を入力します。

❺<POP3アクセス時刻>を選択します。

MEMO: テレビからの確認メールの送信を可能にする

「REGZA 40J7」はSSL認証の機能を持っていません。しかし、SSL認証が必要ないSMTPサーバーを使っていればテレビからの確認メールを送信する機能も利用できます。その場合には<SMTPサーバーアドレス>や<SMTPサーバーポート番号>を設定し、必要であれば<SMTPサーバー認証>や<SMTPサーバーユーザー名>、<SMTPサーバーパスワード>も設定します。

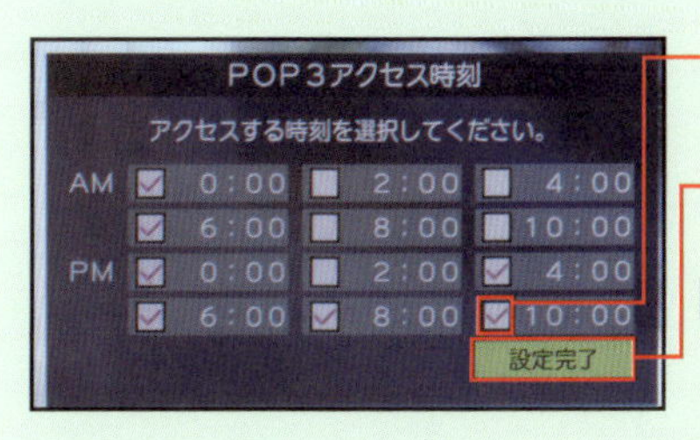

❻機器が録画予約のメールが来ているかを確認する時間にチェックを入れます。

❼<設定完了>を選びます。

MEMO: すべてにチェックを入れる

手順❻では、すべての時間にチェックを入れておくと安心です。

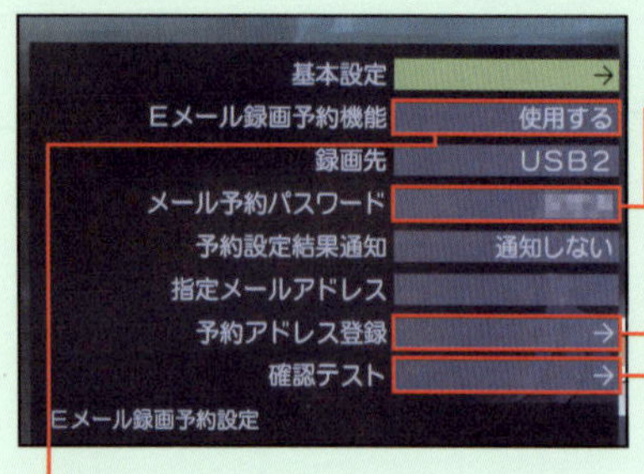

❽基本設定の画面に戻ります。

❾＜メール予約パスワード＞を入力し、

❿＜予約アドレス登録＞を選択します。

⓫予約アドレス登録の画面で、録画予約のメールを送るメールアドレスを入力したら、基本設定の画面に戻り、

⓬＜Eメール録画予約機能＞を＜使用する＞に変更して、

⓭＜確認テスト＞を選んでリモコンの決定ボタンを押します。

MEMO: パスワードについて

手順❾で入力したパスワードは、録画予約のメールを送る際に必要なパスワードです。

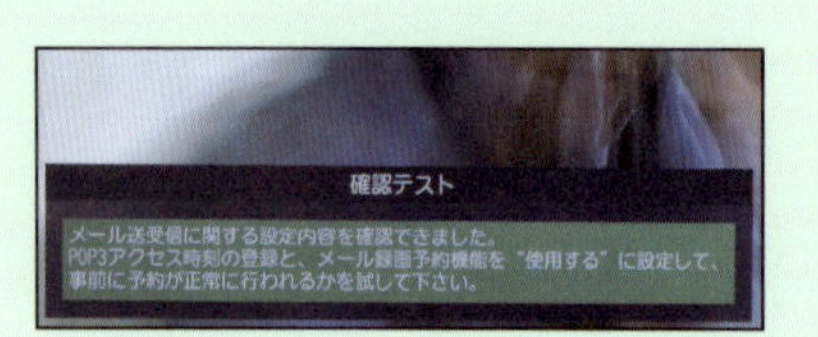

⓮問題なくサーバーの設定が行われていれば、このような画面が表示されます。これで、テレビ側の設定は終了です。リモコンの終了ボタンを押して、設定画面を閉じてください。

Android端末に「撮ってREGZA」をインストールして設定を行う

次の手順として、Android端末に録画予約を行うためのアプリをインストールします。これは、iEPG情報ファイルを読み取り、テレビ用の形式でメールの文書を作成し、メールソフトに渡すものです。このような一連の動作を行うための「REGZA 40J7」に対応したスマートフォン用のアプリはいくつかありますが、ここでは「撮ってREGZA」というアプリを利用してみましょう。

❶AndroidのPlayストアに接続し、アプリの「撮ってREGZA」を検索してインストールします。

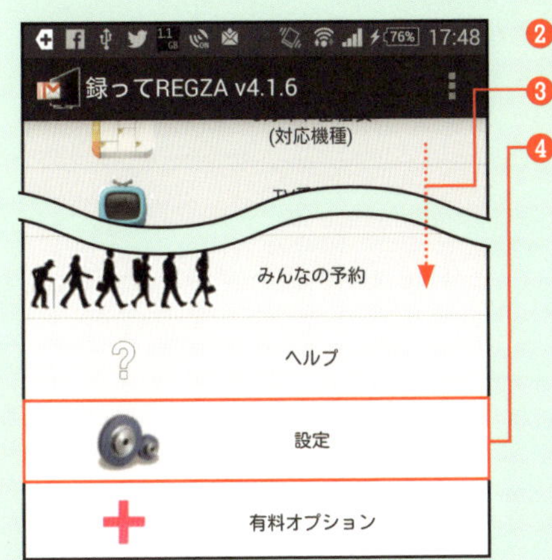

❷「撮ってREGZA」を起動します。

❸画面を下に少しスクロールし、

❹<設定>をタップします。

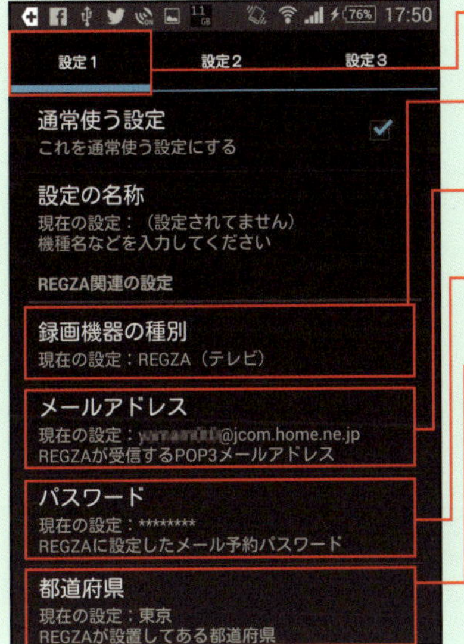

❺<設定1>のタブを選んだ状態になっているのを確認したら、

❻<録画機器の種別>をタップして<REGZA（テレビ）>を選択し、

❼<メールアドレス>にテレビに設定した録画予約のメールの送り先を設定します。

❽<パスワード>にはテレビに設定した<メール予約パスワード>を入力し、

❾<都道府県>も必ず選択します。

❿少し下にスクロールするとある<メール送信方式>は、<メールアプリ起動1>を選択しますが、ここは、利用しているメールアプリによって変わってくるので、いろいろと試してみてください。

⓫以上でアプリの設定は終わりです。戻るボタンをタップして、「撮ってREGZA」のメイン画面に戻ります。録画予約は番組表から行います。

Android端末でテレビ番組表からiEPG情報ファイルをダウンロードする

「撮ってREGZA」では、テレビ番組表がいくつか登録されており、自分の好きなものを選んで使うことができます。しかし、そのうちのいくつかはPlayストアからダウンロードが必要なものもあるため、ここでは特別なアプリのインストールが必要ないWebのテレビ番組表サービス「テレビ王国」を利用します。

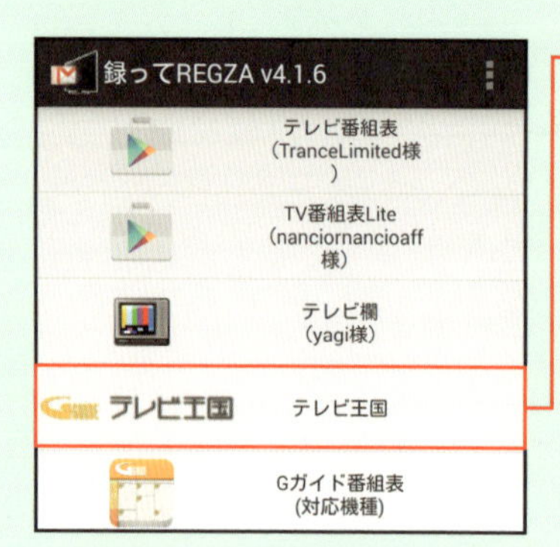

❶「撮ってREGZA」の開始画面で、<テレビ王国>をタップします。

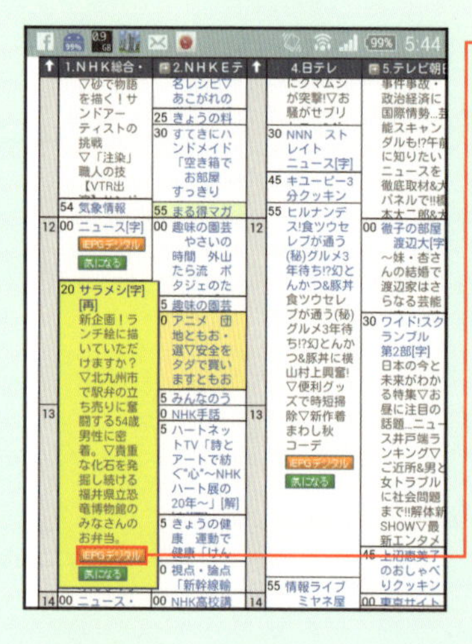

❷テレビ番組表から録画予約したいテレビ番組を探し、<iEPGデジタル>をタップします。

❸iEPG情報ファイルのダウンロードが始まります。

iEPG情報ファイルを開き、メールで予約情報を送信する

iEPG情報ファイルのダウンロードが終わったら、このファイルを開き情報をメールで送信します。ダウンロードされたファイルはAndroid端末のメモリー内に保存されていますが、通知を見ればダウンロードしたファイルを探す必要がないのでかんたんにiEPG情報ファイルを開くことができるでしょう。

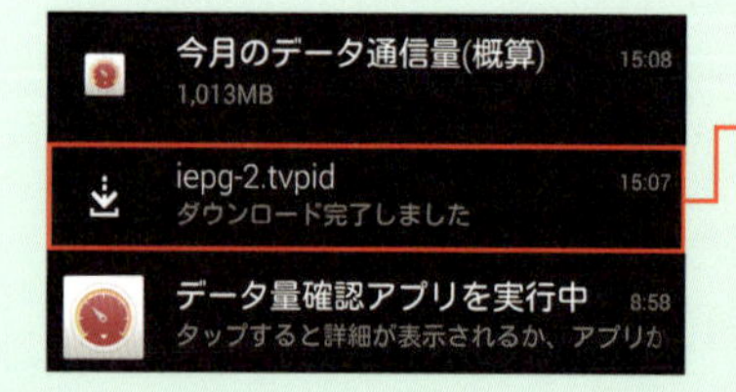

❶アンドロイド端末の通知機能を開いて、

❷ダウンロードしたiEPGファイルをタップすると、

❸「撮ってREGZA」が起動し、番組の情報が画面に表示されます。

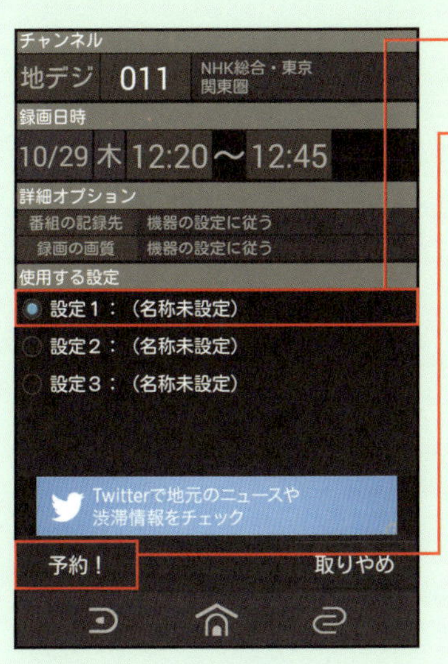

❹「使用する設定」が<設定1>になっていることを確認し、

❺画面左下の<予約！>をタップします。

❻メールアプリの選択画面が表示されたら、テレビの<予約メールアドレス登録>に登録したメールを送ることができるメールアプリを選択します。

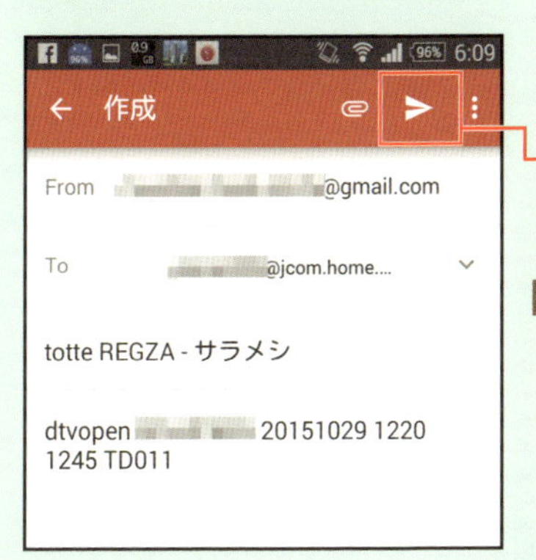

❼新規メールが自動で作成された状態でメールアプリが起動します。

❽必要な情報はすべて入っているので、このままメールを送信してください。

MEMO: モザイクの部分

モザイクの部分には設定したパスワードなどが記載されています。

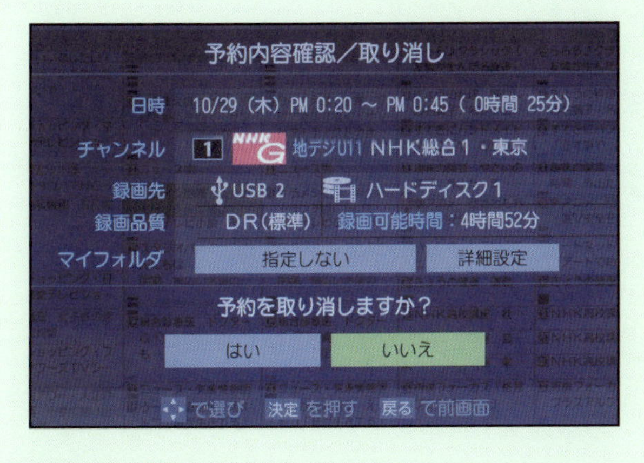

❾しばらく時間をおくと、「REGZA 40J7」の録画予約リストにはこのような予約情報が登録されます。これでメールによる録画予約が完了したことになります。

Webカメラで自宅を監視するには

ルーターのポート開放やフォートフォワーディング、動的なグローバルIPアドレスへの対応など、数年前まではWebカメラの設置はとても難しいものでした。しかし、現在ではかんたんにWebカメラを設置することができます。

Webカメラを設置する

UPnP（Universal Plug and Play）やDDNS（Dynamic Domain Name System：動的DNS）などが普及し、さらには、これらの機能の知識がほとんどなくても利用できるアプリケーションソフトが開発されるなど、Webカメラの運用はかなり敷居の低いものになっています。

ここでは、アイ・オー・データ機器のネットワークカメラ「TS-WLC2」を利用して、自宅に設置したWebカメラを使いこなす方法について解説していきます。「TS-WLC2」は、台座の部分を組み立てて、本体を台座に接続後、ACアダプターを接続するというかんたんな手順で設置が行えます。

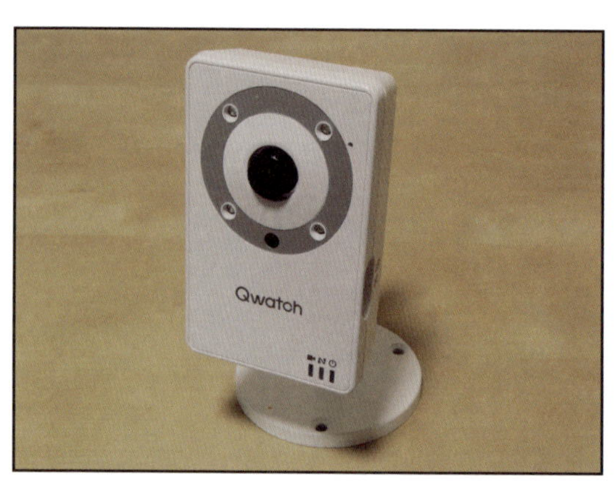

「Qwatch TS-WLC2」は、パソコンがなくてもネットワーク越しにカメラの画像を確認することができます。また、暗視撮影や、microSDカードへの録画も可能です

家庭内のLANと接続する

有線LANでの接続の場合はLANケーブルを接続すれば、家庭内LANへの接続ができます。また、「WPS（Wi-Fi Protected Setup）」の機能が利用しているルーターに備わっていれば、パソコンを使わず、かんたんに無線LANに接続できるでしょう。WPS対応の無線LANルーターの場合は、WPSボタンを3秒以上長押しすると電源ランプの色が変わり点滅を開始します。次に、「TS-WLC2」の背面にある

WPS/初期化スイッチを細いピンなどで1秒ほど押します。これだけで無線LANへの接続が完了します。

WPS対応の無線LANルーターがなくても無線LAN接続の設定ができる

WPS対応の無線LANルーターなどがない場合には、有線LANで接続してから設定を行います。パソコンの場合にはアイ・オー・データ機器のWebサイトからダウンロードできる、「MagicalFinder」というソフトを使います。その後、Webブラウザーを通してSSID情報などの無線接続のための情報を設定します。

AndroidやiPhoneを使っている場合にはPlayストアやAppleStoreで「QwatchView」というアプリをダウンロードしてください。こちらからも手動で無線LANの設定を行うことができます。もちろん、有線LANでそのまま利用することも可能です。

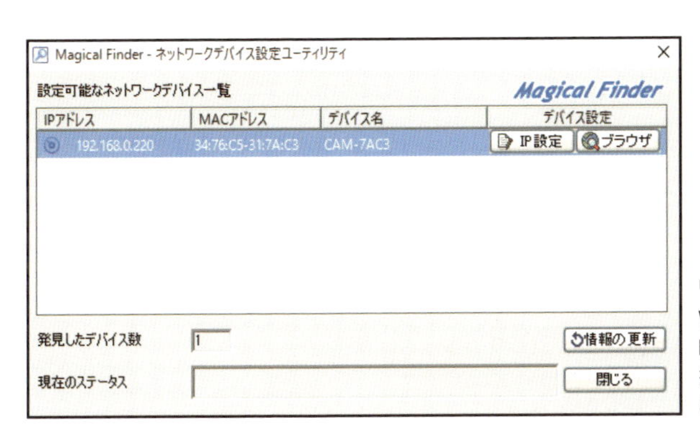

「MagicalFinder」の画面。Webサイトからダウンロードした MagicalFinderで有線LANに接続した「TS-WLC2」を探すことができます

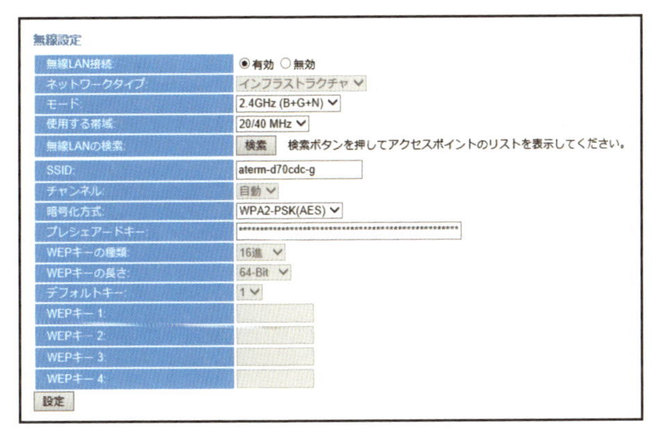

対象の機器が見つかるとWebブラウザーで無線LANの設定が可能になります。デフォルトの設定では、ユーザー名が「admin」、パスワードは本体の裏面に記載されているMACアドレスです。本製品の特徴を知っている人はパスワードが本体に書かれていることを知っているので、セキュリティを高めるために、パスワードを変更しておいたほうがよいでしょう

MEMO: ルーターの設定

DHCP機能を利用していない場合には、一時的にルーターのDHCP機能をオンにする必要があります。

パソコンでWebカメラの映像を見る

パソコンでWebカメラの映像を見るにはWebブラウザーを利用します。付属の「かんたん接続シート」には、ホスト名やHTTPポート番号、ユーザー名やパスワードなどが記載されており、「http://（ホスト名）:（ポート番号）」というURLを打ち込むだけでWebカメラに接続しに行き、<ユーザー名>と<パスワード>の確認画面が表示されます。初回の接続時には、ActiveXのインストールが要求されるので、ActiveXを画面の指示に従ってダウンロードしてください。

これで接続できない場合には、後述の「ルーターの設定を確認する」を参照してください。なお、Windows 10標準のWebブラウザー「Microsoft Edge」では、利用することができませんでした。このため、Windows 10ではInternet Explorerを利用しています。

製品に付属している「かんたん接続シート」の情報をWebブラウザーのURLに打ち込むだけで、パソコンからWebカメラに接続することができます

Android端末やiPhoneでWebカメラの映像を見る

Android端末でWebカメラの映像を見るためには、Playストアにある「QwatchView」アプリを利用します。iPhone用のQwatchViewも用意されているので、iPhoneの場合にはAppleStoreから探してインストールしましょう。

QwatchViewを立ち上げたら「かんたん接続シート」にあるQRコードを読み込むだけで設定は完了です。パソコンと同様に、接続がうまくいかない場合には、後述の「ルーターの設定を確認する」を参照してください。

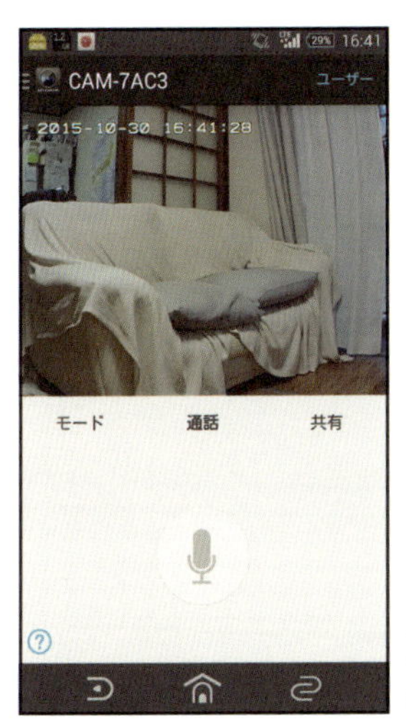

スマートフォンからWebカメラに接続するには、アプリの「QwatchView」をインストールして、かんたん接続シートのQRコードをスキャンするだけのかんたん操作です

ルーターの設定を確認する

Webカメラを家庭内のLANのみで使う限りは、ここまでの設定で問題はありません。しかし、外出先などに設置しているパソコンや、家庭内LANに接続していないスマートフォンやタブレットから、うまく接続できない場合があります。このようなときにはルーターの設定をチェックしてみましょう。

TS-WLC2では、インターネット側への接続のためにUPnPという機能を使っており、これに対応しているルーターを利用する必要があります。現在、普及しているルーターなら、ほとんどの製品が対応しているはずですが、なかにはデフォルトでUPnPがオンになっていない製品もあります。

また、「かんたん接続シート」に記載されているHTTPポート番号に関しても、インターネット側に接続可能になっている必要があります。セキュリティ意識の高いメーカーの製品では、工場出荷時に余計なポートを接続できないように設定している製品もあるため、こちらに関してもチェックしてみるとよいでしょう。

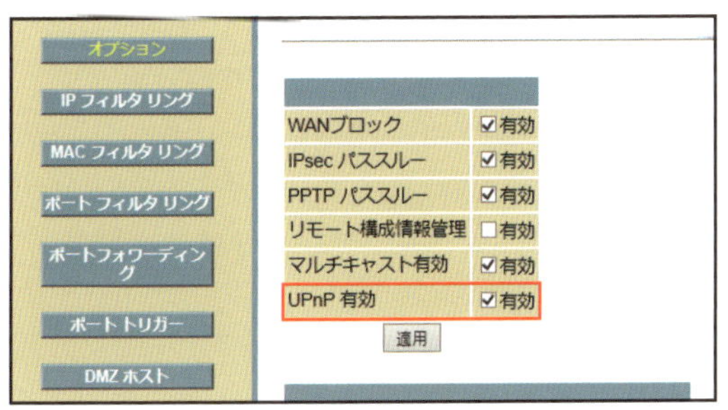

ルーターによっては、デフォルトではUPnPが無効になっていたため、これを有効にする必要があります

安価にモバイルインターネットを使うには

安価にモバイルインターネットを使うには、いわゆる「格安スマホ」を利用するという手段があります。あとから後悔しないためにもメリット、デメリットをしっかりと把握してから導入を検討しましょう。

MVNOのメリットとデメリット

そもそも格安スマホとはMVNO（仮想移動体通信事業者）の提供するスマートフォンとSIMカードのセットのことを指します。すでにスマートフォンを持っている場合は、SIMカードだけを入手してスマートフォンにもともと入っていたSIMカードと入れ換えて利用することも可能です。

また、通話の必要のないタブレットなど、携帯電話やスマートフォンと一緒に持ち歩くようなデバイスには、通話機能がなくても問題なく使えるものがあります。MVNOのSIMカードでは、通話機能とデータ通信の両方を利用できる契約もあれば、データ通信のみのプランもあります。「格安スマホ」というだけあり、その価格も各社が競争することにより、NTTドコモなどの大手通信事業者と比較するとかなり安価に提供されているのも特徴です。もちろんMVNOの利用には、メリットだけでなくデメリットもあります。

メリット

・通信料金を節約できる
・キャリアよりも「シバリ」のデメリットが少ない
・好きな端末を利用することができる
・契約内容がわかりやすい

デメリット

・キャリアのサポートを受けられず、キャリアメールも使えなくなる
・SIMカードを利用する端末を用意する必要があり、設定は自分で行わなくてはならない（本体とSIMがセットの格安スマホはこのデメリットはありません）
・使える端末と使えない端末があり、機能も制限される場合がある
・通話無料（かけ放題）などのプランを用意している事業者が少ない

以上のようなメリットとデメリットがあるので、自分の使い方で問題ないかをチェックして利用を検討してください。

なお、携帯キャリアの事業者や機種によっては、SIMロックという機能が施されており、自キャリアのSIMカードしか利用できない機器もあります。また、テザリングを行う際のデータ通信の接続先のAPN（アクセスポイントネーム：接続先設定）は、自キャリアに固定されているAPNロックが施された製品がほとんどで、一般にはテザリングが利用できないという点も理解しておきましょう。

さらには、機器の調達も1つのハードルといえます。大手キャリアでは、SIMカー

ドを含まない、いわゆる白ROMと呼ばれる機器のみの販売は行っていません。MVNOが提供する本体とSIMカードのセットなら、大手キャリアと比較しても遜色のない機能を利用できますが、自分の利用したい機種が決まっているのなら話は別です。中古ショップや使わなくなった自分のスマートフォン、あるいは海外製品や逆輸入のSIMロックフリー端末などを用意する必要があります。

加えてSIMカードのサイズにも注意を払う必要があります。大手キャリアでは、機種にあったSIMカードを用意してくれますが、自社以外のSIMカードを利用する際に利用方法などをサポートする義務はありません。購入の際にはMVNO業者やSIMパッケージの販売窓口などで、自分の機種で利用ができるのかどうか、どのような機能の制限が発生するのかをよく確認する必要があります。このようにキャリアのサポートが受けられなくなってしまうのも大きなデメリットになるため、注意が必要です。

IIJmioのデータ通信プランを利用する

一例として、MVNO大手のIIJmioのデータ通信プランを利用する手順を解説します。ここでは、新しいスマートフォンに機種変更した際、今まで使っていたスマートフォン（ソニーモバイルコミュニケーションズ Xperia Z SO-02E）用にMVNOのデータ通信用SIMカードを入れて利用します。なお、ここで紹介しているNTTドコモのXperia ZはSIMロックがかかっていませんが、他機種で利用する場合にはキャリアに問い合わせて確認してください。MVNOの基本的な契約はインターネットから行い、契約後にSIMカードが送られて来るという流れになります。ここでは、購入すれば即日開通が行えるSIMカード付きのIIJmioウェルカムパックを利用します。

量販店などで販売されているパッケージ。通常はWebサイトから申し込み、SIMカードの到着を待つことになりますが、本パッケージにはSIMパッケージが含まれているため、すぐに開通の作業に入ることができます。IIJmioウェルカムパックの中には、SIMカードとWebサイトでの開通手続きに必要な電話番号、パスコードが書かれた「START PASS」というカードが封入されています。これは、大手量販店などで購入ができるSIMカードで、初回に必要となる初期費用（SIMカードの発行や発想の手続き）が必要なくなるというものです。大手通販サイトなどでは、初期費用の3,000円以下で販売されていることもあります

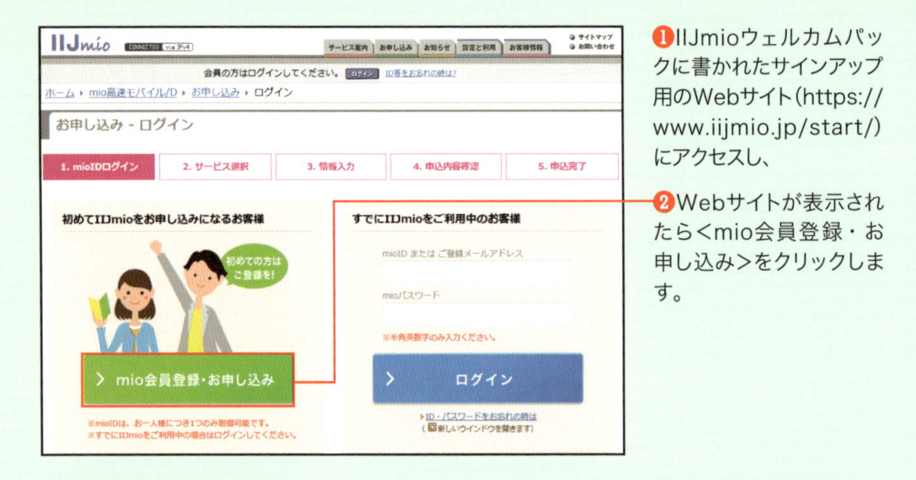

❶IIJmioウェルカムパックに書かれたサインアップ用のWebサイト(https://www.iijmio.jp/start/)にアクセスし、

❷Webサイトが表示されたら<mio会員登録・お申し込み>をクリックします。

❸<お申し込み方法の選択>で<パッケージのご購入済みの方>、<パッケージ内のSIMカードの有無を選択してください>で<SIMカードあり>を選択し、

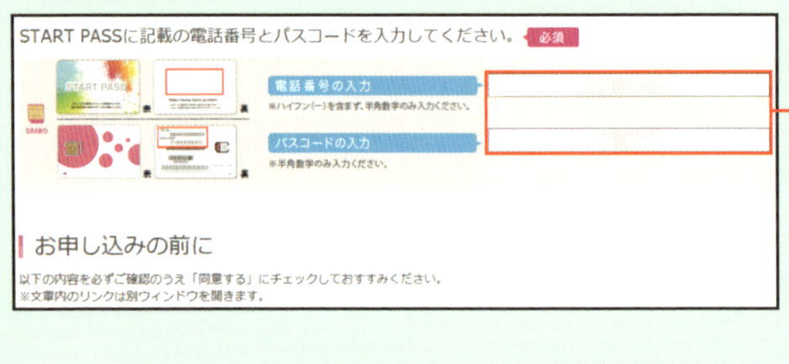

❹<START PASSに記載の電話番号とパスコードを入力してください>の部分にパッケージ内のSTART PASSに書かれた該当情報を入力します。

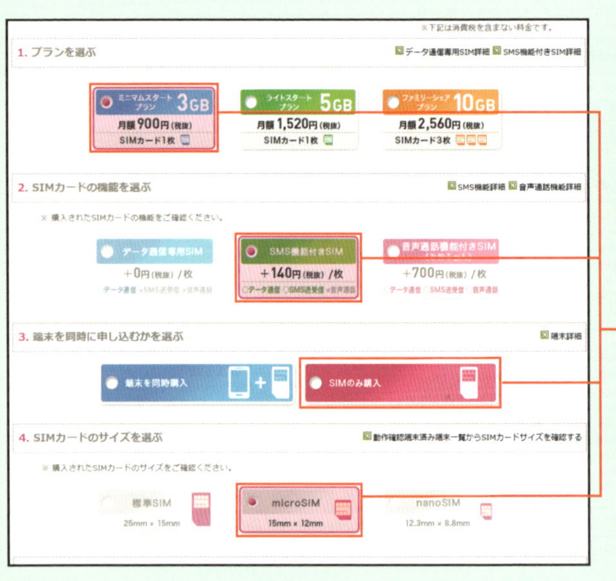

❺画面を下にドラッグし、<同意する>のチェックをオンにして、<次へ>を選択すると開通手続きを行っているSIMカードの情報が表示されます。

❻<次へ>をクリックするとサービス選択画面になるので、

❼<ミニマムスタートプラン3GB>、<SMS機能付きSIM>、<SIMのみ購入>、<microSIM>を選択し、必要なオプションを選択したら、

❽画面下の<次へ>をクリックします。

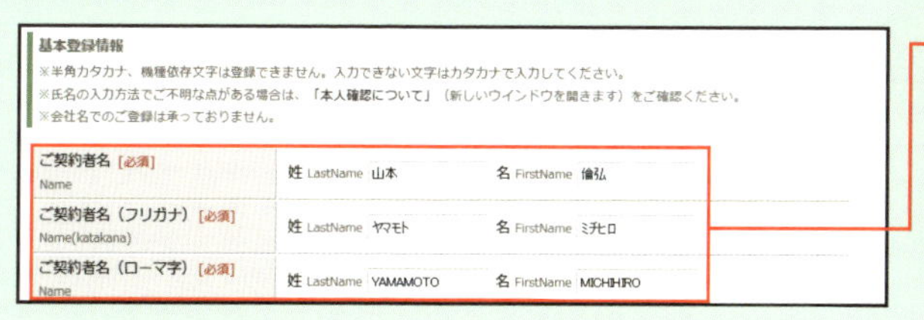

❾基本登録情報を入力していきます。契約者の名前や住所、メールアドレス、支払いを行うクレジットカードなどの情報を入力したら、

❿<お申し込み内容確認へ>をクリックします。

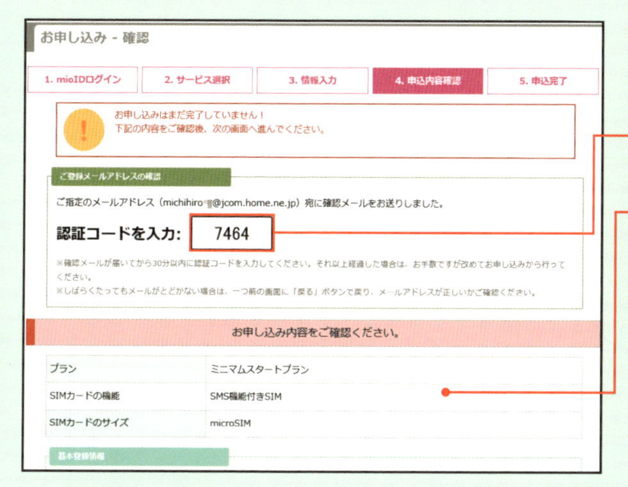

⓫入力したメールアドレスにIIJmioから確認メールが届きます。

⓬確認メールにある認証コードを入力し、

⓭申し込み内容を確認したら、

⓮下にスクロールして<この内容で申し込む>をクリックします。

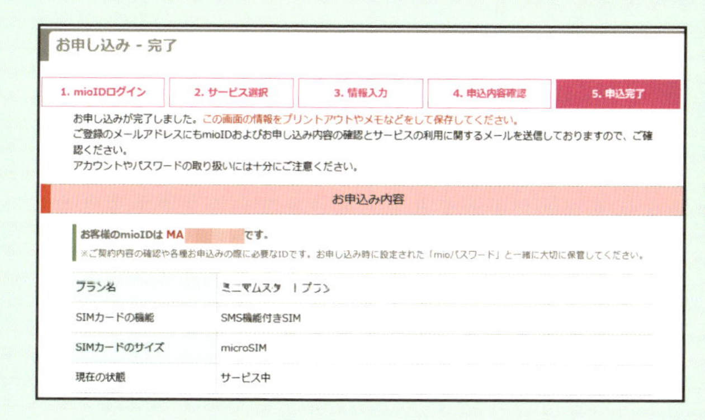

⓯以上でIIJmioの申し込みが終わりSIMカードが利用できる状態になります。

MEMO: mioIDとパスワード

画面に表示されたmioID、また「START PASS」に書かれているパスコードは、サービス内容の変更などに必要になります。

これでIIJmioのSIMカードを利用する準備は整いました。次にスマートフォンの電源を切った状態で、IIJmioのSIMカードを入れてから電源を入れます。ここからはIIJmioのSIMカードを利用するため、スマートフォンに必要な設定を行っていきます。

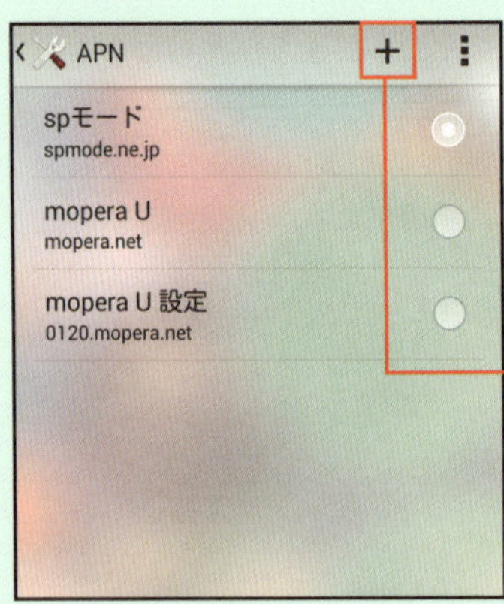

❶Androidの場合、設定画面を表示したら、＜その他の設定＞をタップし、

❷＜モバイルネットワーク＞→＜アクセスポイント名＞の順にタップすると、

❸IIJmioのプロファイルが登録されている場合には、右のラジオボタンをタップすれば設定は完了です。

❹ここではIIJmioのプロファイルがないので、＜+＞をタップします。

MEMO: 端末によって表示画面は異なる

一部のAndroid端末では、IIJmioのプロファイルがあらかじめ登録されている機器もあります。この場合は、このプロファイルを選択するだけで、それ以上の設定は必要ありません。うまく接続できない場合には、すでに登録されているプロファイルが間違っている可能性があるので、登録内容を修正するか、新規でプロファイルを作成する必要があります。

❺APNの登録画面が表示されます。

❻好きな名前を入力し、

❼必須となる設定項目の＜APN＞、＜ユーザー名＞、＜パスワード＞、＜認証タイプ＞などを入力します。

❽入力が終わったら一番下の＜戻る＞アイコンをタップします。

MEMO: 必須となる設定項目

これらの設定内容はすべて「IIJmioウェルカムパック」に記載されています。

❾作成したプロファイル＜IIJmio＞の右にあるラジオボタンをタップします。これで接続は完了です。

ツールで便利に！

ネットワーク管理

速度計測

インターネットの通信速度をチェックするには

プロバイダーのプランを見ると、100Mbpsや160Mbpsなどと大きな接続速度の数字が並びますが、実際のスピードはどこまで出ているのでしょうか。通信速度を計測するサイト／アプリがあるのでチェックしてみましょう。

接続しているLANの種類と最大速度

プロバイダーが公表する数字にはベストエフォートと呼ばれる注釈が付いており、これは、「最大これくらいの速度で接続できる」というものです。通信速度は、一般に基地局から離れるほど遅くなる傾向があり、あくまでもベストエフォートは、「最大だった場合の速度」であるということは、みなさんもご存じのことでしょう。

さて、速度を計測する前に1つ問題になるのが、調査するLAN上でどのようなネットワークインフラがあるかです。下の表はLANの種類と、その最大通信速度を表しています。

たとえば、無線LANのIEEE802.11gで無線LANルーターのアクセスポイントに接続している環境の場合を考えてみましょう。IEEE802.11gは最大通信速度が54Mbpsで、プロバイダーの契約しているプランが100Mbpsの場合、無線LANがボトルネックになってしまいます。

インターネットの通信速度に不満があって、実際にチェックする場合は、ボトルネックを解消してから行うとよいでしょう。

たとえば、上記の例でいえば、有線LANの1000BASE-Tや無線LANのIEEE802.11acなど、プランよりも速い接続環境を整えてから計測すると、速度が出なかった場合の対処方法もより確定しやすくなります。

●イーサネット（有線LAN）

規格	1000BASE-T	100BASE-TX
速度	1Gbps	100Mbps

●IEEE802.11（無線LAN）

規格	IEEE802.11ac※	IEEE802.11a	IEEE802.11n※	IEEE802.11g
速度	290Mbps～6.9Gbps	54Mbps	65Mbps～600Mbps	54Mbps

LANの種類と最大速度（※規格上の理論最大値で、実際には電波法の問題なども絡んでおり、表記の最大通信速度は実現していません）

AndroidやiOSなどのアプリも提供する通信速度計測サイト

通信速度の計測サイトは検索エンジンで調べればいくつもありますが、おすすめは「OOKLA SPEEDTEST（http://www.speedtest.net/）」です。Webブラウザーを利用してパソコンから計測を行え、デザインもよくビジュアル的で使いやすい計測サイトです。

普通に使う分にはそのまま計測を開始すればよいのですが、任意の国外サーバーなどを指定することによって、海外との接続速度のおおまかな数字を知ることができます。AndroidやiOS用のアプリも提供されているので、パソコンがない環境でも通信速度の計測が可能です。

パソコンのWebブラウザーから「OOKLA SPEEDTEST」で行った計測結果の画面

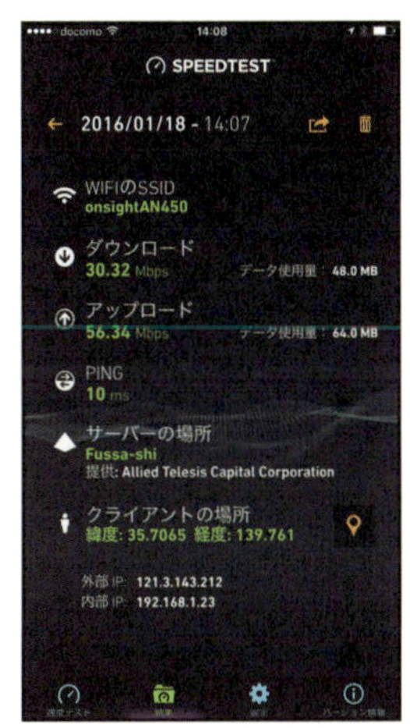

AndroidやiOSのアプリは、それぞれPlayストア、APP Storeで「Speedtest.net」アプリとして無料で配布されています。左の画面は、iPhoneのものです

ネットワークプロファイル

圏外のネットワークに自動的に接続しないようにするには

移動して利用することの多いノートパソコンの場合、使い込んでいると無線LANへの接続に時間がかかる場合があります。このような現象は、登録し過ぎたネットワークプロファイルが一因になっている場合があります。

接続に時間がかかるようになるのはなぜ？

ノートパソコンをいろいろな場所に持ち運びながら使っていると、さまざまな場所で無線LANを使う場面があります。この無線LANの接続先は、Windowsが一度接続したアクセスポイントをプロファイルとして記録しており、自分で整理しない限り消えません。自宅や職場のほか、宿泊先のホテルで、またちょっと立ち寄った喫茶店でと接続を続けていくことにより、接続先のプロファイルが増えていくわけです。

Windowsは基本的にあとから接続したアクセスポイントのほうが優先度が高いため、自宅で無線LANの接続をする際には、自宅以外の接続先もチェックできるかどうかを確認します。これがいくつもあると、本来接続したい自宅のプロファイルのチェックを行う前に、ほかのプロファイルで接続できるかのチェックを行うため、プロファイルがたくさん登録されていると接続までに時間がかかるのです。

このような場合には、ネットワークにアクセスポイントに自動で接続しないように設定を行います。P.54、60で解説している非表示、優先度の設定と合わせて行えば、より効率が高まります。

なお、Windows 7/Vistaでは、GUIを使った画面で設定を行うことができますが、Windows 10/8.1ではコマンドプロンプトを利用して設定を行います。

Windows 10/8.1で設定する

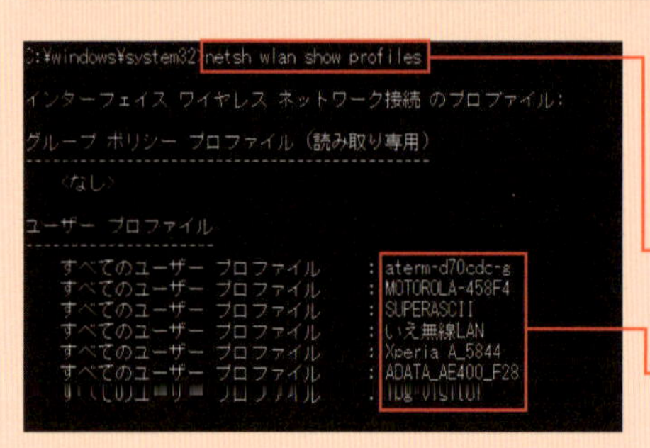

❶スタートボタンを右クリックし、表示されるメニューから<コマンドプロンプト（管理者）>をクリックして、コマンドプロンプトを起動します。

❷「netsh wlan show profiles」と入力し、

❸ Enter キーを押します。

❹プロファイルのリスト（ProfileName）が表示されます。

❺このプロファイルのリスト（ProfileName）から、普段は自動的に接続しないアクセスポイントを発見したら、そのアクセスポイントを自動的に接続しないように設定します。

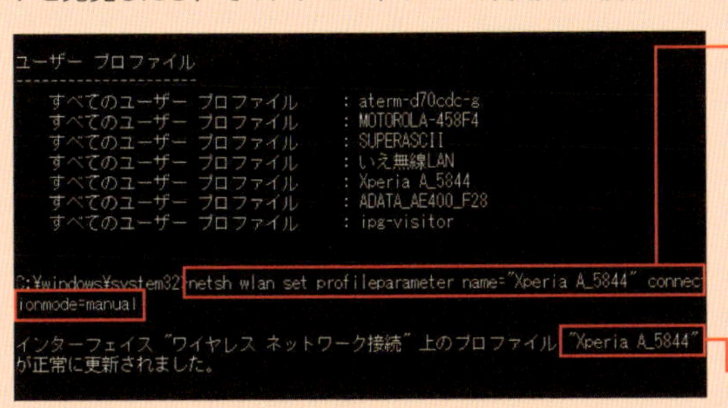

❻続けて「netsh wlan set profileparameter name="ProfileName" connectionmode=manual」と入力し（ProfileName部分は実際のプロファイル名を入力します）、

❼ Enter キーを押します。

❽以上で、ここで指定したアクセスポイント（Xperia A_5844）には、自動的に接続することはなくなります。

Windows 7/Vistaで設定する

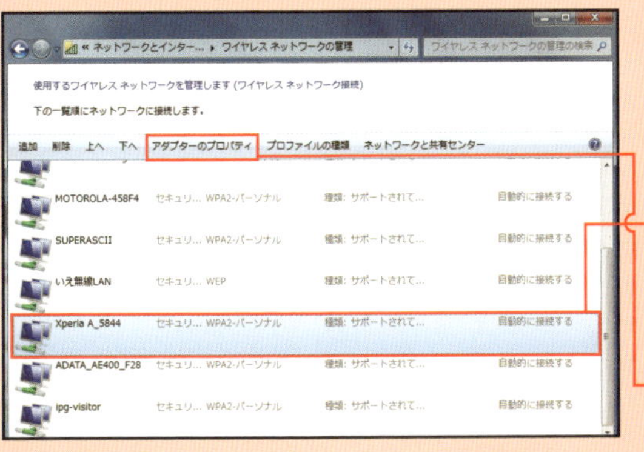

❶<コントロールパネル>を開き、<ネットワークとインターネット>→<ネットワークと共有センター>→<ワイヤレス ネットワークの管理>の順にクリックします。

❷この画面が、接続するネットワークのプロファイルを管理する画面です。設定したいプロファイルを選んで、

❸<アダプターのプロパティ>をクリックします。

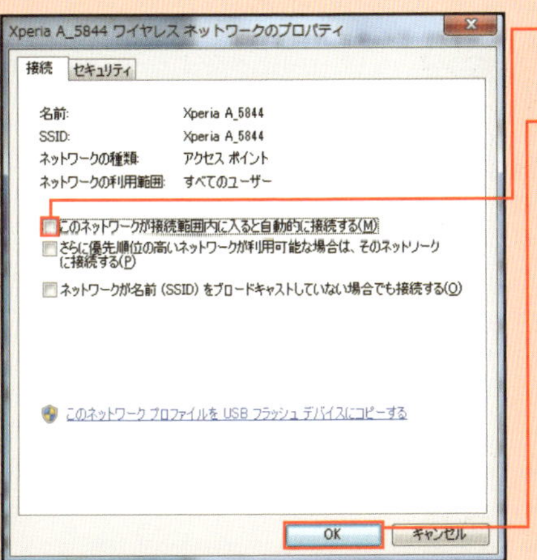

❹<このネットワークが接続範囲内に入ると自動的に接続する>をオフにし、

❺<OK>ボタンをクリックします。

071 DNSキャッシュを確認／クリアするには

DNSキャッシュ

Webサイトを閲覧しているときに、表示が遅かったり、つながらないWebサイトがあったりしたことはないでしょうか。こんなときにDNSキャッシュをクリアすることで問題が解決することがあります。

DNSキャッシュのクリアとは

DNSの情報はインターネット上にあるDNSサーバーが管理しており、ホスト名を問い合わせればIPアドレスを返します。一方で、パソコンは何度もDNSサーバーに問い合わせをしなくても済むように、一度取得したホスト名とアドレスを保存しておく便利なしくみがあります。それがDNSキャッシュです。ただし、LAN内でDHCPなどを使っている場合、IPアドレスと名前の関連付けが変わってしまい、まったく別のサイトへ誘導されたり、つながらなかったりといった事態が発生することもあります。そうしたときにこのDNSキャッシュを削除すれば、問題が解消されることがあります。

なお、ここでの操作は、DNSキャッシュに異常がある場合に限られます。正常なパソコンでDNSキャッシュをクリアした場合には、改めてDNSサーバーにIPアドレスの問い合わせを行うため、むしろ遅くなります。DNSキャッシュの削除は、どうしても正常な動きではないと感じたときにのみ実行しましょう。

DNSキャッシュの内容を確認する

```
レコードの種類 . . . : 1
Time To Live . . . .: 286
データの長さ . . . . : 4
セクション . . . . . . . : 追加
A (ホスト) レコード. . . : 216.239.32.10

レコード名 . . . . . : ns3.google.com
レコードの種類 . . . : 1
Time To Live . . . .: 286
データの長さ . . . . : 4
セクション . . . . . . . : 追加
A (ホスト) レコード. . . : 216.239.36.10

レコード名 . . . . . : ns4.google.com
レコードの種類 . . . : 1
Time To Live . . . .: 286
データの長さ . . . . : 4
セクション . . . . . . . : 追加
A (ホスト) レコード. . . : 216.239.38.10

C:¥windows¥system32>
```

❶管理者権限でコマンドプロンプトを起動します。

❷「ipconfig /displaydns」と入力し、

❸Enterキーを押します。

❹実行すると、一般には画面をスクロールしないと、すべてのDNSキャッシュは確認できません。

DNSキャッシュを削除する

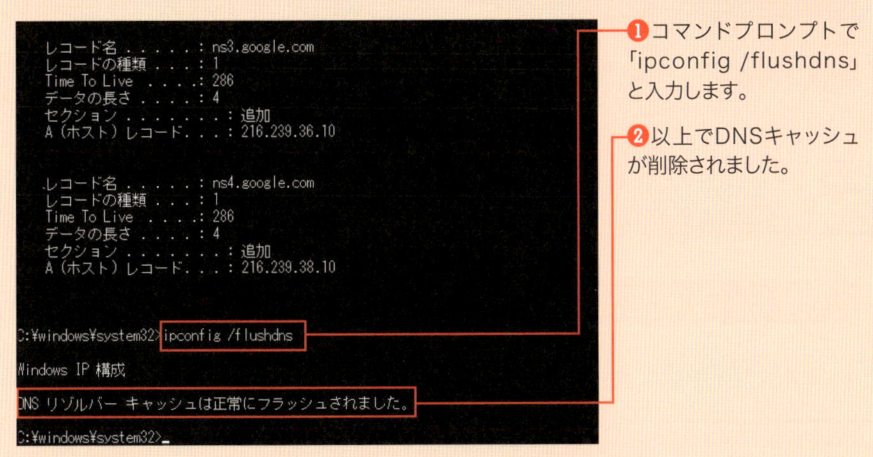

❶コマンドプロンプトで「ipconfig /flushdns」と入力します。

❷以上でDNSキャッシュが削除されました。

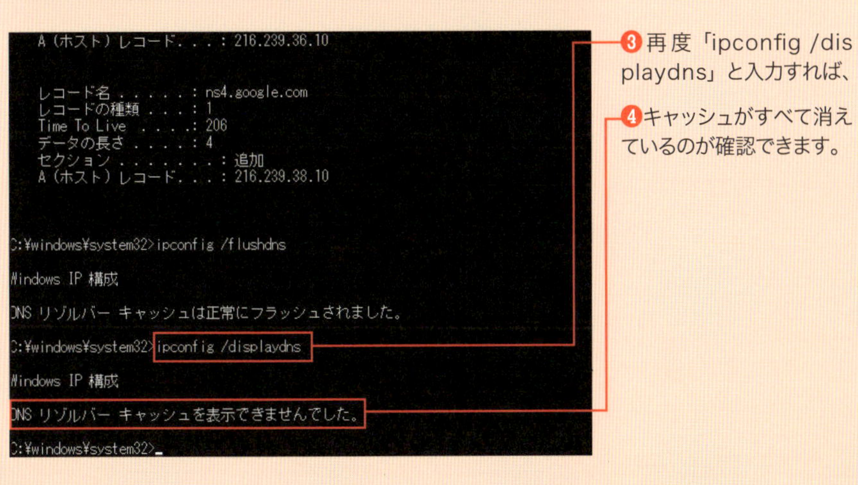

❸再度「ipconfig /displaydns」と入力すれば、

❹キャッシュがすべて消えているのが確認できます。

COLUMN

テキストで保存する

DNSキャッシュが多い場合には、すべての結果が1つのウィンドウの中に収まらず、スクロールさせても上が切れてしまう場合があります。DNSキャッシュを詳細にチェックしたいときにはリダイレクトの機能を使ってテキストファイルに結果を保存します。コマンドは以下の通りです。この例では、Cドライブにdnslist.txtというファイルを作成します。

```
ipconfig /displaydns > c:¥dnslist.txt
```

SECTION 072 フォルダー管理

ネットワーク上のフォルダーを効率よく管理するには

ファイルサーバーなどを使って複数人でファイルを利用している場合、ファイルの更新や追加に気がつかないことがあります。そんなときにフォルダーの内容の変化を常に監視するソフトがあると便利です。

フォルダ監視をダウンロードして実行する

「フォルダ監視」というソフトは自分のパソコン上だけでなく、ネットワーク接続しているフォルダーなども対象にしています。

複数人数でサーバー上のファイルを扱っている場合に、ファイルの更新があったかどうかをチェックできるのは便利です。シンプルで使いやすく無料なので、ぜひ使ってみましょう。

ソフト名	フォルダ監視（作者：tsukaeru氏）
対応OS	Windows 10/8.1/7/Vista
ダウンロードページ	http://www.vector.co.jp/soft/dl/win95/net/se275168.html
導入ポイント	ダウンロードページにある<ダウンロードページへ>をクリックして、次の画面で<このソフトを今すぐダウンロード>をクリックします。圧縮ファイルを展開して、「folders.exe」というファイルをダブルクリックすると起動します。インストールは不要です。

「フォルダ監視」のダウンロード／導入情報

監視するフォルダーを追加する

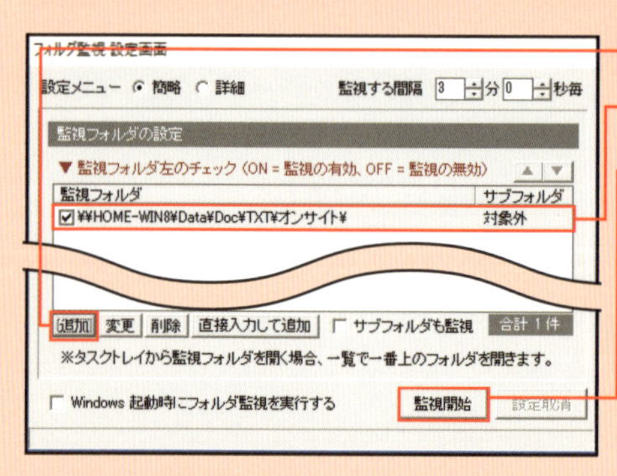

❶<追加>をクリックし、

❷監視したいフォルダーを選択したら、

❸<監視開始>をクリックします（監視開始のボタンは初回起動時のみで、次から<設定保存>に変わります）。

MEMO: サブフォルダーをチェックする

サブフォルダーもチェックしたい場合には、<サブフォルダも監視>をオンにしておきます。

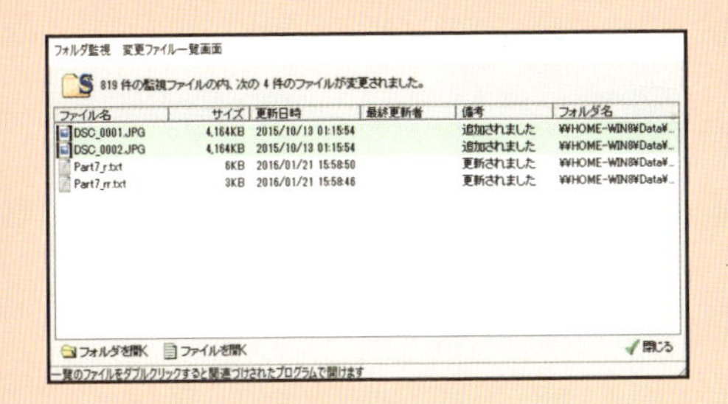

❹監視対象のフォルダー内で変更などがあった場合、更新されたフォルダー内のファイルが画面に表示されます。

COLUMN

運用ポイント

通知領域にあるフォルダ監視のアイコンを右クリックし、<今すぐチェック>を選択すれば、手動で更新をチェックすることもできます。なお、設定画面の左上の<設定メニュー>で、<詳細>を選択すると、フォルダー内の対象ファイルを細かく設定するなどの詳細な設定が行えます。

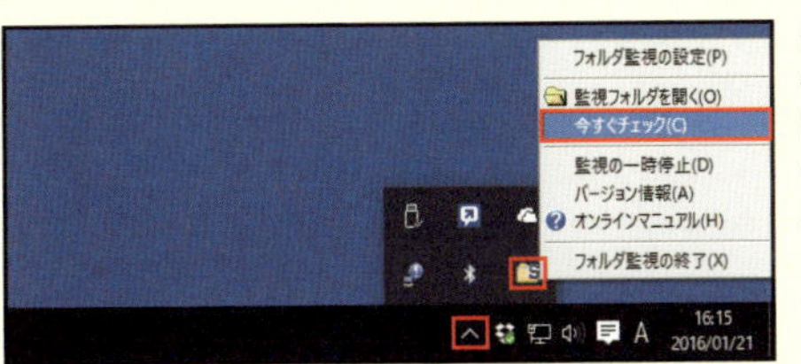

タスクトレイの中の<フォルダ監視>のアイコンを右クリックすれば、設定画面を再度開いたり、設定してある<監視する間隔>を待たずに、すぐにフォルダー内の変更をチェックしたりすることができます

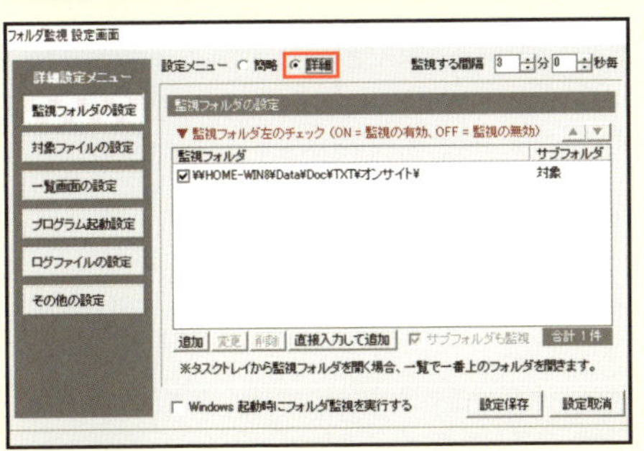

<設定メニュー>を<詳細>に変更すると、より細かな設定が可能になります。監視対象をファイルそのものにすることや、変更ファイルのログの書き出しなども行うことができます

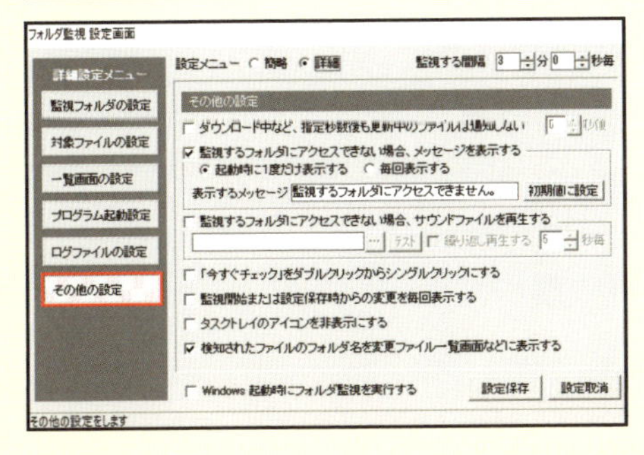

SECTION 073 ネットワークスキャナー

接続しているネットワーク機器を調べるには

ネットワークに接続している機器を調べるにはネットワークスキャナーを利用すると便利です。ネットワークに接続している機器を調べたいときだけでなく、機器に割り当てたIPアドレスを忘れてしまった場合にも便利なソフトウェアです。

Advanced IP Scannerの導入と特徴

ネットワークを管理していると、ネットワーク上にあるコンピューターやネットワーク機器が正常に接続できているかを調べたくなるときがあります。

コマンドプロンプトではpingコマンドを使って、ネットワーク機器の応答を確認することができますが、1台1台にpingコマンドを打って確認するのは面倒です。また、ルーターなどの設定でありがちですが、機器のIPアドレスや名前も思い出せないといったことを経験したことがある人も多いのではないでしょうか。

そんなときに便利なのがネットワーク上の機器を検索するツールです。ネットワーク検索ツールはいくつかフリーウェアがありますが、ここではFamatechが無償提供している「Advanced IP Scanner」を紹介します。

Advanced IP Scannerの特徴として挙げられるのが、インストール作業を必要としないところです。USBメモリーなどに入れて持ち歩き、利用することができます。設定不要でソフトウェアを実行したパソコンのサブネットを検索してくれる手軽な機能も魅力ですが、細かい検索の設定や検索したパソコンの操作なども行うことができ、ネットワーク管理者でも満足のいく機能を備えています。

ソフト名	Advanced IP Scanner（Famatech）
対応OS	Windows 10/8.1/7
ダウンロードページ	http://www.advanced-ip-scanner.com/jp/
導入ポイント	ダウンロードページから<無料ダウンロード>をクリックして、「ipscan24.exe」ファイルをダウンロードします。圧縮ファイルではないので、ダブルクリックすることですぐに実行できます。ファイル名にある24はバージョンナンバーのため、今後変更されることもあります。

「Advanced IP Scanner」のダウンロード／導入情報

デバイスのスキャンを実行する

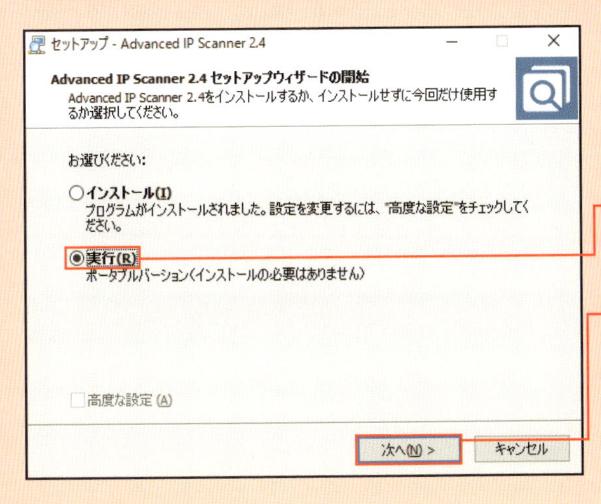

❶ダウンロードした実行ファイル「ipscan24.exe」をダブルクリックして起動します。最初の画面で日本語を選択すると、この画面が表示されます。

❷<実行>を選択し(ここでは、インストールせずに利用します)、

❸<次へ>をクリックします。

MEMO: インストールを行う

よく使うツールとして常時利用する場合は、手順❷で<インストール>を選択するとよいでしょう。

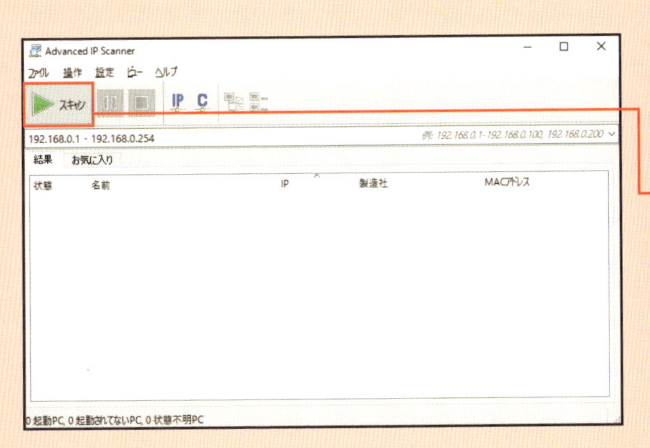

❹使用許諾契約書の同意で<同意する>をクリックして、<実行>をクリックすると、この画面が表示されます。

❺<スキャン>をクリックします。画面下のステータスバーに検索状況が表示されるので、検索が終了するまで少し待ちましょう。

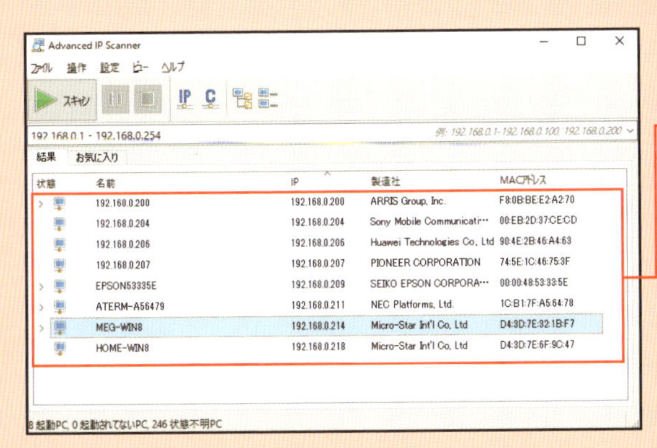

❻実行結果が表示された画面です。

❼家庭内にあるパソコンやルーター、プリンターなどが表示されています。

MEMO: サブネットクラスをスキャンする

IP をクリックするとパソコンのサブネット、C ではクラスCサブネットがスキャンされます。

第7章 ≫ネットワークスキャナー

SECTION 074

ポート管理

ポートを把握するには

家庭内LAN環境でポートを意識するケースは少ないとはいえ、ゲーム機などの特別な機器との接続に、ポートを操作する場合も出てきます。セキュリティ管理という面でも現状のポートを把握する方法を知っておきましょう。

ポートスキャンとは

ポートはプロトコル別に特定のポートを利用するように定められている番号です。たとえば、80番はWebサイトを見るためのhttp、25番はメール送信用のsmtp、110番はメールを受信するためのpop3といった具合です。これらのポートの管理はネットワーク管理者の重要な仕事で、使わないポートを閉じて、セキュリティを高めますが、現状を把握するために行うのがポートスキャンです。ポートスキャンを行うと、現在どのポートが解放されているかということを調べることができます。

ポートスキャンで有名なnmap（作者：Gordon Lyon氏）は、コマンドプロンプトから実行する上級者向けのソフトです。ここではnmapをGUI化し、初心者でもかんたんに扱えるようにした「Zenmap」を紹介します。

ソフト名	Zenmap（作者：Adriano Monteiro Marques氏）
対応OS	Windows 10/8.1/7
ダウンロードページ	http://nmap.org/download.html
導入ポイント	ダウンロードページを少し下にスクロールすると「Microsoft Windows binaries」という項目があるので、ここから最新版のインストーラをダウンロードします。 Microsoft Windows binaries Nmap runs on all versions of Windows since NT, including 2K, XP, Vista, Windows 7, and Server 2003/2008. Please read the Windows section of the Install Guide for limitations and installation instructions for the Windows version of Nmap. In particular, read about the special Windows 2000 (Win2K) dependencies if you use that platform. You can choose from a self-installer (includes dependencies and also the Zenmap GUI) or the much smaller command-line zip file version. The Nmap **executable Windows installer** can handle WinPcap installation, registry performance tweaks, and decompressing the executables and data files into your preferred location. It also includes the Zenmap graphical frontend. Skip all the complexity of the Windows zip files with a self-installer: **Latest release self-installer:** nmap-6.46-setup.exe We have written post-install usage instructions. Please notify us if you encounter any problems or have suggestions for the installer. ダウンロードが終わったらファイルを実行します。途中で、「WinPCap」というコンポーネントをインストールする指示があるので、こちらもインストールしてください。それ以外は<Next>をクリックしていけば問題なくインストールを行えます。

「Zenmap」のダウンロード／導入情報

ポートスキャンを実行する

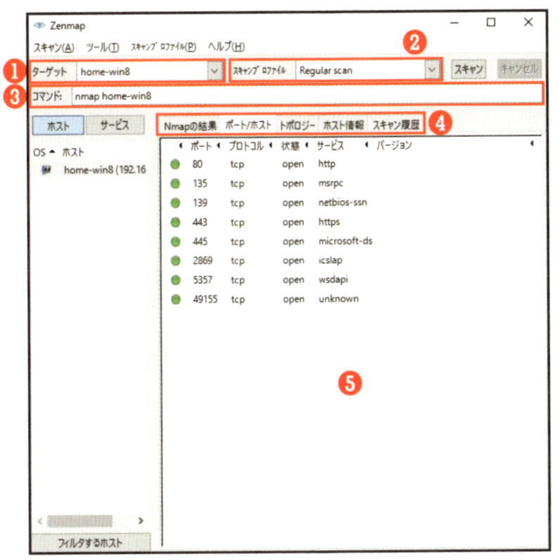

Zenmapの画面。<スキャン>を実行し、結果が表示されているところ

❶	ポートスキャンするターゲットを指定する。IPアドレス、ドメイン（コンピューター）名のどちらでも大丈夫である
❷	スキャンプロファイルを選ぶ。詳細なスキャンのIntense Scanや標準的なスキャンを行うRegular scanなどがあらかじめ用意されている。<スキャン>をクリックして実行する
❸	コマンドプロンプトで実際に実行されるコマンドを表示する
❹	結果の表示内容を選ぶタブ。ポートの開閉を確認する場合には「ポート/ホスト」を選択する
❺	結果などが表示される画面

結果を見ればわかるように、パソコンにはさまざまなポートが開けられています。ポートの開閉はファイアウォールなどで制御されていますが、この結果を見て、ネットワークのセキュリティ管理をしましょう。

COLUMN

サーバーに対してはポートスキャンは行わない

ポートスキャンはハッカーやクラッカーがサーバーのセキュリティを事前にチェックするときに使われることがあります。このため、インターネット上のサーバーに対して不用意にすべてのポートに対してスキャンをかけると、クラック前の調査のためのポートスキャンと見なされる可能性がありますので絶対に行わないように注意しましょう。

電波の強さを把握して電波強度を高めるには

無線LANのアクセスポイントを設置する際に気になるのはアンテナの向きです。アンテナについてはP.36で解説していますが、ソフトを利用することで、アンテナのより効率的な設置が可能になります。

リアルタイムで無線LANの電波の強さをモニタリングする

指向性を持ったアンテナを利用している場合、アンテナの向きによって接続時に影響を受けます。また、あまり大きな指向性の差がないといわれている一般的なダイバーシティアンテナ（同じ電波を同時に利用する複数のアンテナ）でも、無線LANの品質を少しでもよくしようと考えた場合には、アンテナの向きが気になってくるところです。

そんなときに役に立つのがリアルタイムで無線LANの電波の強さをモニタリングし、グラフ化してくれる「WLANPlot」です。無線LAN搭載のノートパソコンにインストールすることで利用できます。なお、動作環境はWindows 7/Vistaとなっていますが、Windows 10/8.1の環境でも動作しましたが（.NET Framework 3.5が必要）、ハードウェア構成などの環境によっては動作しない場合があるかもしれません。ご了承ください。

ソフト名	WLANPlot（作者：あづけん氏）
対応OS	Windows 7/Vista
ダウンロードページ	http://www.vector.co.jp/soft/winnt/net/se484921.html
導入ポイント	ダウンロードページから<ダウンロードはこちら>をクリックして画面の指示に従って進めます。Windows 8.1以上で試してみたい場合は、.NET Framework 3.5もインストールしてください。

「WLANPlot」のダウンロード／導入情報

起動と画面の見方

展開した「WLANPlot.exe」をダブルクリックし、起動してください。このソフトはインストールが不要なため、そのままWLANPlotが動作します。

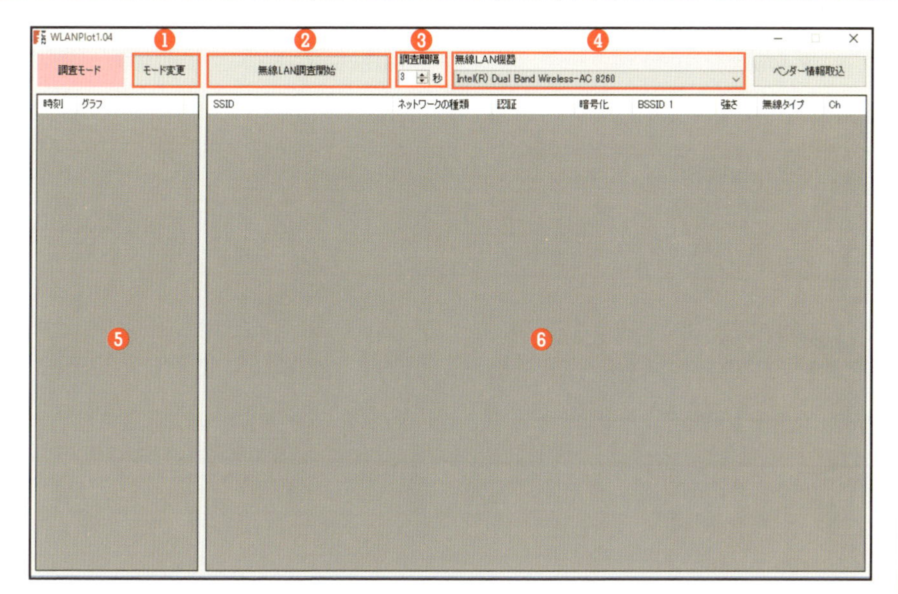

WLANPlotの起動画面

	項目	内容
❶	モード変更ボタン	調査モードと記録参照モードを切り替える
❷	無線LAN調査開始ボタン	❹で選択した無線LANの調査を開始する
❸	調査間隔	調査を行う間隔を秒数で指定する
❹	無線LAN機器選択用コンボボックス	無線LANが複数搭載されている場合に、調査したい無線LAN機器を選択する
❺	比較用カラム	❻で選択したアクセスポイントの電波強度をグラフ化して表示し、比較を行うことができる
❻	アクセスポイントのリスト	見つかったアクセスポイントとその情報がリスト化されて表示される

WLANPlotの機能内容

操作のポイント

初回起動時には調査結果がないため、記録を参照できません。調査を開始するには❷の<無線LAN調査開始>をクリックします。このとき、複数の無線LAN機器を搭載している場合には調査したい無線LAN機器を❹で選択します。また、長時間調査を行う場合やストレージに余裕がない場合には、調査間隔を3秒から調整して間隔を長くしてもよいでしょう。

調査結果を踏まえてアンテナの位置を調整する

調査結果は以下の画面になります。近くに無線LANのアクセスポイントがあれば、調査を開始してすぐにアクセスポイントのリストが表示されます。アクセスポイントをクリックすると左側にグラフが表示されます。比較するアクセスポイントはリストから3つまで選択可能で、もう一度リスト上のアクセスポイントをクリックすると選択が解除されます。

電波状況が把握できたら、パソコン（子機）やアクセスポイントの位置／方向を変更して、より電波の強い環境に調整します。ここではテレビの裏に置いてあったルーターの位置を調整しましたが、その結果、下の画面の通り、強度を90%以上に改善することができました。

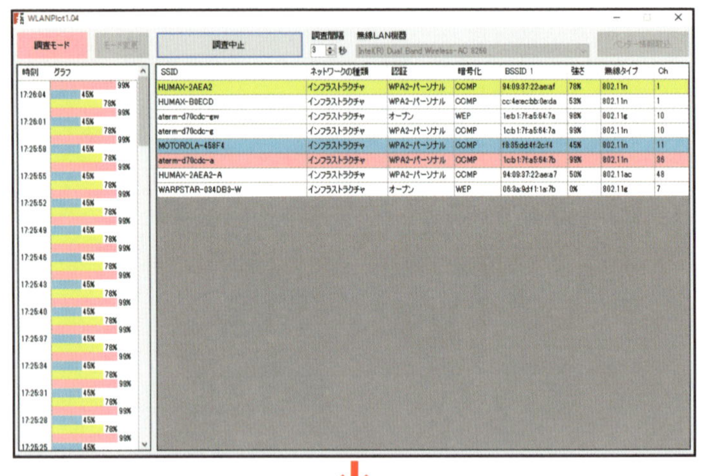

調査中の表示

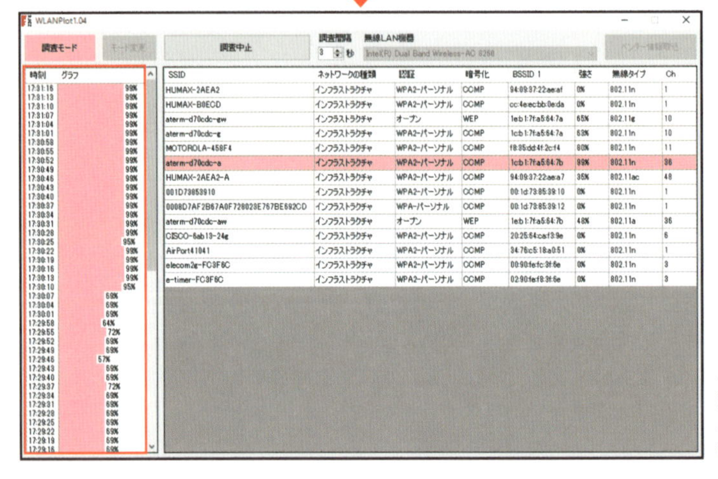

ルーターの位置調整で、常時とはいえませんが、無線の強度が改善しました

LAN上のパソコンをより便利に活用するには

家庭内で複数のパソコンを使っている場合、LAN環境を構築していると、ちょっとした便利なことがかんたんにできるようになります。ここでは、例として「MagicBoot」を紹介しましょう。

LAN経由でパソコンの電源をオンにする

フリーソフトの「MagicBoot」を利用すると、LAN経由でパソコンの電源をオンにすることができます。これは、LANのWOL（Wake On LAN）機能を利用したもので、現行のパソコンであれば、ほとんどがWOLに対応しています。ただし、ソフトをインストールする前に必ず行っておく設定があります。

インストール前の確認

インストール前に確認したいのはマザーボードのUEFIの設定です。UEFIの設定項目で、WOLがオン（Enabled）になっていないと、WOL機能を利用することはできません。注意したいのは、マザーボードの種類によってこの設定項目の場所や項目名称が異なることです。さらに項目名は、WOLやWake Up LANといったわかりやすいものでもありません。電源管理関連の「Power Management」などのメニューに設定項目がない場合は、オンボードデバイス関連のメニュー、または起動（ブート）関連のメニューをチェックしてみてください。

インテルプラットフォームであれば「PXE OPROM」、AMDプラットフォームであれば「LAN PEX Boot Option Rom」といった項目名が目安になるでしょう。なお、次ページー番上の画面で示しているように、AMDプラットフォームであっても、「Resume By PCI-E Device」が設定項目になる場合もあります。これは、LANチップがオンボードで搭載されていても、PCI Expressに内部的に接続されているためで、PCI Expressからの起動イベントを受け取るかどうかをここで設定するからです。基本的にはマザーボードの取り扱い説明書を参照して設定されることをおすすめします。

なお、デバイスマネージャーからネットワークアダプターのプロパティを調べると、WOLの機能を持っていても有効になっていない場合があります。うまく動作しない場合にはこちらもチェックしておくとよいでしょう。

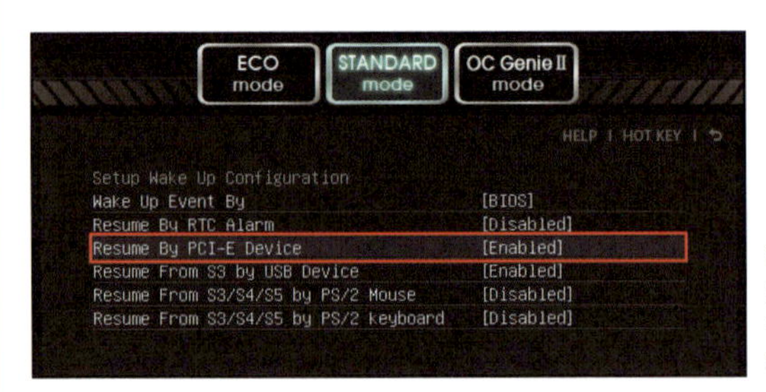

WOLを有効にするためのUEFIの設定。<Resume By PCI-E Device>という項目を<Enabled（有効）>にすることで、WOLを有効にできます

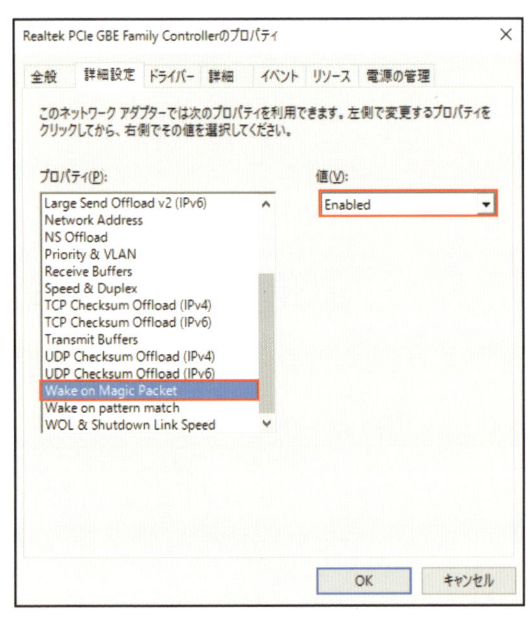

デバイスマネージャーからネットワークアダプターのプロパティを表示したところ。<詳細設定>タブの<Wake on Magic Packet>が<Enabled>になっていることを確認します。ちなみにMagic Packetは、WOLの機能を実現するための制御用パケットです

ソフト名	MagicBoot（作者：Breeze氏）
対応OS	Windows 10/8.1/7/Vista
ダウンロードページ	http://www.vector.co.jp/soft/dl/win95/net/se282263.html
導入ポイント	ダウンロードページから<ダウンロードはこちら>をクリックして画面の指示に従って進めます。圧縮ファイルを展開して、「MagicBoot.exe」というファイルをダブルクリックすると起動します。インストールしなくても起動します。

「MagicBoot」のダウンロード／導入情報

MagicBootを利用する

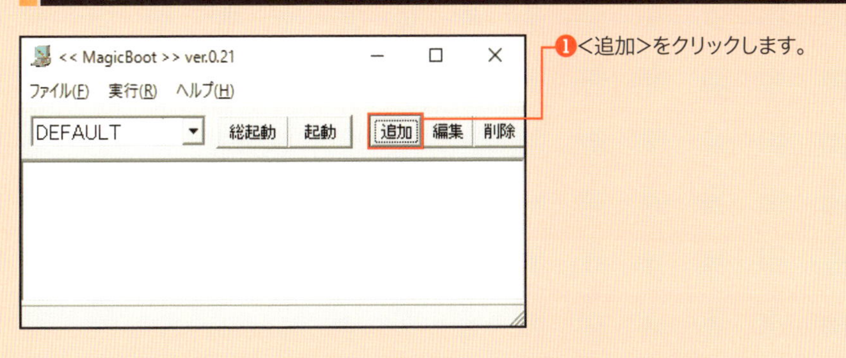

❶<追加>をクリックします。

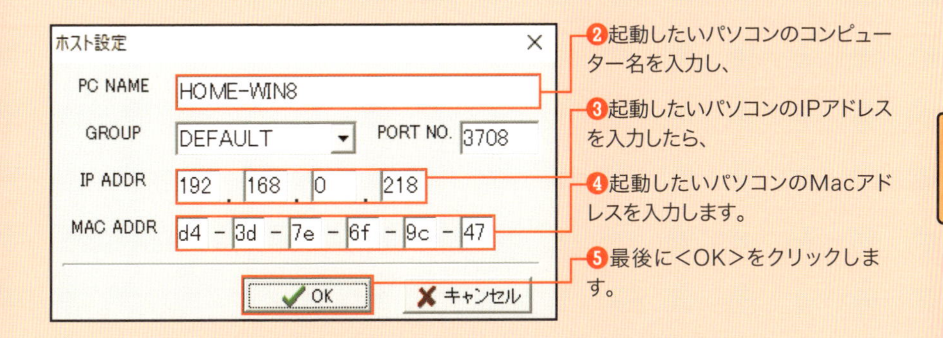

❷起動したいパソコンのコンピューター名を入力し、

❸起動したいパソコンのIPアドレスを入力したら、

❹起動したいパソコンのMacアドレスを入力します。

❺最後に<OK>をクリックします。

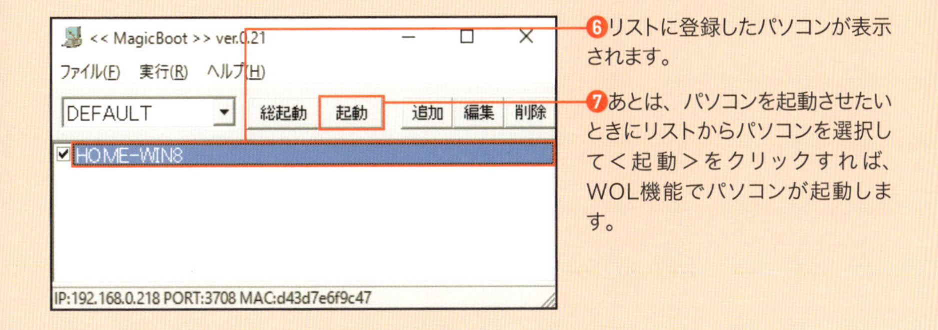

❻リストに登録したパソコンが表示されます。

❼あとは、パソコンを起動させたいときにリストからパソコンを選択して<起動>をクリックすれば、WOL機能でパソコンが起動します。

マイクロソフトツールを利用するには

マイクロソフトはOSのWindowsを提供するだけでなく、Windowsを使いやすくするためにさまざまなソフトを提供しています。ここでは「Network Monitor」と「Remote Desktop Connection」の2つを紹介します。

「Network Monitor」でパケットを監視する

「Network Monitor」はマイクロソフトが無料で提供するネットワークプロトコルアナライザーです。ネットワーク管理者の間で利用率の高いソフトはほかにもありますが、Network Monitorもなかなか高機能でパケットの監視をするのには十分なソフトです。

ソフト名	Network Monitor（マイクロソフト）
対応OS	Windows 7/Vista
ダウンロードページ	http://www.microsoft.com/en-us/download/details.aspx?id=4865
導入ポイント	ダウンロードページでは3つのファイルが用意されています。「NMxx_ia64.exe」がItaniumベースのWindows Server用、「NMxx_x64.exe」が64bit版、「NMxx_x86.exe」が32bit版用のインストーラです（xxにはバージョンが入ります）。ご自身に合った環境のファイルをインストールしてください。インストール途中で、コンポーネントの選択が表示されます。もしわからなければ<Complete>を選択するとよいでしょう。

「Network Monitor」のダウンロード／導入情報

Network Monitorを実行する

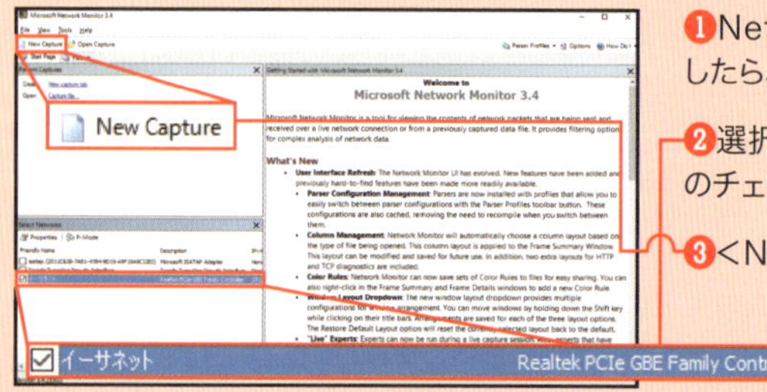

❶Network Monitorを管理者権限で起動したら、

❷選択リストの中から監視したいネットワークのチェックをオンにし、

❸<NewCapture>をクリックします。

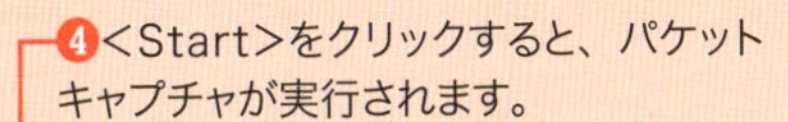

④<Start>をクリックすると、パケットキャプチャが実行されます。

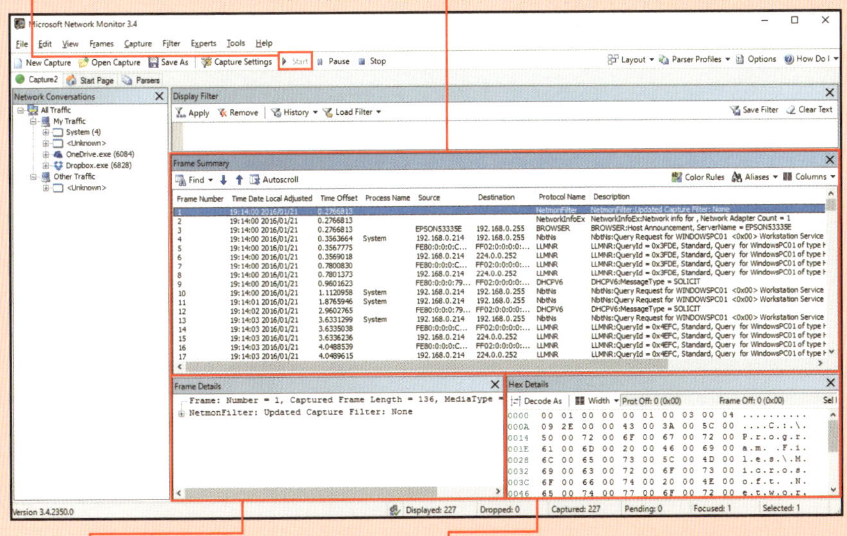

「RDCM」でリモートデスクトップ機能を複数使う

次は「Remote Desktop Connection Manager（以下、RDCM）」を使ってみましょう。このRDCMは、リモートデスクトップ機能が使えるソフトです。リモートデスクトップ機能自体は、Windowsに標準で搭載されているので、すでに使っているという方も多いことでしょう。RDCMでは複数のリモートデスクトップ環境を管理できるという利点があります。家庭や会社で複数台のパソコンを利用している人には便利なソフトです。

ソフト名	Remote Desktop Connection Manager（マイクロソフト）
対応OS	Windows 10/8.1/7/Vista
ダウンロードページ	https://www.microsoft.com/en-us/download/details.aspx?id=44989
導入ポイント	上記のダウンロードページにアクセスしたら、<Download>をクリックしてダウンロードを行います。インストールは、とくに難しい点はありません。

「Remote Desktop Connection Manager」のダウンロード／導入情報。ダウンロードページは、バージョンが変わると変更される可能性があります

RDCMを利用する

「RDCM」もNetwork Monitor同様、無料で利用できるソフトです。RDCMを実行すると画面が表示されます。まずはグループの作成を行いましょう。グループの作成は<Fileメニュー>から<New>を選択します。グループはファイルという形で残されるので、グループの名前を付けて保存してください。ここでは、homeとしました。作成したグループが左のカラムに表示されます。

❶RDCMを起動すると、初回起動時には何も登録されていないため、画面には何も表示されません。

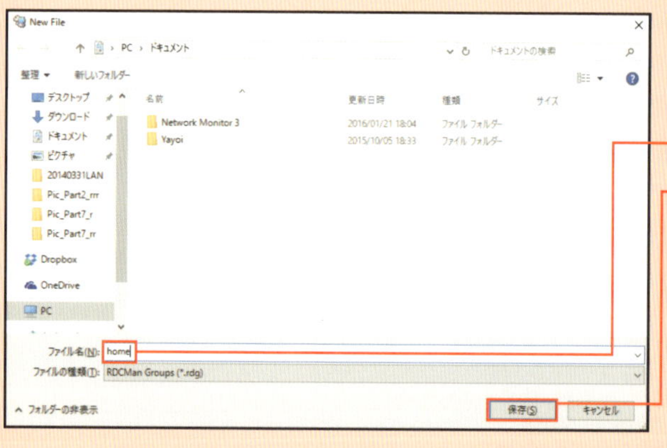

❷<Fileメニュー>から<New>を選択し、グループを登録します。

❸ファイル名を入力し、

❹<保存>をクリックします。登録したファイル名がグループ名になります。

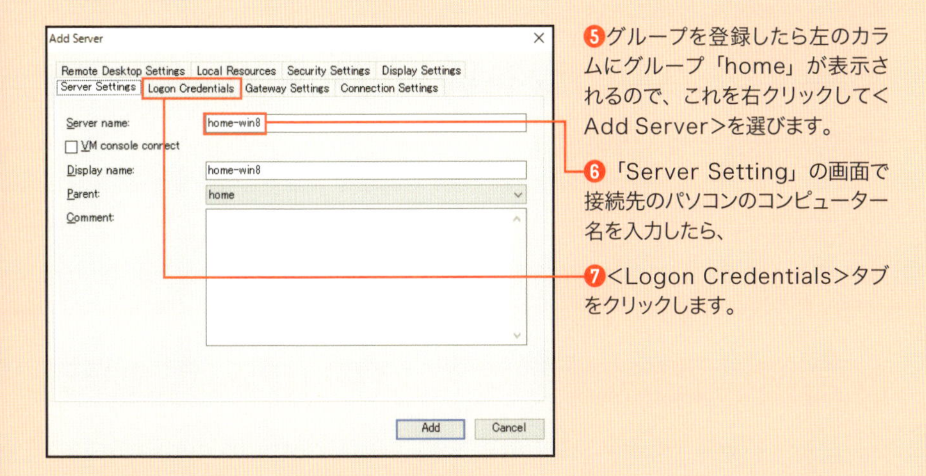

❺グループを登録したら左のカラムにグループ「home」が表示されるので、これを右クリックして<Add Server>を選びます。

❻「Server Setting」の画面で接続先のパソコンのコンピューター名を入力したら、

❼<Logon Credentials>タブをクリックします。

❽下記の画面で接続先パソコンで利用するアカウントを入力します。もちろん、ここで利用するアカウントとパスワードは、接続先のパソコンのローカルアカウントに設定済みであることが前提です（ドメインが構成されていれば、そのドメインにアカウントが登録されている必要があります）。また、リモートデスクトップの接続を許可する設定（P.221参照）も必要です。

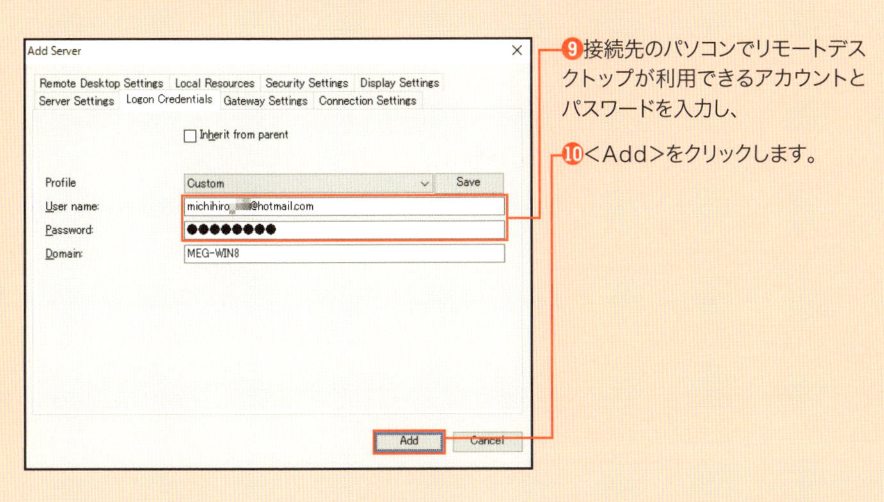

❾接続先のパソコンでリモートデスクトップが利用できるアカウントとパスワードを入力し、

❿<Add>をクリックします。

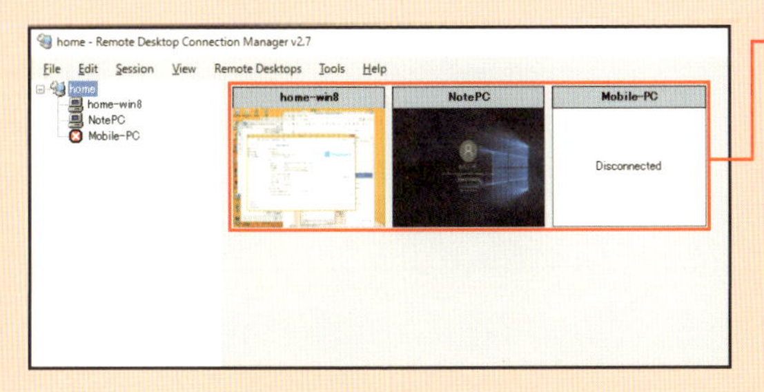

⓫画面右のカラムの中のコンピューター名をダブルクリックすればリモートデスクトップ接続が開始されます。

SECTION 078 アクセスポイント化

パソコンをWi-Fiルーター化するには

宿泊先のネットワーク環境は、有線LANの端子が1つだけだったりすると、複数のパソコンを接続することが難しく、無線LANの接続も行えません。こんなときはノートパソコンをアクセスポイントにするのがおすすめです。

Virtual Routerの導入と特徴

パソコンをアクセスポイントにする方法はツールを使わなくても行うことができます。しかし、管理者権限でコマンドプロンプトを利用したり、ネットワークアダプターの設定を変更したりするのは、ある程度パソコンやネットワークに精通している必要があります。コマンドをそのまま打てば動作するものの、しくみがわからない場合、トラブルに見舞われたときにも対処が難しいでしょう。そんなときに利用すると便利なのがアクセスポイント化ユーティリティです。ここではChris Pietschmann氏が提供する「Virtual Router」を紹介します。

Virtual Routerはパスワードとインターネット接続している接続の設定を行うだけでパソコンをアクセスポイントとして動作させることができます。日本語版はありませんが、操作や設定はかんたんです。2013年2月以降、更新がないため、対応するOSはWindows 8以前となっていますが、筆者の環境ではWindows 10/8.1での動作を確認することができました。

ソフト名	Virtual Router（作者：Chris Pietschmann氏）
対応OS	Windows 10/8.1/7/Vista
ダウンロードページ	http://virtualrouter.codeplex.com/
導入ポイント	Webサイトにアクセスしたら、画面右にある<download>をクリックすればインストール用のセットアップファイルのダウンロードが開始されます。

「Virtual Router」のダウンロード／導入情報。対応OSについてはWindows 8以前と記載してありますが、筆者の環境で、Windows 10/8.1で動作することを確認しています

第7章 » アクセスポイント化

アクセスポイント化の設定を行う

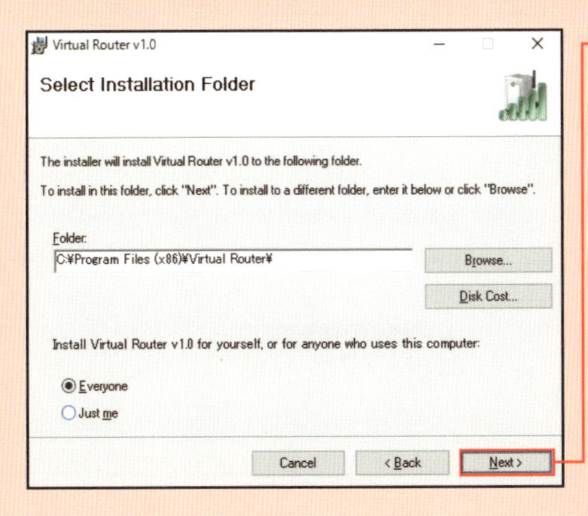

❶ダウンロードしたファイルを実行して、アクセスポイント化したいパソコンでソフトウェアのインストールを実行します。英語表記ですが、<Next>をクリックしていけば、インストールが完了します。

❷インストールしたVirtual Routerを起動するとVirtual Router Managerが起動します。

❸<Network Name>は変更しなくてもかまいませんが、<Password>は任意のものを設定してください。

❹<Shared Connection>は、パソコンのインターネットに接続しているアダプターを選択します。

❺<Start Virtual Router>をクリックすると、アクセスポイントが立ち上がります。

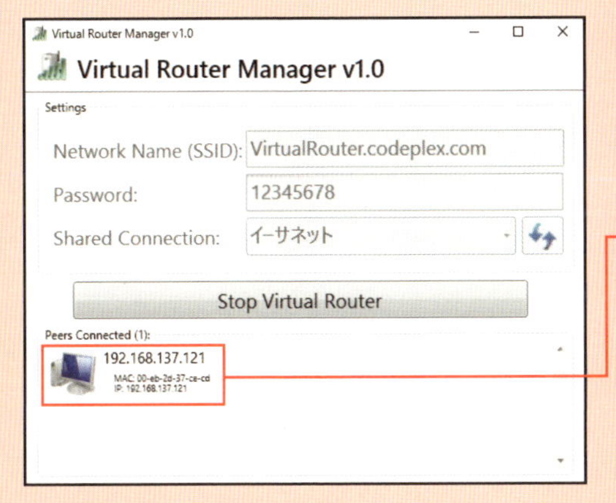

❻ほかの無線機器からは<Network Name>に設定したSSIDが見えるので、設定したパスワードを入力して接続してください。

❼接続された機器はVirtual Router Managerに表示されます。

索引

記号・数字

A～D

E～I

L～N

O～S

T～Z

あ・か

さ

た

な

は

ま・や

ら・わ

お問い合わせについて

本書に関するご質問については、本書に記載されている内容に関するもののみとさせていただきます。本書の内容と関係のないご質問につきましては、一切お答えできませんので、あらかじめご了承ください。また、電話でのご質問は受け付けておりませんので、必ずFAXか書面にて下記までお送りください。
なお、ご質問の際には、必ず以下の項目を明記していただきますよう、お願いいたします。

① お名前
② 返信先の住所またはFAX番号
③ 書名（今すぐ使えるかんたんEx　Wi-Fi& 自宅LAN［決定版］プロ技セレクション）
④ 本書の該当ページ
⑤ ご使用のOSとソフトウェアのバージョン
⑥ ご質問内容

なお、お送りいただいたご質問には、できる限り迅速にお答えできるよう努力いたしておりますが、場合によってはお答えするまでに時間がかかることがあります。また、回答の期日をご指定なさっても、ご希望にお応えできるとは限りません。あらかじめご了承くださいますよう、お願いいたします。

問い合わせ先

〒162-0846
東京都新宿区市谷左内町21-13
株式会社技術評論社　書籍編集部
「今すぐ使えるかんたんEx　Wi-Fi& 自宅LAN［決定版］プロ技セレクション」質問係
FAX番号　03-3513-6167　URL：http://book.gihyo.jp

お問い合わせの例

FAX

① お名前
技術　太郎
② 返信先の住所またはFAX番号
03-××××-××××
③ 書名
今すぐ使えるかんたんEx
Wi-Fi& 自宅LAN［決定版］
プロ技セレクション
④ 本書の該当ページ
100ページ
⑤ ご使用のOSとソフトウェアのバージョン
Windows 10
⑥ ご質問内容
手順6の操作ができない

※ご質問の際に記載いただきました個人情報は、回答後速やかに破棄させていただきます。

今すぐ使えるかんたんEx Wi-Fi&自宅LAN［決定版］プロ技セレクション

2016年6月25日　初版　第1刷発行

著者……………………………芹澤正芳、オンサイト、山本倫弘
発行者…………………………片岡　巌
発行所…………………………株式会社 技術評論社
東京都新宿区市谷左内町21-13
電話　03-3513-6150　販売促進部
03-3513-6160　書籍編集部
装丁デザイン…………………神永　愛子（primary inc.,）
カバーイラスト………………小川　智矢
本文デザイン…………………菊池　祐（ライラック）
編集／DTP…………………オンサイト
担当……………………………矢野　俊博
製本／印刷……………………日経印刷株式会社

定価はカバーに表示してあります。

落丁・乱丁がございましたら、弊社販売促進部までお送りください。交換いたします。

ISBN978-4-7741-8083-0 C3055
Printed in Japan